SPECIES
DES
HYMÉNOPTÈRES
D'EUROPE & D'ALGÉRIE

Rédigé d'après les principales collections,
les mémoires les plus récents des auteurs et les communications
des entomologistes spécialistes

ENRICHI DE PLANCHES COLORIÉES DONNANT,
D'APRÈS NATURE,
OUTRE UN OU PLUSIEURS SPECIMENS DES INSECTES DE CHAQUE GENRE,
DE NOMBREUX DESSINS AU TRAIT
DES CARACTÈRES UTILES A L'INTELLIGENCE DU TEXTE ;

PAR

ED. ANDRÉ

Lauréat de l'Institut
Membre des Sociétés entomologiques de France, Londres, Berlin, Stettin, Florence, etc.
des Sociétés françaises d'Entomologie et de Botanique
Membre de la Société I.-R. zoologique-botanique de Vienne
Membre correspondant de la Société des Sciences historiques et naturelles de Semur
Membre correspondant de la Société d'Etudes scientifiques de Paris,
de l'Association scientifique de la Gironde,
Ingénieur des Arts et Manufactures, etc.
Officier d'Académie

Ouvrage couronné par l'Académie des Sciences
par la Société entomologique de France (prix Dollfus, 1882 à 1883)
et par l'Académie des Sciences, Arts et Belles-Lettres de Dijon (1888)

Est quâdam prodire tenus, si non datur ultrà.
(HORACE, épitre I, livre I, vers 32).

TOME TROISIÈME

CHEZ L'AUTEUR, A BEAUNE (CÔTE-D'OR)
1891

SPECIES

DES

HYMÉMOPTÈRES

D'EUROPE

GRAY, IMP BOUFFAUT FRÈRES

SPECIES

DES

HYMÉNOPTÈRES

D'EUROPE & D'ALGÉRIE

ENRICHI DE PLANCHES COLORIÉES DONNANT,
D'APRÈS NATURE,
OUTRE UN OU PLUSIEURS SPECIMENS DES INSECTES DE CHAQUE GENRE,
DE NOMBREUX DESSINS AU TRAIT
DES CARACTÈRES UTILES A L'INTELLIGENCE DU TEXTE ;

Rédigé d'après les principales collections,
les mémoires les plus récents des auteurs et les communications
des entomologistes spécialistes

PAR

ED. ANDRÉ

Lauréat de l'Institut

Membre des Sociétés entomologiques de France, Londres, Berlin, Stettin, etc.
Membre correspondant de la Société des Sciences historiques et naturelles de Semur
Membre correspondant de la Société d'Etudes scientifiques de Paris,
de l'Association scientifique de la Gironde,
Ingénieur des Arts et Manufactures, etc.

Ouvrage couronné par l'Académie des Sciences
honoré de la Souscription de Monsieur le Ministre de l'Agriculture et du Commerce
et qui a obtenu le prix Dollfus en 1882

Est quâdam prodire tenus, si non datur ultrà.
(HORACE, épitre I, livre I, vers 32).

TOME TROISIÈME

CHEZ L'AUTEUR, A BEAUNE (CÔTE-D'OR)
1886

AVANT-PROPOS

Chaque jour amène son progrès et lorsque, comme moi, un auteur n'a d'autre ambition que de résumer à un certain moment les connaissances acquises sur un sujet donné, à marquer, pour ainsi dire, l'une des étapes de la science, il est bien heureux de rencontrer sur sa route des observateurs et des classificateurs qui l'aident à rendre son travail plus complet.

Aussi ne veux-je pas entreprendre cette nouvelle monographie sans signaler à la reconnaissance des savants ceux qui ont le plus contribué à la rendre moins imparfaite : Messieurs J.-H. Fabre, pour les mœurs, Kohl, Radoskowski, Mocsary, Costa, etc., pour la partie systématique et les matériaux qu'ils ont bien voulu me confier.

Honneur donc à ces chercheurs infatigables, que je ne puis nommer tous. Je souhaite que de nombreux imitateurs viennent encore élargir la voie qu'ils tracent et apporter de nouvelles assises à cet édifice, dont les pages qui suivent n'esquissent encore que les fondations.

C'est bien, en effet, le lieu de dire ici que plus nous étudions, plus nous apprenons à mesurer l'étendue de ce que nous ne connaissons pas.

Ed. ANDRÉ.

SPECIES DES HYMÉNOPTÈRES

10e GROUPE

Les Sphégiens

Insectes vivant solitaires et tous ailés. Lobes du pronotum éloignés des écaillettes. Abdomen pédiculé ou subsessile. Nervulation des ailes composée d'une cellule radiale, de une à quatre cellules cubitales et de trois discoïdales. Antennes non coudées, ordinairement filiformes, de douze articles chez les femelles et de treize chez les mâles. Scape court. Femelles armées d'un aiguillon très-actif en relation avec une vessie à venin, non destiné à tuer un ennemi, mais seulement à paralyser à anesthésier une victime. Larves carnivores, apodes, aveugles, inactives. Nymphes nues ou enveloppées d'une coque mince, papyracée.

§ I. OBSERVATIONS GÉNÉRALES

La forme générale du corps des Sphégiens est extrêmement variable ; tandis que les uns ont une taille tellement fine et élancée qu'on se demande quels organes peuvent trouver place dans le mince et long pédicule qui soutient l'abdomen, celui-ci semble chez d'autres être presque sessile bien qu'en réalité le pédicule soit encore relativement bien mince ; mais il est si court qu'à peine on peut l'apercevoir.

La tête varie beaucoup de grosseur, les antennes de longueur, etc. Aussi, à ne considérer que les formes extérieures, ce groupe paraîtrait-il assez peu homogène ; mais si l'on entre plus avant dans les détails, si l'on compare surtout les mœurs de ces insectes, on s'aperçoit bien vite qu'ils ont tous de nombreux points de rapprochement et qu'en définitive la famille est compacte et indivisible.

Tous, ils sont pourvus (chez les femelles, bien entendu) d'un aiguillon à venin, non pas aussi terrible que celui que nous avons décrit chez les Vespides, mais déjà suffisamment actif pour que le poison liquide, injecté dans les centres nerveux d'un autre insecte, produise chez celui-ci une paralysie presque complète, à défaut de la mort qu'apporte le venin du frelon.

Tous, ils approvisionnent des nids construits de diverses manières, en y entassant des victimes enlevées de vive force et rendues inertes par la piqûre de l'aiguillon, conservant en entier la vie végétative, mais privées de la faculté motrice. Ces victimes sont toujours destinées à la nourriture ultérieure des larves.

Poussés par l'instinct maternel, les Sphégiens sont sans cesse en chasse ou en travail, car le temps d'été qui leur est dévolu, entre leur éclosion et l'heure de la disparition finale, est bien court si l'on met en parallèle le labeur considérable qu'ils ont à accomplir.

Les moyens d'action varient certes beaucoup d'une espèce ou d'un genre à l'autre, et le résultat final, qui est d'assurer la conservation de l'espèce, est identique.

On a généralement désigné ces insectes sous la dénomination de *fouisseurs*, et c'était avec raison pour ceux qui, creusant des nids dans le sol, sont nés terrassiers ; mais beaucoup d'autres abritent leur future famille dans des branches sèches ou dans des nids de terre construits de toutes pièces. Nous aurons à passer successivement en revue ces mœurs et ces instincts divers, et nous rencontrerons bien des petites merveilles que foule du pied le promeneur indifférent, mais qui le mettraient en extase s'il connaissait à l'avance les secrets intimes.

§ II. CARACTÈRES GÉNÉRAUX

(Pl. I)

1. Ensemble du corps. — Le corps des Sphégiens a un aspect général svelte et gracieux. Construit pour la chasse, il présente les meilleures conditions pour se livrer à une vie active.

Toujours guerroyants, ces insectes ont la démarche vive, le vol rapide. La couleur est extrêmement diverse ; certaines espèces sont noires en entier, mais la plupart ont une coloration variée, et parfois, au moins dans les pays d'outre mer, présentent les teintes métalliques les plus belles et les plus brillantes. En Europe, le plus grand nombre offre des couleurs peu éclatantes quoique variées ; des touffes de poils argentés ou dorés viennent seulement relever cette modeste livrée. Quelques espèces sont très-velues, plus ou moins sillonnées ou ponctuées, tandis que d'autres sont polies et brillantes, au moins dans quelque partie de leur corps.

2. Tête et annexes. — La tête est ordinairement de forme arrondie. aplatie en devant, concave en arrière, généralement plus étroite que le thorax, rarement plus large et paraissant alors parfois d'une grosseur relative exagérée. Vue par dessus, elle présente souvent une apparence quadrangulaire. Les mandibules (fig. 1) sont fortes et lisses ou plus ou moins dentées sur leur bord travaillant ; elles sont nues ou garnies de poils. Le front est souvent tuberculeux ; le vertex, quelquefois partagé par un sillon, peut aussi montrer diverses sculptures ou être tout-à-fait lisse.

Le *labre*. tantôt arrondi ou bilobé, tantôt carêné, denté ou sinué, est ordinairement peu visible ; chez quelques espèces cependant, il présente un allongement anormal, le faisant ressembler à un véritable bec d'oiseau sous lequel se cachent les autres organes buccaux (fig. 2.)

L'*épistome*, assez convexe sur toute sa surface, présente à peu près toutes les formes imaginables. Tantôt presque circulaire ou carré, ou bien allongé soit longitudinalement soit transversalement, il occupe tout l'espace compris entre la base des yeux et l'insertion des antennes et se prolonge plus au moins en avant. Il peut être lisse ou chagriné, ponctué ou sillonné, glabre ou garni de poils, parfois revêtu d'une courte pubescence dorée ou argentée. Mais c'est dans la configuration de son bord antérieur que l'observateur trouvera les formes les plus diverses et les caractères les plus convenables pour la distinction des espèces. Ce bord se présente sous la forme d'une ligne simple ou épaissie, droite ou relevée ; il peut rentrer en dedans ou saillir en dehors, être tronqué ou arrondi, diversement échancré ou épineux, etc. La denture des mandibules peut aussi, dans des cas difficiles, offrir de bons caractères distinctifs à cause de sa diversité. Les *palpes maxillaires* (fig. 3) sont pourvus de six articles, les *palpes labiaux* (fig. 4) de quatre articles.

Les *yeux* sont ovales ou réniformes, tantôt petits, d'autres fois de dimensions assez grandes pour envelopper une notable partie de la tête et arriver à se rejoindre, à peu de chose près, sur le vertex. Les *ocelles* (fig. 5) varient aussi beaucoup dans leur disposition; ordinairement l'ocelle antérieur est égal aux deux autres ou bien est le plus grand ; quelquefois les deux postérieurs sont de surface très-minime, restent peu visibles, disparaissent même dans de rares cas.

Les *antennes* (fig. 6) ont de douze à treize articles; ce dernier chiffre se trouve ordinairement chez les mâles. Elles sont filiformes ou sétacées, la grandeur proportionnelle des articles variant avec les genres et les espèces. Le premier est souvent plus renflé chez la femelle que chez le mâle. (fig. 7)

3. Thorax. — Le *thorax* se divise très-nettement en trois parties, comme il est d'usage: prothorax, mésothorax, et métathorax. Le pronotum est distinctement séparé des écaillettes. Il est souvent très-étroit, peu visible ; d'autres fois, il occupe au contraire un espace assez notable. Le mesonotum, qui compose la plus grande partie du dos du thorax, est ordinairement à peu près circulaire, les bords antérieurs et surtout postérieurs un peu plus rectilignes. Le scutellum et le postcutellum restent bien distincts, le premier pouvant se prolonger postérieurement sous forme de dents ou lames. (fig. 8).

Le metanotum offre des surfaces fortement déclives et sa forme est assez irrégulière, plus ou moins allongée; il est arrondi ou déprimé, rugueux ou finement strié en travers, quelquefois seulement sur le disque supérieur.

4. Pattes et ailes. — Les pattes, composées, comme d'habitude, des hanches, trochanters, cuisses, tibias et tarses, sont médiocrement allongées, ordinairement fortes et très-mobiles. Les trochanters ne se composent que d'un seul article (fig. 9,10, 11,)

Différemment conformées suivant les groupes, elles sont lisses ou armées de courtes épines, ou encore de poils ou cils raides (fig. 12), mobiles sur leur articulation et par conséquent susceptibles de se rapprocher ou de s'incliner suivant les besoins du travail de fouissement.

Les cuisses, toujours fortes et par suite solidement musclées, portent quelquefois des pointes ou des dents.

Les tarses, de cinq articles à toutes les pattes, présentent, dans certains cas, des déformations particulières, leur premier article pouvant, par exemple, s'élargir en forme de lame (fig. 13). Les ongles dont ils sont pourvus offrent un caractère extrêmement commode pour la classification, à cause de la présence ou de l'absence des dents, de leur nombre et de leur disposition. Les éperons (fig. 14) ont aussi des formes variées que j'indiquerai et qui se rattachent aux diverses manœuvres que devront accomplir les insectes. Les tibias antérieurs en portent un seul, les tibias intermédiaires un ou deux, et les tibias postérieurs toujours deux dissemblables entre eux. Ces éperons, en se repliant le long du métatarse, y rencontrent des cavités appropriées et diversement armées de dents ou d'épines, suivant l'usage auxquels ils sont destinés.

Les articles des tarses sont inégaux; le premier est le plus long, l'avant-dernier est le plus court; celui qui porte l'ongle est robuste et allongé; à son extrémité et derrière les ongles, il existe une pelote membraneuse.

Les *ailes* (pl. II, fig. 1) ne sont jamais repliées sur elles-mêmes; elles sont en général assez courtes, atteignant au plus l'extrémité de l'abdomen. Les nervures qui les soutiennent sont fortes et donnent beaucoup de puissance au vol; elles dessinent une seule cellule radiale, des cellules cubitales en nombre variable, de une à quatre, et dont la forme différente et les dimensions relatives sont d'un grand secours pour le classificateur; la seconde, et plus rarement la troisième, peuvent être pétiolées. La position des nervures récurrentes qui aboutissent dans l'une ou l'autre cellule cubitale donne aussi un caractère très-précieux. Le stigma est petit. L'aile inférieure (fig. 2) est peu fournie en nervures et ordinairement bien moins allongée que l'aile supérieure, à laquelle elle se rattache par une série de petits crochets microscopiques (fig. 3). On ne rencontre jamais d'ailes particulièrement raccourcies, ni d'individus aptères, comme cela se voit dans d'autres groupes.

5. Abdomen. — L'abdomen (fig. 4, 5, 6), le plus souvent conique, assez pointu à l'extrémité, n'adopte au contraire que rarement, chez les mâles, une forme trapue, arrondie à l'extrémité. Il peut être très allongé, filiforme ou ramassé et très court. Le premier segment se présente sous des aspects très variables : tantôt c'est un véritable fil assez allongé, supportant, à son extrémité, les autres segments qui se renflent ensuite subitement; tantôt ceux-ci ne reprennent leur forme normale que progressivement, donnant alors à l'abdomen une figure tout-à-fait conique. D'autres fois le pédicule, tout en restant mince, est très-court, et le premier segment, au lieu de former pétiole, est renflé, arrondi ou tronqué en devant, et l'abdomen semble être alors sessile. Certaines espèces offrent des étranglements bien visibles entre chaque segment, tandis que, dans la majorité des cas, ceux-ci forment par leur ensemble un profil d'une courbe régulière. La partie ventrale est plus aplatie que la région dorsale. Le segment terminal finit le plus souvent en pointe et est fendu à son extrémité par la separation des deux arceaux dorsal et ventral, pour donner passage aux déjections et aux organes génitaux.

L'abdomen, dans son ensemble, est assez mobile autour de son pédicule, et chacun des segments peut glisser sur ses voisins, de façon à lui permettre de se recourber en dessous et d'aller chercher avec l'aiguillon la place vulnérable d'une victime saisie entre les pattes antérieures. Je dois encore signaler chez quelques mâles des appendices plus ou moins crochus, naissant du second et des derniers segments ventraux. Le segment apical offre aussi, chez les mâles d'un grand nombre d'espèces, des formes très diverses, des échancrures, des pointes, des crochets et des appendices de formes variées, servant à faciliter l'accomplissement de l'acte génital. Enfin le nombre des segments visibles est de six chez les femelles et de sept chez les mâles.

Les *organes génitaux* (fig. 7 et 8) externes des mâles sont très-variables, quoique se composant toujours des mêmes pièces que celles indiquées dans l'introduction de cet ouvrage (I, p. LXXXIV).

Le dessin de quelques-unes de ces armures en indiquera plus que bien des pages. Il en est de même pour les organes de la femelle, qui se composent toujours des mêmes pièces et d'une vessie à venin.

6. **Anatomie interne**. (Pl. III). — D'après L. Dufour (27), les Sphégiens possèdent, situées dans la tête ou à l'avant du thorax, une paire de glandes salivaires composées chacune de deux sortes de grappes rameuses, très-subdivisées, et portant des renflements utriculaires, ovales ou allongés, diaphanes, extrêmement nombreux et si délicats, qu'il est presque impossible d'en saisir la configuration générale. Les conduits excréteurs de ces deux glandes se réunissent dans la boite crânienne pour former un canal commun versant de la salive dans la bouche. Bien que ce ne soit qu'une hypothèse, il est permis de supposer que, au moins dans beaucoup de cas, le liquide secrété par ces glandes doit servir à consolider les parois des nids et à les enduire d'un vernis protecteur imperméable.

L'appareil digestif (fig. 1 à 6), d'après ce que nous apprend notre grand anatomiste, est généralement assez allongé, environ deux fois long comme le corps, un peu moins cependant chez les Ammophiles. Il comprend, après l'œsophage, un jabot musculeux continué par un petit gésier dont les extrémités se trouvent rentrées, invaginées d'une part dans le jabot, d'autre part dans le ventricule chylifique qui lui fait suite et qui, dans certains cas, le cache presque tout entier. Ce gésier, cependant, semble manquer dans certains groupes, particulièrement celui des Crabronides et des Larrides, ce qui constitue un détail anatomique d'autant plus important, qu'il se combine avec une autre modification du canal digestif. Celle-ci se présente sous la forme d'une poche gastrique, ou panse, placée tout-à-fait en dehors de l'axe de l'œsophage. Cette poche remplace le jabot ordinaire et présente des aspects divers, suivant les genres où on la considère. Ecoutons plutôt à ce sujet Léon Dufour lui-même :

« L'œsophage, dit-il, conserve la finesse d'un cheveu jusqu'à la base de la cavité abdominale. Là il présente non pas un simple jabot, comme dans les autres familles, mais une poche latérale, une véritable *panse* dont le volume, la configuration et la position varient singulièrement suivant les genres et surtout suivant son degré de plénitude. Elle est en général arrondie, sessile et marquée, quand elle est vide, de plissures et de rides. Celle du *Larra* et du *Lyrops* (*Tachytes*) *etrusca* est latérale du côté gauche, à l'opposé des autres genres, où elle est latérale du côté droit. Dans le *Palarus*, elle est pédicellée, c'est-à-dire qu'elle offre un col tubuleux, grêle, brusquement implanté vers le milieu de la face inférieure de cette poche, et celle-ci, lorsqu'elle est distendue par le liquide alimentaire, a une large échancrure en avant. La panse du *Trypoxilon* est oblongue, conoïde, et m'a paru toujours dirigée en avant. L'insertion de l'œsophage, qui est inférieure, a lieu brusquement avant la base du cône et au milieu de l'aire de cette base.

« Cette même poche gastrique présente, dans les diverses espèces du genre *Oxybelus*, des modifications de forme et de position dont quelques-unes sont peut-être accidentelles. Dans l'*Oxybelus nigripes*, elle est tout à fait unilatérale et oblongue, tandis que dans l'*Oxybelus mucronatus*, elle est sous-jacente à l'œsophage, arrondie, sessile, subbilobée.

« Ce dernier mode d'insertion, cette situation de la panse, sont propres aux *Crabro*, et constituent un type particulier sur la description duquel il convient d'insister un peu.

« Ainsi que je viens de l'énoncer, la panse est sous-jacente à l'œsophage, c'est-à-dire que ce dernier tube passe au-dessus d'elle dans la direction de la ligne médiane et s'y abouche directement ou sessilement par sa paroi inférieure. Au lieu d'être unilatérale, comme dans les *Larra*, les *Lyrops*, etc., elle est bilatérale, puisqu'elle déborde à droite et à gauche l'œsophage. Il résulte de cette position que la panse, plus ou moins déprimée sur la ligne médiane par l'œsophage, peut paraître, suivant son degré de plénitude, échancrée en avant et en arrière et comme bilobée.

« La panse des Crabronites est séparée du ventricule chilifique par une portion du tube alimentaire dont la texture et les attributions physiologiques offrent un de ces états de transition organique qui jettent dans l'incertitude. Dans quelques espèces, notamment dans les *Larra*, elle est renflée en olive et rappelle par sa forme et sa consistance, mais non par sa structure intérieure, le petit gésier enchâtonné de la plupart des hyménoptères. Dans d'autres espèces, ce n'est qu'une sorte de col étroit dont la texture ne semble pas différer de celle du reste de l'œsophage. »

Le ventricule chylifique est en général assez long pour faire toute une circonvolution sur lui-même. Cependant on le trouve court, droit et à peine courbé dans certains genres (*Ammophila*, *Sphex*, etc). On le voit toujours garni de bandes annulaires plus ou moins creusées. L'intestin, comme cela a presque toujours lieu, est filiforme dans sa première partie, plus renflé dans la seconde ou *rectum*, et garni circulairement de six boutons charnus, allongés longitudinalement comme des colonnes. Le rectum s'atténue en un col tubuleux pour s'ouvrir à l'anus. Les *vaisseaux hépatiques* qui débouchent dans l'extrémité postérieure du ventricule chylifique sont très fins, subdiaphanes, jaunâtres ou incolores et très fragiles.

Nous ne possédons pas, à ma connaissance, d'observations sur le système nerveux des Sphégiens.

Les organes internes de la génération ont été encore étudiés par L. Dufour (fig. 7 à 10). L'appareil testiculaire des Sphégiens mâles se compose de trois capsules, quelquefois d'une seule, renfermées dans un scrotum arrondi ou oblong, très-petit. Le canal déférent est grêle et capillaire ; les vésicules séminales, placées tout près et en avant du scrotum, sont ovoïdes ou allongées. Le canal ejaculateur est très-court et grêle.

Les ovaires des femelles comprennent trois gaînes ovigères, allongées, multiloculaires, quelquefois seulement (*Bembex*, *Crabro*) tri ou quadriloculaires. L'oviducte, parfois très ample, est toujours aussi très court. Dans la plupart des cas, on voit à son origine une glande spéciale consistant en un boyau simple, flexueux, libre par un bout, fixé par l'autre au moyen d'un col étroit, mais sensible. Est-ce une glande sébifique ou sérifique ? La question n'est pas résolue.

7. Distinction des sexes. — Le nombre des articles des antennes (13 chez les mâles, 12 chez les femelles,) suffit souvent à distinguer les deux sexes, mais le moyen le plus certain consiste à faire le compte du nombre des segments abdominaux visibles, en se rappelant que dans les espèces à long pétiole, les deux premiers segments apparents n'en forment qu'un seul en réalité, dont les arceaux dorsal et ventral ne se surperposent qu'à leur extrémité et semblent plutôt se suivre. Les antennes sont ordinairement plus longues et plus effilées chez les mâles ; ils ont l'abdomen un peu plus trapu et son extrémité est souvent ornée de sculptures diverses dont j'ai parlé plus haut. Le plus souvent aussi la taille des femelles surpasse celle des mâles. Quelquefois les tarses et les segments ventraux présentent chez les mâles des dispositions particulières ou des appendices spéciaux. Les yeux sont souvent chez les femelles plus éloignés au sommet que chez les mâles. Les tarses antérieurs sont, dans un grand nombre de cas, pectinés chez les femelles. Enfin celles-ci laissent quelquefois apparaître leur aiguillon à l'extrémité de l'abdomen. Chez un certain nombre d'espèces, les couleurs des individus mâles sont moins brillantes et plus sombres que chez les femelles.

§ III. PREMIERS ÉTATS

(Pl. IV.)

1. Œuf. — L'œuf des Sphégiens (fig. 1) n'est connu que pour un nombre d'espèces relativement restreint. Il ne diffère en rien de celui de la plupart des autres groupes et c'est toujours une masse à peu près cylindrique, plus ou moins allongée, de couleur variable, ordinairement blanche ou jaune, le plus souvent légèrement courbée et un peu plus grosse à l'une des extrémités.

Le nombre des œufs pondus par chaque femelle varie nécessairement d'une espèce à l'autre. Bien que l'expérience ne nous l'ait pas indiqué d'une façon précise, on peut supposer qu'en raison du grand travail d'approvisionnement que nécessite pour beaucoup d'espèces la ponte d'un seul œuf, le nombre de ceux-ci doit être peu considérable, 10 à 15 environ, rarement une trentaine au plus. La capacité des gaînes ovigères montre d'ailleurs qu'elles ne pourrraient en fournir davantage.

2. Larve. — Les larves des Sphégiens (fig. 2 à 6) présentent des particularités spéciales qui résultent du mode de nourriture auquel elles sont astreintes. Toutes, elles sont apodes, aveugles, blanches ou jaunâtres, glabres ou presque glabres, et composées de treize segments plus la tête. La partie ventrale est assez renflée et le corps s'amincit fortement du côté de la tête. L'extrémité postérieure est obtuse, quelquefois au contraire amincie. Les segments portent latéralement des bourrelets qui forment comme une chaîne continue, étranglée de distance en distance. Les segments eux-mêmes sont séparés les uns des autres par des étranglements bien visibles. Au dessus des bourrelets latéraux et vers leur angle antérieur se placent des stigmates au nombre de dix paires placées sur le deuxième jusqu'au onzième segment.

La tête porte deux courtes antennules de deux articles. On y voit, de chaque côté, des points saillants arrondis. La lèvre supérieure est ordinairement échancrée, mais les pièces principales sont les mandibules qui sont robustes, jaune clair ou brunes, arquées et aiguës, avec l'extrémité noirâtre et bidentée. Les autres parties de la bouche sont représentées par des mamelons parfois assez allongés. Le thorax ainsi que la tête sont recourbés en dessous de façon que cette dernière repose sur les premiers segments ventraux. On voit souvent sur la partie médiane du thorax et du dos de l'abdomen un sillon longitudinal assez accusé. Enfin le segment postérieur offre, comme chez beaucoup d'autres larves, un pli transversal à son extrémité.

3. **Nymphe.** — Il n'y a rien à dire de particulier sur la nymphe qui n'est, comme toujours (fig. 7), que l'insecte parfait emmaillotté d'une fine tunique. Mais ce qu'il faut noter, c'est qu'elle est enfermée dans une coque membraneuse, flexible, composée de trois couches distinctes, dont la plus intérieure est lisse et douce au toucher, tandis qu'extérieurement la coque présente un aspect rude, souvent grossier et irrégulier. Sa paroi est très résistante et ne se laisse déchirer que très difficilement (fig. 8 à 10).

A l'une des extrémités de cette coque se voit un amas très-dur et très noir de matières desséchées, composées sans doute des déjections dernières de la larve. La forme du cocon est allongée, un peu pyriforme; cependant, dans certains cas, lorsqu'il est placé, par exemple, dans le canal creusé dans la moëlle d'une tige sèche, il prend une forme tout à fait cylindrique, arrondi à l'une des extrémités où se trouvent les matières noires et dures indiquées ci-dessus, et fermé carrément à l'autre bout par un couvercle membraneux, placé souvent un peu dans l'intérieur de la paroi cylindrique.

§ IV. — NIDIFICATION ET BIOLOGIE

1. — Construction et approvisionnement des nids. — L'histoire des mœurs des Sphégiens serait bien longue à écrire si l'on voulait passer en revue tous les procédés si divers employés par les différentes espèces dans leurs systemes de nidification. Je ne veux donner ici qu'une idée générale de ce qui a lieu, avec quelques exemples, me réservant de décrire plus en détail et chaque fois qu'une espèce remarquable y donnera lieu, les méthodes de chasse, les victimes poursuivies et les modes de construction du nid. J'ai dit, en effet, que tous les Sphégiens étaient chasseurs : mais je puis ajouter que la nature du gibier varie beaucoup avec les espèces; les unes capturent des Coléoptères, d'autres des Orthoptères, des Chenilles, des Araignées, des Diptères, des Pucerons, des Coccides, voire même d'autres Hyménoptères.

C'est ordinairement vers le milieu de l'été, en juillet, souvent même seulement en septembre, plus rarement au printemps, que le Sphégien, éclos depuis peu, songe à remplir la tâche la plus sérieuse de sa vie et qui consiste à construire un abri confortable et sûr à sa nichée. Sous les rayons ardents du soleil, c'est merveille de voir la troupe bariolée de tous ces travailleurs infatigables, assidus à leur ouvrage, ne s'en laissant détourner par aucune préoccupation étrangère. Guidées chacune par son instinct particulier, nos bestioles savent admirablement découvrir la proie qui leur convient, fût-elle cachée sous terre et sous les racines de quelque touffe de thym ou de chardon. Elles ne connaissent pas le repos et, dès que les premiers rayons ont séché l'atmosphère et débarrassé les brins d'herbe de la rosée qui les mouille, on les voit butinant, furetant, déblayant de tous côtés, avec des mouvements nerveux indiquant quel zèle est apporté à ce labeur. Les ailes frémissantes, l'abdomen tendu, l'œil aux aguets, rien ne les arrête que le déclin du jour, à moins qu'une nuée passagère ou une ondée subite ne viennent pour un instant obscurcir et troubler l'atmosphère. Cachés alors sous quelque abri, pierre qui avance, corolle qui penche ou fissure d'un vieux tronc, les vaillants pionniers, cessant momentanément leur travail, impatients du temps perdu, attendent le retour de l'azur dans le ciel et du calme dans l'air. Et cependant l'observateur, qui guette l'occasion favorable de saisir la raison de quelque manœuvre qu'il ne comprend pas, se voit contraint, par la contemplation de ces milliers d'êtres qui l'entourent, de faire l'aveu qu'il est bien petit et bien inutile, surtout bien ignorant, au milieu de tant d'activité et de tant de secrets difficiles à expliquer.

Ces existences si agitées fournissent au philosophe mille occasions de se poser des problèmes qu'il ne résout que rarement, de placer des jalons qui, bien que fournis par des êtres infimes, lui seront d'un grand secours pour l'aider à deviner les grands secrets de l'univers. Ecoutons plutôt l'un d'eux, le plus sincèrement admirateur de la nature et le plus zélé pour en découvrir et en faire connaître les merveilleux secrets. En nous apprenant ce qu'il voit si bien, il nous associera à ses jouissances et nous montrera combien est sot et puéril le dédain qu'affecte le monde vis-à-vis des petits êtres qui nous occupent. (1)

« C'est vers la fin du mois de juillet que le Sphex à ailes jaunes déchire le cocon qui l'a protégé jusqu'ici et s'envole de son berceau souterrain. Pendant tout le mois d'août, on le voit communément voltiger à la recherche de quelque gouttelette mielleuse autour des têtes épineuses du chardon-Roland, la plus commune des plantes robustes qui bravent impunément les feux caniculaires de ce mois. Mais cette vie insouciante est de courte durée, car dès les premiers jours de septembre, le Sphex est à sa rude tâche de pionnier et de chasseur. C'est ordinairement quelque plateau de peu d'étendue, sur les berges élevées des chemins, qu'il choisit pour l'établissement de son domicile, pourvu qu'il y trouve deux choses indispensables : un sol aréneux facile à creuser et du soleil. Du reste, aucune précaution n'est prise pour abriter le domicile contre les pluies de l'automne et les frimas de l'hiver. Un emplacement horizontal, sans abri, battu par la

(1) J.-H. Fabre, *Souvenirs entomologiques*, 1879, p. 82.

pluie et les vents, lui convient à merveille, avec la condition cependant d'être exposé au soleil. Aussi, lorsqu'au milieu de ses travaux de mineur, une pluie abondante survient, c'est pitié de voir le lendemain les galeries en construction bouleversées, obstruées de sable et finalement abandonnées.

« Rarement le Sphex se livre solitaire à son industrie. C'est par petites tribus de dix, vingt pionniers ou davantage, que l'emplacement élu est exploité. Il faut avoir passé quelques journées en contemplation devant l'une de ces bourgades pour se faire une idée de l'activité remuante, de la prestesse saccadée, de la brusquerie de mouvements de ces laborieux mineurs. Le sol est rapidement attaqué avec les rateaux des pattes antérieures : *canis instar*, comme dit Linné. Un jeune chien ne met pas plus de fougue à fouiller le sol pour jouer. En même temps, chaque ouvrier entonne sa joyeuse chanson qui se compose d'un bruit strident, aigu, interrompu à de très-courts intervalles et modulé par les vibrations des ailes et du thorax. On dirait une troupe de gais compagnons se stimulant au travail par un rhythme cadencé. Cependant le sable vole retombant en fine poussière sur leurs ailes frémissantes, et le gravier trop volumineux, arraché grain à grain, roule loin du chantier. Si la pièce résiste trop, l'insecte se donne de l'élan avec une note aigre qui fait songer aux ahan! dont le fendeur de bois accompagne un coup de hache. Sous les efforts redoublés des tarses et des mandibules, l'antre ne tarde pas à se dessiner; l'animal peut déjà y plonger en entier. C'est alors une vive alternative de mouvements en avant pour détacher de nouveaux matériaux et de mouvements de recul pour balayer au dehors les débris. Dans ce va-et-vient précipité, le Sphex ne marche pas, il s'élance comme poussé par un ressort, il bondit, l'abdomen palpitant, les antennes vibrantes, tout le corps enfin animé d'une sonore trépidation. Voilà le mineur dérobé aux regards ; on entend encore sous terre son infatigable chanson, tandis qu'on entrevoit, par intervalles, ses jambes postérieures poussant à reculons une ondée de sable jusqu'à l'orifice du terrier. De temps à autre, le Sphex interrompt son travail souterrain, soit pour venir s'épousseter au soleil, se débarrasser des grains de poussière qui, en s'introduisant dans ses fines articulations, gênent la liberté de ses mouvements, soit pour opérer dans les alentours une ronde de reconnaissance. Malgré ces interruptions qui, d'ailleurs, sont de courte durée, dans l'intervalle de quelques heures, la galerie est creusée et le Sphex vient sur le seuil de sa porte chanter son triomphe et donner le dernier poli au travail, en effaçant quelques inégalités, en enlevant quelques parcelles terreuses dont son œil clairvoyant peut seul discerner les inconvénients.

« .... Aussitôt le terrier creusé, la chasse commence. Mettons à profit les courses lointaines de l'hyménoptère à la recherche du gibier, pour examiner le domicile. L'emplacement général d'une colonie de Sphex est, disons-nous, un terrain horizontal. Cependant le sol n'y est pas tellement uni qu'on n'y trouve quelques petits mamelons, couronnés d'une touffe de gazon ou d'armoise, quelques plis consolidés par les maigres racines de la végétation qui les recouvre. C'est sur le flanc de ces rides qu'est établi le repaire du Sphex. La galerie se compose d'abord d'une portion horizontale de deux ou trois pouces de profondeur et servant d'avenue à la retraite cachée destinée aux provisions et aux larves. C'est dans ce vestibule que le Sphex s'abrite pendant le mauvais temps ; c'est là qu'il se retire pendant la nuit et se repose le jour quelques instants, montrant seulement au dehors sa face expressive, ses gros yeux effrontés. A la suite du vestibule survient un coude brusque, plongeant plus ou moins obliquement à une profondeur de deux à trois pouces encore, et terminé par une cellule ovalaire, d'un diamètre un peu plus grand, et dont l'axe le plus long est couché suivant l'horizontale. Les parois de la cellule ne sont crépies d'aucun ciment particulier, mais malgré leur nudité on voit qu'elles ont été l'objet d'un travail plus soigné. Le sable y est tassé, égalisé avec soin sur le plancher, sur le plafond, sur les côtés, pour éviter des éboulements et pour effacer les aspérités qui pourraient blesser le délicat épiderme de la larve. Enfin cette cellule communique avec le couloir par une entrée étroite, juste suffisante pour laisser passer le Sphex chargé de sa proie.

« Quand cette première cellule est munie d'un œuf et des provisions nécessaires, le Sphex en mure l'entrée, mais il n'abandonne pas encore son terrier. Une seconde cellule est creusée à côté de la première et approvisionnée de la même façon, puis une troisième, et quelquefois enfin une quatrième. C'est alors seulement que le Sphex rejette dans le terrier tous les déblais amassés devant la porte, et qu'il efface complètement les traces extérieures de son travail. Ainsi, à chaque terrier, il correspond ordinairement trois cellules, rarement deux et plus rarement encore quatre. Or, comme l'apprend l'autopsie de l'insecte, on peut évaluer à une trentaine le nombre des œufs pondus, ce qui porte à dix le nombre des terriers nécessaires. D'autre part, les travaux ne commencent guère avant septembre et sont achevés avant la fin de ce mois. Par conséquent le Sphex ne peut consacrer à chaque terrier et à son approvisionnement, que deux ou trois jours au plus. On conviendra que l'active bestiole n'a pas un moment à perdre, lorsque, en si peu de temps, elle doit creuser le gîte, se procurer une douzaine de Grillons, les transporter quelquefois de loin à travers mille difficultés, les mettre en magasin et boucher enfin le terrier. Et puis, d'ailleurs, il y a des journées où le vent rend la chasse impossible, des journées pluvieuses ou même seulement sombres, qui suspendent tout travail.

« .... Mais voici venir bruyamment un Sphex qui, de retour de la chasse, s'arrête sur un buisson voisin et soutient, par une antenne, avec les mandibules, un volumineux grillon, plusieurs fois aussi pesant que lui. Accablé sous le poids, un instant il se repose. Puis il reprend sa capture entre les pattes et, par un suprême effort, franchit d'un seul trait la largeur du ravin qui le sépare de son domicile. Il s'abat lourdement sur le plateau et le reste du trajet s'effectue à pied. L'Hyménoptère est à califourchon sur sa victime et s'avance, la tête haute et fière, tirant par une antenne, à l'aide de ses mandibules, le grillon qui traîne entre ses pattes. Si le sol est nu, le transport s'effectue sans encombre ; mais si quelque touffe de gramen éterd, en travers de la route à parcourir, le réseau de ses stolons, il est curieux de voir la stupéfaction du Sphex lorsqu'une de ces cordelettes vient tout à coup paralyser ses efforts ; il est curieux d'être témoin de ses marches et contre-marches, de ses tentatives réitérées, jusqu'à ce que l'obstacle soit surmonté, soit par le secours des ailes, soit par un détour habilement calculé. Le grillon est enfin amené à destination et se trouve placé de manière que ses antennes arrivent précisément à l'orifice du terrier. Le Sphex abandonne alors sa proie et descend précipitamment au fond du souterrain. Quelques instants après, on le voit reparaître, montrant la tête au dehors et jetant un petit cri allègre. Les antennes du grillon sont à sa portée : il les saisit et le gibier est prestement descendu au fond du repaire.

« .... C'est sans doute au moment d'immoler le grillon que le Sphex déploie ses plus savantes ressources ; il importe donc de constater la manière dont la victime est sacrifiée. Instruit par mes tentatives multipliées dans le but d'observer les manœuvres de guerre des Cerceris, j'ai immédiatement appliqué aux Sphex la méthode qui m'avait réussi avec les premiers, méthode consistant à enlever la proie au chasseur et à la remplacer aussitot par une autre vivante. Cette substitution est d'autant plus facile que nous avons vu le Sphex lâcher lui-même sa capture pour descendre un instant seul au fond de son terrier. Son audacieuse familiarité, qui le porte à venir saisir au bout de vos doigts, et même jusque sur votre main, le grillon qu'on vient de lui ravir et qu'on lui présente de nouveau, se prête encore à merveille à l'heureuse issue de l'expérience, en permettant d'observer de très près tous les détails du drame.

« Trouver des grillons vivants, c'est encore chose facile : il n'y a qu'à soulever les premières pierres venues, pour en trouver de tapis à l'abri du soleil. Ces grillons sont des jeunes de l'année, n'ayant encore que des ailes rudimentaires et qui, dépourvus de l'industrie de l'adulte, ne savent pas encore se creuser ces profondes retraites où ils seraient à l'abri des investigations des Sphex. En peu d'instants, me voilà possesseur d'autant de grillons vivants que je peux en désirer. Voilà tous mes préparatifs faits. Je me hisse en haut de mon observatoire, je m'etablis sur le plateau au centre de la bourgade des Sphex et j'attends.

« Un chasseur survient, charrie son Grillon jusqu'à l'entrée du logis et pénètre seul dans son terrier. Ce Grillon est rapidement enlevé et remplacé, mais à quelque distance du trou, par un des miens. Le ravisseur revient, regarde et court saisir la proie trop éloignée. Je suis tout yeux, tout attention. Pour rien au monde, je ne céderais ma part du dramatique spectacle auquel je vais assister. Le Grillon effrayé s'enfuit en sautillant, le Sphex le serre de près, l'atteint, se précipite sur lui. C'est alors, au milieu de la poussière, un pêle-mêle confus où tantôt vainqueur, tantôt vaincu, chaque champion occupe tour à tour le dessus ou le dessous dans la lutte. Le succès, un instant balancé, couronne enfin les efforts de l'agresseur. Malgré ses vigoureuses ruades, malgré les coups de tenaille de ses mandibules, le Grillon est terrassé, étendu sur le dos.

« Les dispositions du meurtrier sont bientôt prises. Il se met ventre à ventre avec son adversaire, mais en sens contraire, saisit avec ses mandibules l'un ou l'autre des filets terminant l'abdomen du Grillon et maîtrise avec les pattes de devant les efforts convulsifs des grosses cuisses postérieures. En même temps, ses pattes intermédiaires étreignent les flancs pantelants du vaincu et ses pattes postérieures s'appuyant, comme deux leviers, sur la face, font largement bâiller l'articulation du cou. Le Sphex recourbe alors verticalement l'abdomen de manière à ne présenter aux mandibules du Grillon qu'une surface convexe insaisissable ; et l'on voit, non sans émotion. son stylet empoisonné plonger une première fois dans le cou de la victime, puis une seconde fois dans l'articulation des deux segments antérieurs du thorax, puis encore vers l'abdomen. En bien moins de temps qu'il n'en faut pour le raconter, le meurtre est consommé et le Sphex, après avoir réparé le désordre de sa toilette, s'apprête à charrier au logis la victime dont les membres sont encore animés des frémissements de l'agonie.

« Arrêtons-nous un instant sur ce que présente d'admirable la tactique de guerre dont je viens de donner un pâle aperçu. Les Cerceris s'attaquent à un adversaire passif, incapable de fuir (1), presque privé d'armes offensives, et dont toutes les chances de salut résident en une solide cuirasse, dont toutefois le meurtrier sait trouver le point faible. Mais ici, quelles différences! La proie est armée de mandibules redoutables, capables d'éventrer l'agresseur si elles parviennent à le saisir ; elle est pourvue de deux pattes vigoureuses, véritables massues hérissées d'un double rang d'épines acérées, qui peuvent tour à tour servir au Grillon pour bondir loin de son ennemi ou pour le culbuter sous de bru-

---

(1) Coléoptères du genre *Cleonus*.

tales ruades. Aussi voyez quelles précautions de la part du Sphex, avant de faire manœuvrer son aiguillon. La victime, renversée sur le dos, ne peut, faute de point d'appui, faire usage pour s'évader, de ses leviers postérieurs, ce qu'elle ne manquerait pas de faire si elle était attaquée dans la station normale, comme le sont les gros charançons du Cerceris tuberculé. Ses jambes épineuses, maîtrisées par les pattes antérieures du Sphex, ne peuvent non plus agir comme armes offensives; et ses mandibules, retenues à distance par les pattes postérieures de l'hyménoptère, s'entrouvrent menaçantes, mais sans pouvoir rien saisir. Mais ce n'est pas assez pour le Sphex de mettre sa victime dans l'impossibilité de lui nuire; il lui faut encore la tenir si étroitement garrottée qu'elle ne puisse faire le moindre mouvement capable de détourner l'aiguillon des points où doit être distillée la goutte de venin ; et c'est probablement dans le but de paralyser les mouvements de l'abdomen qu'est saisi l'un des filets qui le terminent. Non, si une imagination féconde s'était donné le champ libre pour inventer à plaisir le plan d'attaque, elle n'eût pas trouvé mieux; et il est douteux que les athlètes des antiques palestres, en se prenant corps à corps avec un adversaire, eussent des attitudes calculées avec plus de science.

« Je viens de dire que l'aiguillon est dardé à plusieurs reprises dans le corps du patient : d'abord sous le cou, puis en arrière du prothorax, puis enfin vers la naissance de l'abdomen. C'est dans ce triple coup de poignard que se montrent, dans toute leur magnificence, l'infaillibilité, la science infuse de l'instinct.

« . . . . . . Les victimes des Hyménoptères dont les larves vivent de proie ne sont pas de vrais cadavres, malgré leur immobilité parfois complète. Chez elles, il y a simple paralysie totale ou partielle des mouvements, il y a simple anéantissement plus ou moins complet de la vie animale, mais la vie végétative, la vie des organes de nutrition se maintient longtemps encore et préserve de la décomposition la proie que la larve ne doit dévorer qu'à une époque assez reculée. Pour produire cette paralysie, les Hyménoptères chasseurs emploient précisément les procédés que la science avancée de nos jours pourrait suggérer aux physiologistes expérimentateurs, c'est-à-dire la lésion, au moyen de leur dard vénénifère, des centres nerveux qui animent les organes locomoteurs. On sait en outre que les divers centres ou ganglions de la chaîne nerveuse des animaux articulés, sont, dans une certaine limite, indépendants les uns des autres dans leur action ; de telle sorte que la lésion de l'un d'eux n'entraîne, immédiatement du moins, que la paralysie du segment correspondant; et ceci est d'autant plus exact que les divers ganglions sont plus séparés, plus distants l'un de l'autre. S'ils sont au contraire soudés ensemble, la lésion de ce centre commun amène la paralysie de tous les segments où se distribuent ses ramifications. C'est le cas qui se présente chez les Buprestes et les Charançons que les Cerceris paralysent d'un seul coup d'aiguillon dirigé vers la masse commune des centres nerveux du thorax. Mais ouvrons un grillon. Qu'y trouvons-nous pour animer les trois paires de pattes? On y trouve ce que le Sphex savait fort bien avant les anatomistes : trois centres nerveux largement distants l'un de l'autre. De là la sublime logique de ses coups d'aiguillon réitérés à trois reprises. Science superbe, humiliez-vous !

« . . . . . . La chasse est terminée. Les trois ou quatre grillons qui forment l'approvisionnement d'une cellule sont methodiquement empilés, couchés sur le dos, la tête au fond de la cellule, les pieds à l'entrée. Un œuf est pondu sur l'un d'eux ; il reste à clore le terrier. Le sable provenant de l'excavation et amassé devant la porte du logis est prestement balayé à reculons dans le couloir. De temps en temps des grains de gravier assez volumineux sont choisis un à un, en grattant le tas de deblai avec les pattes de devant, et transportés avec les mandibules pour consolider la masse pulvérulente. S'il n'en trouve pas de convenable à sa portée, l'hyménoptère va à leur recherche dans le voisinage et parait en faire un choix scrupuleux, comme le ferait un maçon des maîtresses pièces de sa construction. Des débris végétaux, des menus fragments de feuilles sèches sont également employés. En peu d'instants, toute trace extérieure de l'édifice souterrain a disparu, et si l'on n'a pas eu soin de marquer d'un signe l'emplacement du domicile, il est impossible à l'œil le plus attentif de le retrouver. Cela fait, un nouveau terrier est creusé, approvisionné et muré autant de fois que le demande la richesse des ovaires. La ponte achevée, l'animal recommence sa vie insouciante et vagabonde, jusqu'à ce que les premiers froids viennent mettre fin à une vie si bien remplie. »

Le récit si détaillé et si imagé qu'on vient de lire nous a pleinement initié aux manœuvres générales des Sphégiens, et nous pouvons le prendre comme type et y rapporter, en en faisant sentir les différences, les mœurs d'autres espèces nidifiant un peu autrement ou s'attaquant à d'autres victimes.

Nous avons vu le Sphex à l'ouvrage, creusant son terrier, puis partant en chasse ; l'ordre inverse se présente aussi pour une autre espèce du même genre (*occitanica*). Celle-ci enterre dans son trou d'énormes femelles d'Ephippigère des vignes, mais elle capture déjà la proie, puis creuse le trou, et la raison nous en est donnée bien simplement par M. Fabre. Ici, en effet, la proie est lourde, difficile, presque impossible à transporter à de longues distances; le nid doit donc se trouver dans les environs du lieu de la capture, et celui-ci, étant subordonné à tous les hasards de la chasse, ne peut être prévu à l'avance. Une seule éphippigère suffit d'ailleurs à l'approvisionnement d'une cellule et, pour la même cause, chaque puits ne correspond qu'à un seul logis.

Si nous passons à l'*Ammophile*, nous lui voyons encore forer le sol et installer tout au fond une cellule unique ; mais la proie est bien différente et c'est le gros ver gris, ennemi du maraîcher, qui en fait l'office. Il vit souterrainement, mais ce ne peut être une difficulté pour le chasseur, qu'un instinct spécial et absolument incompréhensible, dirige sans hésitation vers la motte ou la racine qui cache le gibier désiré. D'autres espèces d'Ammophiles préfèrent les chenilles de Géomètres, dites *arpenteuses*. L'aiguillon paralyse ses victimes, soit avec deux ou trois coups seulement si elles sont petites, soit en piquant tous les segments successivement si elles sont plus grosses.

Les *Bembex* sont d'autres fouisseurs dont les mœurs sont sensiblement différentes. Tandis que les précédents choisissent de préférence un terrain compact et solide, mettant leur travail à l'abri des éboulements, ceux-ci recherchent au contraire le sable le plus mobile. A une petite profondeur, un reste d'humidité le maintient en place, et c'est là qu'est installée la chambre de la larve; puis tout le couloir se comble à mesure qu'il est percé. La proie enfouie est un diptère; mais où la manœuvre diffère complètement de ce que nous avons vu plus haut, c'est que l'approvisionnement n'est pas fait en une fois et se renouvelle pendant tout le temps de la croissance de la larve. La mère doit donc entrer et sortir du nid plusieurs fois par jour, et cependant celui-ci doit être toujours soigneusement clôturé; de là l'éboulement incessant des parois formant une fermeture automatique que ne savent pas traverser les ennemis du Bembex, mais qui n'est pas un obstacle pour lui. Ce sable continuellement interposé met en même temps le logement intérieur, et la progéniture elle-même, à l'abri des ardeurs desséchantes de l'extérieur. Pourquoi encore cette modification profonde dans les mœurs des Sphégiens? c'est que le Bembex, sans doute à cause de la nature même de la victime, ne peut la paralyser seulement, comme nous l'avons vu pour les orthoptères et les chenilles. Il la tue, et ce sont de vrais cadavres qu'il apporte à sa larve, cadavres qui ne pourraient se conserver intacts pendant toute sa croissance, et qui, de toute nécessité, doivent être sacrifiés seulement au fur et à mesure des besoins.

Léon Dufour, en quête de coléoptères de la famille des Buprestes, dont il ne parvenait qu'à de rares intervalles à placer quelques individus dans ses flacons de chasse, fut bien étonné un jour en apercevant un hyménoptère qui en transportait un dans son nid creusé en terre. Fouillant à cette place, il y trouva une véritable mine de ces brillants insectes, et ce fait l'amena à faire l'observation si complète qu'il a relatée avec tout le charme qu'il mettait dans ses récits, et qui a été le point de départ de nos connaissances sur les mœurs des Sphégiens. L'hyménoptère en question était un *Cerceris* qu'il nomma, en raison de ses habitudes spéciales : *buprestícida*. Les insectes de ce genre attaquent en effet divers coléoptères, les uns des Buprestes, d'autres des Curculionites de genres divers : *Cleonus*, *Apion*, *Phytonomus*, etc.; d'autres encore de petits hyménoptères.

Le nid consiste toujours en un puits non vertical, mais coudé et aboutissant à cinq ou six cellules. La longueur de cette galerie peut atteindre jusqu'à trente et quarante centimètres. Les victimes sont accumulées en nombre convenable, puis l'entrée est bouchée avec de la terre.

Mais ici se présente une difficulté spéciale, résidant précisément dans la nature des vivres emmagasinés. Chacun connaît la dûreté de la cuirasse de certains charançons, la façon hermétique dont sont cachées les articulations. Comment le *Cerceris* arrive-t-il à transpercer de semblables blindages avec son mince aiguillon?

L'observation a donné le mot de cette énigme, et il a été constaté que tous ces coléoptères à puissante carapace étaient capturés au moment même où, venant d'éclore, ils arrivaient au jour. Leurs téguments n'ont alors pas encore toute leur résistance, et les articulations, bâillant plus facilement, laissent pénétrer le dard au lieu convenable. Cette précaution est aussi nécessaire pour que la proie puisse être entamée par la larve encore si débile. Dufour nous apprend que celle-ci pénètre par la bouche des buprestes, s'insinue de là dans les cavités splanchiques et dévore les viscères. Le fait matériel est ainsi expliqué. Mais comment comprendre que la mère arrive à découvrir à point nommé les insectes mous qui lui sont nécessaires! Les chasseurs d'insectes les plus habiles, avec tout leur outillage, emploieraient plusieurs jours pour trouver le nombre de buprestes qui se voient dans une cellule de Cerceris, tandis que celui-ci, presque sans recherches, ou plutôt guidé par un instinct merveilleux, une science innée que nous ne pouvons concevoir, arrive en un temps très limité à découvrir tout ce qu'il lui faut. Nous devons, ici encore, nous incliner et accuser la rudesse et l'imperfection de nos sens.

Les *Philanthes*, autres fouisseurs de mœurs analogues, s'attaquent à l'abeille, et il est merveilleux de voir le ravisseur surprendre l'hyménoptère pourtant si bien armé, le terrasser et le paralyser avec son venin. C'est dans les endroits meubles et sablonneux que le Philanthe perfore le sol. Le puits d'entrée conduit à une cellule où sont accumulées cinq, six ou même sept abeilles ouvrières. Cette galerie mesure plus de trente centimètres de longueur. La larve n'a besoin que d'un petit nombre de jours pour consommer ses provisions.

Mais voici assez d'exemples de Sphex terrassiers ; je dois maintenant en citer d'autres faisant œuvre de maçons, et se construisant des nids de toutes pièces. Parmi ceux-ci, les *Pélopées* sont les plus connus. Sur la face latérale des grosses pierres, dans les endroits ensoleillés, se voit un amas rugueux de terre desséchée, de forme allongée, atteignant souvent jusqu'à quinze et vingt centimètres de longueur. Nul ne soupçonnerait la nature de ce dépôt : c'est un nid, où une mère attentive a établi des logements confortables et solides pour sa progéniture. Le mortier qui le compose est très-résistant, et il est à croire que l'insecte, en le malaxant, lui fait subir un mélange avec un liquide approprié qui lui donne la consistance voulue. Cet amas cache dans son intérieur environ cinq cellules allongées, bien polies et revêtues d'une sorte de vernis qui les rend en même temps douces au toucher et imperméables. Chacune de ces loges, placée verticalement, est séparée de sa voisine par une mince cloison de terre. Les provisions accumulées consistent en arachnides de diverses espèces, mais non adultes, et en nombre variable. Elles sont paralysées comme ces victimes que nous avons déjà passées en revue.

Enfin, j'ai à signaler un mode de nidification tout différent, et qui est mis en usage par un grand nombre de petits Sphégiens. Depuis les beaux travaux de Dufour et Perris, et ceux du docteur Giraud, nous savons combien sont nombreux les habitants des tiges sèches de la ronce. Parmi ces bestioles, figurent un certain nombre de nos insectes qui, au lieu de fouir la terre, attaquent la moelle des tiges mortes, y perforent une galerie souvent très allongée, puis, la divisant en étages successifs, en font autant de loges ou cellules qui, chacune, abritent une larve avec ses provisions. Celles-ci consistent tantôt en petites araignées, tantôt en pucerons divers ou en psylles, tantôt en microscopiques diptères ou en jeunes coccides. Je pourrai, d'après les auteurs précités et les travaux d'autres éminents observateurs, donner en leur temps des détails circonstanciés sur l'évolution de ces habitants des tiges.

D'autres espèces affectionnent plus particulièrement les trous tout faits existant déjà dans le tronc des vieux arbres, ou encore les galeries abandonnées par les coléoptères xylophages. Ils y emmagasinent en général des pucerons.

Je trouve enfin dans le bel ouvrage de M. J.-H. Fabre une observation qui tendrait à montrer que certaines espèces, plus paresseuses que celles que nous venons de passer en revue, ne craindraient pas de s'emparer des nids creusés à grand peine par un Sphex, et, faisant acte de véritable parasitisme, d'aller y pondre leurs œufs sur les orthoptères déjà enfouis. Ce fait, constaté une fois seulement, ne suffit peut-être pas pour porter une accusation aussi grave contre les *Tachytes*, qui sont les insectes dont il s'agit, avant qu'il se trouve confirmé. Mais nous pouvons en tirer au moins la conclusion que leur nid est approvisionné d'orthoptères.

Tels sont, autant du moins qu'un examen trop rapide permet de les indiquer, les principaux modes de nidification employés par les Sphégiens. J'aurai, chaque fois que l'occasion s'en présentera, à insister sur certains détails particuliers et à montrer d'une façon plus complète l'industrie de ces petits travailleurs. Je n'ai plus maintenant qu'à résumer ce qui précède pour en mieux faire saisir l'ensemble et en faire ressortir les principaux traits. J'en emprunte l'esprit, sinon les termes, à un ancien travail de M J.-H. Fabre. (1)

Il résulte de tout ce que l'on vient de lire que les hyménoptères prédateurs, obligés de rendre inoffensive pour leurs jeunes larves une proie souvent vigoureuse et puissamment armée, et tenus en même temps de leur fournir une proie vivante, y parviennent au moyen de coups d'aiguillon donnés dans les centres nerveux. Si la victime est une petite chenille ou une faible larve, l'effet du venin peut, sans inconvénient, se borner à une torpeur, à une léthargie plus ou moins profonde, n'anéantissant pas les mouvements d'une façon tout-à-fait complète. Si, au contraire, l'hyménoptère a affaire à un insecte vigoureux, la paralysie doit être totale afin que l'œuf ou la larve ne se trouvent pas en danger. Il y a alors abolition complète du mouvement, comme chez les Buprestes ou les Charançons des Cerceris, les Grillons et les Ephippigères des Sphex. Dans le premier cas, le but est atteint au moyen d'une seule piqûre dont l'effet se propage peu à peu dans tout le corps de la victime. Dans le second, il faut un coup d'aiguillon spécial dans chacun des centres nerveux. Il arrive même, pour le gros gibier, que la mère Sphex, avant de l'emmagasiner, lui mâchonne la tête avec ses mandibules, de façon à jeter la matière cervicale dans la torpeur sans cependant l'attaquer suffisamment pour amener la mort.

L'état d'inertie obtenu n'est qu'une mort apparente, une paralysie des organes de la vie animale ; mais la vie végétative persiste

(1) *Ann des Sc. naturelles.*

en entier encore plus ou moins longtemps et préserve l'organisme de la décomposition. La victime ne meurt que longtemps après et peut-être seulement d'inanition. Il n'y a donc pas lieu, comme l'ont avancé de grands observateurs, Sichel, puis Dufour, d'attribuer au venin des Sphégiens une propriété antiseptique. Ce liquide agit seulement sur les centres nerveux, comme agirait tout autre agent suffisamment énergique. On peut d'ailleurs répéter soi-même les mêmes expériences au moyen d'une fine aiguille trempée dans l'ammoniaque. Il est bon de remarquer aussi que les coups d'aiguillon sont donnés précisément dans les centres nerveux les plus importants, ceux des cinquième et sixième segments dans les petites chenilles, d'où l'effet du venin se répand suffisamment à droite et à gauche dans tout le corps ; pour les grosses chenilles, où chaque segment a un ganglion nerveux, et dont la force vitale ne serait pas assez anéantie par une simple piqûre au milieu du corps, il y a autant de coups d'aiguillon que de segments. Au contraire, chez les coléoptères, un seul coup suffit, quelle que soit la vigueur de l'insecte, parceque les ganglions sont concentrés en un seul point thoracique. Cette centralisation est nécessaire à cause de la cuirasse des victimes qui rendrait difficile une plus grande multiplication des coups d'aiguillon ; il en résulte que, dans l'ordre des Coléoptères, les victimes appartiennent toujours aux familles des Buprestes ou des Curculionites dont l'appareil nerveux offre la disposition indiquée ci-dessus ; chez les autres, sauf peut-être encore chez quelques petits Lamellicornes, la centralisation nerveuse est insuffisante. Ainsi les prédilections exclusives des Cerceris, grands amateurs de Coléoptères, sont subordonnées à l'anatomie de leurs victimes plutôt qu'à leurs qualités nutritives. Les actes de tous ces hyménoptères sont guidés par une véritable science innée chez eux, qu'ils n'ont jamais apprise, qu'ils n'oublieront jamais et qui constitue leur instinct. Cet instinct est aveugle et n'a rien de commun avec l'intelligence. Pour peu qu'il soit troublé dans sa manifestation par un obstacle quelconque, il ne sait ni le surmonter ni le tourner, contrairement à ce qui se constate si bien chez toutes les espèces sociales.

C'est peut-être ici le lieu de placer quelques observations générales qui ne nous amèneront pas à des conclusions bien nettes, mais qui pourront du moins susciter de nouvelles expériences dont la science profitera.

Il est un principe assez bien établi et qui se retrouve chez nombre d'insectes, comme je l'ai déjà indiqué à propos des Vespides. C'est que les individus nouvellement éclos ont une prédilection marquée pour le lieu de leur naissance et, en fussent-ils très éloignés, y reviennent pour y installer leur nid à leur tour. Il résulte encore d'observations assez nombreuses que les espèces même non sociales, c'est-à-dire travaillant isolément à un ouvrage ne devant servir qu'à elles-mêmes, aiment à se réunir en groupes, en sociétés, à former des colonies souvent très nombreuses, bien qu'elles ne tirent individuellement aucun avantage de ces réunions. Telles sont les colonies de certains Sphex, des Pélopées, des Chalicodomes, des Odynères, des Sphécodes, des Halictes, etc. N'est-il pas permis d'apercevoir dans ces groupements qui n'ont rien de fortuit, autre chose que le désir de profiter tous d'un endroit convenable? Ne peut-on y voir comme un germe d'un état social plus avancé, qui serait comme un but final réalisable seulement dans un laps de temps extrêmement considérable. Nous avons vu que le *Sphex occitanica* creuse son nid après avoir fait la chasse, et le creuse à l'endroit même de la capture ou dans un lieu peu éloigné. Il vit donc nécessairement beaucoup plus isolé que ses congénères qui, chassant des pièces moins lourdes, plus transportables, peuvent les enlever au vol et rejoindre ainsi leur nid au milieu d'une cité populeuse. Ne peut-on penser que, au point de vue intellectuel, les derniers seront plus avancés que les premiers qui se trouvent maintenus, par la force même des choses, loin de leurs semblables? Ce n'est pas une hypothèse absolument gratuite, car M. Fabre nous fournit, au moyen des expériences innombrables qu'il a tentées avec ces insectes, des renseignements desquels il résulte que des différences notables de capacité intellectuelle peuvent se constater entre telle ou telle colonie d'une même espèce. Tandis que l'une se laisse et se laissera indéfiniment duper par un cruel observateur qui s'acharne à contrarier ses instincts, l'autre, après deux ou trois répétitions du même manège, ne se laissera plus abuser et saura se tirer d'affaire au grand désappointement de son bourreau. Il y a donc progrès d'une colonie à l'autre, et ce progrès, transmissible par hérédité, ne peut-il modifier d'abord quelque point de mœurs, puis celles-ci d'une façon plus complète? C'est là un problème difficile à résoudre, surtout à cause du nombre de siècles qui peut être nécessaire pour rendre appréciable un minime perfectionnement dans les mœurs. Mais il n'était pas, je crois, inutile de le poser ; quand une variation de couleur ou de taille, de forme même quelquefois, se retrouve d'une génération à l'autre et constitue les variétés dites constantes, une modification dans la puissance intellectuelle ne peut-elle de même se perpétuer et s'accentuer ?

2. Biologie. — Dans l'examen rapide que nous avons fait des mœurs des Sphégiens, nous n'avons encore considéré que leurs travaux et leurs chasses ; il nous reste à étudier leur biologie même et à les suivre depuis l'œuf jusqu'à la mort.

Nous avons vu l'œuf pondu sur la victime quand elle est seule, ou sur la dernière apportée s'il y en a plusieurs, et collé ordinairement à l'endroit même de la piqûre, comme étant celui qui est le plus insensible. L'orifice d'entrée est immédiatement bouché par la mère, puis tout rentre dans le silence. Au bout de quelques heures, la petite larve troue la coque de l'œuf, et, rencontrant immédiatement les téguments de la victuaille mise à sa port e, se met en devoir de les percer et d'en sucer le contenu. Ce travail lui est d'autant plus facile que les tissus distendus laissent à nu les articulations, et que, dans cet endroit, l'épiderme est facilement attaquable, même par les débiles mandibules du nouveau-né. La première pièce est la plus longue à dévorer, puisque la larve est encore bien petite ; mais, après celle-là, les autres suivent rapidement, et dans un délai variant de dix à douze jours jusqu'à un mois, selon les espèces, le ver a acquis toute sa grandeur. Parvenu à cet état, il s'enferme dans la coque dont j'ai parlé ; puis, au milieu du repos le plus complet, il attend le moment de la nymphose, les uns pendant quelques jours seulement, d'autres pendant plusieurs mois, de façon que l'insecte parfait ne vient à éclosion qu'au printemps suivant. Voici d'ailleurs, d'après L. Dufour(1), le récit complet de la métamorphose de la larve

(1) *Mémoire sur les Insectes hyménoptères qui nichent dans l'intérieur des tiges sèches de la ronce.* Paris, 1840

d'un Sphégien, le *Tripoxylon figulus.* Il servira de type et donnera un aperçu de ce qui, sauf peut-être de légères modifications, doit se passer pour les autres :

« Nous avons pu suivre, dans tous ses détails, la métamorphose des larves du *Tripoxylon.* Lorsque le moment de cette métamorphose est venu, il s'opère un étranglement entre le cinquième et le sixième segments. Les cinq premiers segments s'effacent peu à peu, et il est bientôt permis de présumer que le premier sera remplacé par la tête, le second et le troisième par le thorax, le quatrième et le cinquième par le métathorax, l'écusson et le petit pédicule ou le premier segment de l'abdomen. Ces divisions, d'abord fort obscures, se dessinent ensuite parfaitement. Les yeux s'aperçoivent sous le premier segment, sous forme de taches roses, réniformes, et les ocelles se manifestent par des points de même couleur disposés en triangle. Les cuisses et les jambes, ainsi que les ailes, se décèlent sur les deux segments suivants par des stries et des élévations très peu distinctes qui en font reconnaître la place. Alors la nymphe se prépare à se débarrasser de sa peau de larve. Cette peau se fend sur les deuxième et troisième segments, et la nymphe, à l'aide de mouvements assez faciles qu'exécutent son abdomen et ses tarses, et avec le concours des pointes dont ces parties sont pourvues, parvient à attirer la peau jusqu'à l'extrémité de son corps, où elle se pelotonne et demeure ordinairement attachée. La tête de la larve paraît accompagner le reste de la dépouille. Alors toutes les parties de l'insecte parfait se montrent bien distinctes, la tête n'est plus inclinée comme dans la larve, le thorax ne paraît plus gibbeux ; les antennes sont couchées sous le corps, les pattes sont repliées sur la poitrine, les tarses se dirigent parallèlement aux antennes, les ailes, à l'état rudimentaire, sont appliquées sur les pattes intermédiaires. La nymphe passe insensiblement et uniformément au noir : mais cette couleur a déjà gagné les yeux lorsque tout le reste est encore blanc ; quant aux pointes de l'abdomen et des tarses, elles ne changent ni de couleur ni de consistance ; elles finissent par se flétrir et disparaître.

« Le *Tripoxylon* ailé sort, dans le mois de mai, par l'extrémité convexe de sa coque, qu'il déchire largement et d'une manière irrégulière. Au moment de sa naissance, il rejette au fond de sa coque une sorte de liqueur qui se solidifie et forme une ou deux petites masses irrégulières et très-blanches, ayant l'aspect de l'amidon qui a déjà été dissous; c'est un véritable meconium concrété, car il n'en existe pas vestige avant que la dernière métamorphose ait eu lieu. »

3. Sens — Sur ce point, il y a peu et il y aurait beaucoup à dire. Nous sommes en effet, de même que pour tous les autres insectes, bien peu avancés dans l'étude de leurs sens, et nous ignorons même encore le siége exact des organes destinés à les mettre en action, ou du moins leur position est encore très controversée. Bien plus, il semble que des sens spéciaux soient dévolus à quelques-uns d'entre eux, car nous leur voyons exécuter des choses qui ne ressortissent à aucun de ceux que nous connaissons et que nous possédons nous-mêmes, à moins que l'odorat ou la vue n'aient acquis un tel degré d'acuité qu'ils puissent se rendre compte de phénomènes qui passent complètement inaperçus pour nous. Quand nous voyons une mère Sphex se diriger droit à son terrier après une excursion lointaine ou une nuit passée au dehors, le découvrir sans hésitation au milieu des mille accidents de terrain qui permettent de le confondre avec toute autre anfractuosité, nous ne pouvons nous empêcher d'y trouver une certaine analogie avec le retour au bercail des pigeons voyageurs lâchés à des centaines de lieues de leur colombier. Il semble qu'un sens particulier soit nécessaire pour exécuter de semblables tours de force; nous ne pouvons le comprendre, et nous l'envions parce que nous en sommes dépourvus. Voici une Ammophile qui, pour le besoin de ses larves futures, doit, dans un court espace de temps, découvrir une série de vers gris qui, tous, sont cachés sous terre et ne semblent se déceler au dehors par aucun indice, l'odorat même le plus délicat ne percevant aucune sensation. Cependant les captures se font rapidement et pour ainsi dire sans recherches, alors que nous-mêmes, aidés d'outils spéciaux pour retourner la terre, mettrions un long temps pour en découvrir un nombre infiniment moindre.

Le sens de la vue paraît assez parfait chez les Sphégiens qui, avec de grands yeux aidés d'ocelles plus ou moins développés, savent voir de loin la proie convoitée et le nid ébauché. Du toucher, nous n'avons rien à dire, sinon que les pattes, surtout celles de la paire antérieure, munies de cils raides, sont merveilleusement disposées pour faire office de pelle, de balai et de rateau, pendant que la pioche est figurée par de fortes mandibules.

4. Moyens de défense. — Les Sphégiens, bien que munis d'un aiguillon venimeux, sont loin d'être aussi terribles que les Vespides ou que les Abeilles. La piqûre est en réalité peu douloureuse et n'amène pas après elle des accidents dans le genre de ceux que provoque celle d'une guêpe, par exemple. Ce n'est plus un instrument de défense proprement dit, c'est un outil nécessaire à l'évolution biologique, dont un facteur important est la paralysie des victimes destinées aux larves. L'aiguillon, au lieu d'être denté et organisé pour faire une blessure aussi large que possible, est lisse et n'a pour mission que de porter au lieu convenable l'agent anesthésique. Comme corollaire de cette disposition, nous pouvons remarquer que le tempérament des Sphégiens n'a rien de l'irascibilité et de l'emportement que l'on constate chez les guêpes. On peut les suivre dans leurs évolutions, les examiner de près sans risquer d'éveiller leur colère, même quand ils se trouvent réunis en colonies nombreuses, même aussi s'il s'agit de grandes espèces. Quand le danger leur semble trop imminent, la fuite par le vol est leur meilleure ressource.

5. Ennemis et parasites. — Bien qu'ils ne cherchent querelle à personne, malgré leur assiduité au travail et les précautions qu'ils peuvent prendre, les Sphégiens ont à compter avec des ennemis divers dont les plus terribles sont peut-être les plus petits. Ils en ont parmi leurs frères eux-mêmes, puisque nous voyons certains *Cerceris* emmagasiner dans leur nid de petits *Alyson*, tandis que les *Palarus* y entraînent les *Cerceris* eux-mêmes et les *Philanthes*. D'autres, comme certains *Tachytes*, jouissant des mêmes appétits que les *Sphex*, mais sans doute plus indolents ou moins bien outillés, ont été surpris comme je l'ai déjà dit, s'introduisant à la dérobée dans le logement de l'un d'eux pendant qu'il est en tournée de chasse, et déposant un œuf sur la proie déjà emmagasinée, comme le coucou fait chez la fauvette.

Dans une colonie de *Passalœcus*, M. Lichtenstein (1) a trouvé les larves parasites d'un Coléoptère, l'*Ebœus collaris*. Les Chrysides aussi (*Parnopes*, *Chrysis*, *Hedichrum*, etc.) recherchent les nids des *Bembex*, des *Cerceris* ou des *Tachytes* pour y déposer des œufs d'où sortiront des larves parasites. Des Chalcidites prennent naissance dans la demeure des petits fouisseurs rubicoles dont ils ont décimé la progéniture. De nombreux diptères appartenant généralement à la famille des Tachinaires se tiennent tapis aux abords des nids et, prestement, déposent un œuf sur la victime prête à être enfouie, donnant ainsi aux jeunes larves futures des Sphégiens des convives qui les affameront et les feront périr, si elles ne leur ont pas déjà servi elles-mêmes de pâture. Les Mutilles vivent aux dépens de certaines espèces. Enfin, les Ammophiles, les Sphex, les Pélopées, les Larrides et peut-être d'autres, nourrissent entre leurs segments abdominaux ces singuliers êtres pour lesquels on a créé spécialement l'ordre des Rhipiptères et dont le mode d'existence si curieux est encore peu connu pour bien des espèces. (2)

On voit donc quelle nuée d'ennemis divers sont aux aguets pour tromper l'espérance de ces mères laborieuses. Tout est ainsi dans la nature, et tandis que le Sphex sacrifie des Acridiens ou des Grillons pour la pâture de ses descendants, la Mutille ou la Chryside guettent le moment favorable pour la destruction de ceux-ci. C'est un cercle, un tourbillon d'appétits divers où le plus fort est souvent la victime du plus faible, où la matière animale ne sortant de la mort que pour y rentrer, se divise et se subdivise à l'infini, se remplaçant constamment dans un mouvement éternel qui est la plus haute définition de la vie.

6. Distribution géographique. — Il y a peu à dire sur ce sujet en ce qui concerne les Sphégiens. Cependant, si certaines espèces se rencontrent du nord au midi de l'Europe, un bon nombre se cantonnent plus particulièrement dans les régions tempérées ou chaudes et ne dépassent guère certaines limites au delà desquelles elles ne trouveraient plus des conditions de vie favo-

(1) *Bull. de la Soc. ent. de France*, 1875, p 110

(2) Voir, pour des détails plus complets a ce sujet, la monographie des Vespides solitaires, pages 518 et suivantes.

rables. Les Bembex, les Pélopées, quelques Ammophiles, beaucoup de Sphex, etc., habitent exclusivement les régions méridionales, s'étendant beaucoup de l'est à l'ouest sous une même latitude, mais ne remontant pas plus au nord qu'ils ne descendent vers les régions tropicales, Il y a ainsi beaucoup d'espèces circaméditerranéennes formant une faune spéciale et bien peuplée, se retrouvant pour la plupart aussi bien sur la côte algérienne que sur les rivages italiens ou français. Quelques unes enfin sont plus spécialement montagnardes.

7. Récolte des Sphégiens. Collection. — La chasse des Sphégiens ne nécessite ni appareils ni procédés spéciaux. Armé d'un filet de gaze, le touriste capturera facilement sur les fleurs la plupart des espèces. Cependant, en ce qui concerne les Sphégiens rubicoles, la récolte des tiges sèches et l'observation des éclosions auxquelles elles donneront lieu présentent le plus vif intérêt. Mais ce qui, pour la famille qui nous occupe, donnera à une collection le cachet scientifique le plus élevé, c'est la réunion, quand faire se pourra, des nidifications de chaque espèce ou, au moins, des victimes qu'elle affectionne. Ces éléments d'étude seront les plus précieux auxiliaires de l'observateur qui voudra conserver le souvenir de ce qu'il aura vu et coordonner le résultat de ses recherches pour en tirer ultérieurement des conclusions sérieuses.

BIBLIOGRAPHIE SPÉCIALE

DES OUVRAGES TRAITANT DES SPHÉGIENS D'EUROPE

---

1. **Adolph, E.** 1880 Ueber abnorme Zellenbildungen einiger Hymenopteren Flügel. — *Nova acta der Ksl. Leop. Carol. Deutschen Akademie der Naturforscher. XLI pars. 2, p.* 295 à 328, *pl.* XXXIII, *Halle.*

2. **Ahrens et Germar.** 1812 Fauna insectorum Europæ.

3. **Aichinger, V.** 1870 Beitraege zur Kenntniss der Hymenopteren-fauna Tirols. — *Zeitschr. d. Ferdinandeum's zu Innsbruck, III (crabro rhæticus).*

4. **Assmuss.** 1859 Enumeratio hymenopterorum spheciformium Gubernii Mosquensis. — *Bull. Moscou, p.* 604.

5. **Becker.** 1880 Hymenoptera bei Sarepta. — *Bull. Moscou, p.* 150.

6. **Brullé, A.** 1832 Expédition scientifique de Morée. — *Tome III, Hyménopt.* p. 326. Genève.

7. **Burmeister.** 1832-55 Handbuch der Entomologie. Berlin.

8. **Chevrier.** 1867 Essai monographique sur les Nysson du bassin du Léman. Genève.

9. — 1868 Essai monographique sur les Oxybelus du bassin du Léman. Genève.

10. — 1870 Description de quelques hyménopt. du bassin du Léman. Genève.

11. — 1872 Hyménoptères divers du bassin du Léman. Genève.

12. **Christ, J. L.** 1791 Naturgeschichte, Classification und Nomenclatur der Insecten von Bienen, Wespen und Ameisengeschlecht. Frankfurt a M.

13 **Coquebert.** 1799-1804 Illustratio iconographica insectorum quæ in Mus. parisinis observ. et in lucem edidit J. C. Fabricius. Paris.

14. **Costa, A.** 1851 Fauna del regno di Napoli. Imenotteri aculeati. Naples.

15. — 1858 Ricerche entom. sopra i monte Partenii. Naples.

16. — 1864 Descr. d'espèces nouvelles. — *Annuario del museo zoolog. d. R. Universita di Napoli. Anno II. Naples.*

17. — 1867 Prospetto degli imenotteri italiani. Naples.

18. — 1871 Descr. d'esp. nouvelles. — *Annuario. Anno VI.* — Naples.

19. — 1883 Notizie ed osservazioni sulla Geofauna Sarda II. III 1885 et IV. Naples.

20. **Dahlbom.** 1838 Examen historico-naturale de Crabronibus scandinavicis. Lond. Gott.

21. — 1842 Dispositio methodica specierum scandinavicarum pertinentium ad familias insectorum Hymenopterorum naturales Sphecidarum, Pompilidarum, Larridarum, Nyssonidarum, Pemphredonidarum, Crabronidarum, Mellinidarum et Bembecidarum. Lundæ.

22. — 1843-45 Hymenoptera europæa, prœcipuè borealia I. Sphex in sensu Linneano. Berolini.

23. **Dale, C. W.** 1881 Notes on Mr. Saunders synopsis of British Heterogyna and fossorial Hymenoptera. *Entom. Monthly magazine*, XVII, *p.* 236. *Londres.*

24. **Dalla Torre, K.** 1880 Hymenopterologisches (Nysson spinosus). — *Entom. Nachricht. VI. Putbus, p.* 143.

25. **Degeer, Ch.** 1752-78 Mémoires pour servir à l'histoire des insectes. Stockholm.

26. **Dours, A.** 1874 Catalogue synonymique des Hyménopt. de France. Amiens.

27. **Dufour, L.** 1835 Recherches anatomiques et physiologiques sur les Orthoptères, les Hyménoptères, les Neuroptères. Paris.

28. — 1838 Observations sur le genre *Stizus.* — *Ann. soc. ent. franç.* VII, *p.* 281. *Paris.*

29. — 1838 Notice snr l'*Ammophila armata*, Latr.— *Ann. soc. ent. France*, VII. *p.* 291. *Paris.*

30. — 1838 Observations sur quelques espèces de *Crabro.*—*Ann. soc. ent. Fr.* VII, *p.* 409. *Paris.*

31. — 1841 Observations sur les métamorphoses du *Cerceris bupresticida* et sur l'industrie et l'instinct entomologique de ces Hyménoptères. — *Ann. des sciences natur. ser.* 2, *t.* XI *p.* 85. *Paris.*

32. — 1841 Explications, notes, errata et addenda concernant les recherches anat. et phys. sur les Orthoptères, les Hyménoptères et les Névroptères. St-Sever.

33. — 1849 Sur quelques hyménoptères nouveaux ou peu connus de l'Espagne. — *Ann. des sc. natur. ser.* 3, *t.* XI, *p.* 91. *Paris.*

34. — 1853 Signalements de quelques espèces nouvelles ou peu connues d'Hyménoptères algériens. — *Ann. soc. ent. fr. sér.* 3, *t.* I, *p.* 375. *Paris.*

35. — 1853 *Cerceris straminea*, n. sp. — *Ann. soc. ent. fr. ser.* 3, *t.* I, *p.* 388. *Paris.*

36. — 1855 Quelques mots sur les *Cerceris* de M. Fabre. — *Ann. soc. ent. fr. sér.* 3, *t.* IV, *p.* 261. *Paris.*

37. — 1861 Notices entomologiques. — *Ann. soc. ent. fr. ser.* 4. *t.* I, *p.* 1, *Paris.*

38. **Dufour et Perris** 1840 Mémoire sur les insectes Hyménoptères qui nichent dans l'intérieur des tiges sèches de la ronce. — *Ann. soc. ent. fr. sér.* 1, *t.* IX, *p.* 1. *Paris.*

39. **Eversmann, Ed.** 1846 Hymenopterorum rossicorum species novæ vel parum cognitæ. — *Bull. de Moscou, p.* 436.

40. — 1849 Fauna hymenopterologica volgo-uralensis III, Sphegidæ. — *Bull. de Moscou, p.* 359.

41. — 1848 Die Brustelle des Pelopœus destillatorius. — *Bull. de Moscou, p.* 248.

42. **Fåbre, J.-H.** 1855 Observations sur les mœurs des *Cerceris*. — *Ann. sc. natur. sér.* 4, *t.* IV, *p.* 129. *Paris.*

43. — 1856 Etudes sur l'instinct et les métamorphoses des Sphégiens. — *Ann. d. sc. natur. sér.* 4, *t.* VI, *p.* 137. *Paris.*

44. — 1856 Notes sur quelques points de l'histoire des *Cerceris*, des *Bembex*, etc. — *Ann. d. sc. natur. sér.* 4, *t.* VI, *p.* 183. *Paris.*

45. — 1880 Souvenirs entomologiques. — *Paris.*

46. — 1882 Nouveaux souvenirs entomologiques. — *Paris.*

47. **Fabricius**, J. 1775 Systema entomologiæ. — *Lipsiæ.*

48. — 1781 Species insectorum. — *Kilonii.*

49. — 1787 Mantissa insectorum. — *Hafniæ.*

50. — 1792-94 Entomologia systematica emendata et aucta. — *Hafniæ.*

51. — 1798 Entomologiæ systematicæ supplementum. — *Hafniæ.*

52. — 1804 Systema Piezatorum. — *Brunsvigæ.*

53. **Fischer de Waldheim.** 1843 Observata quædam de Hymenopteris rossicis. — *Magasin de Zool. Paris.*

54. **Fourcroy.** 1785 Entomologia parisiensis. Paris.

55. **Friwaldszky.** 1876 Data ad faunam Hungariæ meridionalis comitatum Ternes et Krasso. — *Math. es termes-zettud Kœzlemesnyek*, XII, p. 285.

56. **Funk, dr.** 1859 Die Sphegiden und Chrysiden aus der Umgebung Bamlergs. — *Viertelbericht d. Naturforsch. Gesellschaft zu Bamberg*, p. 57.

57. **Geoffroy, Eh.** 1762 Histoire abrégée des insectes qui se trouvent aux environs de Paris. — *Paris.*

58. **Germar, E.-F.** 1817 Reise nach Dalmatien und in das Gebiet von Ragusa. — *Leipzig.*

59. **Gerstæcker.** 1867 Die Arten der Gattung *Nysson*. — *Abhandl. der Naturforsch. Gesellschaft zu Halle*, x, *p.* 71 à 122.

60. — 1867 Ueber die Gattung Oxybelus.—*Giebel's Zeitschrift fur d. gesammt. Naturwissenschaft*, XXX, *p.* 1.

61. **Gimmerthal.** 1836 Beschreibung einiger neuen in Livland aufgefundenen Insecten, II. Aus der Ordnung der Hautflügler. — *Bulletin de Moscou*, IX, *p.* 431 et 437.

62. **Giraud, J.** 1858 Note sur un hyménoptère nouveau du genre *Ampulex*. — *Verhandl. Zool. bot. Gesellsch. in Wien*. VIII, *p.* 441.

63. — 1863 Hyménoptères recueillis aux environs de Suse en Piémont et dans le département des Hautes-Alpes en France. — *Verhandl. d. Zool.-bot. Gesellsch. in Wien*. XIII, *p.* 11.

64. — 1863 Mémoire sur les insectes qui vivent sur le roseau commun. — *Verhandl. d. Zool.-bot. Gesellsch. in Wien*, XIII, *p.* 1266.

65. — 1863 Note sur quelques hyménoptères très rares découverts en Autriche. — *Verhand. d. Zool.-bot. Gesellsch. in Wien*. XIII, *p.* 1306.

66. — 1866 Mémoire sur les insectes qui habitent les tiges sèches de la ronce. — *Ann. Soc. ent. de France, sér.* 4, *t.* VI, *p.* 443.

67. — 1869 Observations hyménoptérologiques. I. Hyménoptère nouveau de la famille des Fouisseurs. — *Ann. Soc. ent. de France, sér.* 4, *t.* IX, *p.* 476.

68. **Gorski, S.B.** 1852 Analecta ad entomographiam provinciarum occidentali-meridionalium Imperii rossici. I. — *Berlin.*

69. **Goureau**. 1833 Histoire du Cerceris orné et du Tenthrède noir. — *Besançon*.

70. — 1839 Observations détachées pour servir à l'histoire de quelques insectes. II. Esquisse de l'histoire d'un insecte de la famille des Fouisseurs.— *Ann. Soc. ent. de France, sér.* 1, *t.* VIII, *p.* 531).

71. **Gribodo, G**. 1873 Contribuzioni alla fauna imenotterologica italiana. *Boll. Soc. ent. ital.* V. *Florence, p.* 73.

72. — 1882 Alcune nuove specie e nuovo genere di imenotteri aculeati. — *Boll. d Soc. ent italiana*. XVIII. *Florence*.

73. — 1884 Diagnosi di nuove Specie di imenotteri scavatori. — *Boll. Soc. ent. ital* 1884. *Florence, p.* 275 à 281.

74. **Harwood, W. H.** 1884 The aculeata Hymenoptera of the Neighbourhood of Colchester. — *Ent. Mont. Mag.* XX, *p.* 211.

75. **Herrich-Schæffer**. 1829-1840 Fauna insectorum Germaniæ initia, fasc. 111 à 190. — *Regensburg*

76. **Heyden, L. v.** 1878-1879 Zur Kenntniss der Hymenopteren des Ober-Engadins.— *Jahresbericht d. Naturforsch. Gesellsch zu Graubundens*, XX et XXI.

77. — 1882-1883 Beitraege zur Kenntniss der Hymenopteren fauna der Weiteren Umgegend von Frankfurt a. Mein — *Jaresbericht Senckenberg naturh. gesellschaft. Francfort-s.-Mein, p* 238-254

78. **Illiger, K** 1807 Petri Rossii Fauna etrusca, iterum edita et adnotationibus perpetuis aucta. — *Helmstadt*.

79. **Imhof, L.** 1863 Ueber einige seltene schweizerische Hymenopteren. — *Mittheil. d Schweizer. Entomol. Gesellsch, p.* 89. *Schaffouse*.

80. **Jaennicke, F.** 1867 Zur Hymenopteren-fauna der Umgegend von Franckfurt a Mein. — *Berliner entomologische Zeitschrift*, XI, *p.* 41. *Berlin*.

81. **Jurine, L.** 1807 Nouvelle méthode de classer les Hyménoptères et les Diptères. — *Genève*.

82. **Kiesenwetter, K.** 1849 Verzeichniss der in Sachsen vorkommenden Sphex-Artigen, Insecten. — *Stett. entom. Zeitung*. X, *p.* 86. *Stettin*.

83. **Kirby, W**. 1798 Ammophila, a new genus of insects. — *Transactions Linnean. Soc. of London*. IV, *p.* 195.

84. **Kirchner, L**, 1854 Verzeichniss der in den Gegend von Kaplitz Budweiser Kreises in Boehmen vorkommenden Ader-

flügel. — *Verhandl. zool bot Gesellsch in Wien* IV, *p.* 285.

85. — 1858 Zur Naturgeschichte der Ammophila arenaria — *Lotos,* VIII, *p.* 85. *Inspruch.*

86. — 1867 Catalogus Hymenopterorum Europæ — *Vindobonæ*

87 **Kirschbaum, C L** 1853 Verzeichniss der in der Gegend von Wiesbaden, Dillenburg und. Weilburg im Herzogthum Nassau aufgefundenen Sphegiden. — *Stettiner entomolog Zeitung,* XIV, *p* 28-43 *Stettin*

88. **Klug, J.** 1845 Symbolæ physicæ, seu icones et descriptiones Insectorum, quæ in itinere per Africam borealem et Asiam occidentalem F. G. Hemprich et C. G. Ehrenberg studio, novæ aut illustratæ redierunt Dec V. — *Berlin.*

89. — 1846 Ueber die Hymenopteren gattung *Philanthus.* — *Bericht d. Verhandl. d Akademie Berlin,* *p.* 41

90. **Kohl, F.** 1877 Hymenopterologischer Beitrag. — *Verhandl. d zool. bot. Gesel sch. in Wien.* XXVII, *p* 701.

91. 1879 Neue tirolische Grabwespen. — *Verhandl d zool. bot Gesellsch in Wien,* XXIX, *p.* 395.

92. — 1880 Die Raubwespen Tirols. — *Zeitschrift des Ferdinandeums zu Innsbruck, p* 97.

93. — 1881 Sphegidologische Studien. — *Entomologische Nachrichten. Putbus.*

94. — 1883 Hymenopterologisches. — *Wiener entomologische Zeitung,* II, *p* 49 à 82 *Vienne.*

95. — 1883 Ueber neue Grabwespen des Mediterrangebietes. — *Deutsche entomologische Zeitschrift.* XXVII. *p* 161 a 186 *Berlin*

96. — 1883 Zur Synonymie der Hymenopteren Gattung Tachysphex. — *Wiener entomol Zeitung, p.* 226 *Vienne.*

97. — 1883 Die Fossorien der Schweiz — *Mittheil der Schweiz. entomol. Gesellschaft,* VI, *p.* 647-684. *Schaffouse.*

98. — 1884 Neue Hymenopteren in den Sammlungen des K. K Zoolog. Hof Cabinetes zu Wien. II. — *Verhandl. d. zool. bot. Gesellsch, in Wien,* XXXIII, *p* 331-336. *pl.* XVII-XVIII. *Vienne.*

99. — 1884 Beitrag zur Kenntniss der Hymenopteren Gattung *Oxybelus.* — *Termeszetrajzi Fuzetek,* VIII *p.* 101-116 *BudaPesth.*

100. — 1885 Die Gattung und Arten der Larriden autorum. — *Verhandl d. zool. bot. Gesellschaft in Wien*, xxxiv, p. 171 à 268 et 327 à 454, pl. viii à xii *Vienne.*

101. — 1885 Die Gattungen der Sphecinen und die Polæartischen Sphex-Arten. — *Termeszetrajzi Fuzetek.* ix, p. 154 à 207, pl. vii et viii. *Budapesth.*

102. **Kriechbaumer, J.** 1869 Hymenopterologische Beitraege — *Verhandl. zool. bot. Gesellschaft in Wien*, xix, p. 587 *Vienne.*

103. — 1874 Ueber die Gattung *Ampulex.*—*Stett. ent. Zeitung* xxxv, p. 51. *Stettin.*

104. **Laboulbène, Dr.** 1874 Note sur les dégâts causés aux tiges d'églantiers servant de porte greffe par le *Cemonus unicolor*, Hyménoptère pemphredonien. — *Ann. Soc. entom. de France*, p. 303. *Paris.*

105. **Latreille, P. A.** 1799 Mémoire sur un insecte qui nourrit ses petits de l'abeille domestique. — *Bull. de la Soc. philom.* p. 49. *Paris.*

106. — 1802-1805 Histoire naturelle générale et particulière des Crustacés et des Insectes. — *Paris.*

107. — 1806-1809 Genera Crustaceorum et Insectorum. — *Paris.*

108. — 1809 Observations nouvelles sur la manière dont plusieurs insectes de l'ordre des Hyménoptères pourvoient à la subsistance de leur postérité. — *Ann. du Museum d'histoire naturelle*, xiv, p. 412. *Paris.*

109. **Lepeletier de St-Fargeau.** 1832 Mémoire sur le genre *Gorytes.* — *Ann. soc ent de France.* i, p. 52. *Paris.*

110. — 1838 Réponse aux observations de M. L. Dufour sur les *Crabro.* — *Ann. soc. ent. de France.* vii, p. 315 *Paris.*

111. — 1845 Histoire naturelle des Insectes. Suites à Buffon Hyménoptères, vol. iii. — *Paris.*

112. **Lepeletier et Brullé.** 1834 Monographie du genre *Crabro.* — *Ann. Soc. ent de France*, iii, p. 683. *Paris.*

113. **Lepeletier et Serville.** 1825 Encyclopédie méthodique, x. *Paris.*

114. — 1830 Faune française. Insectes. — *Paris.*

115. **Lichtenstein, J.** 1873 Sur les Hyménoptères vivant dans les tiges du roseau. — *Ann. soc. ent. de France, série* 5, *t.* iii, *Bullet.* p. xvi. *Paris.*

116. — 1873 Sur les mœurs du Tachytes pompiliformis. — *Ann. soc. ent de France, serie* 5. *t* III, *Bull p.* LXXII *Paris*

117 — 1879 Quelques observations entomologiques. — *Ann. Soc ent de France, ser* 5, *t.* IX, *p.* 43 *Paris*

118. — 1879 Sur des Hyménopteres — *Pet nouv entom. p* 301. *Paris*

119 **Linné, C** 1735 Systema naturæ sive Regna tria Naturæ systematice proposita per Classes, Ordines, Genera et Species. *Lugduni Batavorum*

120. — 1768 Systema naturæ — *Edit* XII. *Holmiæ*

121 — 1746 Fauna Suecica. — *Stockholmiæ*

122. — 1761 Fauna Suecica. — *Edit. II Stockholmiæ.*

123. **Lœw, Fr** 1866 Zoologische Notizen — *Verhandl zool bot. Gesellschaft. in Wien.* XVI, *p.* 951, *Vienne.*

124. **Lucas, H** 1849 Exploration scientifique de l'Algérie zoologie, tome III, Hyménopteres. — *Paris.*

125. — 1858 Quelques remarques sur la maniere de vivre d un Hyménoptere fouisseur, le Cerceris arenarius. — *Comptes-rendus de l'Acad. d sc t.* XLVI, *p.* 414 *Paris.*

126. 1851 Quelques remarques sur la maniere de vivre du *Mellinus sabulosus* — *Ann. Soc ent de France. sér.* 4, *t.* I, *p* 219 *Paris*

127. — 1869 Un mot sur le *Pelopœus spirifex* et sur les Aranéides destinées à servir de nourriture aux larves de cet Hymenoptere de la famille des Sphégides. *Ann Soc ent. de France. serie* 4, *t.* IX *p.*427. *Paris.*

128. — 1879 Note relative a des Hyménopteres du genre *Pelopœus.* — *Ann Soc. ent de France, série* 5, *t.* IX. *Bullet p* XL. *Paris.*

129. — 1880 Sur un Hyménoptère apivore. — *Ann. Soc. ent de France, série* 5, *t* X. *Bullet p.* CXXXVII. *Paris*

130. **Maillard, abbé.** 1847 Note sur le nid d'un Hyménoptère ovitither zoophage, le Gorytes large ceinture, découvert le 10 juillet 1847 — *Mém de la soc académ. d'Archéol. Sciences et Arts du départ. de l Oise, t.* I, *p.* 92, *pl* 3 *Beauvais.*

131. **Magretti, P** 1882 Sugli imenotteri della Lombardia. — *Bull. della*

soc. entom. italiana, XIII, p. 3, 89, 213; XIV, p. 157 Florence.

132. — 1884 Nota d'Imenotteri raccolti del sig. F. Piccioli nel dintorni di Firenze. — Bull. dell. soc. ent. italiana, XVI, p. 97-122. pl. II. Florence.

133. **Marquet, J.** 1875 Aperçu des insectes hyménoptères qui habitent une partie du Languedoc. — Toulouse.

134. — 1879 Aperçu des insectes Hyménoptères qui habitent le midi de la France. — Toulouse.

135. **Mocsary, A.** 1877 Hymenoptera nova in collectione Musæi nationalis hungarici. — Termeszetrajzi Fuzetek, I. p. 87. Buda-Pesth.

136. — 1877 Data ad faunam Hungariæ septentrionalis comitatuum : Zolyom et Lipto. — Publicat. math. et physicæ ab Acad. hungar, editæ XV. Buda-Pesth

137. — 1877 Data ad faunam hymenopterologicam Sibiriæ. — Tidjschrift voor entomol. XXI, p. 198. La Haye.

138. — 1879 Hymenoptera nova e fauna hungarica. — Termeszet Fuzetek. III, p. 115 Buda-Pesth.

139. — 1879 Data characteristica ad faunam hymenopterol. regionis Budapesthinensis. I p. 364-368. — Buda-Pesth.

140. — 1879 Data nova ad faunam hymenopterologicam Hungariæ meridionalis comitatus Temesiensis. — Public. math. et phys. ab. Acad. Hung, editæ. XVI, p. 1 à 70. Buda-Pesth.

141. — 1881 Drei neue Hymenopteren. — Entomolog Nachrichten, VII, p. 327. Putbus.

142. — 1884 Sur les mœurs des Pelopœus. — Rovartani Lapok. I, p. 82. Buda-Pest. — Texte hongrois, résumé français.

143. **Morawitz, A.** 1864 Verzeichniss der in. St-Pétersburg aufgefundenen Crabroniden. — Bull. de l'Acad. imp. des sciences, VII, p. 638. St-Petersbourg.

144. — 1865 Einige Bemerkungen uber die Crabro-artigen Hymenopteren. — Bull. de l'Acad. imp. d Sc. IX. p. 243 à 273 St-Pétersbourg.

145. **Mulsant et Mayet, V.** 1872 Notes pour servir a l'histoire du Pelopœus Spirifex. — Ann. soc. linnéenne de Lyon. p. 311 à 314. Lyon.

146. **Nicolas.** 1883 Le Pelopœus spirifex, Fabr — Mémoires de l'Académie de Vaucluse, p 96 à 108. Avignon.

147 **Olivier, A G.** 1789-1825 Encyclopédie méthodique (jusqu'à la lettre E). — *Paris.*

148. **Pallas, P L** 1771-76 Reisen durch Verschiedene Provinzen des Russischen Reiches. 3 vol. — *St-Pétersbourg.*

149. — 1794 Voyages du professeur Pallas dans plusieurs provinces de l'empire de Russie et dans l'Asie septentrionale, traduits de l'allemand par le C. Gauthier de la Peyronie. Paris, an II. 8 vol. in-8° et un atlas Le huitième volume contient les descriptions des animaux et végétaux, dont plusieurs hymén. désignés sous le nom de *Sphex*.

150. **Panzer, G. W F.** 1792-1810 Fauna Insectorum Germaniæ initia oder Deutschlands insecten. — *Nuremberg* (continué par Herrich Schæffer de 1829 à 1844).

151 **Paszlawski, J** 1884 Hogy epit a lopo darazs? (Comment bâtit son nid le *Pelopæus* destillatorius. — *Rovartani Lapok*, p. 41, *fig.* 10. *Buda-Pesth.*

152. **Perris, Ed.** 1840 Note pour servir à l'histoire des Crabronites. — *Ann. soc. ent de France*, IX, p. 407. *Paris.*

153 **Petagna, V.** 1787 Specimen insectorum ulterioris Calabriæ. — *Francfort.*

154. **Piccioli, Ferd** 1869 Descrizione di una nuova specie d'Imenottero della famiglia degli Sfecidei, e appartenente alla fauna della Toscana. — *Bull. della Soc. ent. italiana*, I, p 38. *Florence.*

155. — 1869 Descrizioni di un nuovo genere d'Imenotteri degli Sfecidei, spectante alla fauna Toscana. — *Bull. della Soc. ent. italiana.* I, p. 282. *Florence.*

156. **Puton, A** 1871 Note sur quelques hyménopteres et description d'une espèce nouvelle. — *Ann. soc. ent. de France, serie* 5, *t* I, p. 91. *Paris.*

157. **Radoskowski, O** 1869 Notes synonymiques sur quelques Anthophora et Cerceris et descriptions d'espèces nouvelles. — *Horæ soc. ent. rossicæ*, VI, p. 95. *St-Petersbg.*

158 — 1871 Hyménoptères de l'Asie — *Horæ soc. ent. ross.* VIII, p. 187, *St-Petbg.*

159. — 1873 Matériaux pour servir à une faune hyménopterol de la Russie. — *Horæ soc. ent. rossic.* X. p. 190 *St-Pétbg.*

160. — 1876 Compte-rendu des Hymen. recueillis en Egypte et en Abyssinie en 1873.— *Horæ soc. ent. ross.* XII, *St-Pétbg.*

161. — 1877 Reise in Turkestan von Alexis Fedtchenko, Chrysidiformes, Mutillidæ et Sphegidæ. — *Moscou.*

162. — 1879 Les Chrysides et Sphégides du Caucase. — *Horæ soc. ent. ross.* xv, *p.* 140. *St-Petbg.*

163. — 1881 Études hymenoptérologiques. — *Horæ soc ent ross.* xvii, *p. St-Pétbg.*

164 **Ratzeburg.** 1844 Die Forstinsecten — *Berlin.*

165. **Reaumur.** 1734-42 Mém. pour servir à l'histoire des Insectes. — *Paris.*

166 **Retzius, A.G.** 1783 C. de Geer Genera et Species insectorum — *Lipsiæ*

167. **Reinhard, D^r.** 1884 Zwei seltene Giraud'sche Hymenopteren Gattungen — *Verhandl. Zool. bot. Gesellsch. in Wien* xxxiv, *p* 133 à 134. *Vienne*

168 **Robert Ch** 1833 Astata Vanderlindeni n sp. — *Magasin de zoologie* iii, *pl.* 76 *Paris.*

169. **Hogenhofer et Della Torre** 1881 Die Hymenopteren in J A Scopoli s Entomologia Carniolica und auf den dazugehœrigen Tafeln — *Verhandl. d Zool -bot. Gesellsch in Wien* xxxi, *p.* 593 *Vienne.*

170. **Rossi, P.** 1790 Fauna etrusca, sistens Insecta, quæ in provinciis Florentina et Pisana præsertim collegit — *Liburni*

171. **Rudow, J** 1878 Hymenopterologische Mittheilungen. — *Zeitschr. f gesammt. Naturwissenschaft, Dritte Folge,* iii, *p.* 231

172. **Ruthe, J. et Stein** 1857 Die Sphegiden und Chrysiden der Umgegend Berlins. — *Stettin. Ent Zeitung* xviii, *p.* 311 *et* 415. *Stettin.*

173 **Saunders, Edw.** 1880 Synopsis of British Heterogyna and fossorial Hymenoptera. — *Transact. Entom Society of London, p.* 201 *Londres.*

174. — 1880 Notes on *Crabro elongatulus* and the other British species of Crabro black bodies — *Entom. Monthly Mag.* xvii, *p.* 3 *Londres.*

175. **Saunders, S.-S.** 1873 On the Habits and economy of certain Hymenopt. Insects which nidificate in briars, and their Parasites. — *Transact. Entomolog. Society of London,* p. 407. *Londres.*

176 **Saussure, H. de** 1854 Mélanges hymenoptérologiques — *Mém Soc phys. et d'Hist nat. de Genève.* xiv, *p.* 1 à 67.

177. **Saussure et Sichel.** 1868 Reise der œsterreichischen Fregatte Novara um die Erde in den Jahren, 1857-59. Zool. Theil. — *Vienne.*

178. **Savigny.** 1818 Iconographie des Hyménoptères de l'Egypte. — *Paris.*

179. **Schæffer, J. C.** 1766-70 Icones insectorum circa Ratisbonam indigenorum. — *Regensburg.*

180. **Schellenberg, J.** 1802 Entomologische Beitræge. Erstes Heft. — *Winthertür.*

181. **Schenck, A.** 1857-1861 Beschreibung der in Nassau aufgefundenen Grabwespen. — *Jahrbuch Verein für Naturk im Herzogthum Nassau.* XII, p. 1. — *Zusætze und Berichtigung,* XVI, p. 139.

182. **Schilling, P S.** 1847 Ueber die schlesischen Arten der Gattung Oxybelus und Pemphredon. — *Arbeit. schlesische Gesellschaft fur* vaterl. *Kultur.* p. 105.

183. **Schmiedechnecht, O.** 1876 Einblick in die Bienen und Grabwespen fauna von Gumperda. — *Programm der Lehr Anstalt in Gumperda in Thüringen.*

184. — 1881 Eine neue Grabwespe. — *Entom. Nachricht.* p. 286. *Putbus.*

185. **Schranck, J.** 1781 Enumeratio Insectorum Austriæ indigenorum. Aug. Vindelicorum.

186. — 1798-1803 Fauna boïca. — *Ingolstadt.*

187. **Schreber, J.** 1781 Beschreibung merkwurdiger Insecten. — *Naturforscher,* 15. *p.* 87.

188. **Scopoli, J.** 1763 Entomologia carniolica. — *Vindobonæ.*

189. **Service, R.** 1879 The aculeate Hymenoptera of the district surrounding Dounfries. — *The scottish Naturalist, p.* 63. *Edimbourg.*

190. **Shuckard, W.** 1834 A few Observation on the Habits of the indigenous Aculeate Hymenoptera, suggested by M de St-Fargeau Paper upon the Genus *Gorytes,* Annal. soc. ent. I. — *Trans. Entom. Soc. of London,* I. *p.* 52.

191. — 1837 Essay on the indigenous fossorial Hymenoptera. — *Londres.*

192. — 1838 Explanations and observations. — *Entomol. Magazine,* V. *p.* 481. *Londres.*

193. **Sickmann.** 1883 Verzeichniss der bei Wellingholthausen bisher auf-

gefundenen Raub Wespen — *Funfter Jaresbericht d. Naturwissensch. Vereins zu Osnabruck*, p 60 à 93.

194. **Siebke, H.** 1880 Enumeratio Insectorum Norvegicorum. — *Christiania.*

195. **Siebold, C.** 1841 Observationes quædam entomologicæ de Oxybelo uniglume atque Miltogramma conica — *Erlangen.*

196. **Smith, Fr.** 1845 Habits on fossorial Hymenoptera — *Zoologist*. II, p. 847. *Londres*

197. — 1848 Observations on the Sphex figulus of Linnœus an other Hymenoptera. — *Trans Ent soc. of London* v. p 57 *Londres.*

198. — 1856 Catalogue of Hymenopterous Insects in the Collection of the British Museum. Part IV, Sphegidæ — *Londres.*

199. — 1858 On the habits on Trypoxylon — *Trans. Ent. soc. of London-Proceeding, serie* 2, *t* IV, *p* 77 *Londres.*

200. — 1859 Observ. of two Species of fossorial Hymenopt. which construit exterior nest — *Trans. Ent. Soc. of London, serie* 2, *tome* V, *Proceed p.* 55. *Londres.*

201. — 1872 Notes on the Aculeate Hymenopt. of Sont Devon.— *Entom. Annual, p.* 93.

202. **Spinola, M.** 1806 8 Insectorum Liguriæ species novæ vel rariores — *Gênes*

203. — 1838 Compte-rendu des Hyménoptères recueillis par M. Fischer pendant son voyage en Egypte. — *Ann. soc. ent. de France*, VII, *p.* 437. *Paris.*

204. — 1843 Notes sur quelques hyménoptères peu connus recueillis en Espagne par V. Ghiliani.— *Ann Soc. ent. de France, serie* 2, I. *p.* III *Paris.*

205. — 1841 Rapports sull'opera del Dahlbom: Hymenoptera europæa proecip. borealia: Sphex. — *Giorn dell Inst. Lomb.* V, *p.* 107 *Milan.*

206 **Stefani Perez.** 1881 Osservazioni entomologiche e descrizione d'un nuovo Tachytes. — *Il naturalista siciliano*, I *p pl.* III, *fig.* 4. *Palerme.*

207. — 1883 Miscellanea entomologica. — *Il natur siciliano.* III, *p* 9 à 13. *Palerme.*

208. — 1884 Imenotteri nuovi o poco conosciuti della Sicilia. — *Il natural siciliano*, III, p. 197 à 202 *Palerme*.

209. **Taschenberh, E H.** 1858 Schlüssel zur Bestimmung der bisher in Deutschland aufgefundenen Gattungen und Arten der Mordwespen. — *Zeitschr. f. d Gesammt. Naturwissensch.* XII, p 57.

210. — 1866 Die Hymenopteren Deutschlands nach ihren Gattungen und theilweise nach ihren Arten. — *Leipzig*

211. — 1869 Die Sphegiden des zool. Museum der Universit. zu Halle. — *Zeitschr. f. d. gesammt. Naturwissensch*, XXXIV, p. 25 *Halle*.

212. — 1870 Die Larridæ und Bembecidæ des zoolog Mus. der Universit. zu Halle. — *Zeitschr f. d. ges. Natur.* XXXVI, p. 1. *Halle*

213. — 1875 Nyssonidæ et Crabronidæ des zool Mus. der hiesigen Universit. — *Zeitschr f. d ges. Naturw.* XL, p. 359. *Halle*.

214 **Thomson, C.** 1874 Hymenoptera Scandinaviæ, III. — *Lund*

215 **Thunberg, C** 1815 Generis Philanthi Monographia. — *Nova Acta* VII, p. 104. *Upsal.*

216 **Van der Linden.** 1827-1829 Observations sur les Hyménoptères d'Europe de la famille des fouisseurs — *Nouv mém. Acad. Sciences de Bruxelles Tome* IV, p 273 *et* V, p. 1.

217. **de Villers, Ch.** 1789 Caroli Linnœi Entomologia, III. Lugduni Batavorum — p. 69 à 344

218. **Walkenaer** 1802 Faune parisienne — *Paris*.

219 **Walker, F** 1871 List. of Hymenoptera collected by J. K. Lord, in Egypt, etc. — *Londres*.

220. **Waltl** 1837 Insectes d'Andalousie. — *Revue de Silbermann*, IV, p 158 *Strasbourg*

221 **Wesmael.** 1839 Notice sur la synonymie de quelques Gorytes. — *Bull Acad. Bruxelles*, VI, p 71

222. — 1851-52 Revue critique des Hyménoptères fouisseurs de Belgique. — *Bull Acad. Bruxelles*, XVIII, *part.* II, p. 362 *et* 415 : XIX, *part* I, p. 82, 261 *et* 589.

223 **Westwood, J O** 1836 Note sur les habitudes de certaines espèces d'Hyménoptères fouisseurs — *Ann. Soc ent. de France*, V. p 297. *Paris*.

224. — 1850 Cemonus unicolor. — *Gardener Cronicle*, n° 3, p. 35. *Londres*.

225 **Zetterstedt.** 1840 Insecta Lapponica descripta. — *Lipziæ*.

TABLEAU DES TRIBUS

1 La partie renflée du premier segment ventral est plus courte que la partie filiforme ou lui est égale. (Abdomen dit *pétiolé*). 2

— La partie renflée du premier segment ventral est plus longue que la partie filiforme. (Abdomen dit *sessile*). 9

2 Ailes antérieures pourvues de trois cellules cubitales fermées, ou (dans un seul cas) de deux, mais alors la taille est grande et le pétiole non caréné latéralement. 3

— Ailes antérieures n'offrant qu'une ou deux cellules cubitales fermées. 8

3 Pétiole non creusé longitudinalement sur les côtés. 4

— Pétiole creusé longitudinalement sur les côtés. 7

4 La première cellule cubitale reçoit une nervure récurrente. IV. **Ampulicidæ.**

— La première cellule cubitale ne reçoit point de nervure récurrente. 5

5 La première et la seconde nervures transverso-cubitales sont parallèles ou presque parallèles. III. **Sphecidæ**

— La première et la seconde nervures transverso-cubitales se dirigent visiblement l'une vers l'autre, et leur point le plus rapproché est sur la nervure radiale. 6

6 Ongles mutiques ou rarement bidentés. I. **Ammophilidæ**

— Ongles unidentés. II. **Pelopœidæ.**

7 La première cellule cubitale reçoit une nervure récurrente. V. **Mellinidæ.**

— La première cellule cubitale ne reçoit point de nervure récurrente VI. **Psemnidæ.**

8 Ailes antérieures avec une seule cellule cubitale fermée. VIII. **Trypoxylonidæ.**

— Ailes antérieures avec deux cellules cubitales fermées. VII. **Pemphredonidæ.**

9 Ailes antérieures avec une seule cellule cubitale fermée.
XIV. **Crabronidæ.**

— Ailes antérieures avec deux ou trois cellules cubitales fermées. 10

10 Ailes antérieures avec deux cellules cubitales fermées.
X. **Gasterosericidæ.**

— Ailes antérieures avec trois cellules cubitales. 11

11 La troisième cellule cubitale reçoit une nervure récurrente.
IX. **Philanthidæ**

— La troisième cellule cubitale ne reçoit point de nervure récurrente. 12

12 Labre allongé en forme de bec. XI. **Bembecidæ**

Labre non allongé en bec. 13

13 Cellule radiale appendiculée XII. **Larridæ**

— Cellule radiale non appendiculée XIII. **Nyssonidæ.**

Ire Tribu. — Ammophilidæ

Caractères. — Premier article des antennes gros, assez renflé, surtout chez les femelles, le deuxième très petit. Ongles bidentés ou le plus ordinairement non dentés. Pattes pourvues aux tarses de poils raides et d'épines. Yeux grands. Ailes courtes, n'atteignant que la moitié ou les deux tiers de l'abdomen. Pétiole allongé, filiforme; premier segment dorsal en forme de cône très allongé, régulier, ou se renflant plus ou moins subitement et plus ou moins près de la base; le reste de l'abdomen est ovale, plus ou moins aigu à son extrémité. La nervulation caractéristique des ailes se compose d'une radiale et de trois cubitales fermées, rarement seulement de deux; la première très allongée en avant du stigma, les deux autres petites, subégales; la seconde est trapéziforme et sa portion la plus étroite se trouve sur la nervure radiale; elle reçoit les deux nervures récurrentes; la troisième toujours un peu plus petite que la deuxième est légèrement plus étroite vers la radiale; la troisième nervure transverso-cubitale qui la termine est un peu courbée; quelquefois cette cellule est pétiolée ; enfin la nervure ne se prolonge pas ou presque pas après cette cellule et l'aile présente à son extrémité un grand espace nu ; le stigma est très petit, formé seulement par l'épaisseur de deux nervures qui se réunissent.

Le mâle diffère des femelles par les couleurs moins vives, la poilure plus brillante, souvent argentée ou dorée, la taille plus faible, sept segments visibles à l'abdomen au lieu de six, treize articles aux antennes au lieu de douze Les organes génitaux sont souvent saillants.

Observations générales. — Les Ammophiles sont de sveltes et gracieux insectes bien répandus dans nos campagnes, et dont les habitudes nettement fouisseuses et prédatrices sont actuellement très connues. D'une forme très allongée, ils en empruntent une certaine raideur d'allures que ne présentent pas d'autres espèces plus trapues et plus agiles.

Ce genre a été fondé en 1798 par W. Kirby, dans un article inséré dans les Transactions de la Société linnéenne de Londres (bibl. 83), et se composait alors seulement du *Sphex sabulosa* de Linné, auquel Kirby adjoignit déjà quatre autres espèces : *vulgaris. affinis*, *hirsuta* et *argentea*. En 1807, Jurine, et en 1842, Dahlbom, scindèrent successivement ce genre pour en former deux autres : *Miscus* Jur. et *Psammophila* Dhlb. Ils étaient fondés, le premier sur la présence d'un pétiole à la troisième cellule cubitale, et le second sur l'aspect conique et non linéaire et pétioliforme de la partie de l'abdomen qui suit immédiatement le pétiole proprement dit. Beaucoup d'entomologistes adoptèrent cette division ; cependant quelques autres, Smith, Cresson, Dours, Gerstæcker et, en dernier lieu, Kohl, la rejetèrent pour des motifs excellents auxquels je me rallie complètement, et que je vais exposer.

Le genre *Miscus* ne présente, en dehors du pétiole de la troisième cellule cubitale, aucune différence organique appréciable avec les Ammophiles typiques. Or nous savons, pour en avoir eu mille exemples sous les yeux, combien peu stable est la nervulation des ailes et combien est peu sérieuse une division uniquement fondée sur ce caractère, qui est seulement très commode pour la détermination. Mais si on doit l'employer dans ce but pratique, il faut que s'en trouvent derrière lui d'autres peut-être moins facilement visibles, mais infiniment plus importants. Ce n'est point ici le cas et, si nous cherchions à approfondir la question, nous pourrions aisément decouvrir des specimens de *Miscus* où l'une des ailes porte une cellule pétiolée, tandis que l'antre en est dépourvue, où même aucune des ailes ne présente ce caractère. Le dr E. Adolph (bibl. 1) nous montre déjà des modifications profondes des cellules cubitales des Ammophiles (l. c., pl. XXXIII, fig. 11 et 12).

En ce qui concerne le genre *Psammophila* de Dahlbom, il faut reconnaitre d'abord qu'en dehors du caractere cité, tout le reste est absolument conforme à ce que l'on voit chez les véritables Ammophiles. Or ce caractère, tout en ayant plus de valeur que celui qui a servi à former le genre *Miscus*, n'a pas cependant celle qu'on serait d'abord tenté de lui attribuer. Il ne sera pas mauvais, à cette occasion, d'insister ici sur la composition réelle du pétiole chez les Sphegiens. Une erreur longtemps accréditée donnait au pétiole lui-même, c'est-à-dire à la partie effilée de l'abdomen, le rôle de premier segment, et à la portion plus ou moins renflée qui vient ensuite celui de second segment. Or, il suffit d'examiner le premier insecte venu dans cette famille, pour constater que le pétiole proprement dit n'est que la portion ventrale du premier segment devenue libre par suite du retrait de sa partie dorsale et n'étant réunie à celle-ci que par son extrémité. Cet arceau dorsal n'a que l'apparence d'un second segment, et en réalité les deux premières divisions de l'abdomen ne sont que les deux parties d'un seul segment, le premier (1). Or, le pétiole ou la portion ventrale peut être soit entièrement filiforme, soit simplement dilatée à son extrémité en une lame plate, soit renflée à cette même extrémité en forme de cône. Là réside évidemment une différence organique essentielle; mais cette différence n'apparait pas entre les *Ammophila* et les *Psammophila*. Ce qui seulement les distingue, c'est la forme du premier segment dorsal fortemrnt conique chez les Psammophiles, plus allongé et moins renflé chez les Ammophiles. Mais il n'y a là qu'une diffé-

(1) J'ai dit dans l'introduction de cet ouvrage (I, p. XLVIII) que je ne tiendrais pas compte du segment médiaire dans la division des parties abdominales.

rence de plus ou de moins, qui devient parfois insaisissable si l'on vient à interroger un grand nombre d'individus des deux sexes, et surtout si l'on veut comparer certaines espèces exotiques. On peut alors trouver des passages assez nombreux et assez rapprochés pour que la délimitation des deux genres devienne presque facultative, ce qui revient à dire qu'ils se confondent en un seul. Cependant, en y joignant quelques caractères extérieurs de couleur ou de poilure, on arrive assez facilement, pour notre faune européenne, à distinguer un groupe de l'autre, et il nous a semblé avantageux, tout en ne conservant qu'un seul genre, d'y distinguer les deux groupes.

Je n'ai pu dire qu'un mot des mœurs des Ammophiles dans l'introduction de ce volume. C'est bien ici le lieu d'entrer dans plus de détails, et le meilleur est encore de laisser parler M. Fabre, l'inimitable observateur et le narrateur séduisant (1).

« Le terrier des Ammophiles est un trou de sonde vertical, une sorte de puits ayant au plus le calibre d'une forte plume d'oie et une profondeur d'environ un demi-décimètre. Au fond est la cellule, toujours unique et consistant en une simple dilatation du puits d'entrée. C'est en somme logis mesquin, obtenu à peu de frais en une séance ; la larve n'y trouvera protection contre l'hiver qu'à la faveur de la quadruple enceinte de son cocon. L'Ammophile travaille solitaire à son excavation, paisiblement, sans se presser, sans de joyeux entrains. Comme toujours, les tarses antérieurs servent de rateaux et les mandibules font office d'outils de fouille. Si quelque grain de sable résiste trop à l'arrachement, on entend monter du fond du puits, comme expression des efforts de l'insecte, une sorte de grincement aigu produit par les vibrations des ailes et du corps tout entier. Par intervalles rapprochés, l'hyménoptère apparait au jour avec la charge de déblais entre les dents, un gravier, qu'il va, au vol, laisser choir plus loin à quelques décimètres de distance, pour ne pas encombrer la place. Sur le nombre des grains extraits, quelques-uns par leur forme ou leurs dimensions, paraissent mériter une attention spéciale ; du moins l'Ammophile ne les traite pas comme les autres : au lieu d'aller les rejeter au vol loin du chantier, elle les transporte

(1) Souvenirs entomologiques. Paris. 1879, p. 208.

à pied et les dépose à proximité du puits. Ce sont là matériaux de choix, moëllons tout préparés qui serviront plus tard à clore le logis.

« . . . . . . Le logis est creusé. Sur le tard ou même tout simplement lorsque le soleil s'est retiré des lieux où le terrier vient d'être foré, l'Ammophile ne manque pas de visiter le petit amas de moëllons mis en réserve pendant les travaux de fouille, dans le but d'y choisir une pièce à sa convenance. Si rien ne s'y trouve qui puisse la satisfaire, elle explore le voisinage et ne tarde pas à rencontrer ce qu'elle veut. C'est une petite pierre plate, d'un diamètre un peu plus grand que celui de la bouche du puits. La dalle est transportée avec les mandibules et mise, pour clôture provisoire, sur l'orifice du terrier. Demain, au retour de la chaleur, lorsque le soleil inondera les pentes voisines et favorisera la chasse, l'insecte saura très bien retrouver le logis, rendu inviolable par la massive porte. Il y reviendra avec une chenille paralysée, saisie par la peau de la nuque et traînée entre les pattes du chasseur ; il soulèvera la dalle que rien ne distingue des autres petites pierres voisines et dont lui seul a le secret ; il introduira la pièce de gibier au fond du puits, déposera son œuf et bouchera définitivement la demeure en balayant dans la galerie verticale les déblais conservés à proximité. »

Voici maintenant plus en détail la partie dramatique, la capture d'une victime. Il s'agit d'une Ammophile hérissée, fort affairée à la base d'une touffe de thym :

« L'Ammophile gratte le sol au collet de la plante, elle extirpe de fines radicelles de gramen, elle plonge la tête sous les petites mottes soulevées. Avec précipitation, elle accourt un peu d'ici, un peu de là autour du thym, visitant toutes les failles qui peuvent donner accès sous l'arbuste. Ce n'est pas un domicile qu'elle se creuse ; elle est en chasse de quelque gibier logé sous terre ; on le voit à ses manœuvres, rappelant celles d'un chien qui chercherait à déloger un lapin de son clapier. Voici qu'en effet, ému de ce qui se passe là haut et traqué de près par l'Ammophile, un gros ver gris se décide à quitter son gîte et à venir au jour. C'en est fait de lui : le chasseur est aussitôt là qui le happe par la peau de la nuque et tient ferme en dépit de ses contorsions. Campé sur le dos du monstre, l'hyménoptère recourbe l'abdomen, et méthodiquement. sans se presser, comme un chirurgien connaissant à fond l'anatomie de son opéré, plonge son bistouri à la face ventrale, dans tous les segments de la victime du premier au dernier. Aucun anneau n'est laissé sans coup de stylet; avec pattes ou sans pattes, tous y passent et par ordre de l'avant à l'arrière.

« Voilà ce que j'ai vu avec tout le loisir et toute la facilité que réclame une observation irréprochable . . . . . »

Cette victime pèse environ quinze fois le poids de l'hyménoptère. Se rend-on bien compte de l'énormité du travail que comporte le transport d'une pareille proie et son emmagasinage dans le fond du puits? L'homme ne paraît-il pas bien faible en comparaison et bien déshérité? Aussi quel hommage de reconnaissance ne devons-nous pas rendre à ces héros de l'étude et de la science qui. par leurs travaux passés aussi bien que par leurs découvertes futures. sont arrivés et arriveront bien plus encore, à mettre au service de notre débilité ces engins qui nous donnent mille fois plus de puissance que n'en peut développer un animal privé de raisonnement, si puissant que puisse être son appareil musculaire

D'autres Ammophiles, comme nous le verrons, s'attaquent à des chenilles beaucoup plus petites, et en placent dans leur réduit jusqu'à cinq empilées les unes sur les autres pour la nourriture d'une seule larve. Dans ce cas, un seul coup d'aiguillon est suffisant; donné sur le cinquième ou le sixième segment, au milieu du corps, il laisse le venin se répandre peu à peu à droite et à gauche et produire partout son action anesthésique. De pareilles chenilles, tirées du trou de l'Ammophile et irritées avec la pointe d'une aiguille, ne donnent lieu à aucune trace de sensibilité si celle-ci n'agit que sur les deux segments précités, tandis que le corps commence à se tortiller et devient de plus en plus sensible à mesure qu'on s'éloigne de l'endroit de la piqûre. Aussi l'œuf est-il invariablement pondu sur la dernière chenille emmagasinée, mais au point le plus insensible.

Les Ammophiles sont répandues sur toute la surface du globe et leur nombre est assez considérable. On en connait en effet actuellement 140 espèces, dont 48 se rencontrent en Europe et pays limitrophes circaméditerranéens.

TABLEAU DES GENRES

1 Trois cellules cubitales fermées aux ailes antérieures. 2

— Deux cellules cubitales fermées aux ailes antérieures. 4 **Coloptera**, Lep.

2 Ongles non dentés. 1. **Ammophila**, Kirby.

— Ongles bidentés. 3

3 La deuxième cellule cubitale reçoit les deux nervures récurrentes. 2. **Parapsammophila**, Taschbg.

— La deuxième et la troisième cellules cubitales reçoivent chacune une nervure récurrente. 3. **Eremochares**, Gribodo.

1er GENRE — AMMOPHILA, Kirby

ἄμμος, sable, *φιλέω*, j'aime.

Abdomen ordinairement très allongé. Ongles mutiques. Ailes courtes, avec trois cellules cubitales aux ailes antérieures, la seconde rétrécie du côté de la radiale.

Ce genre peut, au moins pour les espèces palæarctiques, se diviser en deux groupes correspondant aux anciens genres *Ammophila* et *Psammophila*, de la manière suivante :

— Deuxième article du pétiole ou premier segment dorsal se continuant en ligne droite avec le dessus du premier article ; celui-ci est droit. s.-g. **Ammophila**, K

— Deuxième article du pétiole formant un angle bien sensible avec le dessus du premier article ; celui-ci est fortement courbé en haut. s.-g. **Psammophila**, Dhlb.

SOUS-GENRE. — AMMOPHILA. Kirby (83).

1 Pattes entièrement noires. 2

— Pattes en partie rouges. 15

2 Cinquième segment abdominal au moins en partie rouge. Tête noire avec une pubescence argentée ou bronzée sur la face, jaune sur l'épistome; celui-ci bossu en son milieu, échancré à l'extrémité. Antennes noires; deuxième article du funicule deux fois plus long que le troisième. Thorax noir avec une pubescence argentée ou jaunâtre; mésopleures argentées en partie ainsi que les extrémités latérales du metanotum; celui-ci ridé transversalement en dessus. Pattes noires avec une pubescence argentée ou bronzée. Ailes subhyalines. Abdomen noir avec les segments trois, quatre, cinq, quelquefois six, ainsi que le second article du pétiole rougeâtre foncé.

Long. 18 à 21mm. ♂ (Kohl). **Sareptana**, Kohl

♀ inconnue.

Patrie : Sarepta (Russie méridionale).

— Cinquième segment abdominal entièrement noir ou bleu. 3

3 Troisième segment abdominal au moins en partie bleu ou noir en dessus. 4

— Troisième segment abdominal rouge en entier. 10

4 Extrémité de l'abdomen bleue avec un éclat métallique. Tête noire, lisse, presque nue en dessus et en arrière où elle présente seulement quelques poils blanchâtres; la face et l'épistome sont garnis d'un duvet blanc plus serré, surtout vers l'orbite des yeux. Epistome festonné, avec une très petite pointe de chaque côté. Mandibules noires, longues, carénées, dentées. Antennes entièrement noires, un peu pruineuses sur le flagellum. Thorax noir avec des poils laineux, épars, blanchâtres. Pronotum un eu éparsement ponctué avec une impres-

sion en arrière de son milieu. Mesonotum plus rugueux, un peu ridé, avec une ligne médiane, longitudinale, enfoncée. Scutellum longitudinalement strié; postscutellum ponctué. Metanotum obliquement et rugueusement strié. Méso- et métapleures un peu ridées. Tubercules sous le pronotum, une ligne oblique sur les mésopleures et une tache à l'extrémité du metanotum garnis de duvet argenté. Pattes noires, lisses, un peu pruineuses. Ailes subhyalines, enfumées, surtout à l'extrémité; nervures brunes. Abdomen avec le premier article du pétiole et la base du second noirs; le reste de celui-ci, le second segment et le troisième, sauf une grande tache dorsale, rouges; le reste de l'abdomen bleu sombre avec souvent un reflet verdâtre. Bord des derniers segments quelquefois un peu blanchâtres Long. 22mm. Env. 24mm. ♀.

Le male est semblable à la femelle, sauf que la face et l'épistome sont garnis de duvet argenté et que les segments abdominaux rouges portent ordinairement en dessus une ligne médiane noire interrompue.

Long. 17mm. Env. 19mm. **Sabulosa**, Linné.

Patrie. Toute l'Europe.

Les mœurs de cette espèce, qui est très répandue, ont été decrites d'une façon suffisante dans les introductions. J'ajouterai seulement ici que les victimes recherchées par la femelle pour l'approvisionnement de son nid se composent de chenilles ou larves de lepidoptère, assez grosses pour qu'une seule soit suffisante. J'ai vu souvent des specimens de cette Ammophile porteurs, entre les segments abdominaux, de nymphes de Rhipiptères, que L. Dufour (*Ann des Sc. natur. 1837*, p. 19) a caractérisées ainsi : « Apodes, longues de 2 lignes sur près d'une de largeur, à tête ovale, subtriangulaire, noirâtre, coriacée, déprimée, excavée en dessous, séparée du corps par un étranglement, à corps cylindroïde, blanchâtre, souple, annelé. » Sir S. S. Saunders (*Trans. of the Entom. Soc. of London, 1872*) indique l'espèce suivante de Rhipiptère comme vivant chez les Ammophila sabulosa : *Paraxenos Siebold* (= *Sphecidarnus* Sieb.). Peut-être même pourrait-on distinguer plusieurs espèces, mais c'est une étude qui nécessite encore bien des recherches et qui, malgré les savants travaux existant déjà de Siebold, Saunders, Smith, etc., n'est encore qu'à ses débuts.

— Extrémité de l'abdomen noire sans éclat métallique. 5

5 Pronotum lisse ou transversalement strié. 6

— Pronotum ponctué. 8

6 Pronotum lisse. 7

— Pronotum transversalement strié. Tête noire, presque glabre, éparsement ponctuée, avec la face argentée ; épistome tronqué. Antennes noires ; mandibules brunes. Thorax noir, presque glabre, avec un peu de duvet argenté à l'extrémité du metanotum. Pronotum et mesonotum transversalement striés ; scutellum et postscutellum longitudinalement striés. Metanotum transversalement et obliquement strié. Les côtés du thorax sont aussi striés. Ecaillettes en partie testacées, lisses, brillantes. Tubercules, sous le pronotum, aussi lisses et brillants. Pattes noires, luisantes, avec une légère pruinosité blanche. Tarses ferrugineux sombres. Ailes enfumées, mais un peu transparentes ; l'extrémité surtout est obscure. Abdomen lisse, luisant, recouvert seulement d'une tomentosité d'un cendré brillant. Il est entièrement noir excepté le second article du pétiole qui est d'un ferrugineux plus ou moins sombre en dessus et en dessous. Long. 17^{mm} à 21^{mm}. Env. 20 à 28^{mm}. ♀

Le mâle diffère en ce que la face et l'épistome sont recouverts d'une pubescence argentée.

Melanopus, Lucas

Patrie : Algérie

7 Scutellum éparsement ponctué. Tête noire avec des poils noirs; épistome presque tronqué droit à l'extrémité. Mandibules noires. Antennes noires. Thorax noir; pronotum lisse, presque glabre; tubercules huméraux et une très petite tache sur les mésopleures garnis d'une dense pubescence argentée. Mesonotum et scutellum très-finement chagrinés, glabres. Ecaillettes noires, un peu rougeâtres sur le bord externe. Metanotum strié transversalement en dessus et obliquement sur les côtés. Pattes noires en entier. Ailes antérieures subhyalines, un peu jaunâtres; nervures testacées. Abdomen noir, très-finement pubescent; partie postérieure du second article du pétiole renflée, rouge ainsi que le second segment et la base du troisième. Long. 21mm. ♀

♂ inconnu. **Hungarica**, MOCSARY.

PATRIE : Hongrie (environ de Buda-Pesth).

— Scutellum longitudinalement strié. Tête noire avec quelques poils noirs. Epistome tronqué. Mandibules noires avec la base de la dent apicale rouge. Antennes noires. Thorax noir, presque glabre; pronotum lisse, mat. Mesonotum fortement caréné au milieu, légèrement chagriné. Tubercules huméraux et une petite tache sur les mésopleures argentés. Ecaillettes noires, brillantes, avec le bord externe blanc jaunâtre. Scutellum longitudinalement strié. Postscutellum rugueux. Metanotum obliquement strié en dessus, rugueux sur les côtés, avec l'extrémité argentée. Pattes noires, hanches postérieures un peu argentées en dessus; éperons postérieurs et partie interne des tibias postérieurs garnis de courts poils fauves. Extrémité des ongles postérieurs rouge. Ailes légèrement enfumées, jaunâtres, plus claires vers l'extrémité. Troisième cellule cubitale pétiolée.

Nervures brunes. Abdomen avec le premier article du pétiole et la base du second noirs, le reste de celui-ci, le second segment et la base du troisième rouges; toute l'extrémité de l'abdomen noir brillant. ♀ Long 15 à 17mm. Env. 18 à 22mm.

Le mâle se distingue par la pubescence fortement argentée qui orne sa face et son épistome ; les segments postérieurs de l'abdomen sont légèrement bordés de blanchâtre. Long. 13 à 15mm. Env. 16 à 18mm. **Campestris**, Latreille.

Patrie. Toute l'Europe.

8 Écaillettes en partie rougeâtres. 9

— Écaillettes noires. Tête noire avec des poils pâles. Épistome tronqué droit en avant. Thorax noir avec des poils pales. Mésopleures marquées d'une tache pubescente soyeuse. Pattes noires. Ailes subhyalines. Abdomen noir avec la partie supérieure du second segment, le troisième et la base du quatrième rouges. Long. 21 à 23mm. ♀

Le male a l'épistome argenté, légèrement échancré sur le bord, la tête velue de poils noirs et le thorax dépourvu de taches soyeuses argentées. (Kohl) Long. 17 à 19mm. **Fallax**, Kohl.

Patrie : Syrie.

9 Mandibules noires. Tête noire, velue de poils blancs; épistome noir, chagriné, éparsement ponctué, tronqué à l'extrémité. Antennes noires. Thorax noir, pronotum très finement chagriné ; tubercules huméraux ainsi qu'une petite tache arrondie sur les mésopleures pourvus d'une pubescence argentée, mesonotum et scutellum très délicatement chagrinés, glabres, le premier offrant deux courtes lignes

latérales élevées, le second éparsement ponctué; mesonotum transversalement et en partie obliquement strié en dessus; côtés des métapleures marqués de taches pubescentes argentées. Écaillettes noires avec le bord externe rougeâtre. Pattes noires. Ailes hyalines, un peu jaunâtres, à peine enfumées, plus claires vers l'extrémité; nervures testacées. Abdomen noir, à peine pubescent; les deux premiers segments et la base du troisième sont rouges en dessus, le premier et le troisième largement rayés de noir, le second avec une grosse tache noire qui n'atteint pas la base et qui se dilate triangulairement à son extrémité; dernier segment garni de poils noirs. ♀ Long. 19^{mm}. (Mocsary).

♂ inconnu. **Hispanica**, MOCSARY.

PATRIE : Malaga (Espagne).

— Mandibules rouges à leur extrémité. Tête noire, velue de poils noirs; face avec une pubescence argentée; épistome légèrement rugueux, tronqué à son extrémité. Antennes noires. Thorax noir, velu de poils blancs, plus ou moins rugueux ou chagriné, le mesonotum portant deux lignes latérales élevées. Tubercules huméraux munis d'une pubescence argentée. Metanotum transversalement rugueux. Écaillettes noires avec le bord externe rougeâtre. Pattes noires, très-faiblement couvertes d'une pubescence blanche; extrémité des éperons et ongles rougeâtres. Ailes hyalines, nervures brunes. Abdomen noir, finement pubescent; extrémité du premier segment, deuxième segment et base du troisième rouges; le second porte en outre en dessus une tache pyriforme noire. ♂ Long. 17^{mm}. (Mocsary).

♀ inconnue. **Turcica**, MOCSARY.

PATRIE : Brousse (Asie mineure).

10 Epistome tuberculé en son milieu, le bord apical recourbé en forme de lame. Tête noire avec la face garnie d'une pubescence argentée; épistome prolongé en avant en une lame triangulaire, convexe en dessus, excavée en dessous. Mandibules rouges avec l'extrémité noire. Antennes grêles, noires. Thorax noir avec les tubercules huméraux et la partie supérieure des mésopleures argentés; mesonotum strié transversalement en avant, obliquement en arrière, scutellum longitudinalement strié. Metanotum obliquement strié et divisé en dessus par un sillon bien apparent. Extrémité du métathorax marquée de chaque côté, en dessous, d'une tache pubescente argentée. Ecaillettes noires avec le bord externe rouge sombre. Pattes noires avec une légère pubescence blanche; hanches et trochanters couverts d'un duvet dense argenté; extrémité des éperons et des ongles ferrugineuse. Ailes hyalines, nervures brunes. Abdomen noir avec une très-fine pubescence blanche; segments deux et trois et base du quatrième rouges en dessus et en dessous. ♂ Long. 27mm. (Mocsary)

♀ inconnue. **Clypeata** Mocsary.

Patrie : Epire.

— Epistome ni tuberculé ni lamelliforme. **11**

11 Pronotum ponctué. **12**

— Pronotum transversalement strié. **13**

12 Quatrième segment abdominal entièrement bleu en dessus. Tête noire, lisse ou à peine ponctuée, face et épistome légèrement argentés. Poils blancs plus abondants sur les joues. Mandibules noires avec leur portion intermédiaire rouge: mâchoires et palpes noirs. Antennes noires. Epistome tronqué. Thorax noir; pronotum peu ponctué; mesonotum très-rugueusement et granuleusement ponctué; les granulations formant çà et là des sortes de stries transversales. Poils du thorax blancs. Scutellum et postscutellum longitudinalement striés. Metanotum rugueusement ponctué avec une fine carène en son milieu. Tubercules huméraux argentés ainsi qu'une forte ligne oblique au milieu des mésopleures, une autre plus faible contiguë aux métapleures et l'extrémité du métathorax. Ecaillettes lisses, brillantes, noires, à peine testacées à leur extrémité. Pattes noires, brillantes, avec les hanches et les trochanters intermédiaires et postérieurs faiblement couverts d'une pubescence argentée; ongles rouges, sauf à leur base. Ailes subhyalines, légèrement enfumées, nervures noires. Abdomen lisse, très luisant. Premier article du pétiole et extrême base du second noirs; le reste de celui-ci, le second et le troisième segments en entier rouges; quatrième, cinquième et sixième segments bleu métallique; la partie ventrale du quatrième segment porte à sa base une large tache semi-circulaire rouge s'étendant un peu sur l'angle antérieur extrême de sa portion dorsale.

♀ Long. 23 m/m. Env. 27 m/m.

Le mâle ne diffère que par la face plus fortement argentée et les mandibules presque entièrement noires. Long. 21 m/m. Env. 25 m/m.

Touareg, N. SP.

PATRIE : Algérie (Sebdou, province d'Oran).

— Quatrième segment abdominal en grande partie rouge en dessus. Tête noire avec des poils blancs; épistome et orbite interne des yeux pourvus d'une pubescence argentée; le premier un peu échancré au milieu de son bord antérieur. Mandibules noires avec l'extrémité des dents rougeâtre. Antennes noires. Thorax noir, velu de poils blancs; pronotum éparsement ponctué; mesonotum légèrement chagriné avec son lobe médian transversalement strié et les lobes latéraux très finement et obliquement striés. Tubercules huméraux et mésopleures garnis d'une pubescence argentée. Scutellum longitudinalement strié. Metanotum avec des rugosités transversales; ses côtés ornés d'une pubescence argentée. Ecaillettes noires-rougeâtres. Pattes noires, couvertes d'une très fine pubescence blanche; hanches postérieures garnies de duvet argenté en dessus. Ailes hyalines, un peu enfumées à l'extrémité; nervures d'un brun noir. ♀. Long. 18 m/m. (Mocsary).

♂ inconnu. **Modesta**, Mocsary.

Patrie : Grenade (Espagne).

13 Quatrième segment abdominal entièrement bleu. 14

— Quatrième segment abdominal en partie rouge. Tête noire avec des poils bruns; antennes et mandibules noires. Thorax noir avec des poils gris; pronotum et mesonotum transversalement striés ; scutellum longitudinalement strié; tubercules huméraux garnis d'un duvet argenté ; metanotum obliquement strié en dessus, avec les côtés ornés d'une pubescence argentée. Pattes noires avec le dessus des hanches postérieures argenté. Ailes subhyalines. Abdomen noir avec les segments deux à quatre rouges, excepté la base du second et la partie postérieure du quatrième qui sont noires; les segments cinq et six sont bleu sombre.

♀ Long. 23 m/m (Mocsary)

♂ inconnu. **Striata**, Mocsary.

Patrie : Sibérie.

14 Ecaillettes noires. Tête noire ; antennes noires ; épistome échancré à son bord antérieur. Thorax noir ; pronotum, mesonotum, une partie des mésopleures et le mesosternum transversalement rugueux. Metanotum obliquement strié en dessus. Ecaillettes noires. Pattes noires. Ailes subhyalines, un peu assombries à l'extrémité. Abdomen avec le second article du pétiole, le second et le troisième segments rouges, le premier article du pétiole noir et les quatrième, cinquième et sixième segments d'un vert bleuâtre. ♀. Long. 17 à 19 m/m (Kohl).

♂ inconnu. **Rhœtica**, Kohl.

Patrie : Tyrol.

— Ecaillettes en partie testacées. Tête noire, lisse, luisante, épistome tronqué en avant. Antennes et mandibules noires ; la tête porte de rares poils blancs. Thorax noir avec quelques poils blancs et un peu de duvet argenté, surtout sur les côtés du pronotum et du mesonotum. Tubercules huméraux et mésopleures fortement garnis de duvet argenté. Scutellum longitudinalement strié, metanotum obliquement strié en dessus ; extrémité du métathorax garnie de duvet argenté. Pattes noires garnies d'une fine pubescence blanche ; hanches un peu argentées ; ongles rouges à leur extrémité. Ailes subhyalines, à peine plus sombres à leur bord apical ; nervures brunes. Abdomen avec le premier article du pétiole noir ainsi que l'extrême base du second ; celui-ci, le second et le troisième segments sont entièrement rouges ; les quatrième, cinquième et sixième sont bleu brillant légèrement verdâtres, avec un éclat métallique. ♀ Long. 13 à 17 mm. Env. 15 à 20 mm.

Le mâle diffère de la femelle par la face et

l'épistome fortement garnis d'un duvet argenté.
Mocsaryi, FRIWALDSKY.

PATRIE : Hongrie, Portugal, France méridionale.

15 Pronotum aussi long que large. Tête et thorax noirs, revêtus d'un duvet tomenteux argenté ou bronzé. Épistome court, muni d'une petite bosse au milieu de son disque et à peine échancré au milieu de son bord antérieur. Antennes noires avec le scape rouge ; deuxième article du funicule deux fois plus long que le troisième ; mandibules rouges. Pronotum remarquablement allongé, garni de stries rugueuses, transversales. Mesonotum également transversalement rugueux et marqué d'un sillon médian longitudinal. Ecaillettes en grande partie rouges. Pattes grêles, rouges. Ailes subhyalines. Abdomen noir avec le second article du pétiole et les second, troisième, quatrième et cinquième segments rouges ; le premier article du pétiole et les segments six à sept sont noirs. ♀ Long. 20 mm. (Kohl).
♂ inconnu. **Longicollis**, KOHL.

PATRIE : Sarepta (Russie méridionale).

— Pronotum beaucoup moins long que large. **16**

16 Cuisses postérieures entièrement noires. **17**

— Cuisses postérieures, en partie rouges, plus ou moins sombres. **19**

17 Tibias postérieurs noirs. **18**

— Tibias postérieurs en partie rouges. Tête noire, éparsement ponctuée, avec un peu de duvet argenté en avant ; mandibules noires ainsi que les pièces de la bouche. Derrière de la tête avec quelques poils blancs. Antennes noires. Epistome tronqué. Thorax noir ; pronotum éparsement ponctué. Meso- et metanotum transversalement striés ; scutellum et postscutellum longitudinalement striés. Poils du thorax rares. blancs. Mésopleures un peu garnies de duvet argenté ; métapleures avec le même duvet moins brillant. Ecaillettes ferrugineuses, un peu assombries en dedans, lisses, brillantes. Pattes antérieures et intermédiaires rouges avec les hanches, les trochanters et la base des cuisses noirs. Extrémité des tibias intermédiaires noirâtre. Pattes postérieures noires avec les hanches et les trochanters garnis de duvet argenté, le tiers ou la moitié basilaire des tibias, rouge ; tarses rougeâtres vers l'extrémité. Ailes enfumées, noirâtres, surtout vers l'extrémité ; nervures noires. Abdomen avec le premier article du pétiole noir, le second rouge avec l'extrémité noire ; les deuxième, troisième et quatrième segments sont rouges ; le cinquième est rouge avec le dessus noir ; enfin le sixième est noir en entier. ♀. Long. 23 mm. Env. 25 mm.

Le mâle a l'épistome et la face garnis d'un fort duvet argenté ; le pronotum porte un peu du même duvet argenté. Long. 18 mm. Env. 20 mm.

Iberica, N. SP.

PATRIE : Portugal.

18 Mesonotum ponctué. Tête noire, mate, avec un duvet argenté sur l'épistome et le bas de la face ; poils blancs ; épistome ponctué et échancré en avant ; vertex presque lisse. Mandibules noires, un peu rougeâtres. Antennes noires. Thorax noir, mat, pubescent ; éparsement ponctué sur le pronotum ; mesonotum avec de rares et courtes strioles transversales s'entrecroisant de façon à donner un aspect ruguеux. Scutellum et postscutellum luisants. Metanotum longitudinalement sillonné au milieu, marqué de

fines stries transversales, entrecroisées de façon à lui donner un aspect rugueux. Méso- et métapleures garnies de duvet argenté. Ecaillettes testacées avec la partie basilaire plus ou moins tachée de noir. Pattes antérieures et intermédiaires rouges avec les hanches, les trochanters et la base des cuisses noirs. Pattes postérieures noires avec une légère pruinosité blanche; leurs tarses légèrement ferrugineux. Ailes subhyalines, grisâtres, plus foncées à l'extrémité; base des nervures rougeâtre, le reste noir. Abdomen noir mat avec les deux tiers apicaux du deuxième article du pétiole, le second et le troisième segments rouges, ce dernier plus ou moins taché de noir. ♂ ♀.

♀ Long. 19 mm. Env. 22 mm.

♂ Long. 14mm. Env. 18mm. **Holosericea**, Fabricius.

Patrie. France méridionale, Espagne, Portugal, Algérie, Italie, Hongrie, Grèce.

— Mesonotum strié. Tête noire, luisante, finement ponctuée, avec la base de la face et l'épistome garnis de duvet argenté; face, derrière des yeux et vertex avec de longs poils blancs. Mandibules noires; antennes noires. Thorax noir; pronotum un peu luisant, peu ponctué; mesonotum brillant, transversalement strié, avec un sillon médian longitudinal. Tubercules huméraux ornés d'un duvet très argenté. Une bande argentée large et oblique part de ce tubercule et aboutit aux hanches intermédiaires sur les mésopleures. Scutellum et postscutellum finement et longitudinalement striés. Metanotum caréné au milieu avec des stries obliques de chaque côté. Son extrémité porte latéralement des taches de duvet argenté. Ecaillettes rouges. Pattes antérieures et intermédiaires rouges avec les hanches, les trochanters et la base des cuisses noirs. Pattes postérieures noires avec un reflet argenté ; leurs tarses rougeâtres. Ailes hyalines lavées de jaune avec l'extrémité blanche. Abdomen lisse, brillant, noir avec le second article du pétiole, le second et le troisième segments rouges. ♀ Long. 18 mm. Env. 22 mm.

Le mâle diffère de la femelle en ce que les segments rouges de l'abdomen sont plus ou moins rayés de noir en dessus.

Long. 16 mm. Env. 20 mm. **Heydeini**, Dahlbom.

Patrie : Toute l'Europe méridionale du Portugal à la Syrie.

Cette espèce, ainsi que la précédente, approvisionnent leur nid de petites chenilles arpenteuses, au nombre de cinq. Le Dr Giraud (Vienne, 1863) a signalé comme parasite de cette Ammophile la *Mutilla differens*. Voici les renseignements très intéressants qu'il donne à ce sujet :

« En recherchant, aux environs de Vienne, les cocons du *Myrmeleon formicarius*, dans l'espérance, restée inaccomplie, de trouver les parasites de cette espèce, je mis à découvert, à quelque distance des entonnoirs qui restaient, quatre cocons tout à fait semblables à ceux de l'*Ammophila Heydeini* Dahlb. que j'avais déjà rencontrés ailleurs et qui m'avaient produit cet insecte. Ils étaient formés d'une coque intérieure, subcylindrique, à bouts arrondis, brune, avec une large bande d'un gris jaunâtre au milieu, et d'une membrane beaucoup plus ample, fine, transparente, de couleur jaunâtre très pâle, enveloppant cette coque. J'en plaçai trois dans une caisse remplie de terre sablonneuse que j'arrosai de temps en temps. Bientôt après, j'en vis sortir deux *Ammophila*, et plus tard, au commencement de juillet, un très bel échantillon de la *Mutilla differens* Lep. qui s'était développé dans un de ces cocons et qui est ainsi évidemment parasite du Fouisseur.

« Le quatrième cocon avait été perforé par une larve déprédatrice que je trouvai, le corps à moitié engagé dans son intérieur et ayant déjà dévoré la moitié d'une nymphe dont la portion restante était encore très fraiche, mais ne me permit pas de reconnaitre si c'était celle d'une Ammophile ou de son parasite. A cause de son genre de vie, cette larve, qui est évidemment une larve d'Elatéride, mérite d'être signalée..... (Suit la description.) La forme déprimée de son corps la place dans les genres *Agrypnus* ou *Athous* et ses proportions sont à peu près celles de l'*Athous hirtus* figuré (pl. V, fig. 1) par MM. Chapuis et Candèze (1)........... »

M. J. Lichtenstein a fait aussi au sujet de cet insecte une curieuse remarque que je dois reproduire ici :

« Cet insecte, dit-il (Paris, 1876), long de 2 1/2 centimètres, sort d'une coque qui n'en a pas un et demi, cela peut se faire parce que le pétiole de l'abdomen, formé de deux segments dans ce genre, est replié en Z sous l'abdomen qui paraît alors être sessile dans la nymphe, le troisième segment venant affleurer et presque s'appliquer sur l'écusson. »

19 Cuisses postérieures rouges en entier. 20

— Cuisses postérieures en partie noires. 22

20 Tête et thorax testacés ou rouges. 21

— Tête et thorax noirs, velus de poils blancs. Mandibules rouges avec l'extrémité noire ; antennes noires avec le premier article rouge. Tubercules huméraux argentés. Mesonotum ponctué et finement strié en travers. Ecaillettes testacées. Pattes testacées avec les hanches et les trochanters noirs. Ailes hyalines. nervures testacées. Abdomen rouge en entier. ♀ Long. 18 mm Env. 20 mm.

Le mâle diffère en ce qu'il a la face et l'épistome couverts de duvet argenté. Les deux derniers segments abdominaux sont noirs.

Long. 15 mm. **Rubriventris**, Costa.

Patrie : Corse, Sardaigne, Turkestan.

Je crois pouvoir rapporter à cette espèce l'*A. rubra* Sichel décrite dans le voyage au Turkestan de Fetschenko, bien que la brièveté de la description ne permette pas de s'en rendre un compte très exact.

21 Premier segment abdominal seul taché de rouge. Tête rouge, velue sur les joues ; front et

(1) Catalogue des larves de Coléoptères.

vertex brillants, à peine ponctués. Mandibules rouges avec l'extrémité noire. Epistome ponctué, tronqué en avant. Antennes rouges. Thorax rouge, brillant, avec les tubercules huméraux ornés d'une pubescence argentée. Pronotum avec de grosses rides transversales ; metanotum avec des rugosités transversales. Méso- et métapleures ponctuées. Pattes rouges. Ailes hyalines, un peu jaunâtres, plus sombres au bord apical. Abdomen noir-bleuâtre avec les deux articles du pétiole en partie rouge obscur.

♀ Long. 24^{mm}. (KOHL)

♂ inconnu. **Haimatosoma**, KOHL.

PATRIE. Chypre.

— Abdomen testacé ailleurs qu'au premier segment. Tête testacée, couverte d'une pubescence argentée. Mandibules testacées avec la moitié apicale noire. Antennes noires. Thorax testacé avec une pubescence argentée; pronotum transversalement strié, garni de longs poils argentés sur les côtés. Pattes testacées avec les hanches et les trochanters argentés. Ailes hyalines, nervures testacées. Abdomen testacé, plus ou moins garni de pubescence argentée, avec les segments apicaux noirs. ♀ Long. 18^{mm}. (Taschenberg).

♂ inconnu. **Gracillima**, TASCHENBERG.

PATRIE : Karthoum (Tunisie).

22 Tous les segments abdominaux noirs au moins en dessus. Tête et thorax noirs, ornés d'une courte pubescence argentée et de longs poils blancs ; écaillettes testacées. Pattes antérieures testacées, ainsi que la plus grande partie des pattes postérieures où le dessus des cuisses, les trochanters et les tibias entiers sont noirs. Les hanches sont noires au moins en dessus. Ailes hyalines avec les ner-

vures brunes. Abdomen noir avec les deux premiers segments testacés en dessous et latéralement. ♂ Long. 18mm 1/2. (Taschenberg).

♀ inconnue. **Propinqua**, TASCHENBERG.

PATRIE : Karthoum (Tunisie).

— Une partie des segments abdominaux est entièrement rouge. 23

23 Antennes avec plus d'un article rouge. 24

— Antennes noires ou avec seulement le premier article rouge. 25

24 Les cinq à sept premiers articles des antennes sont rouges. Front noir. Tête noire avec le vertex et l'occiput velus de poils bruns ; epistome, labre et mandibules rouges, ces dernières avec l'extrémité noire. Épistome éparsement ponctué et tronqué à son extrémité. Antennes rouges sur les six à sept premiers articles, noires sur le reste. Thorax testacé avec les sutures et le scutellum noirs ainsi qu'une ligne ou tache médiane s'étendant longitudinalement sur la partie supérieure du metanotum ; souvent aussi la poitrine est tachée de noir. Écaillettes rouges. Pattes testacées avec les trochanters et les cuisses postérieurs rayés de noir en dessus. Ailes hyalines, jaunâtres, un peu enfumées avec un reflet violet à leur extrémité ; nervures jaunes, côte ferrugineuse. Abdomen noir avec les deux premiers segments rouges, le premier taché de noir en dessus à sa base. ♀ Long. 30 à 32mm.

Le mâle se distingue en ce qu'il a la face garnie d'une pubescence bronzée, l'épistome très-légèrement échancré en avant, les cinq premiers articles seulement des antennes rouges en dessus, bruns en dessous, les côtés du thorax noirs, les segments cinq à sept de l'abdomen garnis d'une pubescence argentée. Long. 29mm. (Mocsary). **Egregia**, Mocsary.

Patrie : Beyrouth (Syrie).

— Les deux premiers articles seulement des antennes et la base du troisième, rouges. Front taché de rouge. Tete noire, velue de poils blancs; face argentée, épistome rouge, éparsement ponctué avec le bord antérieur un peu sinué. Mandibules rouges avec l'extrémité noire. Front taché de rouge autour des antennes. Celles-ci noires avec les deux premiers articles et la base du troisième rouges. Thorax noir avec des poils blancs; pronotum canaliculé en son milieu; rouge ainsi que les tubercules huméraux. Mesonotum brillant, avec des stries arquées, metanotum finement et inégalement strié en travers. Ecaillettes rouge pâle. Pattes rouges, avec les hanches, les trochanters et les cuisses postérieures rayés de noir en dessus. Ailes hyalines, nervures rouges. Abdomen noir avec les trois premiers segments rouges, le premier rayé de noir en dessus. ♀ Long. 23mm. (Mocsary) **Syriaca**, Mocsary.

Patrie : Syrie.

25 Scape ferrugineux au moins en partie. Tête noire avec un duvet argenté sur la face. Epistome tronqué, un peu sinué, rebordé; son bord rouge et nu sur une petite largeur. Mandibules rouges avec l'extrémité noire : derrière des yeux argenté et pourvu de longs cils blancs. Palpes ferrugineux ainsi que la lèvre qui est brune à sa moitié apicale. Antennes noires avec le premier article rouge en entier. Thorax noir, entièrement recouvert d'un duvet court, blanc, un peu argenté, excepté sur le pronotum

qui est nu, brillant et d'un rouge ferrugineux. Tubercules huméraux ferrugineux, argentés ainsi qu'une très-petite tache de chaque côté de l'extrémité du metanotum. Ecaillettes ferrugineuses; une tache ferrugineuse au bord inférieur de l'insertion des ailes. Pronotum et mesonotum peu distinctement striés transversalement, l'un vers le devant l'autre en arrière. Metanotum peu distinctement strié de même. Pattes rouges avec un duvet argenté; hanches postérieures, leurs trochanters et une ligne sur le dehors des cuisses postérieures, noirs et garnis de duvet argenté. Cuisses intermédiaires offrant aussi une ligne externe, très-peu accentuée, noirâtre. Tibias postérieurs un peu noirâtres en dedans. Ailes hyalines, un peu jaunâtres, plus sombres à l'extrémité; base des nervures et de la côte ferrugineuse; troisième cubitale rétrécie vers la radiale. Abdomen rouge avec une ligne noire en dessus du second article du pétiole; le troisième segment noir sur sa moitié apicale en dessus, les suivants entièrement noirs. ♀ Long, 20^{mm}. Env. 22^{mm}.

Le mâle diffère par le scape marqué latéralement et en dessus d'une tache noire. Long. 17^{mm}. Env. 20^{mm}.

Rubripes, Spinola.

Patrie : Egypte.

— Scape noir en entier. 26

26 Poils de l'extrémité abdominale blancs. Tête noire, presque lisse, éparsement ponctuée; mandibules rouges avec l'extrémité noire; Antennes noires. Face et épistome ainsi que le derrière des yeux argentés; front sillonné devant l'ocelle antérieur. Thorax noir. Pronotum assez lisse, mesonotum transversalement strié en dessus avec un sillon médian. Scutellum et

postscutellum longitudinalement striés ; metanotum granuleusement ponctué en dessus ; tubercules huméraux argentés ; métapleures couvertes du même duvet, excepté en avant ; leur angle postérieur latéral, un peu saillant, nu, de couleur blanchâtre ou testacé clair, ecaillettes ferrugineuses ainsi que la portion inférieure de l'insertion des ailes. Pattes rouges avec les hanches antérieures et intermédiaires couvertes de duvet argenté ; hanches postérieures et leurs trochanters noirs argentés; trochanters intermédiaires tachés de noir en dessus. Cuisses postérieures rouges avec leur base, le dessus et presque tout le côté interne noirs. Tibias postérieurs rouges avec les deux tiers apicaux noirs. Tarses postérieurs ferrugineux sombre, presque noirs à la base du premier article et sur le dessus des suivants ; ongles postérieurs rouges. Ailes presque hyalines, légèrement enfumées surtout vers l'extrémité : base des nervures ferrugineuse, le reste noir. Abdomen avec le premier et la base du second article du pétiole noirs ; ce dernier avec une ligne noire en dessus. Deuxième, troisième, quatrième et cinquième segments rouges, rayés de noir en dessus et éparsement tachés de bleu; parfois le cinquième est entièrement bleu. Sixième segment bleu métallique. Poils de l'anus épars, blancs, allongés. ♀ Long. 18mm. Env. 20mm.

Lœvicolis, N. SP.

PATRIE : Espagne, France méridionale.

— Poils de l'extrémité abdominale nuls ou noirs. Tête noire garnie sur la face et l'épistome de duvet argenté tournant au doré vers la base des antennes. Mandibules rouges avec l'extrémité noire : poils de la tête blancs. Antennes noires. Thorax noir ; pronotum presque lisse, brillant ; mesonotum transversalement strié avec un sillon médian vers sa base ; scutellum et postscutellum striés longitudinalement ; metanotum transversalement strié en dessus. Meso- et métapleures à peu près entièrement garnies de duvet argenté. Ecaillettes ferrugineuses. Pattes rouges avec toutes les hanches, l'extrême base des trochanters antérieurs, les trochanters intermédiaires et postérieurs entiers et la base des cuisses postérieures noirs et revêtus de duvet argenté en dehors ; extrême base et moitié apicale des tibias postérieurs et base du premier article des tarses noires avec une pruinosité blanche qui couvre aussi toute la partie rouge ; tarses postérieurs ferrugineux sombre, ongles postérieurs noirs à la base, rouges à l'extrémité. Ailes légèrement enfumées, jaunâtres, avec la base de la côte et des nervures ferrugineuse ; le reste noir. Abdomen rouge avec les deux derniers segments noir bleu. ♀ Long. 24^{mm}. Env. 27^{mm}.

Le mâle diffère par la structure de son épistome ; celui-ci se prolonge en avant et se relève en une dent tronquée à l'extrémité, carénée en dessus, noire, nue. Les segments rouges de l'abdomen sont plus ou moins fortement rayés de noir en dessus. Long. 18^{mm}. Env. 19^{mm}.

Nasuta, Lepeletier.

Patrie : Espagne, îles Baléares, Algérie.

SOUS GENRE PSAMMOPHILA, Dahlbom (21)

1 Corps entièrement noir ou noir bleu **2**

— Corps en partie rouge ou ferrugineux. **3**

2 Abdomen noir. Tête noire ; épistome noir, ponctué, tronqué avec une petite échancrure

au milieu, nu ; mandibules noires ainsi que les palpes, luisantes ; le reste de la tête longuement velu de poils noirs, sauf dans la région du vertex et derrière les yeux ; occiput très-velu. Antennes noires. Thorax noir, ponctué, garni de longs poils noirs; écaillettes nues, lisses, brillantes, un peu ponctuées au bord antérieur, légèrement ferrugineuses en arrière. Mesonotum avec un léger sillon en avant, ponctué ainsi que le pronotum. Mésopleures ponctuées. Scutellum ponctué avec une partie lisse au milieu du disque ; postscutellum ponctué, metanotum transversalement ridé. Pattes noires, éparsement ponctuées, plus densément sur les hanches et les trochanters, offrant de rares poils noirs. Ailes enfumées, subhyalines, plus foncées vers l'extrémité; nervures et côte noires. Abdomen noir ; pétiole ponctué, velu ; le reste de l'abdomen presque lisse, luisant, avec de très-rares points enfoncés et une ligne de ces points en avant du bord apical des segments deux et trois. ♀ Long. 19^{mm}. Env. 31^{mm}.

♂ inconnu. **Ebenina**, Spinola.

Patrie : Egypte, Syrie, Perse, Sardaigne, Corse.

— Abdomen bleu ou noir bleu. Tête et thorax noirs, velus de poils noirs. Metanotum finement chagriné. Ailes violacées. ♀ Long. 22^{mm}.

Le mâle diffère en ce qu'il a le metanotum transversalement strié. (Eversmann, Radoskowski) Long. 15^{mm}. **Atrocyanea**, Eversmann.

Patrie : Russie méridionale, Turkestan.

3 Métathorax finement et régulièrement strié en dessus. Tête noire, brillante, presque lisse, avec quelques poils noirs ; mandibules et antennes noires. Thorax noir ; pronotum lisse, brillant ; mesonotum éparsement ponctué avec

un sillon médian en avant; mésopleures fortement rugueuses et transversalement ridées; scutellum et postscutellum brillants, presque lisses; écaillettes brillantes, noires, testacées au bord postérieur; metanotum finement et régulièrement strié en travers. Pattes noires, luisantes, avec l'extrémité des articles des tarses un peu ferrugineuse et les ongles rouges. Ailes hyalines, jaunâtres vers la base, nervures testacées. Abdomen presque lisse, luisant, noir avec la partie dorsale du premier segment, excepté à son extrême base, le second et les deux tiers basilaires du troisième, rouges. ♀ Long. 16^{mm}. Env. 25^{mm}.

Le mâle diffère par ses mandibules rougeâtres au milieu, les poils de la tête et du thorax blancs et plus denses, et la partie rouge de l'abdomen qui s'étend sur les segments trois et quatre en entier. Long. 15^{mm}. Env. 23^{mm}.

Lutaria, Fabr.

Patrie : Angleterre, France, Belgique, Allemagne, Espagne, Italie, Russie, Turkestan, Algérie.

— Métathorax granuleux ou grossièrement ridé en dessus. 4

4 Quatrième segment abdominal noir en entier. 5

— Quatrième segment abdominal au moins en partie rouge. 8

5 Thorax garni de poils noirs. 6

— Thorax garni de poils blancs, la face porte un duvet argenté. 7

6 Mandibules entièrement noires. Tête et thorax noir profond, mats, fortement velus de poils noirs; mandibules et antennes noires ; épistome rugueux, tronqué en avant; dessus du thorax

rugueusement ponctué, surtout sur le metanotum ; scutellum lisse et brillant sur sa partie médiane. Ecaillettes noires, brillantes, légèrement testacées à leur bord postérieur. Pattes noires, luisantes, épineuses ; ongles ferrugineux. Ailes enfumées, jaunâtres sur les deux tiers basilaires, légèrement noirâtres avec un reflet violacé à l'extrémité. Nervure costale noire, les autres nervures brunes Abdomen noir. lisse, brillant, avec la partie dorsale du premier segment, le second et le troisième rouges, ce dernier avec le bord postérieur noir. ♀ Long. 16^{mm}. Env. 23^{mm}.

Le mâle se distingue par les poils du thorax qui sont blancs, l'abdomen beaucoup plus grêle, les pattes moins épineuses et les ailes moins enfumées, parfois tout-à-fait hyalines, excepté à leur extrémité, qui est toujours noirâtre. Long 15^{mm}. Env. 20^{mm}. **Hirsuta**, Scopoli.

Patrie : Toute l'Europe, l'Algérie, le Turkestan, etc.

Cette espèce, qui est très répandue, approvisionne son nid avec des chenilles d'Agrotis (ver gris), une seule par cellule. Ses manœuvres ont été longuement décrites dans l'introduction et je n'ai pas à y revenir ici. Je veux seulement ajouter que cet insecte constitue un de nos auxiliaires les plus utiles et qu'il faut se garder de le pourchasser.

On voit quelquefois des individus dont la partie rouge de l'abdomen s'assombrit, au point de disparaître, rarement, il est vrai, tout à fait. Spinola (201) signale des individus devenus ainsi tout noirs et ne se distinguant de l'*A. ebenina* que par le thorax bien plus velu, plus rugueux, moins brillant, et les ailes relativement plus longues.

— Mandibules rouges en leur milieu. Tête et thorax noirs, velus de poils noirs, épistome éparsement ponctué, tronqué à l'extrémité ; vertex très-finement rugueux, peu ponctué. Mandibules noires, bidentées avec la partie médiane rouge. Antennes noires. Pronotum brillant, légèrement ponctué ; mesonotum et scutellum presque glabres et lisses ; metanotum très-finement rugueux, à peine ridé en travers. Ecaillettes noires. Pattes noires, brillantes, avec les ongles ferrugineux. Ailes hyalines ou très légèrement enfumées ; nervures brunes. Abdomen brillant, pétiole noir ; les trois premiers segments rouge-testacé, le premier avec l'extrême base, le troisième avec son bord postérieur noirs. ♀ Long. 13mm. (Mocsary)

♂ inconnu **Caucasica**, Mocsary.

Patrie. Caucase (Tiflis).

7 Tête garnie de poils noirs.

Hirsuta, ♂ Scopoli. (V. n° 6).

— Tête garnie de poils blancs ainsi que le thorax. Face et épistome ornés d'une pubescence argentée. Mandibules noires avec une bande rouge en leur milieu. Epistome éparsement pontué, tronqué. Antennes noires. Pronotum presque lisse; mesonotum et scutellum rugueusement ponctués, ce dernier avec un faible sillon médian. Metanotum rugueux. Ecaillettes noires, un peu testacées au bord postérieur. Pattes noires, éperons et ongles rouges. Ailes subhyalines, plus sombres à l'extrémité. Abdomen lisse, brillant, couvert d'une légère pubescence blanche avec le petiole noir et les trois premiers segments rouges, le bord du troisième noir. ♀ Long. 15mm. Env. 26mm.

Le mâle se distingue par les poils blancs du thorax beaucoup plus longs, et l'abdomen plus grêle. Long. 13mm. Env. 23mm.

Capucina, Costa.

Patrie : Italie méridionale, Espagne.

8 Antennes noires. 9

— Antennes rougeâtres. Tête noire, avec quelques poils noirs. Epistome éparsement ponctué avec l'extrémité arrondie et d'un rouge sombre; mandibules rouges avec l'extrémité noire; vertex très-finement chagriné, éparsement ponctué. Thorax noir garni de poils blancs ; pronotum presque lisse ; mesonotum et scutellum à peu près glabres, lisses ou à peine ponctués ; metanotum mat avec des lignes rugueuses arquées en travers. Mésopleures polies, assez fortement ponctuées; métapleures irrégulièrement striées en travers ; écaillettes rouge pâle. Pattes rougeâtres, couvertes d'une très-fine pubescence soyeuse blanche. Ailes hyalines, jaunâtres ; nervures testacées. Abdomen très-finement pubescent, avec les quatre premiers segments rouges-testacés, le pétiole et les segments cinq et six noirs. ♀ Long 13 à 14^{mm}. (Mocsary)
♂ inconnu **Morawitzi**, André.

Patrie. Russie méridionale, Caucase.

Cette espèce a été décrite en 1883 par M. Mocsary, sous le nom de *Psammophila polita*. Je n'ai pu conserver ce nom, car il existait déjà, depuis l'année 1865, une *Ammophila polita* des Etats-Unis, décrite par M. Cresson. Comme il y a aussi une autre *A. Mocsaryi*, j'ai été heureux de lui donner le nom d'un des maîtres de notre science par l'intermédiaire duquel elle était venue entre les mains de M. Mocsary.

9 Metanotum transversalement ridé. Tête noire avec des poils noirs; épistome large, tronqué; mandibules et antennes noires. Thorax noir, velu de poils noirs sur le pronotum et le mesonotum et de poils blancs sur le métathorax ; celui-ci est couvert de rides transversales, le mesonotum est densément et fortement ponctué. Pattes noires. Ailes hyalines avec le bord postérieur plus sombre ; nervures brunes. Abdomen avec le pétiole noir, les trois premiers

segments et la base du quatrième rouges ; les derniers noirs. ♀ Long. 19^{mm}.

Le mâle a les poils de la tête et du thorax blancs, la face garnie de duvet argenté, l'épistome allongé, échancré circulairement en avant, l'abdomen et les pattes fortement recouverts d'une pubescence grise soyeuse. Long. 14^{mm}. (Taschenberg) **Dispar**, TASCHENBERG.

PATRIE : Karthoum (Tunisie).

— Metanotum rugueux. 10

10 Ecaillettes ferrugineuses. Tête noire, velue de poils noirs avec la face couverte de duvet argenté; antennes noires. Thorax noir avec des poils gris; le métathorax un peu brun ; écaillettes ferrugineuses. Pattes noires couvertes d'une pubescence argentée. Ailes hyalines, jaunâtres avec l'extrémité plus sombre; nervures ferrugineuses. Abdomen lisse, glabre, brillant : pétiole noir; premier, deuxième, troisième segments, le dessous et les côtés du quatrième, ferrugineux; le reste noir légèrement bleuâtre ; l'extrémité pourvue de poils noirs. ♀.

Long. 14^{mm}. (Lepeletier).

♂ inconnu. **Fera**, LEPELETIER.

PATRIE : Roumélie.

— Ecaillettes en partie noires 11

11 Quatrième segment abdominal entièrement ferrugineux. Tête noire, ponctuée, avec la partie antérieure garnie de poils argentés, assez allongés, peu serrés. Mandibules rougeâtres avec les palpes d'un brun teinté de roux ; antennes noires. Thorax noir brillant, assez fortement ponctué et couvert de poils clairsemés, d'une belle couleur blanche, placés surtout sur les parties latérales. Ecaillettes noires avec un peu de ferrugineux

sur le bord postérieur. Pattes noires, un peu ferrugineuses, couvertes d'une légère pubescence argentée ; ongles roux. Ailes hyalines, un peu teintées de roussâtre, avec les nervures ferrugineuses. Abdomen nu, brillant, pétiole noir ; premier, deuxième, troisième et quatrième segments ferrugineux ; les cinquième et sixième noirs. ♀ Long. 13 mm. Env. 24 mm. (Lucas)

♂ inconnu. **Argentata** Lepeletier.

Patrie : Algérie.

— Quatrième segment abdominal en partie noir. Tête noire, ponctuée, luisante ; épistome arrondi ; face nue ou couverte de poils gris plus ou moins abondants ; vertex garni de poils noirs ; occiput présentant des poils blancs ; mandibules noires avec l'extrémité rougeâtre ; antennes noires. Thorax noir, ponctué, revêtu de poils blancs assez rares, plus denses sur le metanotum ; écaillettes noires, brillantes, avec la moitié apicale testacée. Pattes noires, éparsement ponctuées ; extrémité des tibias un peu ferrugineuse. Ailes teintées de jaune, subhyalines, avec l'extrémité plus sombre ; nervures jaunâtres. Abdomen lisse, brillant ; pétiole noir, brillant, avec des poils blancs sur la moitié basilaire. Premier, deuxième, troisième et quatrième segments presque entièrement ferrugineux, ce dernier taché seulement de noir au bord postérieur ; le reste noir. ♀ Long. 18 mm. Env. 26 mm.

Le mâle a la face et l'épistome recouverts de duvet argenté, ce dernier un peu échancré. Les mésopleures portent aussi un peu de ce même duvet ; l'abdomen, beaucoup plus grêle, est couvert d'une fine pruinosité blanche.

Long. 16mm. Env. 22mm. **Klugii**, Lepeletier.

Patrie : Espagne, Portugal.

2e GENRE. — PARAPSAMMOPHILA, Taschenberg

παρα', auprès de; *Psammophila*, nom de genre

Ce genre qui présente les mêmes caractères que celui qui précède, s'en distingue surtout par ce qu'il a les ongles des tarses bidentés à la base. La deuxième cellule cubitale reçoit les deux nervures récurrentes, la troisième est assez fortement rétrécie vers la radiale.

1 Ailes hyalines ou presque hyalines. 2

— Ailes violacées. Tête noire portant en avant une pubescence argentée et quelques poils roux sur le front et le vertex; d'autres plus allongés sur les joues; épistome grand, plat avec une carène saillante sur le milieu, visible surtout à la base; bord antérieur légèrement sinué; la surface de l'épistome est très éparsement ponctuée, ferrugineuse, d'une teinte plus sombre vers les angles basilaires qui portent aussi un peu de duvet argenté; le bord extrême est noir; mandibules ferrugineux sombre avec l'extrémité et le bord opposé aux dents noirs; palpes ferrugineux. Antennes noires avec le scape et le petit article qui le suit, ferrugineux sombre. Thorax un peu hérissé de poils roux, pronotum plat, saillant, ponctué, ferrugineux; mesonotum noir avec les angles antérieurs ferrugineux, fortement rugueux, marqué d'un sillon médian; quelques rides obliques se dirigent vers le scutellum; mésopleures fortement ponctuées; poitrine et tubercules huméraux ferrugineux; écaillettes ferrugineuses, un peu blanchâtres au bord postérieur. Scutellum noir, longitudinalement strié; postscutellum noir, un peu obliquement strié. Dessus du metanotum rugueusement ponctué en avant, transversalement strié en arrière et sur les côtés, noir ; métapleures aciculées. Pattes longues, presque lisses ; les antérieures presque entièrement ferrugineuses avec les tarses plus sombres ; pattes intermédiaires ferrugineuses en dessous avec tout le dessus noir mat ; leurs tarses noirs en dessus et en dessous, pattes postérieures avec les hanches et les trochanters ferrugineux en dessous, noirs en dessus ; les cuisses noires, les tibias noirs avec une ligne interne feutrée brune ; les tarses noirs, ongles noirs. Ailes sombres, violacées avec un éclat métallique ; nervures noires. Abdomen noir avec une fine pruinosité blanchâtre ; pétiole avec le premier article très-allongé, segments deux, trois et quatre s'élargissant successivement beaucoup tandis que les suivants se rétrécissent pour former la pointe de l'abdomen. Celui-ci semble relativement plus large qu'on ne le voit d'ordinaire chez les ammophiles. ♂. Long. 27ᵐᵐ. Env. 36ᵐᵐ.

Chez la femelle, une partie du funicule et de l'occiput possède une couleur ferrugineuse, l'abdomen est plus brillant, pourvu de poils noirs à l'extrémité ; la face a moins de poils argentés. Long. 28 ᵐᵐ. Env. 39 ᵐᵐ.

Cyanipennis. Lepeletier.

Patrie : Kharthoum (Tunisie), Senégal.

2 Corps à peu près entièrement noir. Tête noire, velue de poils blancs ; épistome, face et joues garnies de duvet argenté, bord antérieur de l'épistome arrondi, ferrugineux ; mandibules d'un ferrugineux clair avec les dents et la pointe noires ; mâchoires noires avec l'extrémité blanche ; palpes noirs, antennes noires. Thorax noir, couvert de courts poils blancs ; pronotum finement ponctue avec un espace lisse à sa par-

tie postérieure et médiane, demi circulaire, garni de duvet argenté, ainsi que les tubercules huméraux. Mesonotum finement ponctué avec deux fortes lignes enfoncées latérales qui sont couvertes de duvet un peu bronzé; mésopleures garnies de duvet argenté; scutellum presque lisse, éparsement ponctué, avec une petite tache de duvet argenté en son milieu; postscutellum mat, lisse; écaillettes noires, luisantes; metanotum transversalement strié en dessus; métapleures entièrement couvertes de duvet argenté. Pattes noires, ornées, surtout en dehors, d'une fine pubescence blanche; hanches avec du duvet argenté; tarses postérieurs rougeâtre sombre; éperons et ongles ferrugineux un peu bruns. Ailes hyalines, avec l'extrémité légèrement enfumée; nervures brunes ou noires. Abdomen noir, couvert d'une fine pubescence blanche; premier article du pétiole très allongé, deuxième article légèrement bordé de ferrugineux; deuxième segment ferrugineux sur les côtés vers sa base; son bord postérieur ainsi que celui de tous les segments suivants, en dessus et en dessous, blanc. ♀.

Long. 24mm. Env. 31mm.

Le mâle a l'épistome noir et brillant en avant, légèrement échancré, le thorax et les hanches dépourvus de duvet argenté.

Long. 20mm. Env. 26mm. **Dives**, Brullé.

Patrie : Corfou, Morée.

— Corps en partie rouge ou jaune 3

3 Deuxième segment abdominal noir. Tête et thorax rouges avec des poils roux; mandibules rouges avec l'extrémité noire; antennes rouges. noires au bout du funicule. Pronotum sillonné à son bord postérieur; mesonotum strié trans-

versalement en avant, et longitudinalement en arrière ainsi que le scutellum et le postscutellum; metanotum strié en travers. Pattes rouges. Ailes hyalines avec les nervures rouges. Abdomen noir sauf le pétiole qui est rouge ; il est couvert d'une pubescence cendrée. ♀

Long. 30 mm. (Taschenberg)

♂ inconnu **Lateritia**, TASCHENBERG.

PATRIE : Kharthoum (Tunisie).

— Deuxième segment abdominal rouge 4

4 Deuxième article du pétiole noir. Tête noire avec des poils gris jaunâtres; face et épistome couverts d'un duvet argenté; mandibules et antennes noires. Thorax noir avec des poils laineux grisâtres; tubercules huméraux et une ligne courbe sur les mésopleures pourvus de duvet argenté ainsi que la poitrine; pronotum et mesonotum transversalement striés : mésopleures ponctuées ; scutellum longitudinalement et un peu obliquement strié; postscutellum avec des stries transversales courbes; metanotum transversalement et obliquement strié en dessus et par côté, son bord apical argenté en entier. Ecaillettes noires, brillantes, un peu testacées en arrière. Pattes noires, couvertes d'une pruinosité argentée. Ongles et éperons noirs à la base, ferrugineux à l'extrémité. Ailes jaunâtres, très légèrement enfumées; nervures noires. Abdomen noir avec une fine pubescence blanche, premier segment noir; deuxième et troisième rouges ; extrémité pourvue de poils noirs. ♀. Long. 30mm. Env. 40mm.

Le mâle diffère par son épistome fortement allongé en avant en forme de lame assez relevée, de forme triangulaire avec une petite troncature droite à l'extrémité. De plus, il porte au milieu de sa surface une forte dent pointue, plantée obliquement et assez saillante. Le quatrième segment abdominal est aussi rouge sur les côtés et en dessous. Long. 28 à 30^{mm}. Env. 33^{mm}. **Armata**, ILLIGER.

PATRIE France méridionale, Italie.

Léon Dufour rapporte (*Ann. Soc. Ent. franç. 1838*, p. 291) qu'il a trouvé à diverses reprises cette espèce dans les Landes, sur les fleurs des Alliacées. Ce grand et bel insecte est encore assez rare dans les collections.

— Deuxième article du pétiole au moins en partie rouge. Tête noire avec une dense pubescence argentée; mandibules jaunes avec l'extrémité noire; antennes noires avec la moitié apicale du scape jaune ou rouge; palpes jaunes. Thorax noir avec une pubescence argentée: écaillettes jaunes ou rouges. Pattes antérieures jaunes; pattes postérieures de la même couleur à partir des genoux et sur le dessous des cuisses. Ailes hyalines, nervures jaunes. Abdomen jaune avec une ligne noire sur le dos du deuxième article du pétiole, et une tache noire à la base des cinquième et sixième segments. ♀ Long. 26 ^{mm}.

Le mâle se distingue en ce que le scape n'est rouge qu'à son bord extrême supérieur, et la coloration s'étend davantage sur les pattes et l'abdomen où tous les segments ont une ligne dorsale ou une tache basilaires noires. Long. 26 ^{mm}. (Taschenberg) **Lutea** TASCHENBERG.

PATRIE : Kharthoum (Tunisie).

3e GENRE. — EREMOCHARES, Gribodo (72)

"ερημος, solitaire, χαρίεις, élégant.

Caractères absolument semblables à ceux du genre *Ammophila*, sauf que la deuxième nervure récurrente aboutit tout-à-fait à l'origine de la deuxième cellule cubitale ou même au commencement de la troisième ; de plus, les ongles sont bidentés.

Ce genre, récemment découvert en Tunisie par M. le marquis Doria, ne renferme encore qu'une espèce. Il se rapproche d'une façon très intime du genre précédent (*Parapsammophila*) et on a déjà plaidé en faveur de leur réunion. Bien que les différences qui les séparent soient réellement bien peu importantes, je crois cependant utile de le conserver ici jusqu'à ce que la découverte d'autres espèces vienne confirmer ou infirmer sa validité.

— Tête noire garnie de quelques poils blancs. face et épistome ornés de duvet argenté ; ce dernier, arrondi en avant, très éparsement ponctué, a une ligne ferrugineuse en avant de son bord antérieur qui est noir ; mandibules rouges avec la pointe noire ; antennes noires avec le bord extrême supérieur du scape brillant, rouge. Thorax noir, assez faiblement ponctué, garni de poils blancs ; mésopleures couvertes de duvet argenté ; tubercules huméraux bruns ; écaillettes ferrugineuses. Metanotum transversalement strié, pourvu de longs poils laineux blancs ; métapleures avec du duvet argenté. Pattes antérieures et intermédiaires rouges avec les hanches noires ; pattes postérieures noires avec seulement les genoux un peu rougeâtres ainsi que l'extrémité des tibias en dedans et les articles deux à cinq des tarses ; éperons et ongles rouges. Ailes hyalines, nervure costale brune; les autres nervures testacées. Abdomen rouge avec le premier article du pétiole et la base du second, le dessus des quatrième et cinquième segments et la base supérieure du sixième noirs; bord postérieur des segments un peu blanchâtres. ♀

Long. 22 à 24 mm. Env. 31 à 34 mm.

Le mâle a l'épistome tout noir, les mandibules presque entièrement noires, les pattes noires, les méso- et métapleures dépourvues de duvet argenté et l'abdomen noir, sauf les côtés et le dessous du second segment.

Long. 17 mm. Env. 23mm. **Doriæ**, GRIBODO.

PATRIE : Tunisie.

4e GENRE. — COLOPTERA, LEPELETIER (111)

κολος, écourté, πτερον, aile

Ce genre offre encore tous les caractères des Ammophiles dont il a l'aspect général, mais il en diffère à première vue par la présence de deux cellules cubitales seulement aux ailes antérieures.

Il ne renferme encore qu'une seule espèce.

— Tête noire, velue de poils noirs, face et épistome garnis de duvet argenté; mandibules et antennes noires. Thorax noir avec des poils noirs, finement strié transversalement, écaillettes d'un ferrugineux noirâtre. Pattes noires. Ailes hyalines, un peu enfumées à l'extrémité, nervures noires. Abdomen noir avec le second segment ferrugineux.

Long. 14 mm. Env. 13 mm. (Lepeletier, Lucas)

Barbara, LEPELETIER.

PATRIE : Algérie (Oran).

2e Tribu. — Pelopœidæ

Caractères — Tête verticale, aplatie en devant, très mobile sur le cou; yeux grands; trois ocelles sur le vertex; mandibules assez fortes, épistome convexe. Premier article des antennes très renflé et assez long; deuxième article très court: le troisième est le plus long de tous; les antennes sont insérées au milieu de la face. Pronotum discoïdal, très mince. Thorax un peu plus large que la tête. Pattes assez fortes; celles de la paire postérieure sont surtout allongées. Ongles unidentés ou très rarement non dentés. Ailes fortes, ne dépassant pas le premier ou le second segment de l'abdomen, avec une cellule radiale et trois cellules cubitales fermées, dont la deuxième reçoit les deux nervures récurrentes; stigma très petit. Abdomen oblong, conique en avant et à l'extrémité; pétiole très allongé, filiforme, souvent aussi long que le reste de l'abdomen, d'autres fois n'ayant seulement que la moitié de l'ensemble des autres segments.

Les mâles se distinguent des femelles par le nombre différent des articles des antennes (13 chez les ♂, 12 chez les ♀) et des segments visibles de l'abdomen (7 chez les ♂, 6 chez les ♀).

Observations générales. — Les Pélopées, par leur conformation si singulière, ont toujours excité l'étonnement de ceux qui les ont examinés de près. Ce long fil qui porte le renflement constituant l'abdomen, ne semble pas capable de contenir tous les organes qui, du thorax, doivent passer dans l'abdomen; les systèmes nerveux, sanguin, digestif semblent être bien à l'étroit dans ce pédicule allongé, et cependant rien n'est plus vif et plus alerte que ces insectes.

Répandus en nombreuses espèces sur toute la surface du globe, ils montrent partout les mêmes besoins et les mêmes instincts. Ici encore, nous devons nous arrêter à l'étude de mœurs des plus curieuses. Bien que proches parents des Ammophiles, avec lesquelles ils ont les plus grands rapports extérieurs, voisins aussi des Sphex fouisseurs, ils s'éloignent complètement des uns et des autres sous le rapport des habitudes et des appétits.

Leur industrie est moins primitive et semble nécessiter plus d'adresse et de savoir-faire. L'objectif est toujours la mise en lieu sûr d'une progéniture précieuse. Mais ces ouvriers, de terrassiers que nous venons de les voir dans l'étude des Ammophiles et que nous les retrouverons chez les Sphex, deviennent maçons et construisent de toutes pièces l'abri nécessaire, sans le demander au sol. De plus, la proie convoitée se rapporte à une autre catégorie d'insectes, les Arachnides.

C'est en vain que nous avons cherché le motif qui peut pousser les Pélopées à construire une habitation en mortier quand les Ammophiles se contentent de creuser un terrier dans le sol. La nature des victimes emmagasinées ne nous a pas semblé nécessiter une si profonde modification dans la manière de faire. La conformation extérieure est assez peu distincte, au moins à nos yeux peut-être trop peu clairvoyants, pour démontrer la nécessité d'un tel bouleversement dans l'instinct. C'est un des innombrables mystères dont s'entoure la nature et la solution ne sortira que de la comparaison d'une grande masse d'observations sur les mœurs, sur les passages que nous découvrirons de l'une à l'autre espèce, aussi sur l'embryogénie, et des déductions que pourront nous suggérer d'autres phénomènes analogues ou plus apparents, ou s'effectuant sous nos yeux par voie de sélection expérimentale.

Les Pélopées se construisent des nids de toute pièce, comme je l'ai dit tout à l'heure. Vus quand ils sont terminés, ils ne décèlent en rien à l'extérieur le précieux dépôt qu'ils renferment; c'est une masse de terre sèche, allongée, assez irrégulière, appliquée contre un rocher ou un bâtiment, et dont l'aspect n'a rien pour attirer les regards. Aux yeux du passant, c'est une poignée de boue jetée par accident contre une paroi solide et séchée sur place. Aussi n'attire-elle point l'attention, et le but de la mère se trouve ainsi rempli. Mais si, par aventure, un promeneur plus curieux cherche à détacher cette motte, il s'aperçoit bien vite que ce n'est pas là un simple dépôt fortuit et desséché. La dureté de la masse le surprend d'abord; s'il persiste, il met à découvert des loges oblongues, serrées les unes contre les autres, et contenant chacune soit un ver, soit une coque, suivant la saison. Ces nids ont ordinairement dix centimètres de longueur, deux centimètres et demi à trois centimètres de large. Ils contiennent huit à dix loges placées verticalement.

« L'insecte parfait, dit M. H. Lucas (124), construit à la partie inférieure des grosses pierres et sur leurs parties latérales, des nids en terre dans lesquels cinq ou six larves sont déposées. C'est ordinairement en janvier que je trouvais ces nids, qui ne sont pas très rares dans les environs d'Oran. Ces nids, faits en terre, mais généralement de construction grossière, sont ordinairement beaucoup plus larges que longs ; ils sont très durs, assez convexes, et la terre ou le sable, qui les forme, semble avoir préalablement subi de la part de l'architecte de ces sortes de demeures une certaine préparation. J'ai ouvert un de ces nids ; les larves qu'il contenait avaient déjà acquis toute leur grosseur, et elles étaient renfermées dans un cocon formé d'une soie fine, serrée et revêtue d'une couche gommeuse. Les cellules dans lesquelles les larves sont déposées sont assez rapprochées entre elles, et ont toutes une position verticale. La larve est longue de 16 millimètres et n'a pas moins de 5 à 6 millimètres de largeur ; elle est inerte, molle, avec la tête recourbée et atteignant, dans cette position, la naissance du sixième segment ou le quatrième segment abdominal ; elle est entièrement jaune, marquée en dessus et en dessous de taches arrondies, blanches et faisant saillie ».

Examiné de près, ce nid présente une texture sableuse; la couleur, qui varie naturellement avec la nature des terrains avoisinants, est ordinairement grise. Le rocher ne forme pas lui-même une des cloisons des cellules qui le touchent immédiatement, au nombre de quatre à cinq; il y a toujours une petite couche de terre interposée. Derrière ces cellules, se trouve une autre rangée, moins nombreuse, puis rarement une troisième, encore plus réduite. La dimension des cellules du *P. spirifex* est de trente millimètres en hauteur sur dix millimètres dans la plus grande largeur, c'est-à-dire au milieu. Les cloisons qui séparent les cellules les unes des autres sont minces et n'ont qu'un à deux millimètres dans leur portion la moins épaisse. Il est difficile, par l'examen seul du nid, de se rendre compte du mode de construction; mais, ce qui est certain, c'est que l'architecte mélange à la terre un liquide de secrétion qui lui donne de la cohésion et de la dureté par la dessication.

Les nids de *Pelopœus pensilis* ont la même apparence, mais montrent peut-être mieux le mode de construction par petites masses pétries et collées les unes contre les autres.

Je possède les nids de plusieurs espèces de Pélopées exotiques, et la structure est toujours semblable; seulement, les espèces étant plus petites, les nids sont moins gros, tout en contenant un plus grand nombre de cellules Ainsi, un nid de *P. Coromandelicus* en contient dix-huit, un autre de *P madraspatanus* en montre près d'une trentaine. Par contre, un nid de *P. californicus*, tout à fait aplati, ne renferme qu'une seule rangée de cellules qui ne sont qu'au nombre de sept. Peut-être ce nid n'était-il pas terminé.

Si l'extérieur du nid est rugueux et irrégulier, l'intérieur des cellules est au contraire très lisse et même enduit d'une sorte de salive gommeuse desséchée qui donne à cette paroi interne un aspect luisant et doux au toucher.

Après l'éclosion, chacune de ces cellules se décèle au dehors par une ouverture circulaire qui a livré passage aux nouveaux-nés.

C'est auprès des ruisseaux, dans la vase humide, que le *Pelopœus* va chercher ses matériaux ; il les apporte sous forme de petites boulettes bien pétries entre les pattes et les mandibules, et imprégnées de salive. Il les met en place les unes à côté des autres, pour faire d'abord une première cellule. Quand celle-ci est près de s'achever, la mère y pénètre à plusieurs reprises, comme pour en mesurer la profondeur, et ce n'est que lorsque son corps tout entier peut y disparaître qu'elle se décide à en faire l'approvisionnement et à y pondre. La clôture s'effectue ensuite au moyen d'un bouchon de même matière, bien appliqué, et collé de façon à fermer hermétiquement l'ouverture.

L'approvisionnement dont je viens de parler consiste uniquement, et pour toutes les espèces du genre, en arachnides diverses. Le *P. spirifex* va capturer les Epeires jusque dans leur réduit soyeux, et son aiguillon les paralyse, comme nous avons vu les Ammophiles faire aux chenilles. Ces araignées ne sont pas prises au hasard, mais se rapportent toujours à peu près aux mêmes espèces. Voici l'inventaire de celles qu'à rencontrées M. H. Lucas dans un nid de *Pelopœus spirifex :*

48 *Epeira cucurbitana* ♀
15 *Epeira solen* ♀
4 *Epeira patagiata* ♂ ♀
3 *Clubiona pelasgica* ♀

toutes jeunes et non adultes. Messieurs Valery-Mayet et Mulsant ajoutent (145) à la liste ci-dessus l'*Attus vigoratus* Koch.

Dès que la cellule est approvisionnée suffisamment, et quatre Epeires y suffisent, la mère pond un œuf sur la dernière victime, puis ferme l'orifice. Huit à dix jours plus tard, la larve sort de l'œuf, attaque les victuailles, et tel est son appétit qu'en dix jours elle arrive au terme de sa grosseur. Elle se construit alors, au moyen d'une sécrétion spéciale, une coque parcheminée, mince, brillante, de couleur brune, dans laquelle elle s'enferme complètement. La partie inférieure de cette coque porte une sorte de culot noir, brillant, composé sans doute des déjections dernières expulsées par la larve avant sa nymphose. Celle-ci s'opère ensuite au milieu du silence et du repos, et la nouvelle forme de notre insecte a déjà toute l'apparence de l'état parfait. L'éclosion a lieu une ou deux semaines plus tard.

Les premiers travaux ont commencé en mai avec la belle saison; en juin, a lieu une première éclosion. Les nouveaux venus se mettent immédiatement au travail, et, fin août, de nouveaux insectes voient le jour, qui ont à jouir d'une existence plus longue, puisqu'ils doivent passer l'hiver pour perpétuer leur race en mai de l'année suivante. Je ne crois pas qu'il y ait plus de deux générations annuelles, malgré la rapidité avec laquelle se succèdent les phases de leur existence. Ainsi, M. Nicolas (146) nous donne le tableau suivant d'une éducation suivie et notée avec soin par lui :

« Le 14 juillet, le nid est commencé ; le 23, ce nid est enlevé par l'observateur avec trois cellules terminées et où l'approvisionnement d'araignées est encore intact.

« Le 10 août, les larves ont tissé leur coque parcheminée, jaune, diaphane, suspendue et reliée aux parois du tube par de fines soies blanches. Cette transparence me permet de distinguer l'hyménoptère en voie de formation ; les teintes s'accusent,

« Le 25 août, la première éclosion s'effectue pour être suivie, le lendemain 26, de deux autres à courte distance.

« L'ouverture est circulaire ; des araignées, rien ne reste ; à l'intérieur, se trouve la pellicule papyracée et fragile que laisse le Pelopœus en arrivant à la vie ; plus, au fond de ce sac, de nombreux petits corps ovoïdes blancs, crayeux............ »

Ces corps blancs sont rendus par l'insecte qui vient d'éclore. C'est une sorte de meconium.

Messieurs Mulsant et Valery Mayet, qui ont aussi étudié cette espèce, donnent la description suivante de la larve du *P. spirifex* que M. H. Lucas a d'ailleurs figurée assez exactement avec son nid dans son grand travail sur l'expédition scientifique d'Algérie :

« Larve vermiforme, apode, glabre, blanchâtre. Tête petite, enchâssée dans le segment prothoracique. Bouche rétractile. Corps composé de douze segments, subparallèle sur la majeure partie de sa longueur, rétréci à ses deux extrémités ; longitudinalement rayé d'une ligne médiane sur le dos ; offrant, sur le milieu de la plupart de ses arceaux supérieurs, une raie ou sillon transverse, raccourci à ses extrémités ; sans raie semblable sur les arceaux inférieurs ; le dos séparé du dessous du corps par un bourrelet latéral, limité du côté de la partie ventrale par un sillon longitudinal. Stigmates au nombre de neuf paires : la première située près du bord postérieur de l'anneau antépectoral ; les autres sur chacun des huit premiers segments abdominaux. »

Pour compléter cette étude des nids des Pélopées, je dois renvoyer le lecteur au beau travail de M. Maindron sur les espèces exotiques. Cet auteur, qui a observé ces insectes avec beaucoup de soin et les décrit très consciencieusement avec d'excellentes figures (1), montre que les espèces malaises ont absolument les mêmes habitudes que celles de nos contrées, et ses descriptions pourraient presque aussi bien s'appliquer à nos espèces européennes. Là-bas, comme ici, les Pélopées recherchent les lieux habités et voisins des cours d'eau pour s'y établir. On trouve leurs nids jusque dans les appartements, dans les rideaux et

(1) *Ann. Soc. ent. de France* 5e série, tome VIII, 1878.

contre l'encadrement des glaces, et l'horreur générale qu'inspirent les araignées fait qu'on se garde bien de les chasser. M. Nicolas nous dit aussi que les observations rapportées ci-dessus ont été faites sur des individus nidifiant dans des chambres.

Avant de quitter tout-à-fait les nids, je dois encore inscrire ici une observation importante. Il y a dans le genre *Pelopœus* deux groupes qui, outre d'autres caractères, se distinguent immédiatement en ce que l'un d'eux, formant l'ancien genre *Chalybion*, est orné d'une jolie couleur bleue métallique, au lieu d'avoir une parure bariolée de noir et de jaune.

Or, une de ces espèces bleues, le *Pelopœus violaceus*, est répandue sur une étendue de territoire extrêmement vaste, depuis la Sicile jusqu'aux Indes et à Java; elle a reçu un grand nombre de noms différents, suivant son habitat, mais l'unité de l'espèce est bien certaine. Sa nidification n'est pas connue en Europe, mais, grâce à la générosité de M. Maindron, je possède un nid provenant de Pondichéry. J'ai extrait moi-même les insectes des cellules, ce qui enlève toute incertitude au sujet de son authenticité. Or, ce nid est absolument distinct de ceux que nous venons de décrire. C'est une petite pièce de bois portant, à intervalles égaux, des trous cylindriques creusés de main d'homme et ayant eu un usage que je n'ai pu pénétrer et qui importe peu, d'ailleurs, à ce que j'ai à dire ici. Mais ce qu'il y a de fort intéressant, c'est que chacun de ces trous (au nombre de trois) a servi de nid pour la ponte d'une mère de *P. violaceus* (fabricator Sm.). L'intérieur contenait les coques brunâtres renfermant encore les insectes non éclos, et l'orifice était bouché par une pelote sableuse de couleur blanche. Ce nid a été recueilli aux Indes françaises en mars 1881.

Voici donc un mode de nidification absolument différent de ce qui a lieu habituellement. Plusieurs questions se posent ici : S'agit-il d'un fait exceptionnel et ne faut-il y voir que la preuve de l'intelligence d'une mère Pélopée qui a su profiter d'excavations toutes faites et s'est dispensée du travail habituel à ses congénères. Je crois devoir repousser complètement cette explication qui attribuerait à un insecte une interversion de régime inadmissible. Je suis bien plutôt porté à penser qu'il y a là un mode spécial de nidification pour cette espèce, et très probablement aussi, sans doute, pour tout le groupe (*Chalybion*) auquel elle appartient. Ce n'est qu'une hypothèse et je suis trop pénétré de l'obligation du naturaliste, qui veut éviter l'erreur, de ne s'appuyer que sur des faits bien constatés et de rejeter impitoyablement toute généralisation, ne se basant pas sur des preuves certaines, pour rien affirmer à cet égard et pour donner à mon observation plus de valeur qu'elle n'en a peut-être réellement. Mais il y avait là un fait particulièrement intéressant, et j'ai cru d'autant plus utile de le signaler que les naturalistes, habitants des pays méridionaux, pourront chercher à le vérifier en tâchant de surprendre dans leur manœuvre le *P. violaceus* ou le *P. femoratus* qui appartient au même groupe.

La tribu des Pelopœites comprend quatre genres (*Trigonopsis*, *Podium*, *Pelopœus* et *Sterotectus*) dont un seul, *Pelopœus*, appartient à la faune européenne.

C'est aussi le plus nombreux puisque, bien qu'il ne renferme en Europe que sept espèces, on en compte dans le monde entier plus de cinquante, réparties dans toutes les parties chaudes du globe, surtout en Amérique et dans l'Océan Indien.

5e GENRE. — PELOPŒUS, Latreille.

πέλω, tourner, ποιέω, faire (=spirifex).

(Pl. VII)

Il n'y a pas à signaler d'autres caractères que ceux indiqués pour la tribu.

1 Corps entièrement bleu (*Chalybion* Dhlb,) 2

— Corps noir varié de jaune. 3

2 Pattes entièrement bleues. Tête d'un bleu violacé garnie de poils blancs. Face et épistome grossièrement ponctués, nus, bleu métallique brillant avec un reflet violet vers les ocelles et un duvet argenté sur le bord interne des yeux;

un duvet semblable forme deux taches rondes en avant de l'épistome; celui-ci, assez convexe, présente en avant une forte carène longitudinale, élevée en son milieu et dont la couleur est verte; il est arrondi en avant. Mandibules noires, fortement sillonnées en dehors. Derrière des yeux violet. Antennes noires avec le premier article bleu verdâtre. Thorax assez fortement ponctué, bleu violacé métallique, un peu garni de courts poils blancs. Pronotum divisé par un profond sillon médian, qui se continue, quoique plus faiblement, sur le mesonotum, le scutellum et le metanotum. Celui-ci offre en dessus une couleur vert métallique et est transversalement strié. Ecaillettes d'un bleu brillant avec le bord postérieur testacé, changeant en vert. Pattes d'un bleu violacé, éparsement ponctuées avec une faible pruinosité blanche, plus forte au côté interne des tibias et des tarses. Tibias postérieurs avec un duvet velouté interne roux sombre. Extrémité des tarses postérieurs passant soit au noir, soit quelquefois au pourpré, extrémité des ongles rouge. Ailes plus ou moins fortement enfumées, selon les variétés, quelquefois presque hyalines avec l'extrémité plus sombre et pourvue d'un reflet violacé. Nervures noires. Abdomen lisse. brillant, avec une faible pruinosité d'un bleu métallique passant au vert à la base et au violet vers l'extrémité. Ventre violet. Pétiole court, n'atteignant pas la base des cuisses postérieures. ♀ Long. 15 mm. Env. 26 mm.

Le mâle se distingue par le pétiole plus long et atteignant le milieu des cuisses postérieures. Le reste de l'abdomen est réduit à une petite masse ovoide. Le corps est souvent aussi plus vert. Long. 9 à 12 mm. Env. 15 à 18 mm.

Violaceus, Fabricius.

PATRIE : Sicile, Grèce, Caucase, Indes, Java.

Cette espèce, dont la répartition géographique est très étendue, a été décrite sous bien des noms divers. Son mode de nidification tout spécial a été indiqué dans les généralités du genre. Sa couleur peut passer du bleu violacé foncé au bleu pur, puis au bleu verdâtre et même au vert, suivant les individus et les provenances. La taille varie aussi beaucoup, ordinairement plus forte dans les individus européens que chez les asiatiques, sans que ce soit cependant une règle absolue.

— Pattes postérieures en partie rouges. Tête bleue, finement ponctuée, avec des poils roux ; épistome arrondi en avant, convexe, noir, avec une carène longitudinale, tranchante en son milieu. Mandibules fortement sillonnées, rouges en leur milieu. Antennes noires. Thorax bleu verdâtre, finement ponctué, avec des poils roux. Pronotum transversalement, mais peu visiblement strié, partagé en deux parties par un fort sillon transversal qui se prolonge sur le mesonotum. Ecaillettes rousses avec la base noire. Metanotum transversalement strié. Pattes antérieures et intermédiaires noires avec les genoux, l'extrémité des tibias et des articles des tarses rouges ; ongles et éperons rouges, excepté les éperons des pattes intermédiaires qui sont noirs. Pattes postérieures avec les hanches et les trochanters noirs brillants, ces derniers bordés de testacé clair : cuisses rouges avec la base noire ; tibias noirs, rougeâtres à leur extrémité ; tarses noirs avec des cils roux à l'extrémité des articles et les ongles rouges. Ailes jaunes, avec l'extrémité enfumée d'abord légèrement, puis plus fortement vers le bord ; nervures testacées ; abdomen lisse, brillant, bleu verdâtre sombre, passant au noir à l'extrémité postérieure du ventre. Pétiole court, n'atteignant pas la base des cuisses.

Le mâle ne diffère que par la présence sur le

bord des yeux et de l'épistome d'un duvet argenté et la couleur blanche des poils de la tête et du thorax.

Long. 14 à 16 mm. Env. 22 à 24 mm.

Femoratus, FABR.

PATRIE : Italie septentrionale (Lombardie), Hongrie.

3 Ecaillettes noires ou testacées. Scape noir en dessus, testacé en dessous. Tête et thorax finement ponctués, chagrinés, velus de poils noirs assez denses; face aplatie ; épistome à peine convexe, pentagonal, un peu échancré en avant. Toute la tête noire excepté le bord antérieur de de l'épistome qui est testacé ; mandibules fortement sillonnées, testacées avec la base noire. Pronotum partagé par un sillon médian. Mesonotum garni de trés fines stries transversales peu visibles ; scutellum et post-scutellum avec des stries longitudinales. Metanotum fortement et transversalement strié. Tout le thorax est noir, velu de poils noirs, sauf ceux du dessus du metanotum qui sont roux. Ecaillettes noires ou en partie testacées. Pattes antérieures et intermédiaires noires avec les trochanters finement bordés de testacé clair, les trois quarts apicaux des cuisses et les deux tiers basilaires des tibias jaunes; tarses, testacés. Pattes postérieures avec les trochanters, les deux tiers basilaires des cuisses et des tibias et les deux premiers articles des tarses jaunes, sauf l'extrême base du premier ; éperons et ongles rouges ; ailes hyalines avec l'extrémité légèrement enfumée ; nervures testacées. Abdomen noir, peu luisant, avec le pétiole entier jaune ; celui-ci est aussi long ou plus long que le reste de l'abdomen. ♀. Long. 18 mm à 22. Env. 24 à 33 mm.

Le mâle se distingue par la face et l'épistome un peu garni de duvet argenté et sa petite taille. Long. 15 mm. Env. 22 mm. **Spirifex**, LINNÉ.

PATRIE : France méridionale (Lyon, Grenoble, Provence, Montpellier), Italie, Sicile, Grèce, Syrie, Algerie, Sénégal, Gabon, Cap Vert, Angola, Le Cap.

Cette espèce possède, comme on le voit, une extension géographique des plus vastes. Les individus que j'ai reçus des côtes de l'Afrique et du Cap ressemblent tout à fait à ceux que l'on rencontre en France, avec une tendance cependant à avoir une taille un peu plus grande. L'abdomen, surtout chez les spécimens exotiques, est souvent déformé par la présence de Stylopides dont je ne puis indiquer l'espèce.

— Ecaillettes entièrement jaune clair. 4

4 Thorax taché de jaune seulement aux écaillettes et aussi au postscutellum chez la femelle. Tête presque lisse, aplatie en devant, noire, velue de poils noirs. Epistome un peu convexe, légèrement échancré en avant où il est bordé de roux. Face et épistome couverts de duvet argenté. Mandibules fortement sillonnées, aiguës, noires, avec l'extrémité rouge, non dentées, seulement sinueuses au bord interne. Antennes noires avec le premier article entièrement jaune. Thorax finement ponctué, noir, garni de poils gris ; pronotum partagé par un sillon médian. Scutellum longitudinalement strié, écaillettes jaunes, bordées de brun ; postscutellum jaune. Metanotum obliquement strié en dessus. Pattes antérieures et intermédiaires noires, avec une fine bordure testacée à l'extrémité des trochanters ; l'extrémité des cuisses, les tibias et les tarses jaunes ; ces derniers légèrement testacés, ainsi que le bout extrême des tibias ; pattes postérieures avec les hanches noires, les trochanters et la moitié basilaire des cuisses jaunes, le reste des cuisses noir ; les tibias jaunes sur les deux tiers basilaires, noirs sur l'autre tiers, le premier article des tarses noir à la base, jaune sur le reste de son étendue ; les autres

articles se rembrunissent un peu; le dernier est noir; ongles testacés. Ailes hyalines avec l'extrémité un peu enfumée, nervures testacées. Abdomen noir, lisse, luisant; pétiole long, jaune, avec le dessous testacé et noir à la base, quelquefois noir avec seulement une ligne jaune en dessus. ♀. Long. 22^{mm}. Env. 34^{mm}.

Le mâle diffère en ce que le postscutellum est noir et la face plus chargée de duvet argenté. Long. 18 à 20^{mm}. Env. 24 à 30^{mm}.

Pensilis, Illiger

Patrie : Europe méridionale, Italie, Sicile. Portugal, Algérie.

M. H. Lucas (*Soc. ent. Fr.* 1877. *Bull. p.* 119) donne les renseignements suivants sur cette espèce de *Pelopœus* :

« Lorsqu'on examine la nidification du *Pelopœus pensilis*, on remarque que le nid de cette espèce, établi sur les parties latérales des grosses pierres, rappelle beaucoup par sa forme celui du *P. spirifex*, Fabr. Cette construction, plus large que longue, rugueuse, est convexe et arrondie en dessus; elle est très résistante, et les matériaux employés pour l'établir consistent en une terre ferrugineuse qui doit avoir préalablement subi une certaine préparation de la part du constructeur. Rien à l'extérieur ne fait soupçonner la présence des loges que renferme ce nid qui parait très grossier; il en contient cinq, dont les parois sont unies, polies et tapissées par une étoffe membraniforme, soyeuse, lustrée, afin d'empêcher l'humidité et les éboulements; ces loges sont grandes, profondes, et ont une position verticale; elles sont rapprochées les unes des autres, séparées par des cloisons construites avec une terre pètrie, gâchée, formant un ciment très dense et ayant une certaine épaisseur, afin d'empêcher toute communication entre elles.

« Les larves que j'ai pu examiner sont contenues dans des cocons formés par une membrane d'une délicatesse extrême, transparente, d'un brun ferrugineux, mais qui acquiert une certaine consistance et devient papyracée par la dessication.

« La larve du *Pelopœus pensilis* est longue de 16 millimètres et n'a pas moins de 4 millimetres 3/4 dans sa plus grande largeur. Elle est complètement inerte, d'une mollesse extrême et entièrement d'un jaune clair assez vif. La tête, plus large que longue, présente, de chaque côté et dans son milieu, des points de forme arrondie qui indiquent la position que devront occuper, chez l'insecte parfait, les yeux et les ocelles. La lèvre supérieure, transversale, est légèrement échancrée dans son milieu. Les mandibules, robustes, sont d'un jaune clair avec leur extrémité noire et bidentée; les autres parties de la bouche, peu développées, sont d'un blanc teinté de jaunâtre. Tout le thorax, finement strié, est fortement recourbé en dessous et la tête repose sur les premiers segments abdominaux. L'abdomen, échancré et mamelonné sur les parties latérales, est strié comme le thorax; il est arrondi, convexe en dessus et parcouru dans son milieu, ainsi que la région thoracique, par un sillon longitudinal sensiblement accusé; le dernier segment, en forme de mamelon, est étroit, court, et présente un pli transversal dans le milieu de son bord postérieur. »

— Thorax taché de jaune ailleurs qu'aux écaillettes et au postscutellum. 5

5 Mésopleures tachées de jaune. 6

— Mésopleures noires. Tête noire, sa partie antérieure garnie de duvet argenté, ses poils noirs. Antennes noires, le premier article jaune. Pronotum noir, la partie dorsale jaune, tout le reste du thorax noir; dos du métathorax portant un sillon longitudinal assez creux et finement strié transversalement. Abdomen noir; pétiole du premier segment jaune, extrémité pourvue de poils noirs. Pattes jaunes avec le bout des cuisses et des jambes noir. Ailes transparentes avec le petit bout enfumé; stigma et nervure costale de couleur rousse; écaillettes jaunes. ♂ Long. 15mm. (Lepeletier). **Arabs**, Lepeletier.

Patrie : Arabie, Turquie.

6 Mesonotum rayé de jaune en dessus. Tête

noire ; face, épistome et base des antennes garnis de poils minces, courts, serrés, jaune doré. Le reste des antennes noir. Thorax noir avec deux taches sur le pronotum, les écaillettes et deux lignes sur les mésopleures, jaunes ; dessus du mesonotum marqué de deux lignes jaunes et en arrière d'une tache de même couleur ; scutellum et postscutellum jaunes. Pattes noires avec la moitié des cuisses, des tibias et des tarses et les trochanters, jaunes. Ailes jaunâtres, enfumées à l'extrémité ; leurs nervures jaunes. Abdomen noir avec le pétiole jaune. ♀ Long. 18-21mm. (Radoskowski). Le mâle est inconnu. **Transcaspicus**, Rad.

Patrie : Askhabad (Turkménie).

— Mesonotum entièrement noir. **7**

7 Scutellum plat, en partie coloré en jaune ; épistome ♀ découpé en avant en deux lamelles séparées par une échancrure. Scape noir. Tête noire, finement striée sur le vertex, velue de poils blancs. Epistome peu convexe, un peu échancré en avant, garni sur les côtés d'un peu de duvet argenté ; mandibules noires avec l'extrémité rouge. Antennes noires. Thorax noir, garni de poils blanc-jaunâtres, surtout en avant ; pronotum partagé en deux sur le dos par un fort sillon, taché de jaune en ce même endroit ; cette tache jaune, lisse, brillante, partagée par ce sillon dont le fond est noir. Mesonotum mat, obliquement strié ; mésopleures tachées de jaune sous la naissance des ailes antérieures ; scutellum et postscutellum ponctués, brillants, jaunes ; écaillettes lisses, brillantes, jaunes avec la moitié postérieure brune ; metanotum strié obliquement en avant, transversalement en arrière, avec deux taches isolées, jaunes, en son milieu, et une autre plus grande au milieu de son extrémité. Pattes antérieures et intermédiaires noires, avec les genoux, les tibias et la base des tarses jaunes. Pattes postérieures noires avec les trochanters, la base des cuisses, les deux tiers basilaires des tibias et le premier article des tarses, jaunes ; le second article brun, et les suivants noir-brunâtre, mats. Ongles noirs avec l'extrémité rouge. Ailes hyalines avec la région costale jaune et l'extrémité légèrement enfumée : nervures testacées. Abdomen lisse, luisant, avec le pétiole jaune en dessus, testacé en dessous. ♀ Long. 16mm. Env. 22mm.

Le mâle se distingue par son épistome prolongé en une courte lame tronquée droit en avant (Pl. VII) ; le métathorax ne porte qu'une seule tache jaune postérieure. Long. 15mm. Env. 20mm. **Tubifex**, Latreille.

Patrie : Côtes méditerranéennes, Sicile.

— Scutellum avec deux gibbosités colorées, séparées par un sillon ; épistome ♀ non découpé, seulement échancré en devant. Scape jaune. Tête noire, éparsement ponctuée, garnie de poils roux, le bord interne des yeux et le milieu de l'épistome avec un duvet doré ; bord de l'épistome un peu relevé, roux, nu, lisse, luisant, arrondi, échancré en son milieu ; mandibules rouge-sombre avec la base et l'extrémité noires. Antennes noires avec le premier article jaune-orangé, orné d'une petite ligne noire intérieure. Thorax noir, garni de poils roux ; pronotum divisé en dessus par un sillon médian assez profond ; son bord supérieur jaune-orangé ; il est presque lisse ou éparsement ponctué ; mesonotum noir, transversalement strié avec une bosse médiane bornée de chaque côté par une large vallée se relevant jusqu'à un rebord qui forme la limite de l'insertion des ailes antérieures. Scutellum gibbeux, la gibbosité divisée par un profond sillon médian et colorée en orangé-rougeâtre, chacune des moitiés marquée d'un point noir en avant; cette gibbosité est lisse et brillante ; le reste du scutellum est noir, longitudinalement strié ; postscutellum noir avec une petite gibbosité noire semblable, lisse et divisée aussi par un sillon médian, en arrière de laquelle apparaissent des traces de stries longitudinales. Écaillettes noires, lisses, tachées en avant de jaune-orangé ; metanotum noir, transversalement strié, avec un profond sillon médian n'atteignant pas le postscutellum. Mésopleures noires, brillantes, éparsement marquées de points enfoncés assez nombreux, avec une tache jaune sous l'insertion des ailes antérieures. Métapleures obliquement et finement striées, noires, brillantes ; les stries s'arrêtent au dessus de leur bord inférieur de façon à laisser une bande marginale, lisse, éparsement ponctuée. Pattes antérieures et intermédiaires lisses, brillantes, d'un jaune-orangé, avec les hanches, les trochanters, la moitié basilaire des cuisses et l'extrémité des tarses, noirs ; le bord extrême des trochanters est jaune ; les tarses s'assombrissent à partir du troisième article ; ongles jaunes. Pattes postérieures jaune-orangé avec les hanches d'un noir brillant, la moitié apicale des cuisses, l'extrême base des tibias, le tiers apical de ceux-ci, les éperons, l'extrême base du premier article des tarses, noir mat ; extrémité du troisième article des tarses, quatrième et cinquième, noir grisâtre, garnis d'une pruinosité grise ; ongles rougeâtres. Ailes subhyalines, jaunes, avec le bord extrême du limbe assez fortement enfumé ; nervures rousses. Abdomen noir mat, garni de très fines petites stries longitudinales ; pétiole jaune-orangé ; extrémité avec d'assez longs cils blancs. ♀ Long. 22mm. Env. 31mm. (V. pl. VII). Le mâle est inconnu. **Caucasicus**, NOV. SP.

PATRIE : Caucase.

Je dois cette belle espèce à la générosité de M. le docteur Waga.

3e Tribu. — Sphecidæ.

(Pl. VIII et IX).

Caractères. — Tête verticale, large, aplatie en devant, très mobile sur le cou et pouvant tourner autour de son articulation, de façon à prendre une position perpendiculaire à celle qui lui est normale. Yeux grands, non échancrés, occupant tout le côté de la tête, ordinairement un peu moins distants vers l'épistome que sur le vertex. Mandibules fortes, très rarement bifides, avec une ou deux dents et parfois davantage à leur bord interne. Epistome de forme variable. Antennes filiformes, plus ou moins enroulées, insérées au-dessus de l'épistome, très près l'une de l'autre ; leurs articles sont bien nettement séparés, le scape court, épais, d'un diamètre beaucoup plus grand que celui des articles du funicule. Le premier article de celui-ci est extrêmement court, plus large que haut ; le deuxième est le plus long de tous ; le dernier n'est pas pointu, mais légèrement tronqué. Thorax long, à peu près de la largeur de la tête au niveau de l'insertion des ailes, un peu rétréci en avant et en arrière. Pronotum court. Mesonotum plat, avec deux courtes lignes parapsidales sur les côtés. Scutellum transversal, ovale; postscutellum très étroit, linéaire. Métathorax allongé, de forme très variable, sa partie supérieure (*area metanoti*) délimitée par un sillon ovalaire et ornée d'une sculpture spéciale, ordinairement distincte de celle des côtés et de l'arrière du métathorax. Pattes fortes, épineuses; un seul éperon aux pattes antérieures de forme variable, mais assez compliquée; deux éperons aux pattes intermédiaires et postérieures. Le premier article du tarse antérieur, courbé à sa base, porte en outre une fossette de forme spéciale, où l'éperon peut venir se loger, et qui sans doute a aussi son usage dans le travail de déblai. Ongles grands, forts, avec des dents à leur base ou vers leur milieu au nombre de une à cinq. Les ailes, un peu moins longues que le corps, offrent une cellule radiale ovale et trois cellules cubitales dont la première allongée est quelquefois presque triangulaire, la seconde en forme de parallélogramme, et enfin la troisième trapézoïdale; le côté supérieur faisant partie de la nervure radiale est très petit, le côté inférieur, au contraire, est très large et un peu anguleux à l'endroit où vient aboutir la deuxième nervure récurrente. Celle-ci y arrive vers le tiers antérieur de la cellule et peut même être interstitiale avec la deuxième nervure transverso-cubitale. La première nervure récurrente se termine dans la deuxième cellule cubitale près de sa jonction avec la troisième. J'ajouterai enfin que la deuxième cellule cubitale peut être soit plus, soit moins haute qu'elle n'est large sur la nervure cubitale. Dans les ailes inférieures, la cellule anale se termine à l'endroit même où commence la cellule cubitale. L'abdomen est ovale, ordinairement lisse et brillant, quelquefois un peu déprimé, moins long que le thorax, avec un pétiole plus ou moins allongé et grêle.

Les mâles se distinguent des femelles par les caractères habituels: nombre des articles des antennes (♂ 13, ♀ 12) et des segments abdominaux visibles (♂ 7, ♀ 6).

Observations générales. — Les Sphex européens, qui se plaisent dans les lieux secs, sablonneux et exposés au soleil, sont tous fouisseurs et terrassiers et ils enferment dans le berceau de leurs larves, et avec celles-ci, des proies paralysées appartenant a l'ordre des Orthoptères; les différents groupes de celui-ci : Blattides, Acridides, Gryllides, Locustides, sont les victimes qui leur sont désignées, comme nous le verrons aux articles spéciaux pour chaque espèce. Je n'ai pas à redire ici le mode d'opérer de ces insectes, l'introduction du présent volume donnant à cet égard tous les renseignements convenables; mais je dois cependant compléter ceux-ci par des indications plus spéciales à la tribu qui nous occupe.

Un certain nombre d'espèces (s.-g. *Chlorion*) appartenant aux régions intertropicales, mais s'approchant parfois des côtes méditerranéennes et rentrant par suite dans notre faune, passent pour s'attaquer aux blattes, et je serais assez tenté de le croire. Cependant nous manquons de renseignements authentiques, et les relations les plus sûres ont confondu avec ces insectes quelques espèces appartenant à la tribu des *Ampulicidæ* et qui n'ont de commun avec ceux qui nous occupent que la vivacité de leurs couleurs métalliques.

Nous avons des documents beaucoup plus certains sur les habitudes d'autres Sphex habitants de nos contrées méridionales, et M. Fabre, auquel nous avons déjà emprunté tant de curieux récits, veut bien nous permettre encore de puiser dans son trésor et nous ne pouvons qu'y gagner tous.

« Le Sphex à bordures blanches, dit-il[1] (*Sphex albisecta*), attaque des criquets de moyenne taille, dont les diverses espèces, répandues dans les environs du terrier, lui fournissent indistinctement leur tribut de victimes. A cause de l'abondance de ces Acridiens, la chasse se fait sans lointaines pérégrinations. Lorsque le terrier, en forme de puits vertical, est préparé, le Sphex se borne à parcourir le voisinage de son gîte dans un rayon de peu d'étendue, et il ne tarde pas à trouver quelque criquet pâturant au soleil. Fondre sur lui, le piquer de l'aiguillon, tout en maîtrisant ses ruades, c'est, pour le Sphex, affaire d'un instant. Après quelques trémoussements des ailes, qui déploient leur éventail de carmin ou d'azur, après quelques pandiculations des

---

[1] H. Fabre. — *Souvenirs entomologiques*, 1879, p. 174.

pattes, la victime est immobile. Il s'agit maintenant de la transporter au logis, ce qui se fait à pied. Pour cette laborieuse opération, il traîne le gibier entre ses pattes, en le tenant par une antenne avec les mandibules. Si quelque fourré de gazon se présente sur son passage, il s'en va sautillant, voletant d'un brin d'herbe à l'autre, sans jamais se dessaisir de sa capture. Parvenu enfin à quelques pieds de son domicile, le gibier est abandonné en chemin et l'hyménoptère, sans qu'aucun danger apparent menace le logis, se dirige avec précipitation vers l'orifice de son puits, où il plonge à diverses reprises la tête, où il descend même en partie. Ensuite il revient au criquet, et après l'avoir rapproché davantage du point de destination, il le lâche une seconde fois pour renouveler sa visite au puits ; et ainsi de suite à plusieurs reprises, toujours avec une hâte empressée... »

« Le gibier amené au bord du puits, l'hyménoptère entre seul, visite l'intérieur, reparaît à l'entrée, saisit les antennes et entraîne le criquet. »

Comme je l'ai déjà indiqué dans l'introduction des Sphégiens, le *Sphex flavipennis* approvisionne son nid avec trois ou quatre grillons paralysés, par chaque cellule. Sur l'un d'eux est pondu un œuf d'où éclora la larve qui doit occuper ce logis. « L'œuf (1) est blanc, allongé, cylindrique, un peu courbé en arc et mesure trois ou quatre millimètres de longueur. Au lieu d'être pondu au hasard sur un point quelconque de la victime, il est au contraire déposé en une place privilégiée et invariable, enfin il est placé en travers de la poitrine du grillon un peu par côté, entre la première et la seconde paire de pattes... »

« L'éclosion a lieu au bout de trois ou quatre jours. Une tunique des plus délicates se déchire et on a sous les yeux un débile vermisseau, transparent comme du cristal, un peu atténué et comme étranglé en avant, légèrement renflé en arrière, et orné de chaque côté d'un étroit filet blanc formé par les principaux troncs trachéens. La faible créature occupe la position même de l'œuf. Sa tête est comme implantée au point même où l'extrémité antérieure

(1) J.-H Fabre. — *Souvenirs entomologiques*, 1879, p. 101.

de l'œuf était fixée, et tout le reste du corps s'appuie simplement sur la victime sans y adhérer. On ne tarde pas à distinguer, par sa transparence, dans l'intérieur du vermisseau, des fluctuations rapides, des ondes qui marchent les unes à la suite des autres avec une mathématique régularité et qui, naissant du milieu du corps, se propagent, les unes en avant, les autres en arrière. Ces mouvements ondulatoires sont dûs au canal digestif, qui s'abreuve à longs traits des sucs puisés dans les flancs de la victime.

« Le premier grillon, celui-là même sur lequel l'œuf a été pondu, est attaqué vers le point où le dard du chasseur s'est porté en second lieu, c'est-à-dire entre la première et la seconde paire de pattes. En peu de jours la jeune larve a creusé dans la poitrine de la victime un puits suffisant pour y plonger à demi. Il n'est pas rare de voir alors le grillon, mordu au vif, agiter inutilement les antennes et les filets abdominaux, ouvrir et fermer à vide les mandibules, et même remuer quelque patte. Mais l'ennemi est en sûreté et fouille impunément ses entrailles. Quel épouvantable cauchemar pour le grillon paralysé!

« Cette première ration est épuisée dans l'intervalle de six à sept jours; il n'en reste que la carcasse tégumentaire, dont toutes les pièces sont à peu près en place. La larve dont la longueur est alors d'une douzaine de millimètres, sort du corps du grillon par le trou qu'elle a pratiqué au début dans le thorax. Pendant cette opération, elle subit une mue, et sa dépouille reste souvent engagée dans l'ouverture par où elle est sortie. Après le repos de la mue, une seconde ration est entamée. Fortifiée maintenant, la larve n'a rien à craindre des faibles mouvements du grillon, dont la torpeur, chaque jour croissante, a eu le temps d'éteindre les dernières velléités de résistance, depuis plus d'une semaine que les coups d'aiguillon ont été donnés. Aussi l'attaque-t-elle sans précaution, et habituellement par le ventre, plus tendre et plus riche en sucs. Bientôt vient le tour du troisième grillon, et enfin celui du quatrième qui est dévoré en une dizaine d'heures. De ces trois dernières victimes, il ne reste que les téguments coriaces dont les diverses pièces sont démembrées une à une et soigneusement vidées. Si une cinquième ration lui est offerte, la larve la dédaigne ou y touche à peine, non par tempérance, mais par une impérieuse nécessité. Remarquons, en effet, que jusqu'ici la larve n'a rejeté aucun excrément, et que son intestin, où se sont engouffrés quatre grillons, est tendu jusqu'à crever.

« Une nouvelle ration ne peut donc tenter sa gloutonnerie, et désormais elle songe à se faire un habitacle de soie. En tout, son repas a duré de dix à douze jours, sans discontinuer. A cette époque, la longueur de la larve mesure de 25 à 30 millimètres, et la plus grande largeur de 5 à 6. Sa forme générale, un peu élargie en arrière, graduellement rétrécie en avant, est conforme au type ordinaire des larves d'Hyménoptères. Ses segments sont au nombre de quatorze, en y comprenant la tête, fort petite et armée de faibles mandibules, qu'on croirait incapables du rôle qu'elles viennent de remplir. De ces quatorze segments, les intermédiaires sont munis de stigmates. Sa livrée se compose d'un fond blanc-jaunâtre, semé d'innombrables ponctuations d'un blanc crétacé.

«...... Le dernier grillon dévoré, la larve s'occupe du tissage du cocon. En moins de deux fois vingt-quatre heures, l'œuvre est achevée. Désormais l'habile ouvrière peut en sûreté, sous un abri impénétrable, s'abandonner à cette profonde torpeur qui la gagne invinciblement, à cette manière d'être sans nom, qui n'est ni le sommeil, ni la veille, ni la mort, ni la vie, et d'où elle doit sortir transfigurée au bout de dix mois. On y trouve, en effet, outre un lacis grossier et extérieur, trois couches distinctes figurant comme trois cocons inclus l'un dans l'autre.

« C'est en premier lieu une trame à claire-voie, grossière, aranéeuse..... L'enveloppe suivante, qui est la première du cocon proprement dit, se compose d'une tunique feutrée, d'un roux clair, très fine, très souple et irrégulièrement chiffonnée. Quelques fils jetés çà et là la rattachent à l'échafaudage précédent et à l'enveloppe suivante. Elle forme une bourse cylindrique close de toute part, et d'une ampleur trop grande pour le contenu, ce qui donne lieu aux plis de sa surface.

« Vient ensuite un étui élastique, de dimensions notablement plus petites que celles de la bourse qui le contient, presque cylindrique, arrondi au pôle supérieur, vers lequel est tournée la tête de la larve, et terminé en cône obtus au pôle inférieur. Sa couleur est encore d'un roux clair, excepté vers le côté inférieur, dont la teinte est plus sombre. Sa consistance est assez ferme : cependant il cède à une pression modérée, si ce n'est dans sa partie conique qui résiste à la pression des doigts et parait contenir un corps dur. En ouvrant cet étui, on voit qu'il est formé de deux couches étroitement appliquées l'une contre l'autre, mais séparables sans difficulté. La couche externe est un feutre de soie, en tout pareil à celui de la bourse précédente ; la couche interne ou la troisième du cocon est une sorte de laque, un enduit brillant d'un brun violet foncé, cassant, fort doux au toucher et dont la nature parait toute différente de celle du reste du cocon. On reconnait, en effet, à la loupe, qu'au lieu d'être un feutre de filaments soyeux comme les enveloppes précédentes, c'est un enduit homogène d'un vernis particulier, dont l'origine réside dans les appareils digestifs. Quant à la résistance du pôle conique du cocon, on reconnaît qu'elle a pour cause un tampon de matière friable, d'un noir violacé, où brillent de nombreuses particules noires. Ce tampon, c'est la masse desséchée des excréments que la larve rejette une seule fois pour toutes, dans l'intérieur même du cocon. C'est encore à ce noyau stercoral qu'est due la nuance plus foncée du pôle conique du cocon. En moyenne, la longueur de cette demeure complexe est de 27 millimètres et sa plus grande largeur de 9. »

Une autre espèce des plus communes, le *Sphex occitanicus*, enferme dans son nid une seule éphippigère des vignes. Il choisit toujours une femelle dont le ventre est bien gonflé d'œufs, et de son aiguillon dardé dans l'un des centres nerveux, il paralyse cette grosse proie. « Il la saisit [1] avec les mandibules par le corselet en forme de selle, se place en travers, et recourbant l'abdomen, en promène l'extrémité sous le thorax de l'insecte, et les coups d'aiguillon sont donnés. L'éphippigère, victime pacifique, se laisse opérer sans résistance..... Après avoir poignardé le thorax, le bout de l'abdomen du Sphex se présente sous le cou, que l'opérateur fait largement bailler en pressant la victime sur la

(1) J. H. Fabre. *Souv. Ent.*, 1879. p. 159.

nuque. En ce point, l'aiguillon fouille avec une persistance marquée, comme si la piqûre y était plus efficace qu'ailleurs...... Le Sphex atteint ainsi les ganglions du thorax, du moins le premier, plus accessible à travers la fine peau du cou qu'à travers les téguments de la poitrine. »

Mais la paralysie est incomplète. « Impuissant [1] à se tenir sur ses jambes, l'insecte gît sur le flanc ou sur le dos. Il remue rapidement ses longues antennes, ainsi que les palpes ; il ouvre, referme les mandibules et mord avec la même force que dans l'état normal. L'abdomen exécute de nombreuses et profondes pulsations. L'oviscapte est brusquement ramené sous le ventre contre lequel il vient s'appliquer presque. Les pattes s'agitent, mais avec paresse et sans ordre..... Bref, l'animal serait plein de vie si ce n'était l'impossibilité de la locomotion et même de la simple station sur jambes. »

La proie doit être transportée dans le nid, mais son poids disproportionné avec les forces de son ravisseur exige de la part de celui-ci des manœuvres spéciales. Il ne faut pas que la distance entre le lieu de capture et le nid soit trop longue ; aussi pour combiner cette nécessité avec la rareté relative des éphippigères, le *Sphex occitanicus* ne creuse-t-il son terrier qu'après avoir sacrifié la victime et il l'établit dans les environs immédiats du lieu où gît celle-ci. Puis il va la chercher et, à pied, il l'entraine à reculons en se servant des antennes comme de cordes d'attelage. Cependant le trajet, si court qu'il soit, n'est pas précisément sans difficulté, et l'éphippigère insuffisamment paralysée s'accroche à tous les brins d'herbe et rendrait trop rude la tâche du voiturier si celui-ci ne savait rendre sa charge plus docile. « L'Hyménoptère, à califourchon sur sa proie, fait largement bailler l'articulation du cou, à la partie supérieure, à la nuque. Puis il saisit le cou avec les mandibules et fouille aussi avant que possible sous le crâne, mais sans blessure extérieure aucune, pour saisir, mâcher et remâcher les ganglions cervicaux. Cette opération faite, la victime est totalement immobile,

(1) J. H. Fabre. *Souv.* 151.

incapable de la moindre résistance, tandis qu'auparavant les pattes, quoique dépourvues des mouvements d'ensemble nécessaires à la marche, résistaient vigoureusement à la traction. »

Arrivé à l'ouverture de son nid, le Sphex s'arrête, abandonne sa victime, descend dans le terrier comme pour le visiter, puis y entraîne l'éphippigère qui s'y trouve étendue sur le dos, incapable de se retourner.

« Le terrier est pratiqué dans du sable fin, ou plutôt dans une sorte de poussière, au fond d'un abri naturel. Le couloir en est très court, un pouce ou deux, sans coude. Il donne accès dans une chambre spacieuse, ovalaire et unique. »

Le nid garni de ses provisions et recélant un œuf, la mère Sphex n'a plus qu'à le clore. « Avec les tarses antérieurs, il balaie à reculons le devant de sa porte et lance dans l'entrée du logis un jet de poussière qui lui passe dessous le ventre et jaillit en arrière en un filet parabolique, aussi continu qu'un filet liquide, tant est vive la prestesse du balayeur. Le Sphex, de temps à autre, choisit avec les mandibules quelques grains de sable, moellons de résistance qu'il intercale un à un dans la masse poudreuse. Le tout, pour faire corps, est cogné avec le front, tassé à coups de mandibules. La porte d'entrée rapidement disparaît, murée par cette maçonnerie. »

Nous n'ignorons plus maintenant aucune des manœuvres employées par nos Sphex pour pourvoir à l'heureuse éclosion de leurs descendants. Mais l'abondance même des détails dans lesquels nous venons d'entrer montre qu'il serait téméraire de généraliser aucun d'entre eux, puisqu'ils ne se reproduisent pas identiques dans le petit nombre d'espèces dont il nous a été donné de suivre les évolutions.

En ce qui concerne les Sphex exotiques, il y a tout lieu de croire que leurs mœurs sont très analogues à celles de leurs congénères européens ; cependant on ne peut rien affirmer à ce sujet, des renseignements contradictoires nous étant donnés de divers côtés. Ainsi, d'après une observation inédite de M. Maurice Maindron, le *Sphex Fabricii*, de l'Inde, nourrirait ses larves avec des araignées de diverses espèces. M. le professeur Blanchard (*Histoire des Insectes*, I, p. 101) dit que, d'après le récit de plusieurs naturalistes, les *Chlorion* (qui rentrent dans nos Sphex) construiraient des nids aériens semblables à ceux des Pélopées. Enfin le *Sphex Lanierii* Guérin, ferait, d'après Fr. Smith (*Trans. Ent. Soc. of London Proceed.*, p. 55. 1859) un nid, dans une feuille roulée, avec une substance cotonneuse. Ce nid, rapporté d'Ega (Brésil) par M. Bates, serait extrêmement intéressant si la détermination de l'insecte est exacte, d'autant plus que Smith ajoute que, contrairement à ce qui a lieu pour les espèces fouisseuses, les tarses antérieurs sont très faiblement ciliés et les tibias dépourvus d'épines. Je ne veux pas insister sur ces faits dans la crainte que l'application de ces insectes au genre Sphex ne soit erroné. Ce serait d'ailleurs sortir de mon sujet.

Sous le rapport de la couleur, les Sphex présentent toutes les variations possibles depuis le noir sombre uniforme jusqu'aux vêtements à reflets métalliques dorés, verts, bleus, pourpres, les plus brillants et les plus riches.

Pallas, dans le *Récit de ses Voyages dans plusieurs provinces de l'empire de Russie et dans l'Asie septentrionale*, cite plusieurs espèces de Sphex auxquels il attribue différents noms et, dans l'édition française de cet ouvrage, parue à la fin du siècle dernier, Lamark donne les diagnoses de ces espèces qui sont au nombre de six. La science entomologique était encore à cette époque trop peu développée pour que ces diagnoses suffisent à faire reconnaître les espèces avec certitude. La lecture des descriptions permet cependant de rapporter la plupart d'entre elles à la famille des Scoliens. Mais il est un fait qui trouve bien sa place ici. L'auteur, à propos de l'une d'elles, grosse comme une guêpe, qu'il nomme *Sphex lacerticida*, et qui est originaire des environs de Samara, dit qu'elle est : « audacissima ut quæ lacertæ minores occidit et suffodit. » Il s'agit bien ici d'un fouisseur, mais je crois que c'est le seul exemple d'un auteur attribuant comme victime a un hyménoptère fouisseur un animal vertébré. Cette observation n'a jamais été confirmée; il faut donc certainement compter avec l'inexpérience de l'observateur pour donner sa valeur réelle à la constatation d'un fait aussi extraordinaire et que je suis bien disposé à ranger au nombre des fables jusqu'à plus ample informé. J'ai cru cependant utile de l'indiquer ici pour compléter mon sujet.

Les Sphex abondent dans les régions méridionales de l'Europe, et le bassin circaméditerranéen en renferme presque toutes les espèces. Au contraire, les contrées septentrionales ou même centrales ne les connaissent pas et les auteurs suédois et anglais les passent entièrement sous silence.

On compte actuellement 215 espèces décrites de Sphex, répartis dans le monde entier, dont 40 espèces seulement appartiennent à la faune européenne et circaméditerranéenne. Même en tenant compte des espèces exotiques dont les auteurs ont évidemment donné plusieurs descriptions sous des noms différents et qui par conséquent tomberont en synonymie le jour où l'étude complète en sera faite, on peut bien s'attendre à ce que ce nombre d'espèces, quoique déjà considérable, s'accroîtra encore beaucoup, en raison des vastes contrées tropicales non encore explorées et où chaque jour d'intrépides voyageurs, pionniers de la civilisation, vont risquer leur vie pour l'avancement des diverses branches de la science.

Les *Sphecidæ* ne contiennent qu'un seul genre qui a été subdivisé à diverses époques. Les auteurs se sont presque uniquement appuyés pour cela sur le nombre plus ou moins grand des dents qu'offrent les ongles des tarses; mais il faut avouer que cette distinction paraît être bien artificielle, puisque la plupart des autres caractères génériques restent identiques et que même l'un des genres adoptés (*Enodia*) renferme des individus ayant les uns trois, les autres quatre dents aux ongles; il faudrait donc aussi le disjoindre en deux sections. Cette subdivision extrême, basée sur un caractère secondaire et unique, a l'inconvénient de séparer des espèces ayant entre elles les plus grands rapports. Aussi, conformément à l'avis des savants les plus autorisés de notre époque, je ferai rentrer tous ces genres (*Enodia*, *Chlorion*, *Harpactopus*) dans les *Sphex* proprement dits, ne considérant les anciennes coupes que comme des sous-genres. La facilité de détermination n'en sera pas altérée et, en même temps, le groupement des espèces sera plus conforme à la réalité et à la nature.

6e GENRE. — SPHEX, LINNÉ, 1758 (120)

σφηξ, guêpe

Les caractères sont les mêmes que ceux indiqués pour la tribu.

1 Ongles des tarses avec une seule dent à leur bord interne et en son milieu. (Sous-genre: *Chlorion*). 2

Les *Chlorion* sont des insectes de grande taille, à couleurs brillantes et métalliques. Ils sont spéciaux aux contrées chaudes et ils semblent plutôt appartenir à la faune exotique qu'à celle de l'Europe. Je crois utile cependant de signaler ici quelques espèces qui se trouvent à proximité de la côte méditerranéenne. Ce sous-genre, assez bien caractérisé par sa belle coloration, est peu riche en espèces; on n'en compte encore que douze, parmi lesquelles une seule habite l'Amérique. (V. pl. VIII).

— Ongles avec deux ou plusieurs dents à leur base interne. 5

2 Ailes opaques avec un reflet vert, bleu ou pourpre. Tête noire, garnie de poils noirs, avec un léger reflet violet, quelquefois en partie ferrugineuse, presque lisse ou éparsement ponctuée sur le front. Epistome sinué, brillant, ponctué vers son bord antérieur, noir ou en partie ferrugineux. Ses côtés et les orbites internes et externes des yeux garnis de duvet argenté. Mandibules très brillantes, noires, un peu rougeâtres à leur base. Antennes ferrugineuses avec le dessus du scape et des deux premiers articles du funicule un peu noirâtres, rarement aussi avec l'extrémité sombre; quelquefois les antennes sont entièrement noires. Thorax noir ou bleu-

âtre, ou plus ou moins ferrugineux, garni de poils noirs. Pronotum divisé par un sillon à son bord postérieur, couvert de duvet argenté sur ce même bord; mesonotum à peine ponctué, mat; mésopleures transversalement et rugueusement striées; scutellum triangulaire, mat, peu ponctué; postscutellum mat; metanotum transversalement et un peu obliquement strié en dessus. Pattes d'un noir rougeâtre. Ailes opaques, d'un vert bronzé métallique ou d'un bleu violet plus ou moins sombre. Deuxième cellule cubitale très étroite, recevant la première nervure récurrente à proximité de la première nervure transverso-cubitale avec laquelle elle peut même devenir interstitiale; la deuxième récurrente aboutit dans la troisième cellule cubitale tout près de la deuxième. Abdomen lisse, luisant, couvert d'une fine pruinosité grise, d'un vert sombre métallique avec le bord des segments un peu pourpré; les deux derniers segments sont noirs ou ferrugineux. Long. 26mm. Env. 47mm. **Mandibularis**, FAB.

PATRIE : Arabie (Wady Gharandel), pays des Çomalis, Abyssinie, Mozambique, Guinée, Congo, Natal.

Cette espèce, comme le montre sa description, est très variable dans sa coloration. Aussi a-t-elle donné lieu à l'inscription de beaucoup de noms différents dans les catalogues.

— Ailes jaunes ou en partie jaunes. 3

3 Épistome ♂ sans dent en avant. Pronotum ♀ lisse. Tête large, d'un vert brillant métallique, avec quelques parties d'un violet pourpré, glabre, très éparsement ponctuée. Épistome légèrement sinué avec une petite gibbosité en son milieu, couvert ainsi qu'une partie de l'orbite

interne des yeux d'un duvet argenté; mandibules longues et fortes, d'un noir mat, avec une dent obtuse vers leur milieu interne. Front partagé par un large sillon peu profond, commençant vers l'insertion des antennes et se terminant un peu avant l'ocelle antérieur. Yeux bruns, ocelles transparents, de même couleur, très rapprochés l'un de l'autre; espace interocellaire violet foncé. Vertex très brillant, presque lisse, avec un fin sillon longitudinal en son milieu. Antennes noires. Thorax vert brillant métallique, avec quelques reflets bleus et violets, glabre. Pronotum gibbeux en arrière, avec un profond sillon longitudinal en son milieu; mesonotum lisse avec deux lignes parapsidales bien marquées; la partie du mesonotum avoisinant leur base est un peu chagrinée; mésopleures lisses avec de rares points enfoncés; leur surface est légèrement ondulée. Scutellum très brillant, lisse, avec un large sillon ou plutôt une dépression en son milieu, que je ne retrouve plus dans les individus asiatiques. Postscutellum légèrement chagriné. Partie supérieure du métathorax finement et très régulièrement striée en travers; l'arrière et les côtés le sont aussi, mais d'une manière plus irrégulière; l'arrière du métathorax porte des poils blancs Écaillettes mates. Pattes de la même couleur que le corps, mais d'une nuance plus foncée, surtout sur les tibias et sur les tarses qui sont presque noirs. Ailes d'un brun fauve un peu noirâtre avec l'extrémité enfumée; leur nervulation est un peu variable et la première récurrente, qui aboutit le plus souvent au commencement de la seconde cubitale, peut devenir interstitiale avec la première nervure transverso-cubitale, et même quelquefois aboutir dans la première cellule cubitale. Nervures brunes, plus fauves à partir de la région discoïdale; les nervures costale et sous-costale sont presque noires; stigma brun foncé ou plus ou moins testacé. Ailes postérieures avec une légère bordure brune. Abdomen très brillant et très lisse avec seulement quelques points sur les trois derniers segments, vert métallique avec des reflets dorés et cuivreux, surtout en dessous; le ventre est plus mat et plus sombre. ♀ Long. 24 à 32mm; Env. 35 à 44mm. ♂ Long. 15 à 26mm; Env. 26 à 38mm. **Chrysis**, Christ.

Patrie : Turkménie, Indes.

Je possède un individu étiqueté de la Cyrénaïque. Je n'ai pu trouver de différence sensible avec les exemplaires de l'Inde, sauf que le scutellum a une dépression médiane qui le rend un peu bilobé et que les ailes sont plutôt brunes que fauves, avec les nervures plus foncées; mais je ne crois pas qu'il s'agisse d'autre chose que d'une simple variété provenant de la différence de localité.

— Epistome ♂ avec quatre petites dents obtuses; pronotum ♀ chagriné. · **4**

4 Deuxième article du funicule plus long que le troisième, ou antennes en grande partie jaune orangé. Ailes postérieures sans bordure brune, ayant le bord plutôt décoloré. Tête et thorax noirâtres, avec un reflet métallique bleu ou violet passant plus ou moins au rougeâtre. Epistome avec quatre dents visibles, obtuses. Antennes noires; deuxième article du funicule aussi long que les deux suivants. Thorax lisse, presque glabre; métathorax long, chagriné. Pattes noirâtres. Ailes jaunes, avec le bord apical de la paire antérieure brun sombre, et celui de la paire postérieure décoloré. Abdomen lisse, glabre, noirâtre, ou avec un reflet bleu. ♀ Long. 30 à 34mm.

♂ Antennes en grande partie jaune orangé. Deuxième article du funicule beaucoup plus court que le troisième. Long. 26 à 28mm. (Kohl).

Kohli, André.

Patrie : Soudan, Egypte.

J'ai dû changer le nom (*eximius*) imposé à cet insecte par M. Kohl (101), car il existe déjà un *Sphex eximius*, du Sénégal, décrit par Lepeletier (111).

— Deuxième article du funicule plus court que le troisième. Ailes postérieures avec une bordure d'un brun plus ou moins pâle. Noir ; mandibules, épistome, scape et les quatre ou cinq articles basilaires du funicule, ferrugineux ; l'article apical de ce dernier brun. Tibias antérieurs et tarses ferrugineux. Ailes jaunes, bord apical de la paire antérieure brun foncé ; bord postérieur des ailes inférieures brun pâle ; nervures d'un ferrugineux pâle. Ecaillettes ferrugineuses en arrière. Thorax couvert d'une pubescence noire, éparse, et, de place en place, d'une épaisse villosité ; prothorax transversalement strié en avant, élevé et profondément échancré au milieu de son bord postérieur ; mésothorax lisse et brillant, avec une ligne enfoncée de chaque côté en avant des écaillettes. Métathorax transversalement strié. Abdomen lisse et brillant, présentant quelquefois une teinte bleu d'acier. ♀ Long. 26 à 34mm. (Smith).

Melanosoma, Smith.

Patrie : Arabie (Wady Gharandel), Egypte (Le Caire), Indes (Pondichéry), Sinaï (Tor).

5 Abdomen entièrement noir, ou avec les segments bordés de blanc jaunâtre. 29

— Abdomen au moins en partie rouge. 6

6 Pétiole entièrement rouge. Tête noire, velue

de poils gris, avec un duvet argenté. Thorax noir, velu. Pattes noires. Ailes enfumées, plus pâles à leur base, avec la deuxième cellule cubitale rhomboïdale. Abdomen rouge, avec l'extrémité noire. ♀ Long. 15mm. (Eversmann).
♂ inconnu. **Sougaricus**, EVERSMANN.
PATRIE : Steppes des Kirghises.

— Pétiole noir. **7**

7 Mandibules et joues blanches.
Conicus ♂, RADOSKOWSKI. (V. n° 30).

— Mandibules noires, ou noires et rouges. **8**

8 Ongles des tarses munis de trois ou quatre dents à leur base (sous-genre *Enodia*). (V. pl. VIII). **9**

— Ongles des tarses avec deux dents seulement à leur base (sous-genre *Sphex* proprement dit). (V. pl. VIII). **18**

9 Bandes abdominales sans taches ferrugineuses. **10**

— Mesonotum obliquement ridé; bandes blanches des segments abdominaux marquées de taches rondes ferrugineuses. Tête noire; mandibules ferrugineuses, avec l'extrémité noire; la tête est couverte en entier de duvet et de poils couchés d'un jaune clair, dorés. Antennes noires, les deux premiers articles ferrugineux. Thorax noir; prothorax, mésothorax, scutellum, métathorax, méso- et métapleures, couverts d'un duvet soyeux, doré. Ecaillettes ferrugineuses. Pattes ferrugineuses, avec des taches d'un duvet doré. Ailes transparentes, jaunâtres, faiblement enfumées à leur extrémité;

nervures et stigma ferrugineux. Abdomen ferrugineux, avec le bord de tous les segments portant une large bande de couleur jaune pâle; sur chacune de ces bandes sont deux taches rondes de couleur ferrugineuse. ♀ Long. 24mm. Env. 40mm. (Radoskowski).

♂ inconnu. **Haberhaueri**, RAD.

PATRIE : Russie méridionale, Astrabad.

10 Scutellum divisé au milieu par un sillon longitudinal, ou marqué d'une large impression. **11**

— Scutellum plat sans sillon ni impression. **16**

11 Abdomen globuleux; la partie renflée perpendiculaire en devant sur le pétiole. Tête noire, avec un duvet argenté en devant jusqu'aux ocelles. Epistome noir, échancré, seulement un peu sinué. Antennes noires. Thorax noir, entièrement couvert d'une villosité abondante cachant la sculpture des téguments. Métathorax plat, strié transversalement. Pattes noires, avec les ongles des tarses garnis de quatre dents à leur base; les tarses antérieurs présentent une longue villosité noire. Ailes hyalines. Pétiole n'atteignant pas la naissance des cuisses postérieures, noir; segments abdominaux rouges, sans bandes blanchâtres sur leur bord. Le cinquième et le sixième segments sont souvent tachés de noir en dessus, le premier offre un duvet argenté dans sa partie renflée. ♀ Long. 19 à 21mm. (Kohl).

♂ inconnu. **Pollens**, KOHL.

PATRIE : Grèce, Caucase.

— Abdomen ovale, la partie renflée oblique en devant sur le pétiole. **12**

12 Segments dorsaux de l'abdomen ornés d'une bordure blanc d'ivoire ou jaune. **13**

— Segments dorsaux de l'abdomen sans bandes marginales, seulement un peu décolorés à leur bord. **15**

13 La première et la deuxième nervures transverso-cubitales aboutissent très près l'une de l'autre sur la nervure radiale. Tête, thorax, hanches, cuisses et base de l'abdomen recouverts d'une épaisse pubescence soyeuse, brillante, d'un blanc de neige. Sous cette pubescence caractéristique, la tête est en partie rouge ainsi que la base des antennes, et le thorax est noir. Epistome faiblement convexe. Antennes, sauf leur base, noires. Mesonotum un peu chagriné. Scutellum marqué en son milieu d'une large impression. Métathorax densément et finement ridé en travers. Pattes en partie rouges. Ailes hyalines. Abdomen rouge, avec le bord des segments jaunâtre, cette bordure souvent biéchancrée. Pétiole noir. ♀ Long. 14 à 16mm.

Le mâle a les pattes noires, mais recouvertes de duvet blanc. Long. 13 à 15mm. **Niveatus**, Dufour.

Patrie : Algérie, Khartoum, Egypte.

— La première et la deuxième nervures transverso-cubitales aboutissent assez loin l'une de l'autre sur la nervure radiale. **14**

14 Bandes abdominales biéchancrées, jaunâtres. Poils des tarses antérieurs noirs. Tête, thorax, hanches, bases des cuisses et de l'abdomen couverts d'une épaisse pubescence soyeuse, brillante et d'un blanc de neige. En dessous de cette pubescence, la tête et le thorax sont noirs Pattes en partie rouges. Ailes hyalines. Abdomen rouge, avec les segments bordés de jaune ; pétiole noir. Long. 20 à 27mm.

Le mâle a aussi les pattes en partie rouges. Long. 16 à 24mm. **Nigropectinatus**, TASCHENBERG.

PATRIE : Nubie, Khartoum.

— Bandes abdominales étroites, régulières, d'un blanc d'ivoire. Tête noire, avec une pubescence grise et des poils blancs plus longs sur le vertex, l'épistome et les orbites des yeux. Epistome éparsement ponctué, un peu convexe, avec le bord relevé et sinué, garni de duvet argenté, ainsi que le bas de la face et les orbites internes des yeux. Mandibules rouges, avec l'extrémité noire. Front ponctué; vertex presque lisse. Antennes noires, garnies d'une très faible pubescence argentée. Thorax noir, avec une pubescence grise et quelques longs poils blancs. Pronotum et mesonotum lisses, brillants, éparsement ponctués ; mésopleures chagrinées, pubescentes. Scutellum à peine ponctué, brillant, avec une impression longitudinale dans le milieu. Postscutellum un peu saillant, brillant. Métathorax rugueux, fortement pubescent. Ecaillettes noires, brillantes, avec l'extrémité brun rouge. Pattes noires, avec les épines des tibias tout à fait blanches ; éperons noirs ; ongles munis de trois dents ; hanches pubescentes. Ailes hyalines ou à peine grises ; nervures et stigma brun noir. Pétiole abdominal aussi long que le métathorax, un peu courbé vers le dessus, lisse et luisant. Abdomen brillant ; segments un et deux rouges, ainsi que les côtés du troisième ; le reste est noir. Chacun des segments est bordé d'une ligne d'un blanc d'ivoire, s'élargissant un peu sur les côtés, et particulièrement visible sur la portion noire de l'abdomen. Long. 13 à 18mm. Env. 18 à 22mm. (V. pl. VIII).

Albisectus, Lep. et Serv.

Patrie : France, Belgique, Autriche, Suisse, Italie, Sicile, Portugal, Espagne, Dalmatie, Albanie, Hongrie, Turkestan, Asie-Mineure, Egypte, Algérie, Natal, Le Cap (d'après Smith).

Cette espèce approvisionne son nid d'Acridiens divers du genre *Œdipoda*, et elle en met un seul dans chaque cellule. (Pour plus de détails, voir p. 112).

15 Dernier segment ventral ♀ rouge. Métathorax ♂ chagriné en arrière. Tête noire, luisante ; vertex presque lisse ; front un peu ponctué. Epistome à peine échancré en avant, convexe, avec le bord un peu relevé ; mandibules noires à la base et à l'extrémité, rouges au milieu, ou noires en entier. Epistome et face couverts d'un duvet argenté, ainsi que les joues. Antennes noires. Thorax noir, luisant ; pronotum lisse ; mesonotum éparsement ponctué, avec un sillon médian sur le devant ; scutellum et postscutellum divisés par un profond sillon médian, avec quelques points épars. Métathorax rugueux. Devant et côtés du pronotum, côtés du mesonotum, mésopleures et la plus grande partie du métathorax, couverts d'un épais duvet argenté cachant la sculpture des téguments sous-jacents. Pattes noires, hanches et trochanters couverts d'un épais duvet argenté ; le reste des pattes ne porte qu'une fine pruinosité blanche ; éperons noirs ; épines des tibias et du premier article des tarses d'un blanc parfait ; celles du reste des tarses brunes ; ongles ferrugineux, tridentés à leur base interne. Ailes hyalines ; nervures et stigma testacés. Abdomen nu ; pétiole noir, un peu courbé vers le haut ; tout le reste de l'abdomen est ferrugineux, avec quelques taches noires mal délimitées sur les deux ou trois derniers segments. Long. 14 à 25mm. Env. 20 à 30mm.

Le mâle a le pétiole un peu plus long que la femelle. **Pubescens**, Fabricius.

Patrie : Syrie, Algérie, Angola, Guinée, Sierra-Leone, Le Cap, Aden, Indes, Chine.

— Dernier segment ventral ♀ noir. Métathorax ♂ ponctué en arrière. Tête noire, luisante, densément velue de poils blancs ; face couverte de duvet argenté ; épistome étroitement et triangulairement échancré en avant ; mandibules rougeâtres. Antennes noires. Thorax noir, luisant, densément velu de poils blancs ; bord postérieur du pronotum, côtés du mesonotum, écaillettes, calus huméraux, mésopleures et côtés du metanotum couverts d'une dense pubescence argentée ; mesonotum éparsement ponctué ; scutellum brillant, éparsement et faiblement ponctué; metanotum mat, très finement et irrégulièrement strié transversalement en dessus. Pattes noires, un peu velues de poils blancs, et très finement et densément garnies d'une pruinosité argentée; hanches et trochanters couverts d'une pubescence argentée ; tarses d'un noir ferrugineux ; épines des tarses postérieurs d'un ferrugineux sombre en avant, blanches en arrière. Ailes hyalines, à peine enfumées à l'extrémité; nervures fauves. Abdomen brillant, couvert d'un fin duvet argenté en dessus, noir, avec les quatre ou cinq premiers segments rouges; bord des segments non de couleur blanche, mais seulement décoloré. ♀ Long. 14 à 16mm. (Mocsary).

♂ inconnu. **Mocsaryi**, *Kohl*.

Patrie : Russie méridionale ou Caucase.

M. Mocsary (s 243) a décrit cette espèce sous le nom

d'*Enodia argentata*. Mais le genre *Enodia* venant se confondre avec le genre *Sphex*, qui contient déjà une espèce dénommée *argentatus*, il a fallu changer le nom imposé par l'auteur, et c'est ce qu'a fait M. Kohl (101) en lui substituant celui de *Mocsaryi*.

M. Kohl a décrit les deux sexes d'une variété de cette espèce, différant du type par les points suivants : les trois derniers segments abdominaux sont noirs en dessus et en dessous, tandis que chez le *Mocsaryi* type, les deux derniers seulement sont noirs, et l'avant-dernier est rouge en dessous. Chez la variété *nudatus*, l'abdomen est nu, tandis que chez le *Mocsaryi*, au contraire, l'abdomen est légèrement pubescent.

16 Pétiole de l'abdomen épaissi, élargi en dessous. Tête et thorax, ainsi que les hanches, noirs, abondamment garnis d'une pubescence blanche un peu jaunâtre. Mesonotum ponctué ; scutellum plat, sans impression médiane. Pattes très pubescentes ; ongles avec quatre dents au côté interne de leur base. Ailes presque hyalines. Abdomen très pubescent, pétiole fortement courbé, aplati et élargi à son extrémité ; les segments en partie rouges, avec le bord gris brun. ♀ Long. 15^{mm}. (Kohl).

♂ inconnu. **Insignis**, KOHL.

PATRIE : Syrie.

— Pétiole abdominal normal, non épaissi. **17**

17 Segments abdominaux garnis d'une bordure marginale ; les deux ou trois premiers rouges. Tête noire, presque lisse sur le vertex, ponctuée sur le front : épistome et face garnis de poils argentés assez longs, ainsi que les joues et le dessous de la tête ; mandibules entièrement noires, lisses, très brillantes ; antennes noires, mates, garnies d'une légère pruinosité blanche ; front avec un sillon médian, mâchoires et palpes brun foncé. Thorax noir, garni de longs poils d'un blanc argenté sur les côtés du pronotum, les mésopleures, les côtés et l'extrémité du métathorax ; côtés du mesonotum, vers les écaillettes, avec un fin duvet argenté ; dessus du thorax garni de poils dressés blancs, moins denses, ne cachant pas la surface qu'ils recouvrent; celle-ci est luisante et éparsement ponctuée; scutellum sans sillon ; postscutellum avec un léger sillon au milieu; métathorax rugueux, peu distinctement strié en travers en dessus ; écaillettes noires, lisses, brillantes. Pattes noires, couvertes d'un duvet argenté plus épais et plus long sur les hanches ; ongles avec quatre dents à leur bord interne, la première vers la base, grosse et obtuse. Ailes hyalines avec l'extrémité très faiblement enfumée. Abdomen lisse, luisant, à peine couvert d'une pruinosité peu perceptible. Pétiole abdominal noir, légèrement courbé vers le haut, dépassant un peu la base des cuisses; les trois premiers segments de l'abdomen sont rouges, les autres noirs ; ils sont tous bordés d'une ceinture d'un blanc livide ♀.

Le mâle a seulement les deux premiers segments abdominaux rouges et quelquefois les côtés du troisième de la même couleur.

Long. 13 à 20mm. Env. 19 à 25mm.

Micans, Eversmann.

Patrie : Italie, Sardaigne, Sicile, Epire, Russie méridionale, Sarepta, Syrie.

— Segments abdominaux sans bordure livide; le bord est seulement décoloré; le premier segment et les côtés de la base du deuxième seulement, sont rouges. Tête noire, luisante, velue de poils blancs avec la face garnie d'un duvet argenté; épistome très finement ponctué, triangulairement échancré au milieu de son bord antérieur ; mandibules noires aux deux extrémités, rouges en leur milieu ; antennes noires. Thorax noir, luisant, velu de poils blancs ; calus huméraux, mésopleures et côtés du métathorax ornés de duvet argenté ; mesonotum éparsement ponctué ainsi que le scutellum qui l'est plus finement ; metanotum mat, sa partie supérieure circonscrite par un petit sillon, finement et densément strié en travers, le reste obliquement strié de même. Mésopleures chagrinées ; écaillettes noires, un peu rougeâtres en arrière. Pattes noires avec les hanches et les trochanters garnis d'un duvet argenté ; les autres parties seulement couvertes d'une pruinosité argentée très fine ; tarses d'un noir ferrugineux ; ongles avec quatre dents, ferrugineux. Ailes jaunâtres, à peine enfumées à l'extrémité ; nervures et stigma testacé sombre. Abdomen brillant, couvert en dessus d'une pubescence dense, argentée, soyeuse, les poils du premier segment un peu plus longs, ceux des autres très courts ; premier segment d'un roux testacé ; les côtés de la base du deuxième, rougeâtres ; celui-ci portant un petit sillon qui surmonte une minuscule fossette ; les autres segments sont noirs, garnis en arrière d'une bordure décolorée. ♂ Long. 15mm. (Mocsary) ♀ inconnue. **Græcus**, Mocsary.

Patrie : Ile de Corfou (Grèce).

18 Tête et prothorax noirs. **19**

— Tête et prothorax en partie rouges. Tête ferrugineuse avec l'espace ocellaire noir ; mandibules ferrugineuses avec l'extrémité noire ; antennes ferrugineuses. Thorax noir avec le prosternum ferrugineux ; metanotum transversalement et finement strié, la partie apicale du métathorax transversalement sillonnée. Écaillettes ferrugineuses. Pattes ferrugineuses. Ailes opaques, noires, avec un reflet violet. Abdomen ferrugineux avec le pétiole noir; en dessous le deuxième segment porte une grande tache foncée à sa base. ♂ Long. 24ᵐᵐ. (Smith).

♀ inconnue. **Gratiosus**, Smith.

Patrie : Tripoli.

19 Deuxième cellule cubitale plus haute qu'elle n'est large sur la nervure cubitale. **20**

— Deuxième cellule cubitale pas plus haute qu'elle n'est large sur la nervure cubitale. **23**

20 Ailes hyalines. Tête noire, un peu velue de poils bruns sous lesquels est un duvet blanc; épistome presque plan, largement tronqué à l'extrémité, sinué de chaque côté; face densément pourvue d'une pubescence soyeuse, argentée; mandibules noires ; vertex brillant; antennes noires. Thorax noir, brillant; pronotum, mesonotum et poitrine garnis d'une pubescence cendrée et de longs poils bruns; mésopleures chagrinées; metanotum très finement strié en travers ; côtés du métathorax densément et obliquement striés ; écaillettes brunes. Pattes noires ; épines et éperons noirs; tibias et tarses bruns; les deux antérieurs surtout rougeâtres à l'extrémité; ongles ferrugineux. Ailes hyalines, un peu enfumées à leur extrémité, nervures brunes. Abdomen gris noir, presque glabre et lisse avec les segments dorsaux éparsement ponctués; les quatre premiers segments en dessus et en dessous ont leur bord apical rougeâtre; pétiole court. ♀ Long. 30ᵐᵐ

(Mocsary). ♂ inconnu. **Orientalis,** Mocsary.

Patrie Russie méridionale ou Caucase.

— Ailes lavées de jaune ou enfumées. **21**

21 Ailes plus ou moins jaunes. **22**

— Ailes enfumées. Tête noire, velue de poils noirs; vertex éparsement, front plus densément ponctué; épistome sinué sur son bord antérieur, éparsement ponctué, avec un léger sillon longitudinal médian; mandibules noires, un peu rougeâtres dans le milieu; antennes noires. Thorax noir, velu de poils noirs; pronotum et mesonotum luisants, éparsement ponctués; mésopleures brillantes, granulées; scutellum brillant, éparsement ponctué, avec une dépression médiane; postscutellum mat, transversalement strié; écaillettes lisses, brillantes, noires, un peu rougeâtres à leur bord libre; metanotum finement, régulièrement et transversalement strié; côtés et derrière du métathorax transversalement et plus ruguleusement striés. Pattes noires, brillantes; tarses légèrement ferrugineux; épines et éperons noirs; ongles ferrugineux. Ailes enfumées sans cesser d'être transparentes, avec le bord apical plus sombre; nervures et stigma noirs; deuxième cellule cubitale étroite, allongée. Abdomen lisse, brillant, avec le pétiole noir; les premier, deuxième et la plus grande partie du troisième segments d'un rouge foncé, le reste noir. La variété *Syriacus* Mocs., a l'abdomen tout noir. ♀ (V. Pl. VIII) Le mâle a la face garnie de duvet argenté.

Long. 19 à 28^{mm}. Env. 32 à 40^{mm}.

Occitanicus, Lep. et Serv.

Patrie : France méridionale, Italie, Espagne, Sicile, Sardaigne, Dalmatie, Grèce, Russie méridionale, Syrie.

Cette espèce emmagasine dans son nid une *Ephippigera vitium* ♀ par chaque cellule. (Voir les détails, page 116).

22 Pubescence du thorax grise et blanche. Tête noire, velue de poils blanc-sale ou bruns; épistome plat, antennes noires; face avec une pubescence argentée. Thorax noir avec des poils blanc-sale; mesonotum très finement ponctué; metanotum avec des stries transversales peu distinctes. Pattes noires. Ailes lavées de jaune avec l'extrémité brunâtre. Abdomen noir avec le dos du premier segment plus ou moins rouge ♀

Le mâle a le plus souvent l'abdomen noir en entier avec la moitié postérieure du premier segment dorsal garni d un duvet soyeux blanc.

Long. 20 à 28mm. **Argyrius,** Brullé.

Patrie : Dalmatie, Albanie, Grèce, Sicile, Asie-Mineure, Espagne.

— Pubescence du thorax brune ou noire. Tête noire avec quelques poils soyeux cendrés ou bruns ; épistome et face garnis d'un duvet doré, le premier plat, un peu convexe dans le milieu, sinué; antennes noires. Thorax noir avec quelques poils bruns et un duvet cendré ; mesonotum et scutellum finement ponctués; metanotum finement strié transversalement; écaillettes testacées. Pattes noires avec l'extrémité des cuisses, les tibias et les tarses testacés. Ailes hyalines, jaunâtres, avec le bord apical plus sombre ; nervures testacées. Abdomen noir avec les deux premiers segments ferrugineux. ♀.

Chez le mâle, l'abdomen et les pattes sont presque entièrement noirs ; les poils de la tête et du thorax sont noirs, le duvet de la face est blanc.

Long. 14 à 20mm. **Strigulosus**, COSTA.

PATRIE : Italie (Calabre, Naples), Sicile.

23 Ailes noires avec un reflet violet. Tête noire avec des poils bruns ou d'un blanc sale ; face garnie de duvet argenté ; épistome portant des poils d'un roux brun ; antennes noires. Thorax noir avec des poils gris ; metanotum convexe ; écaillettes noires. Pattes noires ainsi que leurs poils et leurs épines. Ailes noires avec un beau reflet violet; nervures et stigma noirs. Abdomen presque nu ; pétiole noir ; premier, deuxième et troisième segments ferrugineux, les quatrième, cinquième et sixième noirs avec le bord un peu ferrugineux ; poils apicaux noirs ; le quatrième segment peut passer un peu au ferrugineux. ♀ Long. 28 à 32mm. Env. 45 à 48mm. (Lepeletier). ♂ inconnu. **Afer**, LEPELETIER.

PATRIE Algérie (Oran).

Ce bel insecte approvisionne son nid d'Acridiens (d'après Lepeletier).

— Ailes hyalines ou jaunes. 24

24 Pubescence de l'épistome blanche ; ailes hyalines ou grises. 25

— Pubescence de l'épistome jaune ; ailes en partie jaunes. Tête noire, antennes noires ; mandibules rouges avec la moitié apicale noire, grandes, aiguës ; épistome et face, jusqu'au niveau des ocelles, couverts d'une épaisse et courte pubescence dorée, passant parfois au blanc au dessus de l'épistome ; vertex et occiput peu ponctués, presque lisses, luisants, portant des poils blancs. Thorax noir, luisant, peu ponctué et garni de poils blanchâtres ; metanotum transversalement rugueux, mat, densément couvert de poils semblables ; écaillettes rouges. Pattes lisses, brillantes avec les hanches, les trochanters et une partie des cuisses noirs ; tibias postérieurs assombris en dessus ; tout le reste est rouge ; ongles noirs à leur extrémité. Ailes avec une teinte jaune plus ou moins visible jusqu'à l'extrémité des cellules radiale et cubitales, bordées sur le reste d'une teinte un peu enfumée ; nervure sous-costale brune, les autres testacées ; deuxième cellule cubitale aussi haute qu'elle est large sur la nervure cubitale. Abdomen avec le pétiole court, noir ; les premier, deuxième et troisième segments rouges, lisses, luisants ; les trois autres soit rouges, soit d'un noir plus ou moins profond, brillants, un peu ponctués ; ventre coloré comme le dessus. ♂♀ Long. 25 à 30^{mm}. Env. 40 à 45^{mm}. (V. pl. VIII) **Flavipennis**, Fabricius.

Patrie : France méridionale, Espagne, Italie, Sicile, Sardaigne, Chypre, Syrie, Asie-Mineure, Russie méridionale, Caucase, Turkestan.

Cette espèce donne pour nourriture, à chacune de ses larves, quatre grillons des champs *(Gryllus campestris)*. (Voyez, pour plus de détails, pages 15 et 113).

25 Mesonotum transversalement ridé. Tête noire, revêtue d'un duvet d'un blanc argenté à partir des antennes ; vertex clairement parsemé de poils roussâtres assez allongés ; antennes très longues, d'un noir mat ; mandibules noir brillant, unidentées à leur côté interne ; palpes maxillaires et labiaux d'un noir légèrement roussâtre. Thorax noir, très finement ponctué, avec le mésothorax finement et transversalement ridé, peu densément parsemé de poils blancs qui deviennent touffus, assez serrés et allongés vers le métathorax. Les ailes à nervures d'un brun foncé sont incolores, transparentes, avec l'extrémité légèrement teintée de brun. Abdomen noir, revêtu d'une tomentosité d'un gris cendré, avec les parties latérales des premier, second et troisième segments bordées de brun ferrugineux. Les pattes sont noires, revêtues d'une tomentosité d'un gris blanchâtre. Long. 16mm. Env. 28mm. (Lucas). **Affinis**, LUCAS.

PATRIE : Algérie.

— Mesonotum non transversalement ridé. 26

26 Thorax noir avec des taches de duvet argenté. Tête noire avec des poils blancs. Épistome et face couverts d'un duvet argenté. Antennes noires. Thorax noir, lisse, avec des taches de duvet blanc argenté; scutellum et postscutellum pourvus d'une impression longitudinale dans le milieu. Metanotum indistinctement et transversalement strié. Écaillettes noires. Pattes noires, brillantes. Ailes subhyalines, à peine grisâtres, enfumées à l'extrémité. Abdomen noir avec les deux ou trois premiers segments rouges; pétiole noir, très court. ♀ Long. 17mm. (Kohl). ♂ inconnu. **Melanocnemis**, KOHL

PATRIE : Asie-Mineure.

— Thorax sans taches de duvet argenté. 27

27 Pétiole à peu près aussi long que les trois premiers articles du funicule. Tête noire avec des poils blancs ; épistome et face couverts de duvet argenté; épistome convexe, tronqué en avant; antennes noires. Thorax noir, velu de poils blancs; pronotum avec un sillon longitudinal médian ; mesonotum et scutellum lisses, brillants, éparsement ponctués; metanotum transversalement rugueux; côtés du métathorax brillants, un peu ponctués; écaillettes noires.

Pattes noires, brillantes. Ailes hyalines, enfumées à l'extrémité ; tarses ♀ sans épines en forme de peigne. Abdomen noir avec les deux premiers et la base du troisième segments rouges, quelquefois ce dernier entièrement et la base du quatrième rouges; pétiole noir, ♂♀ Long. 16 à 20mm. Env. 26 à 30. **Splendidulus**, Costa.

Patrie : France méridionale, Italie, Sicile, Corfou, Algérie.

— Pétiole beaucoup plus court que les trois premiers articles du funicule. 28

28 Postscutellum avec un profond sillon. Tête noire garnie de poils blancs, presque lisse; épistome légèrement convexe avec le bord arrondi, couvert, ainsi que la face et les orbites internes des yeux, d'un fin duvet argenté; mandibules ferrugineuses; antennes noires. Thorax noir avec quelques poils blancs, lisse ; scutellum et postscutellum divisés par un sillon longitudinal; metanotum indistinctement et transversalement strié, couvert d'une villosité blanche ou grise assez épaisse; côtés et arrière du métathorax presque lisses ; écaillettes noires, en partie testacées. Pattes plus ou moins rouges, ordinairement avec les cuisses et une partie des tibias noires. Ailes subhyalines, légèrement teintées de gris ou de jaunâtre avec l'extrémité plus sombre; deuxième cellule cubitale rhomboïdale, à peu près aussi haute que large. Abdomen lisse, brillant, avec le pétiole et la base du premier segment noirs; celui-ci et la plus grande partie du second rouges, les suivants noirs. ♀ (V. pl. VIII)

Le mâle a les pattes entièrement noires.

Long. 17 à 27mm. Env. 18 à 28mm.

Maxillosus, Fabricius.

PATRIE : France méridionale, Suisse, Allemagne méridionale, Autriche, Hongrie, Espagne, Portugal, Italie, Sicile, Sardaigne, Grèce, Albanie, Russie méridionale, Caucase, Egypte, Tunisie, Algérie (Oran, Sebdou, Sétif).

J. Lichtenstein m'a appris (in litt.) que cette espèce approvisionne son nid, à Montpellier, de divers Acridiens (*Acridium cœruleum, A. cœrulescens, A. germanicum, A. thalassinum*).

— Postscutellum avec une très faible impression. Tête et thorax noirs, avec une épaisse pubescence blanche; écaillettes rouges, souvent noires chez le mâle. La femelle peut présenter plus ou moins de rouge sur le scutellum et le postscutellum. Pattes rouges, souvent noires chez le mâle. Ailes presque hyalines, avec le bord apical sombre. Abdomen noir, avec une fine pruinosité blanche chez le mâle; quelquefois rouge en partie chez la femelle, très rarement chez le mâle. Pétiole assez long. ♂♀ Long. 16 à 28mm. **Pruinosus**, GERMAR.

PATRIE : Dalmatie, Sicile, Syrie, Chypre, Caucase, Soudan.

29 Abdomen noir, avec les segments ornés d'une bordure blanc-jaunâtre. Tête et thorax garnis de poils de duvet blancs, laissant voir la sculpture des téguments. Mesonotum latéralement couvert de rides transversales obliques; metanotum strié en travers. Pattes noires, couvertes d'une pubescence soyeuse, argentée. Ailes très faiblement grisâtres, presque hyalines. Abdomen noir, avec les segments ornés d'une bordure marginale blanc-jaunâtre. ♂ Long. 21 à 22mm. (Kohl).

♀ inconnue. **Vittatus**, KOHL.

PATRIE : Bords de la mer Caspienne.

— Abdomen noir, sans bandes d'un blanc jaunâtre sur le bord des segments. 30

30 Mandibules blanches, ainsi que les joues et la bouche. Tête noire, épistome gibbeux; mandibules fortement bidentées, blanches, ainsi que les joues. Antennes longues, noires. Thorax noir. Pattes noires, avec les tibias et les tarses antérieurs en entier, et le dessous des autres tibias, rougeâtres. Ailes subhyalines. Abdomen noir, avec le bord des segments rougeâtre. ♀.

Le mâle a les cuisses, les tibias et les tarses rouges, avec l'extrémité de ces derniers brune; les premier et second segments abdominaux ainsi qu'une partie du troisième rouges. (Radoskowski). Long. 7^{mm}. **Conicus**, Radoskowski.

Patrie : Sarafschkan.

— Mandibules noires, ou noires et rouges. **31**

31 Ailes hyalines, au moins en leur milieu. **32**

— Ailes jaunes ou enfumées. **33**

32 Base des ailes noire ou brune. Tête noire; vertex presque lisse, revêtu de longs poils bruns; front éparsement ponctué; épistome entier, recouvert d'un long duvet argenté, ainsi que la face et le front jusque près des ocelles; mandibules noires, robustes. Antennes noires; palpes noirs ou brun noir. Thorax noir, couvert de poils gris; pronotum avec le bord postérieur couvert de duvet argenté, ainsi que les calus huméraux, mesonotum et scutellum luisants, très finement ponctués, ce dernier avec un sillon médian à sa partie postérieure; postscutellum gibbeux, divisé par un profond sillon médian; mésopleures brillantes, éparsement ponctuées; metanotum transversalement strié en dessus; côtés du métathorax brillants, presque lisses,

hérissés, ainsi que la partie postérieure, de longs poils noirs. Ecaillettes noires, brillantes. Pattes noires, avec les tibias et les tarses ferrugineux sombre ; toutes les épines et éperons sont d'un brun noir. Ailes hyalines, avec toute la partie basilaire noire, et l'extrémité, à partir de la fin de la radiale, légèrement enfumée ; nervures et stigma noirs ; première récurrente interstitiale ou presque interstitiale avec la deuxième nervure transverso-cubitale. Abdomen noir, presque lisse, couvert d'une brillante pruinosité argentée, visible surtout sous certaines inclinaisons ; segments ventraux nus, éparsement ponctués, avec le dernier plus profondément ponctué, presque chagriné. ♀

Le mâle a le dernier segment ventral lisse, brillant.

Long. 19 à 34^{mm}. Env. 33 à 58^{mm}.

Argentatus, Fabricius.

Patrie : Grèce, Syrie, Kharthoum, Indes, Chine, Japon, Java, Amboine, Célèbes, Angola, Gabon, Sierra-Leone, Guinée, Sénégal.

— Base des ailes pas plus sombre que le milieu.

Pruinosus, Germar. (V. n° 28).

33 Ailes enfumées ou violacées. 34

— Ailes jaunâtres ou brunâtres. 37

34 Tous les poils de la tête noirs. 35

— Poils de la face blancs ou argentés. 36

35 Mesonotum très éparsement ponctué. Tête noire, vertex presque lisse, front ponctué avec un sillon médian ; épistome avec la partie médiane de son bord antérieur prolongée en avant au delà du niveau des deux parties latérales, à

peine convexe, tout à fait finement ponctué et garni de longs poils noirs ; antennes noires ; mandibules noires; palpes brun noir. Thorax noir garni de poils noirs ; pronotum mat, presque lisse ; mesonotum brillant, éparsement ponctué, ainsi que le scutellum, qui est divisé par un sillon longitudinal médian ; mésopleures noires, transversalement striées ; postscutellum rugueux. Metanotum transversalement et finement strié ; côtés et arrière du métathorax plus rugueusement striés. Pattes noires, lisses, brillantes; éperons et épines noirs, leurs ongles ferrugineux ; tarses postérieurs un peu ferrugineux. Ailes fortement enfumées, brillantes, avec des reflets un peu violets ; la première nervure récurrente aboutit au milieu de la deuxième cubitale, celle-ci est plus haute qu'elle n'est large sur la nervure cubitale. Abdomen noir, lisse, très brillant, glabre ; pétiole court, atteignant seulement l'extrémité des hanches. ♂ Long. 24mm. Env. 40mm.

♀ inconnue. **Sirdariensis**, RADOSKOWSKI.

PATRIE : Krasnowodsk, Sarafskan.

— Mesonotum densément ponctué, les points se réunissant en forme de granulations. Tête noire, mate, densément velue de poils noirs; antennes noires, épaissies vers leur milieu, atténuées à l'extrémité, avec les articles cinq à huit visiblement carénés en dessous ; épistome noir, convexe, rugueusement ponctué, échancré au milieu de son bord antérieur ; mandibules noires. Thorax noir, mat, couvert de poils noirs, densément et granuleusement ponctué, les points se réunissant en forme de rugosités, surtout sur le mesonotum et le scutellum. Pattes noires ; épines noires ; extrémité des éperons et ongles ferrugineux. Ailes d'un noir violacé. Abdomen noir, brillant, presque glabre, très finement chagriné; les segments ventraux quatre à six avec une pruinosité grisâtre; le bord apical du sixième largement échancré et ses côtés tuberculés; pétiole court, dépassant à peine les hanches postérieures. ♂ Long. 25 à 28mm. (Mocsary).

♀ inconnue. **Persicus**, Mocsary.

Patrie : Perse.

36 Thorax avec des poils noirs en dessus.

Occitanicus, var. *Syriacus*, Mocs. (V. n° 20).

— Thorax avec des poils argentés en dessus. Tête noire; épistome gibbeux, avec une fossette en avant de son bord antérieur; un espace élevé et sillonné se trouve derrière les ocelles; vertex, front et face (mais non l'épistome) couverts de poils argentés; antennes noires. Thorax noir, avec le pronotum et le mesonotum couverts de poils argentés; métathorax très finement et rugueusement strié avec des poils noirs. Pattes noires. Ailes très enfumées, avec un reflet violet, subhyalines à leur extrémité. Abdomen noir, brillant; pétiole n'atteignant pas la base des cuisses. Long. 31mm. (Radoskowski).

Stschurowskii, Radoskowski

Patrie. Turkestan (désert de Kisil Kum).

37 Abdomen globuleux, court; partie renflée du premier segment perpendiculaire sur le pétiole. 38

— Abdomen allongé, conique; partie renflée du premier segment oblique sur le pétiole. 40

38 Deuxième cellule cubitale plus haute qu'elle n'est large sur la nervure cubitale. Postscutellum avec une proéminence aiguë en son milieu. 39

— Deuxième cellule cubitale aussi haute que large sur la nervure cubitale. Tête noire avec des poils bruns; épistome convexe; son bord antérieur courbé, un peu relevé; antennes noires; mandibules noires. Thorax noir, garni de poils bruns; pronotum épais; mesonotum assez densément et finement ponctué; mésopleures ponctuées; scutellum un peu convexe; métathorax irrégulièrement chagriné en travers; écaillettes noires. Pattes noires, avec une fine pubescence grise. Ailes d'un gris brun. Abdomen noir, couvert d'une fine pruinosité blanche; le dernier segment pourvu de poils courts, dressés; pétiole court. ♂ Long. 22 à 25mm. (Kohl). ♀ inconnue. **Tristis**, Kohl.

Patrie : Espagne, Rhodes.

39 Mesonotum lisse, éparsement ponctué au milieu. Taille grande. Tête noire, velue de poils noirs; vertex éparsement, front plus densément ponctué; épistome ponctué avec une fossette allongée longitudinalement en son milieu, échancré en dessous de cette fossette, garni de duvet argenté ainsi que la face, la base du front et les orbites internes des yeux. Antennes noires. Thorax noir, velu de poils noirs; pronotum ponctué, avec son bord postérieur argenté; mesonotum lisse, luisant, éparsement ponctué, avec quelques stries chagrinées sur les côtés; mésopleures rugueuses, granulées; scutellum nu, ponctué, avec sa partie postérieure longitudinalement striée; postscutellum rugueusement et transversalement strié, portant en son milieu un tubercule élevé et pointu à surface rugueuse; métathorax rugueux, densément couvert de longs poils; écaillettes noires, brillantes. Pattes noires, brillantes, robustes, densément cou-

vertes de poils et d'épines noires ; éperons noirs, ceux des tibias postérieurs un peu pectinés ; ongles noirs, un peu rougeâtres. Ailes fauves avec l'extrémité grise ; nervures ferrugineuses ; nervure sous-costale noire ; la première nervure récurrente aboutit au quart antérieur de la deuxième cellule cubitale. Abdomen noir, luisant, lisse, court, globuleux ; pétiole court. ♂♀. Long. 22 à 35mm. Env. 38 à 45mm. (V. pl. VIII).

Ægyptius, Lepeletier.

Patrie : Syrie, Rhodes, Chypre, Egypte, pays des Çomalis.

Cette grande espèce est tellement semblable au *Sphex subfuscatus*, Dahlbom. qu'il serait difficile de les distinguer, si la différence de taille et la sculpture du mesonotum ne venaient les séparer. Le caractère très special du tubercule aigu qui surmonte le postscutellum existe de même chez les deux espèces, et l'on se demande si l'une ne dérive pas de l'autre, et s'il ne s'agirait pas de simples variétés.

— Mesonotum rugueusement strié au milieu. Taille moyenne. Tête noire, couverte de poils d'un blanc sale, assez fortement ponctuée ; épistome sinué, légèrement convexe, ponctué ; mandibules noires, brillantes ; antennes noires. Thorax noir, couvert de poils d'un blanc sale ; pronotum rugueux ; mesonotum garni de rugosités formant des stries transversales ; scutellum rugueux ; postscutellum avec un tubercule pointu et élevé en son milieu ; métathorax rugueusement et transversalement strié. Pattes noires ; épines et éperons noirs ; ongles noirs avec l'extrémité un peu ferrugineuse. Ailes hyalines, lavées de jaune ferrugineux, avec l'extrémité assombrie montrant un léger reflet violet sous certaines incidences de la lumière. Abdomen noir, court, globuleux, lisse, mat. ♀ (V. pl. VIII et IX).

Le mâle a des poils noirs sur la tête et le thorax. Long. 11 à 20mm. Env. 20 à 30mm.

Subfuscatus, Dahlbom.

Patrie : France méridionale, Espagne, Italie, Sardaigne, Sicile, Dalmatie, Grèce, Hongrie, Russie méridionale, Crimée, plaine des Kirghises, Turkestan, Chine, Asie-Mineure, Egypte, Algérie.

40 Mésothorax garni de poils blancs dont beaucoup sont plumeux. Noir. Mandibules bidentées, leur base rousse. Épistome bombé, arrondi au bout; la face garnie de poils blanchâtres. Ailes jaunâtres, légèrement enfumées à l'extrémité; deuxième cubitale recevant à un tiers de sa base la nervure récurrente. ♂. Long. 20mm. Cette espèce ressemble au *Sphex argentata*. (Radoskowski). **Plumipes**, Radoskowski.

Patrie : Pays transcaspien.

— Mésothorax sans poils plumeux. **41**

41 Scutellum nu. **42**

— Scutellum velu. **43**

42 Ailes jaunes. Postscutellum divisé par un sillon profond. Tête noire avec des poils noirs; épistome lisse, convexe, avec une petite fossette au milieu de son bord antérieur; vertex lisse; front ponctué; un peu de duvet argenté sur l'épistome, la face et les orbites des yeux; mandibules fortes, noires, luisantes. Antennes noires. Thorax noir, velu de poils noirs; pronotum lisse avec le bord postérieur garni de duvet argenté; mesonotum luisant, finement ponctué, avec un sillon médian vers son bord antérieur; mésopleures brillantes, finement ponctuées;

scutellum très finement ponctué, luisant, avec un sillon longitudinal médian; postscutellum mince, très saillant, partagé par un profond sillon médian; metanotum finement et transversalement strié en dessus; côtés et arrière du métathorax rugueux : écaillettes noires, lisses, luisantes. Pattes noires, brillantes; tibias et tarses souvent ferrugineux sombre. Ailes d'un fauve ardent, sauf à l'extrémité qui est rembrunie, surtout à la suite de la radiale; première nervure récurrente aboutissant très près de la troisième cellule cubitale; nervures noires à la base, fauves sur le reste de l'aile. Abdomen très éparsement ponctué, presque lisse, luisant; pétiole assez court, pas plus long que le scutellum et le postscutellum pris ensemble. ♀.

Le mâle n'a pas de fossette près du bord de l'épistome.

Long. 25 à 33mm. Env. 60 à 72mm.

Rufipennis, Fabricius.

Patrie Nord de l'Afrique, Perse, Indes, Cochinchine, Java, Guadeloupe, Brésil.

— Ailes grises. Postscutellum non divisé par un sillon profond. Tête noire, velue de poils gris, avec l'épistome, la face et les orbites internes des yeux couverts de duvet argenté; épistome légèrement échancré au milieu; mandibules noires; antennes noires. Thorax noir, velu de poils gris; pronotum lisse; mesonotum finement chagriné; scutellum rugueux; postscutellum transversalement strié; mésopleures rugueuses; metanotum finement chagriné, un peu rugueusement strié en travers; écaillettes noires. Pattes noires, couvertes en dehors d'une fine pruinosité blanche; épines et éperons noirs, ces derniers pectinés aux pattes postérieures; ongles ferrugineux. Ailes subhyalines, grises avec le bout enfumé, nervures et stigma brun foncé. Abdomen ovale avec le pétiole courbé vers le haut, allongé, aussi grand que le métathorax, noir, brillant, lisse. ♀.

Le mâle a le metanotum régulièrement strié en travers.

Long. 16 à 22^{mm}. Env. 25 à 30^{mm}.

Eversmanni, André.

Patrie : Russie méridionale, Espagne.

43 Deuxième cellule cubitale plus haute qu'elle n'est large sur la nervure cubitale. 44

— Deuxième cellule cubitale pas plus haute qu'elle n'est large sur la nervure cubitale. Tête noire ; vertex éparsement ponctué ; front un peu chagriné ; épistome entier, un peu convexe, éparsement ponctué, garni ainsi que la face de poils dressés blanc-jaunâtre ; front et vertex pourvus de poils bruns ; mandibules noires, un peu rougeâtres dans leur milieu ; antennes noires. Thorax noir, couvert de poils bruns ; pronotum presque lisse ; mesonotum et scutellum finement ponctués ; ce dernier partagé par un sillon longitudinal médian lisse et brillant ; postscutellum mat avec un sillon médian ; mésopleures ponctuées, luisantes, avec des poils blanc-jaunâtre ; metanotum finement chagriné ; côtés et arrière du métathorax garnis de longs poils blanc-jaunâtre ; écaillettes noires avec le bord libre testacé-noirâtre. Pattes noires, luisantes en dedans, pubescentes en dehors ; épines, ongles et éperons noirs. Ailes enfumées, jaunâtres, avec l'extrémité plus noire ; la première nervure récurrente aboutit très près de la troisième cellule cubitale. Abdomen noir mat, presque lisse, avec une pruinosité insensible; pétiole très court, n'atteignant que l'extrémité des hanches. ♂♀. Long. 20 à 28mm. Env. 34 à 40mm. **Paludosus**, Rossi.

PATRIE : Espagne, Italie, Sicile, Sardaigne, Dalmatie, Croatie, Grèce, Asie-Mineure.

44 Dessus du premier segment abdominal nu. Tête noire, velue de poils blancs; épistome finement chagriné, arrondi à son bord antérieur, à peine échancré en son milieu, couvert, ainsi que la face, d'un duvet soyeux, argenté; mandibules noires; antennes grêles. Thorax noir, mat, couvert de poils blancs; pronotum très développé; mesonotum finement et irrégulièrement ruguleux. Scutellum très convexe en arrière; mésopleures chagrinées, longitudinalement ridées; metanotum densément et obliquement strié en dessus; côtés et arrière du métathorax transversalement striés; écaillettes noires avec le bord apical rougeâtre. Pattes noires; épines des tarses et ongles ferrugineux. Ailes d'un jaune sale, subhyalines, un peu enfumées à leur extrémité; nervures brunes. Abdomen noir, brillant; pétiole de la longueur des hanches postérieures. ♂. Long. 20mm. (Mocsary) ♀ inconnue. **Melanarius**, Mocsary.

PATRIE : Caucase, Tiflis.

— Dessus du premier segment abdominal avec une large bande blanche veloutée à son bord postérieur. **Argyrius** ♂, Brullé. (V. n° 22).

Je donne ci-dessous les descriptions de quelques espèces, trop incomplètes pour qu'il soit possible de les reconnaître et qui, bien que rangées dans les *Sphex*, peuvent parfaitement ne pas appartenir à ce genre. Je ne parle pas, bien entendu, des très anciens auteurs qui donnaient le nom générique de *Sphex* aux insectes les plus disparates.

Sphex Cairensis, Kollar.— Cette espèce citée par l'auteur dans : *Bericht über die von Herrn Dr Leutner in Cairo eingesandten wirbellosen Thiere.* (*Sitzungsberichte Akad. Wissensch. Vienne*, 1851) devait être décrite par lui dans un travail postérieur. Mais cette description n'a pas été faite à ma connaissance.

Sphex obscura, Fischer de Waldheim 1843(53).— « Sphex atra, opaca, antennis longitudine thoracis ; abdomine planiusculo, subpubescente, segmento priori ferrugineo ; alis nigricanti hyalinis ; pedibus nigris, femoribus crassioribus. Rossia Australi. 7'''. — Ad Panzeri *Pompilum gibbum* accedit, sed petiolus abdominis 2 articulatus. »

Sphex lacerticida, Pallas 1794 (149). — « Magnitudo *Vespæ vulgaris*, atra. Caput lineolà antè et ponè oculos flava. Arcus thoracis flavus antè alas. Abdomen minusculum, atrum, lucidum, segmentis 3 intermediis utrinque lineolà transversà flavâ notatis. Antennæ gryseo-testaceæ; pedes testacei, basi femorum nigrâ. Alæ fulvæ, margine terminali nigricante. Obs. circ. Samaram, audacissima, ut quæ lacertæ minores occidit et suffodit. »

4e Tribu. — Ampulicidæ

(Pl. IX)

Caractères. — Tête grosse ; épistome allongé, armé en dessus d'une carène aiguë; pronotum prolongé en forme de cou. Antennes presque aussi longues que la tête et le thorax. Le premier article gros et renflé, le second très petit, les suivants filiformes, le troisième étant aussi long que les deux suivants. Tibias antérieurs avec un seul éperon ; les intermédiaires portent deux éperons à peu près égaux, les postérieurs deux éperons dont l'un beaucoup plus élargi que l'autre. Ailes courtes, n'atteignant que les premiers segments abdominaux, pouvues d'une cellule radiale et de trois cellules cubitales fermées dont la première et la troisième reçoivent chacune une nervure récurrente. La première et la troisième cellules cubitales sont irrégulières, assez grandes, presque de même dimension. La seconde est, au contraire, en forme de trapèze presque régulier; le stigma est petit. Le métathorax porte aux angles postérieurs deux tubercules ou épines. L'abdomen déprimé est ovalaire avec l'extrémité pointue chez la femelle, complètement arrondie chez le mâle. Le pétiole est filiforme et sa partie postérieure se renfle en une capsule aplatie, séparée du segment suivant par un étranglement bien visible.

Observations générales. — Le genre *Ampulex* est connu surtout par ses espèces exotiques, peu nombreuses, il est vrai (15), mais représentées, au moins quelques-unes d'entre elles, par une grande quantité d'individus remarquables par leur couleur métallique très brillante. En Europe, deux espèces seulement lui appartiennent, et encore n'a-t-on jamais rencontré qu'un très petit nombre d'exemplaires de chacune d'elles. Elles se rapprochent aussi tellement l'une de l'autre que, à l'exemple du Dr Kriechbaumer, 1874 (103), j'aurais été tenté de les confondre, s'il m'avait été donné d'en examiner un nombre suffisant d'exemplaires. Enfin leur livrée est sombre et à peu près entièrement noire. Aussi sont-elles peu répandues dans les collections et n'a-t-on aucune donnée certaine sur leurs mœurs et leur manière de vivre.

Les *Ampulex* exotiques approvisionnent leurs nids avec les jeunes blattes si connues sous le nom de Kakerlacs dans les pays intertropicaux dont elles sont l'un des fléaux Aussi ces Sphégiens sont-ils, dans ces régions, des insectes éminemment utiles. Chez nous, ils doivent avoir des habitudes analogues, mais en raison de leur taille plus petite, il est probable qu'ils s'attaquent à des Blattides qui ne nous intéressent pas directement; de plus leur rareté extrême ne peut que rendre leurs services bien moins sérieux. Leur présence en Europe n'en est pas moins fort intéressante et il serait vivement à désirer que nous eussions sur eux des documents plus certains.

A défaut de renseignements sur les mœurs de nos espèces indigènes, peut-être ne sera-t-il pas inutile de donner quelques détails sur celles d'une des espèces exotiques les plus répandues, l'*Ampulex compressa*, qui a une extension géographique très étendue, puisqu'on la rencontre depuis Madagascar et la Réunion jusqu'aux Indes et à la Nouvelle-Calédonie. La relation que je vais transcrire est extraite du grand ouvrage de Réaumur, où il y a tant à puiser. Il la devait lui-même à l'obligeance de M. Cossigni qui avait observé ces insectes sur place avec beaucoup de soin (v. pl. IX).

« Quand la mouche, après avoir rôdé de différents côtés, soit en volant, soit en marchant, comme pour découvrir du gibier, aperçoit une Kakerlaque, elle s'arrête un instant pendant lequel les deux insectes semblent se regarder; mais sans tarder davantage, l'Ichneumon(1) s'élance sur l'autre dont elle saisit le museau ou le bout de la tête avec ses serres ou dents ; elle se replie ensuite sous le ventre de la Kakerlaque pour le percer de son aiguillon. Dès qu'elle est sûre de l'avoir fait pénétrer dans le corps de son ennemie et d'y avoir répandu un poison fatal, elle semble savoir quel doit être l'effet de ce poison ; elle abandonne la Kakerlaque, elle s'en éloigne soit en volant, soit en marchant ; mais après avoir fait divers tours, elle revient la chercher, bien certaine de la trouver où elle l'a laissée. La Kakerlaque, naturellement peu courageuse, a alors perdu ses forces, elle est hors d'état de résister à la guêpe ichneumon, qui la saisit par la tête et, marchant à reculons, la traîne jusqu'à ce qu'elle l'ait conduite à un trou de mur dans lequel elle se propose de la faire entrer. La route est quelquefois longue, et trop longue pour être faite d'une traite ; la guêpe ichneumon, pour prendre haleine, laisse son fardeau et va faire quelques tours, peut-être pour mieux examiner le chemin; après quoi elle revient reprendre sa proie et ainsi, à différentes reprises, elle la conduit au terme... Quand la guêpe ich-

(1) C'est sous ce nom que Réaumur designe l'*Ampulex*.

neumon était parvenue à la traîner où elle la voulait, le fort du travail restait souvent à faire, l'ouverture du trou était trop petite pour laisser passer librement une grosse Kakerlaque ; la mouche, entrée à reculons, redoublait ses efforts inutilement pour l'y faire entrer : le parti qu'elle prenait alors était de sortir et de couper les fourreaux des ailes de l'insecte mort ou mourant, quelquefois même, elle lui arrachait quelques jambes ; elle rentrait ensuite dans le trou, toujours à reculons et par des efforts plus efficaces que les premiers, elle faisait, pour ainsi dire, passer le corps de la Kakerlaque à la filière et la conduisait au fond du trou. »

L'observation n'a pas été poussée plus loin par M. Cossigni, mais Réaumur en infère, à juste titre, que la « Kakerlaque » devait servir de nourriture à la larve de sa mouche Ichneumon.

Voici encore un fait qui nous renseigne sur une phase ultérieure de l'évolution de l'*Ampulex*. « Je montre, dit M. H. Lucas (*Soc. ent de Fr.*, 1879. *Bull.*, p. CLIX), une *Blatta americana* à l'état de nymphe, dont l'abdomen très développé renferme un Sphégien du genre *Chlorion* (*Ampulex compressa*, Fab.) et dans lequel cet Hyménoptère a subi ses métamorphoses. Il est probable que la femelle de ce *Chlorion*, après avoir piqué cette blatte rendue paralysée, l'a transportée dans son nid et y a déposé un œuf ; la larve, après son éclosion, s'est établie dans l'abdomen de l'Orthoptère ou elle a trouvé, jusqu'à sa transformation en insecte parfait, une nourriture fraîche. Lorsqu'elle s'est changée en nymphe, sa tête s'est dirigée vers l'ouverture anale de l'Orthoptère qui, alors, s'est distendue et c'est, sans aucun doute, par cette voie que l'insecte parfait est sorti après avoir préalablement découpé une rondelle à son cocon.

« En effet, cette Blatte présente l'ouverture anale très distendue ; de plus, la tête du *Chlorion* est sur le point d'abandonner l'abdomen de sa nourrice. Le cocon filé par cette larve est d'un roux clair non transparent, et tout son intérieur est tapissé d'une membrane gommeuse ; il est peu flexible au toucher et protège, ainsi que l'abdomen de la Blatte, cette nymphe, de l'humidité et des dangers venant de l'extérieur. »

Avant de quitter ce sujet, il n'est pas hors de propos de remarquer deux faits saillants, l'un que l'*Ampulex* approvisionne son nid de nymphes de Blattes, l'autre que la mère n'hésite pas à couper, de ses mandibules, les organes encombrants, fourreaux des ailes et pattes, qui peuvent apporter un obstacle à l'introduction de la victime dans le terrier. C'est la première fois que nous avons lieu de constater un fait semblable. Les organes en question n'étant rien moins que nécessaires à la continuation de la vie végétative de l'insecte paralysé, il est possible, à mon sens, de l'admettre et de ne pas révoquer en doute l'observation de M. Cossigni si ancienne qu'elle soit.

Ajoutons enfin que le Dr Giraud a vu l'espèce *A. europœa* saisir entre ses mandibules un fragment détaché de mortier et l'emporter en courant. L'éminent observateur en déduit que l'insecte, pour construire son nid, bâtit une coque avec des matériaux terreux qu'il pétrit.

7e GENRE. — AMPULEX, Jurine, 1807 (80).

? *ἅμμον*, pour, *ἄμμος*, sable, *pulex*, puce.

La tribu ne comprenant que ce seul genre, je n'ai rien à ajouter à ce qui est dit ci-dessus pour le caractériser.

Les deux espèces qui le composent se ressemblent presque entièrement, et pour faire ressortir les différences qui peuvent exister entre elles, aussi bien que pour les faire connaître complètement, je crois utile de transcrire ici les deux descriptions détaillées qui en ont été données, l'une par le Dr Giraud qui a découvert la première espèce en Autriche, l'autre par M. Chevrier qui, après Jurine, a trouvé la seconde en Suisse.

1 Épistome pourvu d'une carène tranchante, non prolongée triangulairement en avant. Ocelles distants entre eux comme chez les autres Sphégiens. « Insecte de forme allongée, élégante.(1) Tout le corps est noir, brillant, surtout

(1) Giraud, 1858 (62).

à l'abdomen. Tête au moins aussi large que le thorax, finement et densément couverte de points oblongs; yeux grands, ovales; antennes insérées sous un petit tubercule de la face, minces, filiformes, de 12 articles, aussi longues que la tête et le thorax pris ensemble; le premier article (scape) peu épais, assez court, légèrement comprimé, le deuxième petit, cylindrique, un peu plus long que large, le troisième plus long que les deux précédents, aussi long que les deux suivants réunis, les autres diminuant peu à peu de longueur; mandibules testacées, longues, courbées, édentées; palpes de même couleur que les mandibules, les maxillaires de six articles, les labiaux de quatre; dans ces derniers, le quatrième article très long, très mince, sétiforme. Epistome voméríforme, parcouru par une carène longitudinale très acérée, à laquelle fait suite une ligne faiblement marquée du milieu de la face, qui s'éteint avant d'arriver aux ocelles; le bord libre de cet organe, qui cache entièrement le labre, est armé de plusieurs dents courtes et mousses; les ocelles rangés en triangle à peu près équilatéral, sont bien distinctement séparés les uns des autres et ne reposent sur aucune proéminence de la tête. Le prothorax, finement coriacé, est allongé en forme de cou, conique; ses côtés sont surbaissés, déprimés; sa partie moyenne un peu gibbeuse, est parcourue par une ligne longitudinale peu profonde; en arrière, une constriction assez forte le sépare du mésothorax; il n'existe pas de tubercule médian comme chez les espèces exotiques. Le mésothorax est finement ponctué comme la tête. Le métathorax est long, plat en dessus et tronqué perpendiculairement en arrière; il est couvert d'une réticulation bien marquée et porte, en outre, de chaque côté, deux lignes élevées, convergentes vers le milieu postérieurement; les angles postérieurs portent chacun deux petits tubercules que sépare une légère fossette. L'abdomen est fixé à la partie la plus déclive du métathorax par un pétiole court; il est ovalaire, un peu comprimé sur les côtés en arrière et terminé en pointe. Le premier segment et le deuxième, qui est le plus grand de tous, sont très luisants et presque sans ponctuation; les suivants, mais surtout le troisième, sont manifestement pointillés. Les pattes, médiocrement longues et grêles, sont noirâtres, les tibias et les tarses antérieurs sont d'un testacé plus ou moins fauve; quelquefois cette couleur s'étend aussi aux tarses des deux autres paires, et alors les antennes sont aussi plus ou moins roussâtres. Les cuisses sont aplaties et élargies un peu avant le milieu; la brosse est peu apparente et formée de cils courts et fins; les crochets de tous les tarses sont dentés. A la loupe, tout le corps paraît couvert d'une pubescence argentée, plus forte sur les côtés du thorax, sur le postécusson, les hanches et le troisième segment de l'abdomen. Les ailes n'atteignent pas tout à fait le bout du corps ; les antérieures ont une cellule radiale allongée et appendiculée et trois cellules cubitales, dont la première, très grande, reçoit vers le milieu la première nervure récurrente, la deuxième, rétrécie de moitié en avant, reçoit la deuxième récurrente un peu avant le milieu, la troisième est incomplètement tracée. Une large bande brune occupe toute la cellule radiale avec son appendice, une partie de la première cubitale, la deuxième tout entière et se prolonge en passant sur la discoïdale moyenne, jusqu'au bord postérieur de l'aile; une partie de la deuxième cellule humérale et des cellules voisines est aussi plus ou moins enfumée ; les ailes postérieures sont transparentes. ♀.

« Le male[1] a une très grande ressemblance avec sa femelle et ne s'en distingue que sous peu de rapports. Les antennes ont treize articles au lieu de douze ; elles sont également conformées et à peine plus longues. Les mandibules sont noirâtres avec le bout couleur de poix. La face n'est pas plus richement pubescente. L'abdomen est un peu plus court et tout à fait obtus au bout. La ponctuation de tout le corps n'est pas plus forte que chez la femelle et a partout le même caractère, ce qui contraste avec les espèces exotiques du genre, chez lesquelles les mâles se font remarquer par une ponctuation grossière de l'abdomen. » (Giraud)

Long. 8^{mm}. **Europæa**, GIRAUD.

PATRIE : Environs de Vienne (Autriche), en juillet; Italie

— Épistome pourvu d'une carène tranchante, prolongée triangulairement en avant. Ocelles petits, très rapprochés. « Tout d'abord[2] l'attention est attirée par l'ampleur de la tête. Cette dernière est fixée au thorax par une sorte de cou relativement très étroit ; elle est très finement ponctuée ; sa surface légèrement convexe, postérieurement arrondie à partir des yeux jusqu'à sa base qui est assez largement échancrée en son milieu. Ceux-ci oblongs, limités du côté interne en une ligne semi-droite. Ocelles petits, très rapprochés. Mandibules jaunâtres, assez cintrées, simples, soit sans dent, passablement

(1) Giraud, 1863 (65).

(2) Chevrier, 1867 (s 226).

étroites sur toute leur longueur; leur sommet aigu, légèrement noirâtre. Epistome étroit, très finement sablé sans points plus forts, ayant des soies argentées; se projetant assez en avant sous une forme triangulaire; sa surface représentant deux pans fortement inclinés et comme soudés sur toute leur longueur par une fine carène qui, de l'intérieur à l'extérieur, s'abaisse insensiblement en un arc de cercle jusqu'à l'angle terminal; cette carène se prolongeant entre les yeux pour ne s'oblitérer qu'à une faible distance des ocelles.

« Antennes grêles, allongées, composées de douze articles dont le troisième est le plus grand et le plus mince; les suivants diminuant insensiblement de longueur; le scape ferrugineux en dessous, aussi long que le septième article; leur insertion ayant lieu tout près de la partie antérieure des yeux, dans une petite fossette longitudinalement traversée par une légère élévation carénée, à la partie antérieure de laquelle se trouve le nœud de l'antenne; ce nœud est très petit.

« Prothorax très convexe, ayant la forme d'un cou un peu moins long que la tête, plutôt très finement rugueux que ponctué, presque du double plus large à sa base qu'à son sommet; celui-ci ne représentant guère que le quart de la largeur de la tête; sa partie centrale et longitudinale avec un sillon assez large, mais peu profond; chacun des côtés latéraux ayant sur toute leur longueur un autre sillon plus nettement dessiné et situé beaucoup plus bas par suite de la grande convexité de sa partie dorsale. Mésothorax transverse, un peu convexe, considérablement plus large que la base du prothorax; les côtés latéraux, de leur sommet à l'écaille de l'aile, très obliques, la ponctuation plus fine que celle de la tête ; sa surface ayant quatre sillons longitudinaux dont deux très courts partant d'une excavation régulière, assez profonde, arrondie et placée tout près des écaillettes des ailes ; les deux internes parcourant toute la longueur du mésothorax ; l'espace compris entre ces deux lignes parallèles supportant sur toute sa longueur une dépression assez large, mais peu profonde. Scutellum moyen, semi-plan, sensiblement plus large que haut, ponctué comme le mésothorax, ayant à son bord antérieur une ligne ardument incrustée, au fond de laquelle existent quelques petites carènes assez nettement arrêtées. En dehors de chacun de ses côtés latéraux se trouve une excavation rappelant celle voisine des écaillettes de l'aile, mais sensiblement plus grande et plus profonde. Postscutellum très transverse, presque linéaire, couvert de soies argentées. Métathorax presque aussi haut que la largeur de sa base ; tout-à-fait plan et sans que les bords des trois côtés externes soient en aucune façon adoucis ; son sommet un peu plus étroit que sa base ; toute sa surface régulièrement chagrinée, supportant très vaguement, sur toute sa hauteur, deux à quatre petites lignes obliques et déprimées, pouvant représenter un dessin régulier ; sa tranche verticale est légèrement oblique, comme plane, très finement rugueuse, traversée en son milieu par un sillon assez exigu.

« Abdomen ovalaire, de la longueur du thorax, composé de cinq segments. Le premier un peu moins long que le deuxième, se rétrécissant insensiblement pour venir s'unir au thorax en un pétiole délié et aplati après avoir parcouru une ligne très infléchie ; ce premier segment ainsi que le deuxième, aussi poli qu'une glace ; le deuxième assez plan ; troisième segment à peu près de moitié moins haut que le deuxième, très subtilement ponctué et couvert de soies argentées qui apparaissent et disparaissent selon que l'insecte est diversement incliné; quatrième segment fort petit, également avec des soies. Le cinquième à peine appréciable, l'anus rentré. Premier segment ventral peu visible; le deuxième au contraire très ample et très bombé. Le dessous du prothorax, du mésothorax, les trois côtés perpendiculaires du métathorax et les hanches (celles-ci fortes) plus ou moins couverts de soies courtes et argentées.

« Pattes grêles, assez allongées, les cuisses droites, passablement dilatées des deux côtés en leur milieu; celles de la première paire cependant moins droites, un peu curvilignes au côté interne et d'autant plus convexes à celui qui lui est opposé. Tibias simples, sans épines. Tarses ciliés, sensiblement plus longs que les tibias, surtout les quatre premiers ; les crochets bifides. Les six pattes noires; les genoux, quelque peu les tibias et tous les tarses d'un brun ferrugineux plus ou moins foncé.

« Ailes en grande partie transparentes, relativement courtes. Radiale ovale, très rapprochée du bout de l'aile ; son extrémité la plus interne aboutissant au milieu du stigma; l'autre extrémité émettant de son sommet un très petit rudiment de nervure (de moins d'un millimètre). Deux cellules cubitales fermées. La plus interne très grande, en carré long; le stigma de l'aile placé sur l'alignement du milieu de cette cellule; la nervure le plus près de la racine de l'aile et qui la ferme de ce côté de moitié moins haute que celle qui lui est opposée; la plus externe des deux cellules cubitales ayant la forme d'un trapèze médiocrement régulier; son plus petit côté limité par la nervure de la radiale dont il occupe la partie moyenne; sa nervure externe un peu curviligne; celle de la base dépassant la cellule en se dirigeant vers le bout de l'aile. Deux cellules discoïdales; la plus interne en trapèze allongé assez obliquement placé, son plus petit côté étant le plus voisin du bout de l'aile. La plus externe beaucoup plus grande que la précédente, la nervure qui la ferme antérieurement se soudant à la première cubitale en un point assez rapproché de la deuxième cubitale; cette première discoïdale fermée postérieurement par une nervure dessinant un angle assez ouvert et dont les côtés sont de même longueur; la partie saillante de cet angle projetée dans la direction de la racine de l'aile; la nervure basilaire débordant la cellule, mais en s'avançant un peu obliquement de haut en bas vers le bout de l'aile. La radiale et la première cubitale, en totalité, la première moitié de la deuxième cubitale et de la première discoïdale, assez enfumées. ♀

« Le mâle est assez semblable à la femelle, mais les antennes ayant treize articles et l'abdomen six segments; les mandibules brunâtres et non jaunâtres; le prothorax un peu plus court et un peu plus obtus à son sommet. Enfin, si mes sujets ne sont pas usés, le troisième et le quatrième segments de l'abdomen n'auraient pas de soies argentées. »

Long. 8 à 10mm (Chevrier). **Fasciata**, Jurine.

Patrie : Suisse (juillet, août).

A cette tribu appartient, d'après le Dr Kriechbaumer, le genre

Waagenia, Kriechb., représenté par une espèce de Sikkim, mais sur lequel j'ai trop peu de renseignements pour le faire figurer dans le tableau synoptique. Voici les descriptions succinctes du genre et de l'espèce, d'après Kriechbaumer 1874 (103).

Waagenia (nov gen. *Ampulicidarum*). — Pronotum margine postico medio tuberculatum. Alæ anticæ celluliscubitalibus completis duabus. Abdomen modice pedunculatum, subovale, supra planiusculum, infra convexum, segmento secundo segmentibus simul sumptis duplo circiter longiore, his compressiusculis, simul acuminatis.

W. *Sikkimensis*, Kriechb. — Violacea, plus minus virescens, femoribus posterioribus rufis, apice obscuris, alis infuscatis, dimidio basali medio subhyalinis. Long. 16mm ♀.

Habitat Sikkim.

La nervulation des ailes ferait plutôt rentrer ce genre dans nos *Gasterosericidæ*.

5e Tribu. — Mellinidæ

(Pl. IX)

Caractères. — Corps assez svelte. Scape des antennes renflé. Tête plus large que le thorax. Abdomen déprimé, de forme ovale, avec le premier segment pétioliforme, mince dans sa partie antérieure, et se renflant subitement en dessus et en arrière, ce qui lui donne l'aspect d'une bosse saillante. Ses côtés sont fortement creusés d'un sillon. Les ailes ont une cellule radiale, quatre cellules cubitales dont trois seulement sont fermées. La première est la plus grande et reçoit à son extrémité la première nervure récurrente; la deuxième, qui est la plus petite, est assez fortement rétrécie du côté de la cellule radiale; la troisième est un peu plus grande que la précédente et aussi un peu plus étroite du côté de la radiale ; elle reçoit la deuxième nervure récurrente tout près de sa jonction à la deuxième cellule cubitale. La première nervure transverso-cubitale, qui sépare la première cellule cubitale de la deuxième, est anguleusement coudée à son tiers inférieur, et, à cet endroit, s'amorce une nervure supplémentaire rejoignant la base du stigma, et visible seulement par transparence dans la plus grande partie de son étendue, ou même sur toute sa longueur. (V. pl. IX).

Les mâles diffèrent peu des femelles, sauf que, chez le *Mellinus sabulosus*, les antennes ont une conformation légèrement distincte. On les reconnaît cependant bien facilement à leur taille un peu plus faible, au nombre des articles des antennes, qui est de treize au lieu de douze, et à celui des segments abdominaux, qui est de sept au lieu de six.

Observations générales. — Les deux espèces qui seules composent la tribu des Mellinides se trouvent ordinairement ensemble, et leurs habitations sont souvent mélangées Ces insectes creusent dans le sol des terriers qu'ils surmontent de petits monticules et qu'ils cherchent à installer dans les endroits les mieux abrités et les plus ensoleillés. Les talus des chemins creux sont souvent l'objet de leurs prédilections et contiennent un grand nombre de nids voisins les uns des autres.

MM. Lepeletier (111), Lucas (126) et Maurice Girard (s 263) ont pu nous donner quelques détails sur la manière de vivre de ces hyménoptères.

« Avant de m'emparer de ces fouisseurs, » dit M. Lucas [1] en observation devant ces nids sur les côtes normandes, « j'étudiai leurs allures et m'aperçus que ceux qui étaient chargés de butin avaient toujours le soin, avant d'entrer dans leur trou, de déposer à l'entrée de l'ouverture la proie qu'ils tenaient entre leurs pattes, puis ils la reprenaient et rentraient à reculons dans leur habitation. Ceux qui rentraient au contraire non chargés, ne prenaient pas toutes ces précautions et pénétraient immédiatement dans

(1) Lucas, 1861 (126).

leur demeure par la tête et la partie antérieure. Je n'ai pas vu de mâles venir rôder autour de ces habitations et les individus que je possède appartiennent tous au sexe femelle, ce qui démontre que le sexe ♂ ne s'occupe en rien de l'approvisionnement des nids.

« La proie apportée par ces prévoyantes femelles à leurs larves consistait en insectes appartenant tous à l'ordre des diptères. »

Douze ou quinze Diptères suffisent à l'approvisionnement d'un nid qui ne contient qu'un seul œuf. Ce nid a une profondeur de quatre centimètres environ sur cinq ou six millimètres de largeur, et il offre vers le milieu un coude plus ou moins prononcé. Les espèces de Diptères semblent différer suivant que l'on a affaire à l'une ou à l'autre espèce de *Mellinus*, et j'en fais la distinction à l'article relatif à chacune d'elles.

D'après Lepeletier, lorsque la larve a atteint toute sa croissance, elle fait une coque de soie et la fortifie des débris les plus solides des Diptères qui ont servi à sa nourriture : ailes, pattes, tarses, etc.

M. Lucas (126) nous donne aussi les quelques observations suivantes sur le mode de capture des Diptères, et bien qu'il ne diffère pas sensiblement de celui propre aux autres fouisseurs, je crois cependant utile de transcrire ici les quelques lignes suivantes qui confirment ces observations si délicates.

« Après avoir rôdé de différents côtés, soit en volant, soit en marchant, aussitôt que ce fouisseur a fait choix d'une espèce de diptère butinant sur le *Daucus carota*, il s'arrête tout court pour l'observer, puis il se précipite sur lui, le maintient un moment avec les mandibules et les pattes de la première paire, recourbe ensuite son abdomen et fait pénétrer son aiguillon soit sur les côtés du thorax, soit entre les segments abdominaux de la victime. Aussitôt que la liqueur vénéneuse ainsi déposée, a pénétré dans le torrent de la circulation[1], immédiatement tout mouvement cesse et si, de temps en temps, on n'apercevait une

(1) Il y a ici une erreur, l'effet de la piqûre se produisant sur les centres nerveux et le venin n'étant pas conduit dans le corps par la circulation

certaine vibration qui réside dans les tarses et les organes du vol, on pourrait supposer que cet insecte a cessé de vivre. »

« Désirant m'emparer de ces diptères ainsi blessés, afin de pouvoir les observer, je forçai l'hyménoptère ravisseur d'abandonner sa proie, et je profitai du moment où il venait de s'en emparer pour la lui enlever. Il ne se soumettait que très difficilement à cette violence, et j'ai vu des individus qui se précipitaient jusque sur ma pince et cherchaient, au moyen de leurs mandibules et de leurs pattes, à m'arracher la proie que je venais de leur prendre de vive force.

... « Rentré à mon domicile, je me mis à observer ces victimes et m'aperçus que toutes étaient dans l'impossibilité de marcher ; cependant ces diptères étaient bien en vie, car je voyais leurs pattes exécuter des mouvements très sensibles, mais ils ne pouvaient se soutenir lorsque je les plaçais dessus ; j'ai observé aussi que des individus ainsi blessés et conservés dans un cornet, exécutaient encore, après six semaines, environ, de captivité, des mouvements très prononcés, non seulement dans les organes de la locomotion, mais aussi dans ceux du vol. »

8e GENRE. — MELLINUS, Fabricius, 1793 (50)

? *mellina*, breuvage composé de miel.

Les caractères indiqués pour la tribu suffisent pour caractériser le genre.

1 Pattes noires et jaunes. Taches abdominales d'un jaune brillant. Epistome bidenté. Antennes simples, noires en dessus. Tête noire, finement ponctuée, luisante ; épistome avec une large bande jaune, festonnée, rarement interrompue au milieu ; une bande semblable existe au bord interne des yeux ; mandibules jaunes

avec l'extrémité noire ; scape jaune, taché de noir en dessus ; funicule noir en dessus, ferrugineux en dessous. Thorax noir, finement ponctué, luisant ; pronotum avec son bord postérieur échancré au milieu, lisse, brillant, jaune ; écaillettes jaunes avec le bord postérieur ferrugineux ; scutellum jaune ; metanotum noir, grossièrement chagriné en arrière ; calus huméraux en dessous des écaillettes, jaunes, lisses, brillants. Pattes lisses, brillantes, hanches noires, tachées de jaune en avant ; trochanters noirs, finement bordés de jaune. Cuisses jaunes avec une tache noire prolongée en dessus jusqu'après le milieu, beaucoup plus réduite en dessous ; aux pattes postérieures, cette tache noire est beaucoup plus petite ; tibias jaunes, ordinairement légèrement tachés de ferrugineux clair en dessous et à leur extrémité ; tarses ferrugineux clair. Ailes presque hyalines, légèrement enfumées ; nervures et stigma bruns, la nervure sous-costale plus foncée. Abdomen presque lisse, très brillant ; premier segment pyriforme, noir ; les deux suivants avec une large tache jaune à leur base, souvent marquée en avant de deux petits points noirs sur le deuxième segment sur lequel elle est aussi parfois un peu interrompue, les deux taches étant alors rarement réunies par une ligne étroite ; quatrième segment seulement taché de jaune latéralement ; le cinquième jaune avec seulement le bord noir ; le sixième entièrement noir ; ventre noir avec deux petites taches latérales jaunes sur le troisième segment. ♀

Le mâle souvent beaucoup plus petit que la femelle, n'a ordinairement que deux petites taches latérales jaunes sur le deuxième segment, la bande complète sur le troisième, deux petits points latéraux sur le quatrième; le cinquième segment est entièrement noir, le sixième taché de jaune en dessus et le septième noir; le ventre est taché comme chez la femelle. Quelquefois les premier, deuxième, quatrième et cinquième segments sont entièrement noirs et alors la bande du troisième segment est interrompue. Long. ♀ 12 à 15^{mm}. Env. 20 à 23^{mm}. Long. ♂ 8 à 10^{mm}. Env. 10 à 14^{mm}. **Arvensis**, Linné.

Patrie Toute l'Europe, sauf les parties les plus méridionales. On l'a rencontré cependant jusqu'à Naples.

Cette espèce approvisionne son nid avec les genres de diptères *Lucilia* et *Syrphus*, et elle les choisit parmi les espèces de grosseur moyenne (*Lucilia cornicina, Syrphus corollæ*, etc.)

— Pattes noires et rouges. Epistome tridenté. Taches abdominales plus restreintes, blanches avec une légère teinte jaunâtre. Antennes ♀ simples, tuberculées en dessous chez le ♂, ferrugineuses en dessus et en dessous, sauf aux premiers articles qui sont noirâtres en dessus. Tête noire, mate, finement ponctuée; épistome tridenté en avant, soit noir, soit marqué d'une bande festonnée jaune; bord interne des yeux jaune; mandibules ferrugineux sombre; antennes ferrugineuses avec au plus un peu de noirâtre au dessus des premiers articles du funicule. Thorax noir, mat, finement ponctué; pronotum avec une bordure postérieure brillante, blanc jaunâtre, interrompue au milieu à l'endroit où le bord est creusé d'un sillon; écaillettes testacé clair avec la partie antérieure plus ou moins jaunâtre; scutellum taché de jaune clair ainsi que les calus huméraux. Pattes ferrugineuses avec les hanches, les trochanters et la base des cuisses noirs. Ailes hyalines; nervures et stigma testacés. Abdomen noir brillant avec deux petites taches sur le deuxième segment et deux autres plus grandes sur le troisième, d'un blanc un peu jaunâtre; quatrième segment noir; cinquième segment avec une bande de même couleur sur sa base; sixième segment noir; ventre entièrement noir. ♀. (V. Pl. IX).

Le mâle ne diffère que par un faible prolongement dentiforme du dessous des articles huit à douze des antennes. Long. 8 à 9mm. Env. 12 à 14mm. **Sabulosus**, Fabricius.

Patrie : France, Allemagne, Suède, Angleterre, Belgique, Italie, Russie.

La mère apporte dans son nid des diptères de genres et d'espèces variés : *Scatophaga scybalaria, S. merdaria, Pollenia rudis, Cœnosia tigrina, Anthomya cana, A. fuscipennis, Myospila meditabunda*, etc.

6e Tribu. — Psenidæ

(PL. IX)

Caractères. — Corps élancé, pétiolé. Tête grosse, plus large que le thorax. Epistome entier ou un peu denté; mandibules bidentées. Antennes insérées au milieu de la face, épaisses, claviformes ♀, ou presque filiformes ou submoniliformes ♂; scape plus ou moins en forme de cloche, creusé pour recevoir le ou les premiers articles du funicule. Pétiole allongé, creusé latéralement, souvent aplati en dessus, à bords plus ou moins parallèles. Abdomen ovale, pointu. Ailes longues, avec une cellule radiale, trois cellules cubitales fermées, dont la première et la troisième sont allongées et ont souvent une surface à peu près égale, la deuxième est au contraire petite et trapéziforme; deux éperons presque égaux aux tibias postérieurs, un seul aux tibias intermédiaires et antérieurs; ongles mutiques, pelote des tarses très petite; les femelles ont sous la base des cuisses antérieures une dépression ovale appelée sans doute à jouer un rôle dans l'action de fouir ou de creuser. Palpes maxillaires allongés, de six articles, le premier très petit, le deuxième un peu plus renflé; le troisième est le plus large, le quatrième plus étroit et aussi long que le précédent, le cinquième est le plus long de tous; enfin le sixième est allongé et très étroit. Palpes labiaux de quatre articles dont le premier est le plus long, le deuxième le plus court, le troisième le plus renflé; le quatrième ovale et plus long que chacun des deux précédents. L'anus du mâle offre une pointe aiguë, courbée, celui de la femelle, un fourreau saillant, droit, duquel émerge quelquefois l'aiguillon.

Observations générales. — Les Psénides sont des insectes de petite taille dont l'industrie consiste à creuser des galeries dans la moelle tendre des tiges sèches de ronce ou d'églantier, pour y installer leur progéniture. Quelques-uns savent profiter des galeries abandonnées par les Coléoptères xylophages et s'éviter ainsi un travail fatigant. Les provisions accumulées dans ces nids appartiennent à l'ordre des Hémiptères. Ce sont ou des Aphidiens ou des Psylles diverses à l'état de nymphes. Ce sont donc des petits insectes utiles à nos cultures, mais leurs services, si actifs qu'ils soient, ne nous apportent qu'un bien faible secours si on les compare à la reproduction si rapide des insectes parmi lesquels ils choisissent leurs victimes. J'aurai l'occasion, dans l'énumération des espèces, de décrire la nidification et les premiers états de quelques unes d'entre elles. Ces petits Hyménoptères ont été considérés longtemps comme parasites, mais les observations répétées de divers entomologistes ont aujourd'hui complètement fait justice de cette assertion.

Les Psénides sont presque tous européens; on ne connaît guère que quelques espèces exotiques d'Amérique et d'Océanie. Il ne faudrait pas en conclure que la tribu est presque particulière à nos contrées; car je pense que si elle paraît aussi pauvre à l'étranger, cela tient surtout à la petite taille des individus qui la composent et qui par suite échappent facilement aux recherches des voyageurs plutôt occupés de la récolte des Coléoptères et des Lépidoptères que de celle de ces infimes bestioles.

TABLEAU DES GENRES

— La deuxième cellule cubitale reçoit les deux nervures récurrentes. G. 9. **Mimesa**, Shuckard.

— La deuxième et la troisième cellules cubitales reçoivent chacune une nervure récurrente, ou au moins la deuxième récurrente est interstitiale avec la deuxième nervure transverso-cubitale. G. 10. **Psen**, Latreille.

9e GENRE. — MIMESA, Shuckard, 1837 (191)

μίμησις, imitation

La deuxième cellule cubitale reçoit les deux nervures récurrentes. Scape cupuliforme. Taille petite ; corps élancé. Abdomen pétiolé.

1 Cellule anale des ailes postérieures finissant avant l'origine de la nervure cubitale. Tête noire avec une pubescence blanche, devenant argentée sur le front et l'épistome; antennes noires avec le dessous du funicule testacé obscur. Thorax noir avec de courts poils blancs et le bord postérieur du pronotum garni d'une pubescence argentée ; écaillettes noires. Pattes noires avec les tibias antérieurs et les tarses gris. Ailes hyalines. Abdomen noir. ♀. Long. 7mm. Env. 12,5mm (Costa).

♂ inconnu. **Procera**, Costa.

Patrie Toscane.

— Cellule anale des ailes postérieures finissant après l'origine de la nervure cubitale. 2

2 Ailes jaunes. Tête noire avec des poils cendrés,

la face et l'épistome argentés; antennes avec le scape noir, le funicule ferrugineux sauf le dessus de sa base qui est un peu noirâtre; entre l'insertion des antennes se trouve un tubercule. Thorax noir, un peu cendré; écaillettes noires. Pattes noires avec les genoux, les tibias antérieurs et les tarses fauves; tibias postérieurs pâles à leur base. Ailes enfumées, jaunâtres; nervures d'un testacé sombre. Abdomen noir avec le bord postérieur des segments dorsaux couleur de poix; dernier segment rougeâtre; le pétiole ne dépasse pas les trochanters postérieurs. ♂ Long. 7mm. Env. 10mm. (Costa).

♀ inconnue. **Ochroptera**, Costa.

Patrie : Sardaigne, Toscane.

— Ailes hyalines. 3

3 Abdomen entièrement noir. 4

— Abdomen en partie rouge. 8

4 Écaillettes jaune pâle. Tête noire; épistome, face et partie postérieure des yeux garnis de poils courts, argentés; antennes noires avec le dessous roussâtre. Thorax noir; bord du pronotum, côtés du mésothorax, poitrine, postscutellum et métathorax garnis de poils courts argentés; écaillettes jaune pâle. Pattes noires avec les cuisses et les tibias antérieurs, et tous les tarses d'un jaune pâle. Ailes hyalines; nervures noires. Abdomen luisant, noir; bord de tous les segments orné d'une bande d'un faible duvet soyeux, blanchâtre. ♂ Long. 8mm. (Radoskowski)

♀ inconnue. **Ægyptiaca**, Radoskowski.

Patrie : Egypte.

— Écaillottes noirâtres. 5

5 Face tuberculée entre les antennes. 6

— Face avec une carène longitudinale entre les antennes. 7

6 Pétiole canaliculé en dessus. Tête noire, brillante, ornée d'une pubescence grise ; front couvert d'un duvet argenté, avec un tubercule saillant entre l'insertion des antennes. Thorax noir, pubescent de gris, brillant. Pattes noires. Abdomen noir ; péticle offrant en dessus un sillon longitudinal brillant et des points oblongs assez profondément enfoncés longitudinalement. Long. 10 à 11mm. (Eversmann).

Exarata, Eversmann

Patrie Russie (province de Casan). Juillet.

— Pétiole avec une carène élevée en dessus. Tête noire, brillante, avec une pubescence grise ; front densément couvert de duvet soyeux, argenté, offrant un tubercule saillant entre l'insertion des antennes. Antennes ♀ noires, ♂ rougeâtres. Thorax noir, brillant, pubescent de gris. Pattes noires. Abdomen noir ; pétiole avec une carène saillante en dessus, lisse, arrondie. Long. 6 à 8mm. (Eversmann) **Nigrita**, Eversmann.

Patrie : Monts Ourals (juillet).

7 Article terminal des antennes tout noir. Carène du pétiole marquée d'un fin sillon longitudinal, lisse. Tête noire avec de courts poils gris, finement ponctuée ; mandibules noires avec l'extrémité rouge ; palpes jaunâtres ; face et épistome couverts d'un duvet argenté ; une très fine carène se trouve entre l'insertion des

antennes. Antennes entièrement noires; chez le mâle, les articles neuf et dix ont en dessous une petite ligne élevée. Thorax noir avec de courts poils gris, brillant, éparsement ponctué; écaillettes brunes. Pattes noires avec les tarses antérieurs et intermédiaires jaunâtres, les tarses postérieurs bruns. Ailes hyalines, un peu enfumées à l'extrémité; nervures et stigma brun sombre. Abdomen noir, brillant, avec de courts poils blancs au bord des segments et sur toute la surface des trois derniers; pétiole portant en dessus une petite carène élevée: celle-ci marquée d'un sillon enfoncé dans son milieu. Long. 6 à 8^{mm}. Env. 10 à 12^{mm}. **Dahlbomi**, WESMAEL.

PATRIE : France, Belgique, Italie, Angleterre, Allemagne, Suède.

— Article terminal des antennes rouge au moins en dessous. Carène du pétiole sans sillon longitudinal lisse. Tête noire, finement ponctuée avec une délicate pubescence blanche; épistome et face couverts d'un duvet brillant argenté; mandibules noires avec l'extrémité rouge; palpes jaunâtres. Antennes noires, aussi longues que la tête et le thorax; entre leur insertion se trouve une petite carène saillante; scape à peine creusé; chez le mâle, le dessous des articles deux à neuf porte une petite ligne élevée, à peine visible; dernier article du funicule rouge au moins en dessous. Thorax noir, brillant, avec une fine pubescence grise; pronotum transversalement sillonné; mesonotnm et scutellum peu densément ponctués; postscutellum finement chagriné, mat; métathorax fortement ridé; écaillettes brunes. Pattes noires, garnies de courts poils blancs plus ou moins brillants; tarses antérieurs et intermédiaires testacés pâles, les tarses postérieurs plus bruns. Abdomen noir, lisse, brillant ; pétiole offrant en dessus une carène lisse, brillante ; bord des segments ainsi que l'extrémité de l'abdomen garnis de courts poils blanchâtres. Long. 6 à 8mm. Env. 10 à 11mm. **Unicolor**, van der LINDEN.

PATRIE : France, Belgique, Angleterre, Allemagne, Italie, Suède, Russie, Turkestan.

Cette *Mimesa* a été surprise par Schenck (181) nichant dans un vieux poteau, où sans doute elle avait adopté un réduit creusé antérieurement par un xylophage. Elle y emmagasinait des larves de Cicadelles.

8 Abdomen noir avec l'extrémité rouge. Tête noire avec une fine pubescence blanche ; épistome et face garnis de duvet argenté. Antennes noires ; un tubercule existe entre leur insertion. Thorax noir avec une pubescence blanche, éparse ; pronotum cilié postérieurement de blanc. Pattes noires avec les genoux, une partie des tibias postérieurs et tous les tibias antérieurs, ainsi que les tarses, fauves. Ailes hyalines, irisées. Abdomen noir avec le bord dorsal des segments brun de poix, et l'extrémité anale rougeâtre ; pétiole court, dépassant à peine les trochanters postérieurs Long. 7mm. Env. 10mm. (Costa). **Costæ**, ANDRÉ.

PATRIE : Toscane.

M. A. Costa (17) avait donné à cette espèce le nom de *M. carbonaria* ; mais j'ai dû le modifier à cause de la priorité de Fr. Smith, qui avait employé cette même dénomination pour une espèce de Morty-Island, dès 1864.

— Abdomen rouge sur les deux ou trois segments basilaires. 9

9 Pétiole avec une carène saillante en dessus. 10

— Pétiole plat, non caréné en dessus. 11

10 Pétiole très court, n'atteignant pas l'extrémité des hanches postérieures. Tête noire, avec une pubescence blanche ; face et épistome garnis de duvet brillant, argenté. Antennes noires, avec le funicule jaune ferrugineux. plus sombre en dessus ; un tubercule saillant entre leur insertion. Thorax noir avec une pubescence blanche ; pronotum cilié de blanc à son bord postérieur ; mesonotum lisse avec des points enfoncés ; metanotum plissé, rugueux. Pattes noires avec les genoux, les tibias antérieurs entiers, une partie des tibias postérieurs, fauve sombre ; tarses pâles ; cuisses et tibias postérieurs épaissis. Ailes hyalines, irisées. Abdomen noir avec les deux premiers segments rouge fauve ; le premier cependant un peu noirâtre à sa base ; pétiole large, plat en dessus, avec une carène obtuse. ♀ Long. 8,5mm. Env. 12mm. (Costa).

♂ inconnu. **Crassipes**, Costa.

Patrie : Toscane.

— Pétiole allongé, atteignant le milieu des cuisses postérieures. Tête légèrement ponctuée, luisante, noire, avec une faible pubescence blanche ; épistome et orbite interne des yeux ornés de duvet argenté brillant ; scape des antennes noir ; funicule noir, testacé en dessous. Thorax ponctué, luisant, sauf le postscutellum, qui est mat, noir, avec de courts et rares poils blancs, plus serrés aux bords postérieurs du pronotum et du métathorax ; écaillettes fauve clair. Pattes noires avec les genoux, une partie des tibias antérieurs et intermédiaires et tous les tarses testacés ; rarement les tibias postérieurs aussi testacés. Ailes hyalines, légèrement assombries dans la cellule radiale ; nervures d'un noir brun. Abdomen nu, lisse, brillant ;

pétiole noir ; les trois premiers segments rouges, excepté le bord postérieur du troisième ; les trois autres noirs; ventre semblablement coloré. ♀. (V. Pl. IX).

Le mâle n'a que les deux premiers segments abdominaux rouges ; le pétiole restant toujours noir. Long. 8 à 9mm. Env. 11 à 12mm. **Bicolor**, JURINE.

PATRIE : Toute l'Europe.

11 Pétiole élargi en arrière. Tête noire. ponctuée, avec une courte pubescence blanche ; épistome et face garnis de duvet argenté ; antennes avec le scape noir et le funicule ferrugineux en dessous. Thorax noir avec de courts poils blancs, plus nombreux et plus longs à l'extrémité du métathorax; ce dernier rugueux; mesonotum peu ponctué; scutellum presque lisse ; écaillettes pâles. Pattes noires, avec les tarses plus ou moins ferrugineux à l'extrémité. Ailes hyalines. Abdomen lisse. luisant ; pétiole noir et les deux premiers segments rouges. Long. 6 à 10mm. Env. 9 à 13mm. **Schuckardi**, WESMAEL.

PATRIE : Europe septentrionale

— Pétiole non élargi en arrière. Tête noire, assez fortement ponctuée, avec une faible pubescence blanche; épistome, face et intervalle compris entre l'insertion des antennes garnis d'un duvet brillant argenté. Scape noir, funicule testacé, sauf à la partie supérieure, surtout vers la base; mandibules noires, brillantes, avec l'extrémité rouge. Thorax ponctué, noir, avec une faible pubescence blanche et des poils de même couleur, mais plus longs et plus nombreux à l'extrémité du métathorax et au bord postérieur du pronotum; scutellum ponctué; écaillettes testacées, lisses, brillantes. Pattes noires avec les genoux, les tibias antérieurs et intermédiaires et les tarses testacés, souvent les tibias postérieurs sont aussi en partie testacés. Abdomen nu, lisse et brillant, avec le pétiole noir, les trois premiers segments rouges ou en partie rouges, les derniers noirs. Ventre coloré de même; le bord des segments est cilié de blanc sur les côtés et le dernier est presque entièrement garni de petits poils semblables couchés. ♀

Le mâle n'a que deux segments abdominaux rouges. Long. 6 à 10mm. Env. 9 à 13mm.

Equestris, JURINE.

PATRIE : Toute l'Europe, mais moins répandu que le *bicolor*.

10e GENRE. — PSEN, LATREILLE, 1802 (109)

Ψήν, Cynips

La deuxième et la troisième cellules cubitales reçoivent chacune une nervure récurrente; rarement la deuxième nervure récurrente est interstitiale avec la deuxième nervure transverso-cubitale. Taille petite ou moyenne. Corps élancé. Abdomen pétiolé.

1 La cellule anale des ailes postérieures dépasse l'extrémité de la cellule cubitale. Tête noire, ponctuée, pubescente; face et épistome couverts de poils dorés avec une courte épine entre les antennes, celles-ci noires ou d'un brun noir. Thorax noir, finement pubescent, avec le mesonotum et le scutellum ponctués; métathorax rugueux. Pattes noires avec une partie des tibias et des tarses antérieurs et intermédiaires, ainsi que les tarses postérieurs d'un fauve sombre. Ailes hyalines. Abdomen noir, brillant, finement ponctué ♀.

♂. Les deux articles basilaires des tarses intermédiaires prolongés en avant à leur extrémité. Scape dilaté. Funicule comprimé et dilaté; les huitième, neuvième et dixième articles excavés en dessous et dentés en scie. Antennes, parties de la bouche et pattes en grande partie fauves.

Long. 8 à 10^{mm}. Env. 14 à 17^{mm}. **Ater**, FABRICIUS.

PATRIE : France, Angleterre, Italie, Belgique, Allemagne, Suède.

Shuckard (191) et, après lui, Westwood (223) et Schenck (181), disent que cette espèce niche dans le sable. Mais ce ne peut être qu'une erreur répétée sans contrôle. M. le docteur Rudow (s 260) en fait justice en disant, par suite de ses observations directes, qu'elle habite ordinairement les trous creusés dans le bois par de petits Xylophages ou Bostrichiens. La femelle place dans chaque cellule 4 à 5 petites nymphes et elle la ferme par un amas de sciure de bois fine qu'elle trouve dans les trous à sa portée. Au bout d'une galerie de 5 centimètres environ, se trouve une chambre ovale un peu élargie. La coque de cet insecte est allongée, presque cylindrique, de couleur brun clair; la membrane qui la forme est dure, opaque, grenue et rugueuse. L'insecte éclot au commencement de juillet pour hiverner ensuite.

— La cellule anale des ailes postérieures n'atteint pas l'extrémité de la cellule cubitale. 2

2 Dernier segment abdominal rougeâtre. Tête noire avec l'épistome et la face couverts de duvet argenté; scape des antennes noir; funicule brun en dessous, noir en dessus. Thorax noir. Pattes noires avec les tibias antérieurs et intermédiaires et les tarses antérieurs brun fauve. Ailes hyalines; nervures et stigma noirs. Abdomen noir avec le segment anal en entier, en dessus et en dessous d'un ferrugineux fauve. ♀ Long. 5 à 5 1/2^{mm}. Env. 10^{mm}. (Costa).

♂ inconnu. **Hæmorrhoïdalis**, Costa.
Patrie : Piémont.

— Abdomen entièrement noir ou avec l'avant dernier segment roux chez le mâle. 3

3 Ailes hyalines. 4

— Ailes enfumées. Deuxième nervure récurrente interstitiale. Tête noire à peine pubescente de poils gris; antennes noires, sauf l'extrémité inférieure du funicule qui est un peu rougeâtre. Thorax noir à peine pubescent, peu ponctué; scutellum brillant, éparsement ponctué; mésopleures chagrinées, mates. Ecaillettes brillantes, tachées de brun. Pattes noires avec les tibias antérieurs et intermédiaires souvent un peu testacés et les tarses antérieurs ferrugineux. Ailes supérieures un peu enfumées; la deuxième nervure récurrente est interstitiale avec la deuxième nervure transverso-cubitale; quelquefois même elle aboutit dans la deuxième cellule cubitale, comme chez les *Mimesa* dont les ailes enfumées le sépareront facilement. Abdomen noir avec les segments 4 et 5 pourvus sur leur bord de poils rigides dressés. ♀ Long. 7 à 8mm. Env. 11 à 13mm. **Fuscipennis**, Dahlbom.
♂ inconnu.
Patrie : Suède.

4 Front lisse, luisant, ayant à peine un pointillé très fin et peu dense. Tête noire; vertex presque lisse; assez faiblement ponctué avec une très fine pubescence grise; antennes noires avec le funicule un peu roux en dessous surtout vers son extrémité; carène frontale dilatée en forme de plaque concave, luisante, subrhomboïdale. Thorax noir, à peine pubescent, très finement ponctué; métathorax rugueux; mésopleu-

res lisses, brillantes, écaillettes lisses, brillantes, en partie brunes. Pattes noires avec les tibias antérieurs et intermédiaires un peu testacés en devant et les tarses antérieurs ferrugineux sombre. Ailes hyalines; nervures et stigma noirs Abdomen noir, lisse, brillant; la base du deuxième segment ne porte pas de dépression semi-elliptique, ou du moins elle est très obsolète et mal délimitée. Le bord postérieur des quatrième et cinquième segments n'a pas de soies cendrées, comme la ♀ de *P. atratus*; pétiole courbé, dépassant le milieu des cuisses postérieures. ♀ Long. 7 à 8^{mm}. Env. 13 à 14^{mm}.

♂ Carènes frontales inférieures obliques; avant-dernier segment abdominal un peu roussâtre. **Concolor**, Dahlbom.

Patrie : France, Allemagne, Suède, Russie.

Cet insecte subit ses métamorphoses dans l'intérieur des tiges sèches de ronce. Le docteur Giraud (66) nous fait connaitre sa larve et sa manière de vivre « En ouvrant, dit-il, au mois de mars, plusieurs tiges de ronce, j'ai trouvé cette larve dans une série de cellules placées bout à bout. La crainte de les endommager par un examen minutieux est cause que je ne puis la décrire que bien incomplètement. Voici ce que j'ai noté: Long. 4 à 5^{mm}; blanche, molle, apode, sans poils, lisse, sans plissements bien marqués. Mandibules très petites et d'un roux pâle. Elle se trouvait directement en contact avec les parois médullaires de la cellule qu'elle ne remplissait pas tout à fait. Une cloison mince, dure, lisse, un peu bombée, ressemblant à une rondelle de parchemin, formait la séparation des cellules. La nymphe est nue comme la larve. Les tiges, occupées par cet insecte, ne contenaient pas d'autre espèce. Mais deux cellules, dans lesquelles rien ne s'était développé, étaient encore remplies des provisions destinées aux larves. C'était une collection de nymphes d'une espèce d'Homoptère du genre *Psylla*. Chaque cellule en contenait une vingtaine environ. L'éclosion a eu lieu du 14 au 16 avril. D'autres se sont produites vers la fin du même mois et au commencement de mai. »

— Front terne, couvert d'une ponctuation assez forte, très dense et même un peu ruguleuse. 5

5 Surface supérieure du métathorax rugueuse. Tête noire, assez fortement et très densément ponctuée, à peine pubescente de poils gris, avec la face et l'épistome garnis de duvet brillant, argenté; entre les antennes est une carène comprimée et canaliculée à son sommet, sa base descendant plus bas que la ligne de la base des antennes. Mandibules tridentées à l'extrémité; épistome bidenté au milieu de son bord antérieur. Antennes noires, un peu brunes en dessous du funicule vers son extrémité. Thorax noir à peine pubescent, très finement ponctué, presque lisse sur le mesonotum et le scutellum; métathorax rugueux; mésopleures lisses, brillantes; écaillettes brunes, lisses. Pattes noires avec les tibias antérieurs et intermédiaires un peu testacés en devant; tarses antérieurs d'un ferrugineux sombre; ongles mutiques. Ailes hyalines; nervures et stigma noirs. Abdomen noir, lisse, brillant, pubescent, surtout sur les derniers segments, pétiole courbé, dépassant le milieu des cuisses postérieures; bord postérieur des quatrième et cinquième segments garni de longs poils cendrés de la longueur du dernier segment et appliqués sur celui-ci; base du deuxième segment ventral avec une dépression semi-elliptique. ♀

♂ Funicule presque entièrement roux en dessous; carènes frontales inférieures transverses; avant-dernier segment abdominal annelé de roux. Long. 6 à 7^{mm}. Env. 12 à 13^{mm}.

Pallipes, PANZER.

PATRIE : France, Angleterre, Italie, Allemagne, Belgique, Autriche, Suède, Russie.

A pour parasite :

Ephialtes mediator *Ichneumonidæ.*

Cet insecte vit aussi dans les tiges sèches de la ronce. Kennedy (*On the Œconomy of several Species of Hym.* 1838) dit qu'il établit son nid dans les toits de chaume et qu'il y charrie des *Aphis* dont on trouve jusqu'à cent individus dans une seule cellule. L'œuf, blanc et translucide, est collé sur l'abdomen d'un des pucerons près du fond de la cellule. Tischbein (*Stett. Ent. Zeit.*, 1850) dit qu'il s'empare des larves de *Psylla alni* sur les feuilles de l'aulne.

— Surface supérieure du métathorax lisse. Tête noire, à peine pubescente, ponctuée, avec quelques reflets argentés sur l'épistome et le bas de la face ; carène de l'intervalle des antennes, un peu oblongue, élevée ; sa crête demi-arrondie, sa base ne dépassant pas l'alignement de celle des antennes. Thorax noir à ponctuation très fine ; métathorax lisse et brillant en dessus ; écaillettes brunes, lisses. Pattes noires avec les tibias antérieurs et intermédiaires un peu testacés en devant ; tarses antérieurs ferrugineux sombre. Ailes hyalines ; nervures et stigma noirs. Abdomen noir, brillant ♀. Long. 6^{mm} (Chevrier). ♂ inconnu. **Distinctus.** CHEVRIER.

PATRIE : Nyons (Suisse).

Les *Psen Nylanderi* et *Dufouri* de Dahlbom (22) manquent de descriptions suffisantes pour pouvoir trouver place parmi les espèces connues.

7e Tribu. — Pemphredonidæ

(Pl. X et XI)

Caractères. — Corps élancé, ordinairement de couleur sombre. Tête grosse, plus large en avant ; labre court, transversal, échancré ou prolongé en pointe ; mandibules fortes, plus ou moins dentées ; épistome échancré. Antennes filiformes, insérées assez bas presque coudées au dessus du scape, celui-ci gros. Yeux non échancrés. Ailes assez longues, avec une nervulation variée le nombre des cellules discoïdales et des nervures récurrentes changeant d'un genre à l'autre. Stigma souvent grand. Pattes grêles; tibias antérieurs et intermédiaires munis d'un seul éperon. Tibias postérieurs avec deux éperons, inermes ou finement denticulés. Abdomen ovale, plus ou moins allongé, aussi long ou plus long que la tête et le thorax pris ensemble, rarement pas plus long que le thorax; pétiole bien visible, non creusé longitudinalement sur les côtés, ordinairement aplati en dessus, aussi long ou plus long que la partie renflée du premier segment.

Observations générales. — Ce groupe qui ne contient que de petites espèces à livrée ordinairement noire, présente par cela même certaines difficultés de détermination qui ont donné lieu, surtout pour les plus communes, souvent sujettes à varier plus ou moins dans leur sculpture, à des créations d'espèces où il n'est en général possible de voir que de simples variétés. Les insectes qui rentrent dans cette tribu creusent le plus souvent leurs nids dans les tiges sèches et l'approvisionnent avec des pucerons ou des psylles. Ce n'est pas la première fois que nous rencontrons des insectes ayant cette manière de vivre; nous avons déjà vu des Odynères et quelques Psen l'adopter, mais d'une façon moins générale que dans le groupe qui nous occupe. Aussi, quelques détails sur ce mode de nidification ne seront-ils pas hors de propos à cette place.

Les insectes qui nichent dans l'intérieur des branches sèches portent le nom général de *rubicoles*, car ce sont surtout les tiges de ronce (*Rubus*) qui abritent leurs descendants. Mais il ne sont pas exclusifs sous ce rapport, et l'églantier ou le sureau leur fournissent aussi souvent le logement. L'obtention de ces bestioles et l'éducation de leurs larves sont choses extrêmement simples. Pendant tout l'hiver et jusqu'au mois de mars ou au commencement d'avril, il suffit de recueillir les fragments de tige contenant ces nids, d'en faire de petits fagots et de les conserver à l'air libre jusqu'en avril, puis de les enfermer dans une boîte quelconque.

Les insectes parfaits, sortant de leurs langes, viennent s'offrir d'eux-mêmes à la main du chasseur.

Les tiges habitées sont faciles à reconnaître; c'est toujours leur partie sèche qu'il faut explorer, et seulement celles dont l'extrémité a été coupée par la serpe du vigneron ou le ciseau de l'échenilleur de façon à mettre la moelle à découvert sur cette partie tronçonnée. Les insectes recherchent surtout les tiges dont la section présente son obliquité vers le bas. On voit, dans celles qui sont habitées, une petite ouverture qui est l'origine d'une galerie quelquefois très longue. Si l'on vient à fendre, suivant son axe, la branche examinée, on trouve ce canal rempli de coques feutrées et plus ou moins transparentes, superposées les unes aux autres en forme de chapelet. C'est là qu'attendent le jour de l'éclosion, au premier printemps, les larves de *Psen*, de *Pemphredon*, de *Stigmus*, de *Cemonus* et de *Trypoxylon*, etc. D'autes groupes viennent aussi s'y mêler et l'on y rencontre souvent des Vespides (*Odynerus*) ou des Mellifères (*Osmia*, *Ceratina*, *Prosopis*, *etc*). Il faudrait encore y ajouter une myriade de parasites de toute grosseur et de toute forme. J'aurai l'occasion, lors de l'énumération de chaque espèce, de donner quelques détails spéciaux sur son mode de nidification, sur ses premiers états et sur la nature de l'approvisionnement enfermé au fond de chacune des petites cellules.

Comme pour les Psénides, l'Europe et l'Amérique du Nord sont presque les seules contrées où ont été signalées les espèces de Pemphrédoniens, et peut-être la raison en est-elle la même. En tout cas, il serait imprudent de baser des données relatives à la répartition géographique de ces insectes sur nos connaissances actuelles à leur égard, car celles-ci peuvent se modifier considérablement par suite de recherches plus attentives dans les pays peu explorés.

TABLEAU DES GENRES

1 Ailes antérieures avec deux cellules discoïdales et par conséquent deux nervures récurrentes, 2

— Ailes antérieures avec une seule cellule discoïdale et une seule nervure récurrente. G. 11. **Stigmus**, JURINE.

2 La première cellule cubitale reçoit les deux nervures récurrentes. G. 12. **Cemonus**, JURINE.

— La première et la deuxième cellules cubitales reçoivent chacune une nervure récurrente. 3

3 Tibias postérieurs un peu épineux. G. 13. **Pemphredon**, LATREILLE.

— Tibias postérieurs inermes. G. 14. **Passalœcus**, SHUCKARD.

11e GENRE. — STIGMUS, JURINE, 1807 (81).

στιγμα, tache

Ailes antérieures avec deux cellules cubitales; la première allongée, la deuxième presque carrée; une seule discoïdale et une seule nervure récurrente qui aboutit dans la première cellule cubitale un peu après son milieu. Abdomen assez longuement pétiolé. Tibias postérieurs légèrement denticulés. Stigma grand.

1 Prothorax jaune. Tête noire; bouche jaune; mandibules et antennes jaunes. Thorax noir avec les calus huméraux et le pronotum ♂ en entier, jaunes. Pattes jaunes. Ailes hyalines. Abdomen noir brillant. ♂ Long. 3^{mm}. (Radoskowski).

La femelle décrite très brièvement par l'auteur ne peut se distinguer de celle du *S. Solskyi*. **Minutissimus**, RADOSKOWSKI.

PATRIE : Turkestan (déserts de Kisil Kum, Djisak et Ferghana).

— Prothorax noir. 2

2 Calus huméraux blancs. Tête noire, presque lisse, luisante; épistome légèrement échancré de chaque côté de son milieu; mandibules et antennes testacées. Thorax noir, luisant; calus huméraux blancs; mésopleures rugueuses; métathorax transversalement strié en dessus; écaillettes brun clair. Pattes noires avec les tibias et les tarses testacés. Ailes hyalines; stigma grand, noir; nervures noires. Abdomen noir en entier, glabre, brillant. ♀.

Le mâle a l'orbite interne des yeux et l'épistome garnis de duvet argenté.

Long. 4 à 5mm. Env. 6 à 7mm. **Solskyi**, MORAWITZ.

PATRIE : Suède, Russie, Italie, Danemark.

— Calus huméraux noirs. Tête noire, luisante, glabre; épistome échancré en son milieu; mandibules tridentées, jaunâtres : antennes courtes, testacées. Thorax noir, brillant, peu ponctué; métathorax rugueux; écaillettes brunes, luisantes. Pattes noires avec les tibias et les tarses jaune pâle, les tibias postérieurs assombris dans leur milieu. Ailes hyalines; stigma grand, noir, ainsi que les nervures. Abdomen noir, glabre, brillant, avec l'extrémité ferrugineuse. ♀ (V. pl. X.)

Le mâle à l'épistome orné de duvet argenté.

Long. 4 à 5mm, Env. 6mm. **Pendulus**, PANZER.

PATRIE : France, Belgique, Suisse, Italie, Allemagne, Suède.

Cette espèce, comme probablement aussi les deux autres du même genre, a des habitudes qui ne sont pas encore bien déterminées avec certitude, mais qui pourraient bien être l'inverse de ce que nous avons vu jusqu'ici. Dahlbom (22) lui attribue des pucerons pour l'approvisionnement de son nid, mais sans donner de détails et sans dire aussi s'il l'a observé directement. Giraud (66) n'a pu constater d'une façon positive son genre de vie, mais, de ce qu'il a vu, il croit pouvoir conclure que le *Stigmus* est aphidivore. Dufour et Perris (38), au contraire, le qualifient de parasite, et c'est cette même opinion qu'émet le docteur Rudow (s 260), qui dit : « Il vit en parasite chez plusieurs insectes nichant dans le bois, et je l'ai obtenu des nids de *Trypoxylon*, de *Mimesa*, de *Psen* et aussi de ceux d'*Osmia* et d'Araignées ; il sort des élégantes petites boules d'un blanc pur où ces dernières enferment leurs œufs. » La question semblerait donc tranchée en faveur de cette dernière opinion, si singulière qu'elle puisse paraître, car c'est le seul exemple que nous ayons encore d'un Sphégien vivant en parasite dans le nid d un autre insecte. Il faut remarquer aussi que ce ne serait pas seulement les provisions de pucerons ou d'araignées que consommeraient les larves de *Stigmus* aux dépens de leurs hôtes, mais aussi les larves ou les œufs eux-mêmes de ceux-ci, puisque les Osmies ou les Araignées ne font point de provisions animales. D'autre part, Tischbein (*Stett. Ent Zeit*, 1850) affirme que ce *Stigmus* recherche les pucerons et s'empare souvent, pour faire son nid, des trous creusés dans le bois par les *Anobium*. Il y aura lieu, en présence de ces données contradictoires, de faire sur ce sujet de nouvelles observations qui ne peuvent manquer d avoir le plus grand intérêt.

En attendant, voici quelques détails que je trouve dans le récit du docteur Giraud (66), et qu'il est bon de noter ici : « Dans plusieurs tiges de petite dimension ouvertes dans les premiers jours de mai, j'ai rencontré, dans la moelle, des galeries très étroites et d une longueur variable de 6 à 12mm, rarement dirigées en droite ligne dans le sens de l'axe de la plante, presque toujours un peu obliques et tortueuses, et quelquefois presque horizontales dans quelques points. Elles étaient divisées par des cloisons fort minces, dont une des faces était chargée de petits crottins agglutinés, parmi lesquels j'ai cru reconnaître quelquefois des pattes d'*Aphis* ainsi qu'on le rencontre dans les nids des larves aphidivores. Dans la cellule, dont les parois étaient nues ou à peine lubréfiées, se trouvait une petite nymphe, tantôt blanche, tantôt en voie de coloration. » Enfin le docteur Giraud ajoute qu'il regarde comme parasite de cet insecte le *Diomorus calcaratus*, qui se trouvait dans des cellules voisines des siennes. Mais cette indication n'a rien de certain si l'on admet que le *Stigmus*, étant parasite, pouvait occuper les loges de tout autre insecte rubicole auquel ce *Diomorus* avait pu s'attaquer lui-même.

12e GENRE — CEMONUS, Jurine, 1807 (81)

? κέω, je vais me coucher, μονος, seul, solitaire

La première cellule cubitale des ailes antérieures reçoit les deux nervures récurrentes, l'une en son milieu, l'autre près du bord postérieur. Pétiole allongé; mesonotum lisse. Corps noir. Taille petite.

Les petits insectes qui rentrent dans ce genre ont donné lieu à la description de plusieurs espèces par Shuckard, Dahlbom, Chevrier, etc. Les caractères employés par ces savants pour la délimitation de ces divers types s'appuient sur plusieurs modifications du squelette externe qui ne me paraissent pas suffisamment constantes pour leur reconnaître l'importance qu'on leur a accordée et, après examen minutieux d'un grand nombre d'exemplaires et des descriptions des auteurs, je me suis trouvé amené à réunir en une seule espèce toutes celles qui avaient été primitivement décrites sous différents noms.

Ainsi, l'un des caractères distinctifs mis en avant réside dans l'aspect plus ou moins lisse de l'espace cordiforme ou *area* du métathorax. Or, ce caractère est très variable, et des passages innombrables s'établissent pour réunir les plus rugueux aux plus lisses. La position interstitiale ou non des nervures récurrentes, employée par Dahlbom, ne signifie rien ici, car elle est assez peu constante pour que dans un même individu, une aile la présente d une façon et l'autre aile d'une autre manière. La taille invoquée encore ne peut davantage être prise en considération, car les passages s'établissent assez nombreux pour qu'il n'y ait, pour ainsi dire, point de limite précise entre une variété et une autre; elle dépend d'ailleurs absolument de la quantité de nourriture absorbée par la larve. La ponctuation du postscutellum est tout aussi peu certaine. Il n'y a donc pas même lieu d'admettre des variétés, car il ne s'en rencontre point de constantes, et il faut se résoudre à ranger cette espèce variable parmi celles de même nature qui se trouvent dans tous les ordres d'insectes. Dans chacun d'eux, il y a en effet un certain nombre de types d'une variabilité extrême, qui semblent représenter une espèce en voie de formation et non parfaitement fixée, et pour lesquels les formes et les couleurs oscillent entre deux limites, produisant des individus presque tous dissemblables. et donnant un démenti flagrant à la théorie de la fixité absolue de l'espèce. Ces individus sont ordinairement très répandus, et les variations de leurs formes et de leurs couleurs peuvent arriver à une amplitude remarquable, tandis que d'autres espèces, au contraire, peuvent être extrêmement voisines, ne différer entre elles que par des caractères si minimes qu'ils sont à peine visibles et cependant être réellement distinctes, ne se mélangeant pas et ne donnant lieu à aucun passage. Leurs différences peuvent s'accentuer considérablement à l'état larvaire, et il y a des Lépidoptères identiques à l'état parfait, mais dont les chenilles diffèrent de forme, de couleur et de mœurs.

J'arrête ici cette digression, ayant voulu seulement montrer que nos *Cemonus* ne représentent pas un cas unique, la discussion du problème auquel peuvent donner lieu les considérations indiquées ci-dessus ne serait pas à sa place ici.

Le *Cemonus unicolor*, dit le Dr Giraud (64), « est un insecte commun et que j'ai rencontré nichant dans des endroits très différents. Les tiges sèches de la ronce *(Rubus fruticosus)*, les branches du sureau (*Sambucus*), du rosier, de *l'Eryngium campestre*, les galles abandonnées des *Cynips Kollari*, *lignicola*. *Tozæ* sont recherchées par lui, et on le rencontre aussi fréquemment dans les vieilles déformations fusiformes du roseau, occasionnées par la *Lipara lucens*. En recherchant ces dernières pendant l'hiver ou au printemps, on en remarque quelquefois dont les feuilles sont en désordre et paraissent avoir été lacérées ou mordues, ou bien encore qui sont seulement perforées d'un trou latéral assez régulier et assez grand; un certain air de vétusté les distingue aussi de celles qui sont habitées par la *Lipara*; ce sont celles où loge le *Cemonus*, très souvent seul ou en société avec le *Trypoxylon figulus*.

« J'ai renouvelé mes recherches au mois de juillet et d'août, et je me suis assuré que les galles fraîches ne contenaient aucun *Cemonus*, mais que la majeure partie des galles sèches qui étaient restées de l'année précédente étaient occupées par cet insecte...

J'ai eu encore la satisfaction de rencontrer des nids très récemment approvisionnés d'Aphis verts, aptères, à abdomen bituberculé, et encore très frais, au milieu desquels se trouvaient, à quelque distance les unes des autres, plusieurs larves encore très jeunes, mais que je reconnus facilement pour celles du *Cemonus*. Le canal de la galle était bourré, dans toute son étendue, par ces petits homoptères, mais n'était pas divisé en cellules par des cloisons. Je constatai, dans deux de ces galles, en déplaçant quelques *Aphis*, la présence de trois larves dans chacune, encore très petites, de couleur vitreuse, à tête très bien distinguée du corps par un étranglement en forme de cou, distancées les unes des autres et de taille différente, la plus inférieure étant la plus développée. Un nouvel examen fait six jours après, me montra la larve de l'étage inférieur ayant acquis la taille et la couleur de l'état adulte. Déjà elle avait elle-même fabriqué la cloison qui devait séparer sa cellule de la suivante : les autres avaient grandi mais se trouvaient encore libres dans le canal qui ne contenait plus que quelques *Aphis*. Plusieurs jours après, la seconde avait aussi construit sa cloison et la troisième paraissait avoir commencé la sienne, mais l'avoir laissée incomplète, probablement à cause de l'importunité de mes visites. Tous les *Aphis* avaient disparu, à l'exception de quelques individus restés dans la dernière cellule, mais déjà desséchés et noirâtres. Cette observation révèle ce fait intéressant que ce n'est pas l'insecte mère qui se charge, comme à l'ordinaire, du soin de construire les cloisons de séparation des cellules, mais que c'est la larve adulte qui s'occupe de ce travail, au moment où elle cesse de prendre des aliments. Elle reste ensuite dans un état d'inertie jusqu'à sa transformation en nymphe qui a lieu vers le commencement du printemps. Les cellules, quelquefois au nombre de sept à huit et même davantage, occupent tout le diamètre du canal dans lequel elles sont étagées en chapelet ; les cloisons forment une calotte tournée en bas, assez solide, d'un brun noirâtre, sans aspect terreux, mais paraissant formée d'une matière médullaire détachée des parois du canal et fortement agglutinée; une membrane roussâtre, très mince, à mailles très lâches, permettant de voir l'insecte à travers, tapisse les parois brunies des cellules dont il est difficile de la détacher sans la déchirer.

« Le plancher de chaque cellule est habituellement couvert de matières noires excrémentielles, quelquefois mêlées de fragments de pattes d'*Aphis*. Dans les galles abandonnées par les Cynips, la galerie dont peut disposer le *Cemonus* étant assez courte et trop étroite, il l'agrandit un peu et la prolonge quelquefois, mais il n'y charrie ordinairement que la quantité d'*Aphis* nécessaires à une seule larve. »

Voici sur les premiers états quelques renseignements que nous donnent MM. L. Dufour et Perris (38) · « La larve est longue de deux lignes et demie, apode, glabre, d'un blanc jaunâtre, composée de treize segments dont le premier, le plus long de tous, est translucide ainsi que les deux derniers. Il y a quatre séries de mamelons, deux dorsaux et deux latéraux, ces derniers peu apparents. Un examen attentif de la bouche permet d'apercevoir deux mandibules coniques à peine roussâtres et, en dessous, trois mamelons dont deux servent de palpes. »

« La nymphe est nue et d'un blanc jaunâtre comme la larve : toutes les formes de l'insecte parfait y sont bien dessinées, tout y est distinct, les articles des antennes, des palpes et des tarses. et les segments de l'abdomen. Cette nymphe passe par degrés à la couleur noire qui est celle de l'insecte parfait. Ses yeux deviennent d'abord rougeâtres, puis noirs. Le corselet change de teinte uniformément. Quant à l'abdomen, le noir se manifeste en premier lieu sur le bord des segments et il y est déjà bien décidé avant que le reste ne se rembrunisse sensiblement. »

1 Épistome avec deux dents superposées et prolongées en avant. « Cette espèce très voisine de la suivante en est bien distincte par la forme de l'épistome ; celui-ci, examiné en haut, présente, au milieu de son bord antérieur, une dent triangulaire qui s'avance entre les mandibules ; mais si on l'examine latéralement, on reconnaît qu'il en présente deux superposées et séparées par un notable intervalle ; l'antérieure un peu plus longue peut être considérée comme le labre, et la

postérieure ou supérieure comme l'épistome prolongé et relevé. A part ce caractère important, il ne s'éloigne du *C. unicolor* que par quelques légères différences qu'il est bon de citer : les ailes sont un peu plus enfumées ; le dos du mesonotum a une ponctuation plus forte, plus espacée, et des strigosités longitudinales plus longues et plus profondes ; la ponctuation des derniers segments supérieurs de l'abdomen est plus faible et plus espacée. ♀ Long. 9^{mm}. » (Puton (156)) (V. pl. X). **Dentatus**, Puton.

Patrie : Remiremont (Vosges).

Éclos de tiges de ronce.

— Épistome sans dents superposées. Tête noire, brillante, velue de poils gris ; épistome entier, relevé en devant en son milieu ; mandibules armées de trois dents aiguës ; antennes filiformes, noires. Thorax noir, brillant, garni de poils gris ; mesonotum et scutellum éparsement et fortement ponctués ; postscutellum mat ; métathorax rugueux, longitudinalement strié à sa base avec l'espace cordiforme ou *area* lisse ou rugueux ; écaillettes et calus huméraux noirs. Pattes noires, légèrement pubescentes ; tibias postérieurs non ou à peine garnis d'épines ; éperons allongés, atteignant le milieu du métatarse ; ongles mutiques. Ailes hyalines ou légèrement enfumées ; nervures et stigma noirs, ce dernier assez developpé ; la deuxième nervure récurrente quelquefois interstitiale. Abdomen noir ; pétiole velu, courbé, fortement ponctué, atteignant la base ou le milieu des cuisses postérieures ; le reste de l'abdomen presque lisse, à peu près glabre, brillant. ♂♀. Long. 6 à 8^{mm}. Env. 9 à 10^{mm}. (V. pl. X). **Unicolor**, Fabricius.

Patrie : France, Angleterre, Belgique, Suisse, Italie, Allemagne, Autriche, Hongrie, Grèce, Suède, Russie.

Le *Cemonus unicolor*, comme on l'a vu plus haut, niche très souvent dans les tiges sèches de ronce, mais aussi dans celles de diverses autres plantes et dans les vieilles galles. Partout il emmagasine des pucerons pour ses larves. C'est un fait assez singulier que la communauté ordinaire de son habitation avec le *Trypoxylon figulus*. La même tige renferme souvent une série de cellules de l'une de ces espèces, suivie d'une autre qui appartient à la seconde : mais là se bornent leurs rapports; chacune a son industrie particulière, et le *Cemonus* n'est pas parasite du *Trypoxylon*, comme le croyaient MM. Dufour et Perris (38).

Le docteur Giraud (66) a obtenu des nids du *Cemonus unicolor* les parasites suivants :

Ephialtes divinator.	*Ichneumonide.*
— *mediator.*	—
Mesoleius sanguinicollis.	—
Eurytoma rubicola.	*Chalcidite.*
Omalus auratus.	*Chryside.*
Macronychia anomala.	*Diptère.*

13e GENRE. — PEMPHREDON, LATREILLE, 1807 (107)

πεμφρηδών, guêpe sauvage

Pétiole dépassant les hanches antérieures. Épistome prolongé en devant. Ailes antérieures avec deux cellules cubitales fermées; la première longue, rectangulaire, reçoit en son milieu la première nervure récurrente; la seconde, trapézoïdale, reçoit la deuxième nervure récurrente près de son angle antérieur.

1 Pattes en partie rougeâtres. Bord antérieur de l'épistome chez la femelle élevé, prolongé en avant. Pétiole à peu près long comme les hanches et les trochanters postérieurs pris ensemble. Tête noire, garnie d'une longue villosité de poils blancs; épistome relevé et prolongé en avant ;

antennes noires. Thorax noir, villeux comme la tête, légèrement ponctué, avec le métathorax fortement rugueux. Pattes noires avec l'extrémité des tibias, les éperons et les tarses rougeâtres. Ailes enfumées, nervures et stigma noirs. Abdomen noir brillant, velu, peu ponctué. ♀.

Le mâle a les antennes rougeâtres à leur extrémité. Abdomen fauve à la pointe.

Long. 10 à 12ᵐᵐ; Env. 13 à 15ᵐᵐ.

Montanus, DAHLBOM.

PATRIE Suède, Italie, Russie.

— Pattes entièrement noires. **2**

2 Bord antérieur de l'épistome tridenté. Tête noire, velue; antennes noires; épistome avec une double échancrure semi-circulaire donnant naissance à trois dents, mieux accentuées chez la femelle que chez le mâle. Thorax noir, velu; mesonotum brillant, sans stries arquées; métathorax rugueux. Pattes noires; épines latérales des tibias un peu fauves, ainsi que les extrémités des tarses antérieurs et les éperons des tibias. Ailes très enfumées; nervures et stigma noirs. Abdomen noir, brillant; pétiole assez court, ne dépassant pas les hanches postérieures; segment anal ♀ supportant une crête élevée, tranchante, ondulée. Long. 10 à 11ᵐᵐ. Env. 14 à 16ᵐᵐ. **Lugens**, DAHLBOM.

PATRIE Suède, Russie.

— Bord antérieur de l'épistome non tridenté. **3**

3 Nervures et stigma noirs. Tête noire, longuement villeuse de poils blancs; épistome allongé en avant; antennes noires. Thorax noir; très villeux de poils blancs, éparsement ponctué; mesonotum légèrement chagriné en forme de stries arquées ; métathorax rugueux. Pattes noires en entier. Ailes enfumées ; nervures et stigma noirs. Abdomen noir, velu, brillant, très finement ponctué ; pétiole atteignant le niveau du milieu des cuisses. Long. 8 à 12mm. Env. 13 à 15mm. (V. pl. X). **Lugubris,** FABRICIUS.

PATRIE. France, Allemagne, Belgique, Italie, Angleterre, Suède, Russie.

Le docteur Giraud (66) dit que tous les Pemphrédoniens qu'il a observés approvisionnent leurs cellules de petits pucerons. Le docteur Rudow (s 260), qui décrit le nid du *P. lugubris*, dit cependant : « Cet insecte avait construit son logement dans le bois d'un vieux tuyau de pompe. Un conduit presque droit, de trois centimetres, s'enfonçait dans l'intérieur et aboutissait à une longue chambre larvaire, qui embrassait exactement la coque. Les restes des aliments consistaient en pattes de dipteres et aussi d'araignées. La coque est d'une couleur brune, grenue, presque cylindrique. » La réunion de débris de dipteres et d'arachnides dans la même cellule semble singulière, et il est probable que la grande difficulté que présente la détermination exacte de restes informes a induit le savant observateur en erreur.

— Nervures et stigma jaunes. Tête noire ; front strié latéralement ; une large strie lisse est en dessus de l'orbite interne des yeux ; épistome échancré semi-circulairement en son milieu ; antennes noires ; thorax noir ; mesonotum très finement et rugueusement ponctué en avant, presque strié à l'arrière. Area du metanotum fortement striée. Pattes noires, un peu rougeâtres sur les tarses. Ailes enfumées ; nervures et stigma jaunes. Abdomen noir ; segment anal ♀ sans crête. Long. 12mm. (Thomson).

Flavistigma, THOMSON.

PATRIE. Suède.

14e GENRE. — PASSALŒCUS, SHUCKARD, 1837 (191)

πασσαλος, pieu, οικος, habitation

Tarses postérieurs sans épines Labre pointu, avancé en avant. Ailes supérieures avec deux cellules cubitales fermées qui reçoivent chacune une nervure récurrente. Abdomen peu pétiolé. Antennes filiformes.

1 Calus huméral noir. 2

— Calus huméral blanc ou jaune. 3

2 Mésopleures portant deux lignes crénelées horizontales et une ligne verticale. Tête noire, densément ponctuée, avec une impression longitudinale allant de l'ocelle antérieur au milieu de la face, sans corne saillante ; antennes noires avec le scape jaune en devant ; mandibules bidentées, noires, avec une large ligne jaune pâle, leur extrémité ferrugineuse ; épistome un peu tridenté en devant. Thorax noir, densément ponctué, sauf le scutellum qui est presque lisse, métathorax rugueux et brillant ; écaillettes brunes. Pattes noires ; les antérieures rougeâtres en dedans et leurs tarses entièrement de cette couleur ainsi que les genoux et les tarses de la paire intermédiaire ; base des tibias postérieurs jaune pâle. Ailes hyalines, irisées ; nervures noires. Abdomen noir, brillant, les premiers segments nettement séparés par une sorte de contraction ♀.

♂ Épistome et face garnis d'un duvet argenté. Parties claires des pattes, jaunes.

Long. 5 à 6mm. Env. 8 à 10mm. **Gracilis**, SHUCKARD.

PATRIE : France, Angleterre, Belgique, Allemagne, Hongrie, Suède, Russie.

Ce petit Pemphrédonien, dit le docteur Giraud, (66) « habite aussi, quoique rarement, les tiges de la ronce. Il y creuse des galeries fort étroites, en rapport avec l'exiguité de sa taille, et approvisionne ses cellules de petits *Aphis* qui, déjà brunis et desséchés quand je les ai rencontrés, m'ont paru avoir été verdâtres. » Le colonel Goureau l'a trouvé aussi dans les tiges sèches du rosier. D'apres Tischbein *(Stett. Ent. Zeit.* 1850), il rechercherait les *Psylla alni* sur les feuilles de l aulne, en avril et en mai.

— Mésopleures avec une seule ligne crénelée horizontale et une verticale. Tête noire, ponctuée. avec une très petite épine entre les antennes, peu visible ; antennes noires avec le scape marqué de blanc-jaunâtre en devant ; mandibules tachées de blanc-jaunâtre en dessus ; épistome anguleux en devant. Thorax noir, ponctué, métathorax rugueux ; écaillettes brunes. Pattes noires avec les genoux, les tibias et les tarses antérieurs. et tous les éperons, jaunes ; les genoux et les tibias intermédiaires, l'extrémité des tarses postérieurs ainsi que le bord de leurs articles, d'un brun rouge ; base des tibias postérieurs annelée de blanc. Ailes hyalines. Abdomen noir, brillant ; les premiers segments séparés par une contraction de l'articulation. ♀.

♂. Épistome et face garnis de duvet argenté.

Long. 5 à 6mm. Env. 8 à 10mm. **Tenuis**, MORAWITZ.

PATRIE France, Angleterre, Italie, Tyrol, Allemagne, Hongrie, Suède, Russie.

3 Mésopleures avec deux lignes crénelées horizontales et une verticale. 4

— Mésopleures avec une seule ligne crénelée horizontale et une verticale. Tête noire, ponctuée ; palpes pâles avec la base brune ; labre blanchâtre; épistome un peu argenté; mandibules jaunes en dessus au milieu, noires à leur base, rougeâtres à leur extrémité; antennes noires avec les articles du funicule moniliformes et de couleur pâle en dessous; scape jaune pâle en devant. Thorax noir, ponctué; métathorax rugueux; calus huméraux blancs, écaillettes brunes. Pattes noires avec les genoux, les tibias et les tarses antérieurs jaunâtres; base des tibias postérieurs annelée de jaune-rougeâtre; extrémité des tibias postérieurs et des articles de leurs tarses brun-rouge; éperons jaunâtres. Ailes hyalines; nervures et stigma noirs. Abdomen noir, brillant, avec les articulations des premiers segments non contractées ♀. (Pl. XI).

♂. Face et épistome garnis de duvet argenté.

Long. 5 à 6^{mm}. Env. 8 à 10^{mm}.

Monilicornis, Dahlbom.

Patrie : France, Belgique, Angleterre, Tyrol, Allemagne, Suède, Russie.

4 Point de cornes entre les antennes. Tête noire, ponctuée; mandibules presque en entier blanc-jaunâtre; antennes noires avec le devant du scape rayé de jaune. Thorax noir; mesonotum brillant, très finement ponctué; métathorax rugueux; calus huméraux blancs; écaillettes brunes. Pattes noires avec les genoux et le devant des tibias antérieurs jaunes, leurs tarses ferrugineux sombre; genoux intermédiaires ferrugineux. Ailes hyalines; nervures et stigma noirs. Abdomen noir, brillant. ♀.

♂. Épistome et face garnis de duvet argenté.

Long. 5 à 6^{mm}. Env. 8 à 10^{mm}. (V. pl. XI.)

Turionum, Dahlbom.

Patrie. France, Belgique, Angleterre, Allemagne, Italie, Tyrol, Suède, Russie.

— Une corne aiguë, saillante entre les antennes. Tête noire, ponctuée, assez brillante ; intervalle des antennes pourvu d'une corne dressée, aiguë ; antennes noires, le scape fauve ou rougeâtre ; épistome tridenté ; labre convexe, semicirculaire ; mandibules rougeâtres, tridentées ; palpes fauves. Thorax noir, ponctué, brillant ; angles du pronotum un peu saillants ; mesonotum très finement ponctué ; métathorax ruguleux ; calus huméraux jaunes ; écaillettes brunes avec le milieu plus pâle. Pattes noires avec les tibias antérieurs en entier, les intermédiaires en devant, la base et l'extrémité des postérieurs, rouges ; tarses rougeâtres. Ailes subhyalines ; nervures et stigma noirs, ce dernier assez grand. Abdomen noir, brillant, avec les deux ou trois premiers segments séparés par des contractions prononcées. ♀ (Pl. XI).

♂ Mandibules jaunes ; épistome et face garnis de duvet argenté. Long. 5 à 7^{mm}. Env. 8 à 10^{mm}. **Corniger**, SHUCKARD.

PATRIE. France, Angleterre, Tyrol, Italie, Allemagne, Autriche, Suède, Russie.

Le docteur Giraud (66) a constaté que cet insecte approvisionne son nid de pucerons noirâtres à abdomen armé de deux pointes assez longues.

8e Tribu. — Trypoxylonidæ

(PL. XI)

Caractères. — Tête ovale, à peu près de la largeur du thorax ou même un peu plus large. Yeux réniformes, offrant à l'orbite interne un sinus profond, bien plus rapprochés à leur base que sur le vertex ; mandibules simples ; leur base insérée près de l'extrémité inférieure des yeux ; antennes filiformes ou claviformes, insérées très près l'une de l'autre et à la base de l'épistome. Thorax ovale, plus étroit en arrière; pronotum transversal, rebordé. Pattes ordinaires. Ailes avec une cellule radiale triangulaire, une cellule cubitale allongée, pentagonale; vues par transparence, les ailes offrent encore l'indice d'une seconde cellule cubitale plus petite, mais les nervures qui la limitent sont à peine visibles et je n'ai pu en tenir compte dans l'agencement des tableaux synoptiques. Il faut reconnaitre cependant qu'un lien étroit relie les *Trypoxylon* aux Pemphrédoniens aussi bien par suite de la nervulation des ailes que par la conformation de l'abdomen qui, chez plusieurs espèces de Pemphrédoniens, offre des contractions qui s'accentuent davantage chez les *Trypoxylon*. Aussi ai-je cru devoir éloigner les *Trypoxylon* des *Crabro* auxquels on les a presque toujours réunis, pour les rapprocher des Pemphrédoniens. Les ailes offrent encore une seule cellule discoïdale bien visible et une nervure récurrente aboutissant un peu avant l'extrémité de la cellule cubitale. Une autre discoïdale existe dans les mêmes conditions que la pseudo-deuxième cellule cubitale dont j'ai parlé, et sa nervure récurrente aboutit aussi dans cette même deuxième cellule cubitale. Abdomen pétiolé, allongé, claviforme; le pétiole est canaliculé en dessus au moins vers sa base; les deux premiers segments, un peu renflés à leur extrémité, ont ainsi leur séparation bien accentuée.

Observations générales. — Cette tribu, si facile à distinguer de toutes les autres par sa configuration générale, ne nous offre dans la faune européenne qu'un seul genre contenant un petit nombre d'espèces. Mais les pays exotiques sont beaucoup plus riches, et 75 espèces sont décrites en totalité jusqu'à ce jour.

Ces insectes savent creuser, pour y abriter leur progéniture, les tiges sèches de divers arbustes à moelle tendre, et j'ai à rapporter à ce sujet des renseignements très complets et d'autant plus exacts que les observateurs s'appellent Dufour, Perris, Giraud, Fabre, etc. Pour donner une idée complète de leur genre de vie, je ne pourrais mieux faire que de transcrire ici ce qu'en nt dit Dufour et Perris dans le beau mémoire qu'ils ont consacré aux insectes de la ronce, si je ne l'avais fait déjà à la page 31 de l'introduction de ce volume pour tout ce qui regarde les premiers états. Aussi vais-je me borner à citer ce travail pour ce qui concerne l'édification du nid, renvoyant pour le surplus le lecteur à l'endroit indiqué.

« Un des insectes que l'on trouve le plus souvent dans les tiges de la ronce est le *Trypoxylon figulus.* Il creuse dans la moelle un conduit d'une ligne et demie de diamètre sur une longueur de deux à huit pouces Au fond de ce conduit, il dépose un œuf elliptique et jaunâtre, et sur cet œuf, il entasse trois ou quatre petites araignées, sans distinction de genre et d'espèces; puis, à un intervalle de six à huit lignes, il construit une cloison transversale en forme de soucoupe, composée de terre et de débris de moelle pétris ensemble et fortement agglutinés. Sur cette cloison sont déposés un autre œuf et d'autres araignées, et ainsi de suite jusque près de l'orifice extérieur de la ronce. Ces cloisons constituent donc autant de loges bien distinctes et sans communication les unes avec les autres. Leur nombre varie de un à huit.

« ..... Le *Trypoxylon* travaille vers la fin de mai ou dans le courant de juin, à creuser l'habitation destinée à sa postérité. Les larves éclosent dans le mois de juillet, et dans l'intervalle d'un mois, autant que nous avons pu le vérifier, elles atteignent leur plus grand développement. Elles ont alors une longueur de trois lignes sur à peine deux tiers de ligne d'épaisseur; elles sont apodes, d'un jaune très pâle et fléchies à leur partie antérieure et céphalique, ce qui leur donne une attitude gibbeuse très prononcée. Tête petite; organes bucaux fort difficiles à distinguer; toutefois avec une forte loupe et avec une attention soutenue, on arrive à constater une lèvre supérieure bilobée, à peine écailleuse, deux mandibules coniques, brunâtres, cornées, et, en dessous, trois mamelons dont deux latéraux constituent les mâchoires et celui du milieu la lèvre inférieure; chacun de ces mamelons est surmonté d'une petite pointe qui fait l'office de palpe. Corps, à partir de la tête, formé de treize segments pourvus chacun, à l'exception du dernier, de quatre gros mamelons: deux dorsaux et deux latéraux. Ces mamelons, placés uniformément, constituent quatre séries longitudinales séparées par des sillons très apparents ; ce sont des organes locomoteurs. La partie inférieure du corps en est dépourvue, et les segments ne s'y reconnaissent qu'à un très léger renflement.

« Dans le mois de septembre, la larve est toujours enfermée dans sa coque. Cette coque, longue d'environ quatre lignes sur une de diamètre, est formée d'une étoffe soyeuse, très fine, lisse, sèche, d'un blanc-jaunâtre mat et demi-opaque. L'extrémité supérieure, ou celle qui regarde l'orifice extérieur de la tige, est convexe. Le bout inférieur est tronqué et ordinairement précédé d'une légère constricture ; il se termine par un disque plane. L'espace compris entre la constricture et le disque renferme un tas d'excréments noirâtres et agglutinés et est relevé parfois de quelques côtes ou stries longitudinales. La coque ne touche point aux cloisons transversales construites par la mère pour établir la cellule ; elle est suspendue et accrochée aux parois du tube par de nombreux filaments déliés et soyeux. Dans l'intervalle qui sépare la coque de la cloison inférieure, on trouve la plupart du temps des céphalothorax et surtout des pattes d'araignées, superflu des provisions qui avaient été préparées pour la larve.

« Celle-ci passe tout l'hiver dans un état de torpeur et d'immobilité, et c'est au mois d'avril qu'on la trouve métamorphosée en nymphe. Cette nymphe est blanche, et l'abdomen offre, de chaque côté du bord postérieur des quatre segments qui suivent le premier, une pointe conique très apparente, blanche, subdiaphane. En dessous, chacun de ces segments porte deux autres appendices rapprochés et bifurqués. On voit aussi des pointes à l'extrémité de tous les articles des tarses, mais elles sont courtes et émoussées. »

Ajoutons enfin que l'insecte parfait éclot en mai et que s'il creuse souvent les moelles lui même, il lui arrive aussi d'employer des galeries toutes faites. Les cellules sont de dimensions assez inégales, et enfin il vagabonde assez facilement d'un bout de tige à un autre, ce que prouve bien ce fait que très souvent les séries de ses alvéoles sont interrompues par celles du *Cemonus unicolor*, les deux insectes utilisant, en même temps et à tour de rôle, les mêmes tiges creusées. C'est ce qui avait fait accuser le

Cemonus de parasitisme, mais nous avons vu qu'il n'en était rien.

15e GENRE. — TRYPOXYLON, LATREILLE 1805 (106)

τρυπάω, je perce, ξύλον, bois.

Je n'ai rien à ajouter aux caractères de la tribu pour faire connaître ceux du genre.

1 Abdomen en partie testacé. Tête noire; palpes fauves; antennes noires. Thorax noir; metanotum très finement strié. Pattes entièrement fauve testacé. Ailes avec l'angle externe de la cellule cubitale droit. Abdomen noir avec les trois premiers segments et la base du quatrième testacés ♂. Long. 5mm. Env. 7 1/2mm. (Costa) ♀ inconnue. **Ammophiloides**, COSTA.

PATRIE : Sardaigne.

— Abdomen noir. 2

2 Tarses postérieurs blancs avec l'article apical un peu ferrugineux. Tête noire; face et joues couvertes d'une brillante pubescence argentée; mandibules et palpes testacé pale; antennes noires. Thorax noir, couvert d'une fine pubescence d'un blanc d'argent, plus épaisse à l'extrémité du métathorax, sur la poitrine et aux hanches antérieures; mesonotum et scutellum lisses et brillants; espace cordiforme du métathorax reticulé avec un sil'on médian; de chaque côté est un sillon transversal; écaillettes testacé-pâle. Pattes noires avec la base et l'extrémité des tibias d'un roux-testacé pâle; tarses blancs avec le dernier article un peu ferrugi-

neux. Ailes hyalines, irisées. Abdomen allongé; les deux premiers segments aussi longs que le thorax, le segment basilaire élancé, entièrement couvert d'une courte pubescence d'un blanc argenté, plus brillante sous certains jours, surtout sur les côtés. ♀ Long. 9^{mm}. (Smith)

♂ inconnu. **Albipes**, Smith.

Patrie : Albanie.

— Tarses postérieurs noirs. 3

3 L'espace compris entre les yeux porte un grand écusson saillant enfermant l'ocelle antérieur. Tête noire; face et épistome couverts d'un duvet argenté brillant; antennes noires; sur le front est un espace en forme d'écusson « quelque peu échancré, un peu déprimé dans sa partie centrale, limité sur tout son pourtour par une carène aussi mince qu'un cheveu, laquelle dessine assez exactement la figure d'un cône fortement obtus à son sommet; sa base affectant la forme d'une accolade dont l'extrémité de la pointe centrale se trouve placée entre l'insertion des antennes; chacun des deux bouts extrêmes de l'accolade émettant une autre petite carène qui se dirige obliquement vers la partie inférieure de l'échancrure des yeux sans toutefois y pénétrer. L'espace compris entre les côtés latéraux de l'écusson et les yeux correspond à peu près à la largeur de l'échancrure de ces derniers. Ocelle antérieur inclus dans l'écusson tout près de son sommet (Chevrier). » Thorax noir; mesonotum faiblement ponctué, presque lisse et un peu brillant; métathorax rugueux, avec trois stries fortement ponctuées en dessus. Pattes noires. Ailes hyalines, un peu irisées, légèrement enfumées à l'extrémité. Abdomen

noir, allongé, grêle à la base; premier segment long, dépassant presque les cuisses postérieures, avec la base déprimée et brièvement canaliculée en dessus, l'extrémité un peu tuméfiée en avant du bord; deuxième segment environ deux fois plus long que large, presque cylindrique, non tuméfié à l'extrémité. ♀ (Chevrier. Gribodo.) Long. 8 1/2 à 10 1/2mm. **Scutatum**, Chevrier.

Patrie : Suisse (Genève), Italie (Turin).

— Pas d'écusson saillant sur le front. 4

4 Devant des tibias antérieurs et tarses antérieurs jaunes. Tête noire, très finement ponctuée, luisante, à peine pubescente; épistome bidenté en devant; antennes noires, courtes, claviformes. Yeux deux fois plus éloignés sur le vertex que vers les antennes; front pourvu d'une ligne médiane enfoncée et d'une impression oblique, de chaque côté, au dessus de l'insertion des antennes; mandibules noires. Thorax très finement ponctué, luisant, à peine pubescent; métathorax profondément et longitudinalement canaliculé au milieu; écaillettes brunes. Pattes noires, très légèrement pubescentes avec le devant des tibias antérieurs et leurs tarses jaunes; ailes un peu enfumées; nervures et stigma brun-noir. Abdomen noir, lisse, brillant, claviforme; premier segment plus court que les deux suivants réunis; pétiole n'atteignant pas ou atteignant à peine l'extrémité des cuisses postérieures; dernier segment pourvu d'une ligne longitudinale enfoncée. ♀. Long. 6 à 10mm.

♂. Le mâle a l'épistome et la face, au-dessous des antennes, ornés d'un duvet argenté; article apical du funicule des antennes épais, aussi long que les trois articles précédents. Long. 5 à 7mm. **Clavicerum**, LEPELETIER et SERVILLE.

PATRIE Toute l'Europe.

— Pattes noires. 5

5 Épistome échancré. Premier segment abdominal aussi grand que le deuxième et le troisième réunis. Tête noire, ponctuée, légèrement pubescente; épistome faiblement bidenté à l'extrémité ; antennes filiformes, presque contiguës à leur base, noires. Thorax noir, finement ponctué, luisant. Pattes noires, éperons testacés. Ailes légèrement enfumées. Abdomen noir; le pétiole allongé, dépassant l'extrémité des cuisses postérieures, avec une mince strie en son milieu ; premier segment abdominal aussi long que le deuxième et le troisième ; dernier segment pourvu d'une ligne longitudinale très mince. ♀. Long. 7 à 10mm.

♂. Le mâle a l'article apical du funicule des antennes aussi grand que les quatre précédents réunis et le dernier segment abdominal tronqué droit. Long. 6 à 8mm. **Attenuatum**, SMITH.

PATRIE France, Angleterre, Suisse, Alpes, Sicile, Allemagne, Suède.

— Épistome tronqué droit. Premier segment abdominal moins grand que les deuxième et troisième réunis. Tête noire, mate, finement et densément ponctuée, légèrement pubescente; épistome tronqué, arrondi à l'extrémité, mutique, avec un léger duvet argenté. Yeux à peine plus distants sur le vertex qu'au niveau des antennes; antennes noires; scape plus court que le deuxième article du funicule; mandibules noires avec l'extrémité rougeâtre. Thorax noir, très finement et densément ponctué, à peine pubescent ; métathorax obliquement strié en dessus, profondément et longitudinalement canaliculé en arrière ; écaillettes brunes. Pattes noires. Ailes un peu enfumées, plus sombres à l'extrémité. Abdomen noir ; premier segment plus court que les deux suivants réunis ; bord apical des segments orné d'une pubescence blanche, visible surtout sur les côtés où l'espace qu'elle recouvre s'élargit ; dernier segment pourvu d'une très fine ligne longitudinale. ♀. Long. 8 à 12^{mm}. Env. 10 à 17^{mm}. (V. pl. XI)

♂. Le mâle a l'épistome et la face, au-dessous des antennes, pourvus d'un beau duvet argenté ; l'article apical des antennes aussi long que les trois précédents ; le segment anal tronqué droit. Long. 6 à 11^{mm}. Env 8 à 15^{mm}. **Figulus**, LINNÉ.

PATRIE : Toute l'Europe, sauf l'extrême Nord. Dans les Alpes, on l'a rencontré jusqu'à une altitude de 2000 mètres. Turkestan, Algérie, Etats-Unis.

Les docteurs Giraud (66), Rondani (*Soc. ent. Ital.* 1876) et Kirchner (86) lui ont reconnu les parasites suivants :

Ephialtes divinator.	*Ichneumonide.*
— *mediator.*	—
Cryptus gyrator.	—
— *odoriferator.*	—
Pimpla ephippiatoria.	—
— *marginellatoria.*	—
Fœnus affectator.	*Evanide.*
— *jaculator.*	—
Eurytoma rubicola.	*Chalcidite.*
Chrysis cyanea.	*Chryside.*
— *violacea.*	—

(Voyez, pour sa biologie, les pages 31 et 204 de ce volume).

9e Tribu. — Gastrosericidæ

(PL. XII)

Caractères. — Abdomen ovale, subsessile, la partie pétiolée plus courte que la portion renflée dans le premier segment. Ailes avec deux cellules cubitales fermées, dont la seconde est quelquefois pétiolée ; le nombre des cellules discoïdales, et par suite celui des nervures récurrentes, est variable. Tibias antérieurs avec un éperon ; intermédiaires avec un ou deux éperons, ces derniers même quelquefois sans éperon ; tibias postérieurs plus ou moins denticulés ; tarses antérieurs souvent fortement pectinés.

Observations générales. — Ces insectes, dont beaucoup sont ornés de couleurs plus vives que ceux des tribus précédentes, n'ont pas, à quelques exceptions près, donné lieu à des observations de mœurs bien complètes ; celles de quelques genres sont même tout à fait inconnues. Parmi les autres, les uns creusent le bois, d'autres, au contraire, en plus grand nombre, fouissent la terre et forment une transition avec ceux que renferment les tribus suivantes. Je donnerai, lors de la description de chacune des espèces, les indications biologiques venues à ma connaissance.

Tous les représentants de cette tribu sont confinés dans la faune européenne et dans celle de l'Amérique du Nord ; du moins nous n'avons pas de renseignements sur des espèces équatoriales.

TABLEAU DES GENRES

1	Ailes avec deux nervures récurrentes.	2
—	Ailes avec une seule nervure récurrente.	G. 21. **Spilomena**, SHUCKARD.
2	Deuxième cellule cubitale pétiolée.	G. 16. **Miscophus**, JURINE.
—	Deuxième cellule cubitale non pétiolée.	3

3 La première et la deuxième cellules cubitales reçoivent chacune une nervure récurrente. 4

— La deuxième cellule cubitale reçoit les deux nervures récurrentes. G. 20. **Gastrosericus**, SPINOLA.

4 Face pourvue d'une corne entre les antennes. G. 19. **Ceratophorus**, SHUCKARD.

— Face non cornue 5

5 Cellule radiale non appendiculée. G. 17. **Diodontus**, CURTIS.

— Cellule radiale appendiculée. G. 18. **Dinetus**, JURINE.

16e GENRE. — MISCOPHUS, JURINE, 1807 (81)

μισχος, pétiole

Ailes antérieures avec deux cellules cubitales dont la deuxième est pétiolée; elles reçoivent chacune une nervure récurrente. Antennes filiformes, insérées en bas de la face près de l'épistome ; celui-ci a le bord antérieur relevé ; mandibules unidentées. Abdomen subsessile. Tibias et tarses peu épineux. Segments abdominaux garnis de cils soyeux, brillants.

1 Front avec une impression linéaire longitudinale. 2

— Front sans impression semblable. 3

2 Ailes tout à fait hyalines. Tête bronzée, brillante, en partie lisse ; mandibules et scape des antennes, jaunes ; funicule noir ; épistome garni de duvet argenté. Thorax bronzé; mesonotum et mésopleures brillants, en partie lisses ; écaillettes noires. Pattes jaunes, plus ou moins noirâtres. Ailes hyalines, nervures pâles. Abdo-

men jaunâtre plus ou moins mélangé de noir.
♀. Long. 7^{mm}. (Kohl)
♂ inconnu. **Pretiosus**, Kohl.

Patrie : Corfou.

— Ailes enfumées à l'extrémité. Tête et thorax noir-bronzé, brillants, avec une pubescence bronzée, densément et finement ponctués. Pattes noires ou en partie jaunes. Ailes hyalines avec l'extrémité rembrunie. Abdomen noir, brillant, finement ponctué. ♀.

♂. Le mâle a la face garnie d'une faible pubescence argentée. (Smith)

Long. 5 à 6^{mm}. **Maritimus**, Smith.

Patrie : Angleterre.

3 Mésopleures presque lisses. Thorax presque glabre. Tête d'un noir bronzé, presque glabre, densément ponctuée sur le front et le vertex ; antennes noires ou un peu rougeâtres; mandibules rouges en leur milieu ; épistome latéralement sinué. Thorax noir bronzé, presque glabre ; mesonotum et scutellum faiblement ponctués; mésopleures lisses, brillantes; écaillettes brunes. Pattes noires ou rougeâtres; éperons postérieurs longs, dépassant le milieu du métatarse. Ailes à peu près hyalines, un peu assombries seulement à l'extrémité ; stigma petit, noir ainsi que les nervures. Abdomen noir ou avec le premier segment plus ou moins rouge. ♀.

♂. Le mâle a le bord antérieur de l'épistome tronqué droit.

Long. 4 à 6^{mm}. **Concolor**, Dahlbom.

Patrie : France, Belgique, Allemagne, Suisse, Italie, Suède.

Cet insecte creuse son nid dans le sable et l'approvisionne d'Araignées diverses.

— Mésopleures plus ou moins ponctuées ou ridées. 4

4 Pattes noires. 5

— Pattes en partie rouges. 7

5 Scape des antennes noir. 6

— Scape des antennes jaune en devant. Tête noire, très finement ponctuée, avec une légère pubescence ayant un reflet argenté ; mandibules jaunes en leur milieu, noires à la base et à leur extrémité ; antennes noires, scape jaune en devant. Thorax noir, mat, finement ponctué, à peine pubescent, avec un reflet légèrement argenté ; métathorax rugueux. Pattes noires, légèrement épineuses et pubescentes comme le thorax. Ailes hyalines, rembrunies à leur bord apical ; nervures et stigma brun-noir. Abdomen noir, très légèrement pubescent. Long. 5 à 7 1/2^{mm}. Env. 9 à 12^{mm}. **Ater**, LEPELETIER.

PATRIE : France (Marseille), Suisse.

6 Abdomen en partie rouge. Tête noire ou d'un noir bronzé, très finement ponctuée ; antennes noires ; mandibules rouges, assombries à l'extrémité. Thorax noir avec un reflet bronzé ; mesonotum et scutellum assez ponctués ; mésopleures très densément ponctuées ; métathorax longitudinalement rugueux, avec des poils blancs à l'extrémité. Ailes subhyalines avec l'extrémité plus sombre ; nervures et stigma bruns. Pattes noires, un peu argentées. Abdomen noir, très finement ponctué, avec les premier, deuxième et troisième segments brun-rouge. ♀.

♂. Le mâle a la face couverte d'un duvet argenté, et seulement les premier et deuxième

segments abdominaux rouges.
Long. 5 à 8mm. Env. 9 à 11mm. **Bicolor**, JURINE.

PATRIE France, Angleterre, Belgique, Suisse, Italie, Autriche, Allemagne.

Cet insecte, dit le docteur Giraud (62), place son nid dans la terre et choisit de préférence les pentes abritées et exposées au soleil. La femelle l'approvisionne d'une espèce de petite aranéide (*Asagena serratipes*, Schr.; *Theridion signatum*, Walken.; *Phalangium phaleratum*, Pz.). Le mâle est beaucoup plus rare.

— Abdomen entièrement noir. Tête noire, mate, finement ponctuée ; mandibules en partie rougeâtres; antennes noires avec l'extrémité du scape rougeâtre. Thorax noir; mesonotum et scutellum densément et finement ponctués; mésopleures avec une ponctuation dense, mêlée de rides ; dessus du métathorax (area) longitudinalement et irrégulièrement strié ; écaillettes noires. Pattes noires Ailes hyalines avec le bord apical plus sombre; nervures et stigma noirs. Abdomen noir en entier. Long. 4 à 6mm. Env. 7 à 10mm. **Spurius**, DAHLBOM.

PATRIE : Suisse, Autriche, Allemagne, Suède.

Niche dans le sable et va chercher de petites araignées dans les trous des murs.

7 Ocelles placés suivant un triangle équilatéral. **8**

— Ocelle antérieur plus éloigné des ocelles postérieurs que ceux-ci ne le sont entre eux. Tête noire, très finement et densément ponctuée, avec une légère pubescence blanche, argentée ; bord inférieur de l'épistome testacé ainsi que les mandibules et le devant du scape; funicule noir avec le dessous jaune. Thorax noir, garni d'une pubescence argentée, très finement et densément ponctué ; écaillettes des ailes et calus huméraux jaunes; métathorax rugueux, longitudinalement et profondément canaliculé en arrière. Pattes testacées, un peu épineuses; leurs épines noires, quelquefois les cuisses noirâtres en dessus. Ailes subhyalines, largement enfumées au bord apical; nervures et stigma jaunes. Abdomen lisse, mat, d'un rouge pâle passant quelquefois au noirâtre. Long. 6 à 9mm. (Kohl) **Ctenopus**, KOHL.

PATRIE : Arabie septentrionale.

8 Scape noir. Tête noire, avec une courte pubescence blanche; antennes noires. Thorax noir, avec la même pubescence blanche que sur la tête; métathorax chagriné en dessus, avec un sillon médian longitudinal, transversalement strié en arrière. Pattes rougeâtres, pubescentes. Ailes subhyalines, largement enfumées à l'extrémité. Abdomen noir avec les trois premiers segments rouges. Long. 6mm. Env. 10mm.
Italicus, COSTA.

PATRIE . Italie.

— Scape ferrugineux. Tête et thorax noirs avec une pubescence blanche; antennes noires; scapes et pattes ferrugineux. Ailes hyalines avec le milieu de leur extrémité enfumée ; nervures ferrugineuses. Abdomen noir avec les trois premiers segments ferrugineux et recouverts d'un duvet soyeux argenté. Long. 6mm. (Radoskowski) **Sericeus**, RADOSKOWSKI.

PATRIE : Egypte.

Ce n'est qu'avec doute que je rapproche cette espèce de l'*italicus* et du *ctenopus*, la sculpture des téguments n'étant pas indiquée par l'auteur. Mais tout porte à croire à l'exactitude de cette parenté, et peut-être les deux espèces *italicus* et *sericeus* n'en font-elles qu'une seule.

17e GENRE. — DIODONTUS, Curtis, 1830 (s229)

δις, deux, οδοντος, dent

Epistome échancré à son extrémité. Ailes antérieures avec deux cellules cubitales, deux cellules discoïdales et deux nervures récurrentes, reçues l'une par la première cellule cubitale soit en son milieu, soit près de son extrémité, l'autre par la deuxième cellule cubitale en son milieu. Tibias postérieurs denticulés. Labre prolongé en une sorte de lamelle échancrée triangulairement. Abdomen presque sessile.

1 Mandibules noires. 2

— Mandibules jaunes. Tête noire, très faiblement ponctuée, glabre, plus large que le thorax; antennes noires, mandibules jaunes, sauf à leur extrémité. Thorax noir, glabre, presque lisse, sauf le métathorax, qui est longitudinalement strié en dessus et rugueux latéralement; écaillettes brun clair, en partie blanches; calus huméraux blancs. Pattes noires avec les genoux, les tibias et la base des tarses ferrugineux, le reste des tarses assombri. Ailes légèrement enfumées; nervures brunes, stigma noir. Abdomen noir, luisant, glabre à sa base, les trois derniers segments rendus mats par une courte pubescence grise. ♀

♂. Funicule des antennes pâles en dessous; face en dessous des antennes couverte de duvet argenté. Tibias plus fortement dentés. (V. pl. XII).

Long. 4 à 5^{mm}. Env. 7 à 8^{mm}. **Minutus**, Fabricius

Patrie : France, Belgique, Angleterre, Italie, Tyrol, Allemagne, Suède, Russie.

Le docteur Giraud (64) a observé souvent que les insectes de ce genre, et particulièrement la présente espèce, nichent dans le sable. Il leur attribue (66), comme provisions, des pucerons.

2 Suture entre le mesonotum et le scutellum crénelée. 3

— Suture entre le mesonotum et le scutellum simple, non crénelée. Tête noire, glabre, à peine ponctuée ; mandibules noires avec seulement l'extrémité rougeâtre ; antennes noires. Thorax noir, glabre ; écaillettes et calus huméraux sombres. Pattes entièrement noires, sauf que les tibias antérieurs sont quelquefois plus ou moins brunâtres en devant avec leur extrémité rougeâtre, ainsi que tous les tarses. Ailes légèrement enfumées, irisées à leur extrémité. Abdomen noir, très finement ponctué, avec le bord des deux derniers segments grisâtre. ♀

♂. Le mâle a les tibias et les tarses antérieurs jaunes, les genoux, l'extrémité des tibias et les tarses rougeâtres. Long. 5 à 7mm. (Shuckard).

Luperus, Shuckard.

Patrie : Angleterre, Italie, Suède

3 Mesonotum poli. 4

— Mesonotum chagriné. Tête noire, à peine pubescente, légèrement ponctuée ; antennes et mandibules noires. Thorax noir, un peu pubescent, à peine ponctué ; angles du pronotum aigus ; suture entre le mesonotum et le scutellum crénelée ; métathorax irrégulièrement ridé, velu sur les côtés et à l'extrémité. Pattes noires, avec les éperons et les tarses bruns ; parfois aussi une tache de même couleur se trouve à la base des tibias. Ailes hyalines, légèrement assombries vers l'extrémité. Abdomen noir.

♂. La face est couverte d'un duvet argenté, les tarses, la base et l'extrémité des tibias et le devant des tibias antérieurs, testacés. Les écaillettes sont brunes avec une tache jaune; les calus huméraux sont aussi le plus souvent de couleur claire.

Long. 6 à 8ᵐᵐ. Env. 10 à 13ᵐᵐ.

Tristis, VAN DER LINDEN.

PATRIE : France, Belgique, Angleterre, Italie, Tyrol, Allemagne, Suède, Russie.

4 Metanotum pourvu de dents latérales. Tête noire, glabre, presque lisse; antennes noires. Thorax glabre, noir, lisse, sauf le métathorax, qui est fortement rugueux et armé de chaque côté de deux dents aiguës bien visibles; écaillettes brunes; calus huméraux blancs. Pattes noires, avec les genoux et l'extrémité des tibias rougeâtres; éperons testacé clair. Ailes hyalines, irisées, nervures et stigma noirs. Abdomen noir, brillant, glabre. ♀ Long. 5ᵐᵐ. Env. 9ᵐᵐ.

♂ inconnu. **Punicus**, GRIBODO.

PATRIE : Tunisie.

— Metanotum sans dents latérales. Tête noire, presque glabre, très finement ponctuée; épistome tridenté; mandibules bidentées à l'extrémité, noires; antennes noires. Thorax noir, presque glabre; angles du pronotum aigus; mesonotum finement ponctué; métathorax rugueux; écaillettes et calus huméraux noirs. Pattes noires avec les tibias et les tarses d'un brun ferrugineux, plus sombres en leur milieu. Ailes hyalines ou à peine assombries; nervures et stigma brun-noirâtre. Abdomen noir. ♀

♂. Face garnie de duvet argenté; tibias et

tarses ferrugineux. Calus huméraux et écaillettes en partie blancs.

Long. 6 à 8mm. Env. 8 à 10mm. **Medius**, DAHLBOM.

PATRIE : Allemagne, Suède, Russie.

18e GENRE. — DINETUS, JURINE, 1807 (81)

δινητος, tournant en cercle (antenne)

Tête plus large que le thorax ; scape renflé, ovoïde ; ocelles normaux ; antennes filiformes ♀, enroulées chez le ♂, avec les articles du funicule aplatis. Ailes antérieures avec deux cellules cubitales dont chacune recoit une nervure récurrente. Cellule radiale courte, tronquée, appendiculée. Pattes fortement épineuses, surtout chez la femelle. Tibias intermédiaires ♂ sans éperon, ♀ avec deux éperons. Tarses antérieurs fortement pectinés. Cellule anale des ailes postérieures terminée bien avant le commencement de la nervure cubitale.

— Tête noire, finement et densément ponctuée, avec une courte pubescence ; mandibules jaunes avec l'extrémité rougeâtre ; antennes noires. Thorax noir, finement ponctué, très légèrement pubescent ; bord postérieur du pronotum, scutellum et postscutellum jaune pâle ou marqués seulement de cette couleur ; calus huméraux jaune pâle ; écaillettes jaune brunâtre. Pattes noires, avec l'extrémité des cuisses tachée de jaune pâle en dessous ; tibias testacés avec une ligne noire en dessous ; tarses ferrugineux, rembrunis sur le métatarse. Ailes légèrement enfumées, avec l'extrémité plus foncée. Abdomen avec les trois premiers segments rouges, marqués de taches latérales jaunâtres, plus claires; les segments suivants noirs ; le dernier et quelquefois les deux derniers marqués d'une ligne jaune pâle en dessus ; cette ligne peut aussi s'élargir et envahir les segments presque entiers. ♀

♂. Epistome, face et orbites internes des yeux jaune-rougeâtre ; funicule testacé en dessous. Bords antérieurs et postérieurs du pronotum fauves ; prosternum de même couleur. Abdomen presque entièrement jaune, marqué de lignes rousses et noires, de position et de grandeur variables. Pattes antérieures et intermédiaires presque entièrement jaunes.

Long. 5 à 9mm. Env. 10 à 14mm. **Pictus**, Fabricius.

Patrie : France, Belgique, Angleterre, Suisse, Tyrol, Dalmatie, Italie, Sardaigne, Autriche, Hongrie, Allemagne, Hollande.

Les *Dinetus* établissent leurs nids dans le sable fin, mais on ignore encore quelle est la nature de l'approvisionnement qu'ils y enserrent.

19e GENRE. — CERATOPHORUS, Shuckard, 1837 (191)

κέρας, corne, φόρος, porteur

Abdomen presque sessile. Tête armée d'une petite corne entre les antennes, épistome profondément échancré. Tibias postérieurs presque mutiques. Ailes antérieures avec deux cellules cubitales dont la première reçoit la première récurrente en son milieu, et la deuxième reçoit la deuxième récurrente vers son angle interne.

1 Echancrure de l'épistome avec une petite dent

au milieu de sa base. Tète noire, luisante, avec une corne entre les antennes, plus petite que dans l'espèce voisine; antennes noires. Thorax noir, luisant. Pattes noires. Ailes hyalines, assombries sur le milieu. Abdomen noir avec le dernier segment ventral finement ponctué. ♀

♂. Le mâle a la corne faciale petite; les troisième, quatrième et cinquième segments abdominaux fortement ciliés en dessous.

Long. 5 à 6mm. (Thomson). **Clypealis**, Thomson.

Patrie. Suède.

— Echancrure de l'épistome sans dent à sa base. Tête noire, rugueusement ponctuée, couverte de poils gris, dressés; épistome avec une profonde échancrure semi-circulaire; face portant au-dessus de l'insertion des antennes et au fond d'une excavation, une corne dont l'extrémité apicale est échancrée; antennes noires, mandibules bidentées, noires, avec l'extrémité rougeâtre. Thorax noir, brillant, couvert de poils gris; mesonotum et scutellum éparsement ponctués; mésopleures rugueuses; métathorax brillant et longitudinalement strié en dessus, rugueux en arrière; écaillettes noires. Pattes noires. Ailes hyalines, un peu enfumées au milieu; nervures et stigma noir-brun. Abdomen noir, brillant, finement et éparsement ponctué; pétiole court et rugueux; segment apical fortement ponctué. Long. 5 à 7mm. Env. 8 à 12mm. (V. pl. XIII).

Morio, Van der Linden.

Patrie : France, Belgique, Angleterre, Suisse, Italie. Allemagne, Suède, Russie.

Je n'ai aucun renseignement à donner sur le genre de vie de cet insecte, sinon que Shuckard dit l'avoir observé souvent sur des feuilles encombrées de pucerons.

20e GENRE. — GASTROSERICUS, Spinola, 1838 (203)

gaster, ventre ; *sericus*, de soie

Antennes courtes ; premier article long, sécuriforme, formant à lui seul le quart de la longueur de l'antenne. Ailes antérieures avec une cellule radiale appendiculée, deux cellules cubitales fermées, dont la première est la plus grande ; la deuxième reçoit les deux nervures récurrentes. Troisième et quatrième segments ventraux offrant un espace submembraneux et garni d'un long duvet soyeux. Corps velu. Ocelle antérieur bien visible, les deux postérieurs obsolètes.

— Tête noire, très finement et densément ponctuée, surtout sur le front, velue de poils blancs ; mandibules en grande partie jaunes ; antennes noires, avec le scape en partie jaune rougeâtre en avant. Thorax noir, velu de longs poils blancs, très finement et densément ponctué ; métathorax rugueux ; partie postérieure des calus huméraux et écaillettes jaune-rougeâtre. Pattes velues, noires, avec les genoux, les tibias et les tarses rougeâtres. Ailes hyalines, nervures et stigma bruns. Abdomen noir ou en partie rouge, garni d'une pubescence d'un blanc soyeux. ♀. (V. Pl. XIII).

♂. Le mâle a l'épistome souvent jaune ou rougeâtre, l'abdomen ordinairement en partie rouge, les troisième et quatrième segments portant une impression membraneuse garnie d'un duvet soyeux, long, épais et blanchâtre.

Les couleurs de cette espèce semblent assez variables. Long. 8 à 11mm. **Waltlii**, Spinola.

Patrie : Egypte.

C'est avec doute que je réunis à cette espèce un *Gastrosericus* ♀ décrit par M. le général Radoskowski (161) sous le nom de *G. maracandicus*. Les descriptions semblent identiques, mais elles sont trop brèves pour pouvoir se faire une opinion certaine.

Les mœurs des *Gastrosericus* sont inconnues.

21° GENRE. — SPILOMENA, Shuckard, 1837 (191)

σπίλος, tache (ou stigma), μήνη, croissant

Corps élancé. Abdomen ovale, subsessile. Ailes antérieures pourvues de deux cellules cubitales fermées, la première allongée, rectangulaire, la seconde plus courte, presque carrée. Cellule anale des ailes postérieures se terminant avant le milieu de la cellule médiane. Une seule cellule discoïdale aux ailes antérieures, et, par suite, une seule nervure récurrente qui aboutit dans la première cellule cubitale à peu de distance de la nervure transverso-cubitale. Stigma grand. Tibias postérieurs mutiques; ongles mutiques; éperons postérieurs courts. Antennes insérées à la base de l'épistome, presque coudées; mandibules bidentées à l'extrémité.

— Tête noire, lisse, brillante, glabre; mandibules jaunes ainsi que les palpes; antennes noires, courtes, filiformes, avec le scape gros et jaune; funicule jaune à sa base. Thorax noir, brillant, glabre, lisse; métathorax légèrement réticulé, ordinairement avec deux lignes médianes élevées; écaillettes brunes. Pattes minces, noires, avec les cuisses antérieures, tous les tibias et les tarses jaunes, passant quelquefois plus ou moins au noirâtre. Ailes hyalines, nervures et stigma noirs. Abdomen noir, brillant, glabre; dernier segment dorsal pourvu d'une ligne élevée couverte de poils courts. ♀. (V. Pl. XIII).

♂. Le mâle a l'épistome et une double tache sur le front, jaunes; rarement l'épistome est noir avec le bord blanc.

Long. 2 1/2 à 4mm. Env. 4 à 6mm.

Troglodytes, Van der Linden.

Patrie : France, Belgique, Allemagne, Angleterre, Italie, Autriche, Suède.

Le colonel Goureau (s252) a observé les mœurs de ce petit hyménoptère. « J'ai eu l'occasion, dit-il, de l'observer à loisir, car, depuis plusieurs années, il a pris possession de la table sur laquelle je dépose mes boites d'éducation à la campagne. Il y vient régulièrement vers le mois de juillet de chaque année pour y construire son nid, sans s'inquiéter de ma présence; il y creuse, avec ses dents, une galerie verticale dont il pousse les déblais au dehors, lesquels produisent un petit tas de sciure de bois, comme on l'observe à l'entrée des galeries des *Anobium*. Il travaille avec une extrême ardeur depuis midi jusqu'à deux heures et emploie deux jours à la confection de son nid, après quoi il y entasse des larves de *Coccus vitis*, L., d'une si petite taille qu'il m'a fallu l'emploi du microscope pour les reconnaitre; il les prend presque au sortir de l'œuf. »

10e Tribu. — Philanthidæ

(PL. XIV, XV, XVI)

Caractères. — Tête grosse; antennes insérées vers le milieu de la face; leur funicule plus ou moins épaissi, surtout chez les femelles. Yeux grands, entiers; trois ocelles placés en triangle, souvent l'ocelle antérieur un peu plus grand que les deux autres. Mandibules non dentées ou unidentées ou bidentées. Palpes maxillaires de six articles, palpes labiaux de quatre articles. Thorax ramassé, plus haut que large ; prothorax très court, transversal ; toutes les parties thoraciques bien distinctes, séparées par de profonds sillons. Pattes ordinaires ; tibias antérieurs et intermédiaires pourvus d'un seul éperon ; tibias postérieurs avec deux éperons ; tous les tibias épineux ; tarses antérieurs pectinés ; ongles simples. Ailes grandes, dépassant l'extrémité de l'abdomen, ordinairement à peu près hyalines, rarement enfumées ; ailes antérieures avec une cellule radiale non appendiculée, trois cellules cubitales fermées, dont la deuxième reçoit la première nervure récurrente et la troisième la seconde nervure récurrente. La deuxième cellule cubitale est très souvent pétiolée. Abdomen sessile ou subsessile. Très souvent les segments sont rebordés et les articulations contractées de façon à faire ressortir nettement la séparation des segments. Le premier souvent bien plus petit que les suivants. Le corps est ordinairement varié de noir et de jaune, rarement presque en entier de couleur claire.

Observations générales. — Les Philanthides creusent tous des terriers dans le sable, et leurs manœuvres, particulièrement celles des *Cerceris*, sont peut-être celles qui ont été le plus anciennement et le plus complètement étudiées. Aussi suis-je en mesure de donner à ce sujet les renseignements les plus complets. Tandis que les fouisseurs en général nous sont ou utiles ou au moins indifférents sous le rapport économique, la tribu que nous allons étudier renferme, au contraire, une espèce qui nous est directement nuisible, en ce sens qu'elle approvisionne son nid d'abeilles capturées sur les fleurs pendant qu'elles y butinent, et qu'il en résulte pour nos ruches un déficit appréciable.

Il semblerait au premier abord que c'est se répéter que de donner successivement des détails circonstanciés sur les manœuvres des diverses tribus de fouisseurs, et que leurs habitudes ne doivent varier que par la nature de la proie chassée et emmagasinée. Ce serait une profonde erreur de s'arrêter à cette idée, et tous les faits merveilleux que nous a racontés M Fabre sur les Sphex, sur les Odynères, sur les Eumènes, ne sauraient nous engager à conclure que nous connaissons du même coup les mœurs intimes des Cerceris ou des Crabronides Ce que l'un fait avec habileté, l'autre ne l'exécute qu'avec maladresse et il existe d'une espèce à l'autre des différences certainement difficiles à observer et à noter, mais qui n'en sont pas moins réelles et que des observations judicieuses ont mises en pleine lumière. Nous y trouvons l'instinct plus ou moins développé, et cette variabilité dans les facultés psychiques d'insectes si proches voisins cependant les uns des autres, donne lieu aux études les plus ardues et peut servir d'arguments et de points de comparaison pour discuter les questions les plus élevées.

Le transformisme, cette science si nouvelle et déjà si âprement controversée, qui divise, sur tant de points, les esprits les plus profonds et les observateurs les plus consciencieux, trouve, dans les données que fournit l'étude intime de nos insectes, tantôt des points d'appui, tantôt des contradictions, qui ne prouveront rien pour ou contre cette théorie, tant que nous n'aurons pas à notre disposition une suffisante masse de faits, mais qui sont autant de matériaux précieux pour l'asseoir un jour, sans nul doute, sur des bases solides et définitives.

Il n'y a donc rien de puéril dans tous ces récits que je me plais à rassembler ici et à contrôler l'un par l'autre, et je suis aise de profiter de cette circonstance pour montrer combien l'entomologie est une science sérieuse et quelles ressources elle fournit au penseur et au philosophe quand, passant de la systématique qui est indispensable et qui est le point de départ, ils arrivent à scruter les mœurs et à analyser les instincts.

Cette trop longue digression m'est suggérée par l'étude des *Cerceris* que je vais entreprendre et qui, l'une des premières, à mis les savants sur la voie des merveilles de l'instinct. Leur observation a été comme un point de départ, et quand L. Dufour(31) a décrit avec tant de charme les surprises et les émotions que lui procuraient jadis les terriers du *Cerceris bupresticida*, il ouvrait, sans le savoir encore, la voie aux recherches si curieuses des Goureau, des Lichtenstein, des Fabre, des Marchal, et d'autres encore. Aussi ne puis-je mieux commencer cette histoire qu'en redonnant ici le récit imagé de sa découverte, récit qui sera loin d'ailleurs d'être inutile pour la connaissance générale que nous avons à faire avec les Philanthides :

« En juillet 1839, un de mes amis, qui habite la campagne, m'envoya deux individus du *Buprestis bifasciata*, insecte alors nouveau pour ma collection, en m'apprenant qu'une espèce de guêpe qui transportait un de ces jolis coléoptères, l'avait abandonné sur son habit et que, peu d'instants après, une semblable guêpe en avait laissé tomber un autre à terre.

« En juillet 1840, étant allé faire une visite, comme médecin, dans la maison de mon ami, je lui rappelai sa capture de l'année précédente et je m'informai des circonstances qui l'avaient accompagnée. La conformité de saison et des lieux me faisait espérer de renouveler moi-même cette conquête, mais le temps était, ce jour-là, sombre et frais, peu favorable par conséquent à la circulation des Hyménoptères. Néanmoins, nous nous mîmes en observation dans les allées du jardin et ne voyant rien venir, je m'avisai de chercher sur le sol des habitations d'hyménoptères fouisseurs.

« Un léger tas de sable récemment remué et formant comme une petite taupinière, arrêta mon attention. En le grattant, je reconnus qu'il masquait l'orifice d'un conduit qui s'enfonçait profondément. Au moyen d'une bêche, nous défonçons avec précaution le terrain et nous ne tardons pas à voir briller les élytres éparses du bupreste si convoité. Bientôt ce ne sont plus des élytres isolées, des fragments que je découvre, c'est un bupreste tout entier, ce sont trois, quatre buprestes qui étalent leur or et leurs émeraudes. Je n'en croyais pas mes yeux. Mais ce n'était là qu'un prélude de mes jouissances.

« Dans le chaos des débris de l'exhumation, un hyménoptère se présente et tombe sous ma main ; c'était le ravisseur des buprestes qui cherchait à s'évader du milieu de ses victimes. Dans cet insecte fouisseur, je reconnais une vieille connaissance, un *Cerceris* que j'ai trouvé deux cents fois en ma vie, soit en Espagne, soit dans les environs de Saint-Sever.

« Mon ambition était loin d'être satisfaite. Il ne me suffisait pas de connaître et le ravisseur et la proie ravie ; il me fallait la larve, seul consommateur de ces opulentes provisions. Après avoir épuisé ce premier filon à Buprestes, je courus à de nouvelles fouilles, je sondai avec un soin plus scrupuleux ; je parvins enfin à découvrir deux larves qui complétèrent la bonne fortune de cette campagne. En moins d'une heure, je bouleversai trois repaires de Cerceris, et mon butin fut une quinzaine de Buprestes entiers avec des fragments d'un plus grand nombre encore. Je calculai, en restant, je crois, bien en deçà de la vérité, qu'il y avait dans ce jardin vingt-cinq nids, ce qui faisait une somme énorme de Buprestes enfouis. Que sera-ce donc, me disais-je, dans les localités où, en quelques heures, j'ai pu saisir sur les fleurs des alliacées jusqu'à soixante Cerceris dont les nids, suivant toute apparence, étaient dans le voisinage et approvisionnés sans doute avec la même somptuosité. Aussi mon imagination, d'accord avec les probabilités, me faisait entrevoir sous terre, et dans un rayon peu étendu, des *Buprestis bifasciata* par milliers, tandis que depuis plus de trente ans que j'explore l'entomologie de nos contrées, je n'en ai jamais trouvé un seul dans la campagne.

« Une fois seulement, il y a peut-être vingt ans, je rencontrai, engagé dans un trou de vieux chêne, un abdomen de cet insecte revêtu de ses élytres. Ce dernier fait devint pour moi un trait de lumière. En m'apprenant que la larve du *Buprestis bifasciata* devait vivre dans le bois de chêne, il me rendait parfaitement raison de l'abondance de ce coléoptère dans un pays où les forêts sont exclusivement formées par cet arbre. Comme le Cerceris buprésticide est rare dans les collines argileuses de cette dernière contrée, comparativement aux plaines sablonneuses peuplées par le pin maritime, il devenait piquant pour moi de savoir si cet hyménoptère, lorsqu'il habite la région des pins, approvisionne son nid comme dans la région des chênes. J'avais de fortes présomptions qu'il ne devait pas en être ainsi, et vous verrez bientôt, avec quelle surprise, combien est exquis le tact entomologique de notre Cerceris dans le choix des nombreuses espèces du genre Bupreste.

« Hâtons-nous donc de nous rendre dans la région des pins pour moissonner de nouvelles jouissances. Le chantier d'exploration est le jardin d'une propriété situé au milieu de forêts de pin maritime. Les repaires de Cerceris furent bientôt reconnus ; ils étaient exclusivement pratiqués dans les maîtresses allées où le sol, plus battu, plus compact à la surface, offrait à l'hyménoptère fouisseur des conditions de solidité pour l'établissement de son domicile souterrain. J'en visitai une vingtaine environ et, je puis le dire, à la sueur de mon front. C'est un genre d'exploitation assez pénible, car les nids et par conséquent les provisions ne se rencontrent qu'à un pied de profondeur. Aussi, pour éviter leur dégradation, il convient, après avoir enfoncé dans la galerie des Cerceris un chaume de graminée qui sert de jalon et de conducteur, d'investir la place par une ligne de sape carrée dont les côtés sont distants de l'orifice ou du jalon d'environ sept à huit pouces. Il faut saper avec une pelle de jardin de manière que la motte centrale, bien détachée dans son pourtour, puisse s'enlever en une pièce que l'on renverse sur le sol pour la briser ensuite avec circonspection. Telle est la manœuvre qui m'a réussi.

« Vous eussiez partagé, mon ami, notre enthousiasme à la vue des belles espèces de Buprestes que cette exploitation si nouvelle étala successivement à nos regards empressés. Il fallait entendre nos exclamations toutes les fois qu'en renversant de fond en comble la mine, on mettait en évidence de nouveaux trésors, rendus plus éclatants encore par l'ardeur du soleil ; ou lorsque nous découvrions, ici des larves de tout âge attachées à leur proie, là des coques de ces larves tout incrustées de cuivre, de bronze, d'émeraudes. Moi qui suis un entomophile praticien, et depuis, hélas ! trois ou quatre fois dix ans, je n'avais jamais vu pareille fête. Vous y manquiez pour en doubler la jouissance. Notre admiration toujours progressive se portait alternativement de ces brillants coléoptères au discernement merveilleux, à la sagacité étonnante du Cerceris qui les avait enfouis et emmagasinés. Le croiriez-vous, sur plus de quatre cents individus exhumés, il ne s'en est pas trouvé un seul qui n'appartînt au vieux genre Bupreste. La plus minime erreur n'a point été commise par notre savant hyménoptère Quels enseignements à puiser dans cette intelligente industrie d'un si petit insecte ! Quel prix Latreille n'aurait-il pas attaché au suffrage de ce Cerceris en faveur de la méthode naturelle !

« Passons maintenant aux diverses manœuvres du Cerceris pour établir et approvisionner ses nids. J'ai déjà dit qu'il choisit les terrains dont la surface est battue, compacte et solide; j'ajoute que ces terrains doivent être secs et exposés au grand soleil. Il y a dans ce choix une intelligence ou, si vous voulez, un instinct qu'on serait tenté de croire le résultat de l'expérience. Une terre meuble, un sol uniquement sablonneux seraient, sans doute, bien plus faciles à creuser; mais comment y pratiquer un orifice qui put rester béant pour le besoin du service et une galerie dont les parois ne fussent pas exposés à s'ébouler à chaque instant, à se déformer, à s'obstruer à la moindre pluie? Ce choix est donc rationnel et parfaitement calculé.

« Notre hyménoptère fouisseur creuse sa galerie au moyen de ses mandibules et de ses tarses antérieurs, qui, à cet effet, sont garnis de piquants raides, faisant l'office de rateaux. Il ne faut pas que l'orifice ait seulement le diamètre du corps du mineur; il faut qu'il puisse admettre une proie plus volumineuse. C'est une prévoyance admirable. A mesure que le Cerceris s'enfonce dans le sol, il amène au dehors les déblais et ce sont ceux-ci qui forment le tas que j'ai comparé plus haut à une petite taupinière. Cette galerie n'est pas verticale, ce qui l'aurait infailliblement exposée à se combler soit par l'effet du vent, soit par bien d'autres causes. Non loin de son origine, elle forme un coude; sa longueur est de sept à huit pouces. Au fond du couloir, l'industrieuse mère établit les berceaux de sa postérité. Ce sont cinq cellules séparées et indépendantes les unes des autres, disposées en demi-cercle, creusées de manière à posséder la forme et presque la grandeur d'une olive, polies et solides à leur intérieur. Chacune d'elles est assez grande pour contenir trois Buprestes qui sont la ration ordinaire pour chaque larve. La mère pond un œuf au milieu des trois victimes et bouche ensuite la galerie avec de la terre, de manière que l'approvisionnement de toute la couvée terminé, les cellules ne communiquent plus au dehors.

« Le Cerceris bupresticide doit être un adroit, un intrépide, un habile chasseur. La propreté, la fraîcheur des buprestes qu'il enfouit dans sa tanière portent à croire qu'il les saisit au moment où ces Coléoptères sortent des galeries ligneuses où vient de s'opérer leur dernière métamorphose. Mais quel inconcevable instinct le pousse, lui qui ne vit que du nectar des fleurs, à se procurer, à travers mille difficultés, une nourriture animale pour des enfants carnivores qu'il ne doit jamais voir, et à venir se placer en arrêt sur les arbres les plus dissemblables, recélant dans les profondeurs de leurs troncs les insectes destinés à devenir sa proie? Quel tact entomologique plus inconcevable encore lui fait une rigoureuse loi de se renfermer, pour le choix de ses victimes, dans un seul groupe générique, et de capturer des espèces qui ont entre elles des différences considérables de taille, de configuration, de couleur? Car voyez, mon ami, combien peu se ressemblent le *Buprestis biguttata* à corps mince et allongé, à couleur sombre; le *B. octoguttata*, ovale oblong, à grandes taches d'un beau jaune sur un fond bleu ou vert; le *B. micans*, qui a trois ou quatre fois le volume du *B. biguttata*, et une couleur métallique d'un beau vert doré éclatant.

« Il est encore, dans les manœuvres de notre assassin des Buprestes, un fait des plus singuliers. Les Buprestes enterrés, ainsi que ceux dont je me suis emparé entre les pattes de leurs ravisseurs, sont toujours dépourvus de tout signe de vie; en un mot ils sont décidément morts. Je remarquai avec surprise que, n'importe l'époque de l'exhumation de ces cadavres, non seulement ils conservaient toute la fraîcheur de leur coloris, mais ils avaient les pattes, les antennes, les palpes et les membranes qui unissent les parties du corps parfaitement souples et flexibles. On ne reconnaissait en eux aucune mutilation, aucune blessure apparente. On croirait d'abord en trouver la raison, pour ceux qui sont ensevelis, dans la fraîcheur des entrailles du sol, dans l'absence de l'air et de la lumière; et pour ceux enlevés aux ravisseurs, dans une mort très récente.

« Mais observez, je vous prie, que lors de mes explorations, après avoir placé isolément dans des cornets de papier les nombreux buprestes exhumés, il m'est souvent arrivé de ne les enfiler avec des épingles qu'après trente-six heures de séjour dans les cornets. Eh bien! malgré la sécheresse et la vive chaleur de Juillet, j'ai toujours trouvé la même flexibilité dans leurs articulations. Il y a plus : après ce laps de temps, j'ai disséqué plusieurs d'entre eux, et leurs viscères étaient aussi parfaitement conservés que si j'avais porté le scalpel dans les entrailles encore vivantes de ces insectes. Or, une longue expérience m'a appris que, même dans un Coléoptère de cette taille, lorsqu'il s'est écoulé douze heures depuis la mort, en été, les organes intérieurs sont ou desséchés ou corrompus, de manière qu'il est impossible d'en constater la forme et la structure. Il y a, dans les Buprestes mis à mort par les Cerceris, quelque circonstance particulière qui les met à l'abri de la dessication et de la corruption, pendant une et peut-être deux semaines. Mais quelle est cette circonstance ? »

Et L. Dufour, le maître incontesté, n'ayant pas entre les mains de documents suffisants, ne peut attribuer cette conservation étrange qu'à une propriété antiseptique que posséderait le venin de l'hyménoptère. C'était une erreur, comme l'ont démontré d'autres après lui, mais son observation n'en reste pas moins fondamentale, et nous lui devons surtout de la reconnaissance d'avoir indiqué la voie à suivre.

Avant de quitter le *Cerceris bupresticida*, je vais extraire encore du beau mémoire de L. Dufour quelques indications complémentaires sur sa biologie. Ainsi, il a constaté que la mère Cerceris, après avoir capturé un Bupreste, pose son butin à l'entrée de la galerie, entre à reculons dans celle-ci et y entraîne sa proie. Au sujet des Buprestes capturés, l'anatomie lui a montré que leur estomac ne contenait pas encore de nourriture, mais seulement le liquide ambré particulier aux insectes nouvellement éclos. Il faut sept à huit jours à la larve pour arriver au terme de son accroissement; elle attaque les Buprestes par la bouche, puis s'insinue dans les cavités splanchniques dont elle dévore les viscères. Son corps, composé de 13 segments, a la partie antérieure recourbée en hameçon, et est long de 12mm environ; elle est blanche, apode, presque glabre, amincie à l'extrémité antérieure; le dernier segment, qui est oblong, est aussi le plus étroit. Elle fabrique un cocon presque toujours garni en dehors par de la terre et de brillantes dépouilles de Buprestes ; il est ovale, oblong, aminci en forme de cou en avant; son couvercle est plan: le tissu en est mince, serré, lisse et glabre, comparable à de la pelure d'oignon, résistant et scarieux, résonnant au toucher, blond ou roux pâle. La larve qui s'y est enfermée est engourdie, contractée et vouée à un jeûne de onze mois.

Nous possédons maintenant, en dehors du *Cerceris bupresticida*, des renseignements complets sur les mœurs et la manière d'agir de plusieurs autres espèces de *Cerceris* qui, bien qu'appartenant à un même genre, donnent lieu à des résultats très différents.

Quelque homogène. en effet, que paraisse ce genre *Cerceris*, il ne faut pas y chercher une uniformité d'instincts comparable à celle que nous avons constatée chez les *Sphex*, qui tous s'attaquent à des Orthoptères ; car les ordres les plus différents viennent leur fournir les vivres nécessaires aux larves. Si les *Cerceris bupresticida* et *minuta*, *tuberculata*, *arenaria*, *Ferreri*, *quadricincta*, *labiata* pourchassent, tous, les Coléoptères, les deux premiers en s'adressant aux Buprestes, les suivants en poursuivant les Charançons, nous voyons, au contraire, les *Cerceris ornata*, *quadrifasciata*, etc., s'adresser à d'autres Hyménoptères de divers genres; si les appétits sont différents, le mode adopté pour les chasser et les paralyser n'est pas non plus identique, au moins dans les détails.

Empruntons encore au savant ouvrage de M. Fabre (45) ce qui regarde le *Cerceris tuberculata*, en abrégeant malheureusement ces pages si saisissantes :

« La dernière quinzaine de septembre est l'époque où notre hyménoptère fouisseur creuse ses terriers et enfouit dans leur profondeur la proie destinée à ses larves. L'emplacement pour le domicile, toujours choisi avec discernement, est soumis à ces lois mystérieuses si variables d'une espèce à l'autre, mais immuables pour une même espèce. Au Cerceris de L. Dufour, il faut un sol horizontal, battu et compact, tel que celui d'une allée, pour rendre impossible les éboulements, les déformations qui ruineraient sa galerie à la première pluie. Il faut au nôtre, au contraire, un sol vertical. Avec cette légère modification architectonique, il évite la plupart des dangers qui pourraient menacer sa galerie ; aussi se montre-t-il peu difficile dans le choix de la nature du sol, et creuse-t-il indifféremment ses terriers soit dans une terre meuble légèrement argileuse, soit dans les sables friables de la mollasse ; ce qui rend ses travaux d'excavation beaucoup plus aisés. La seule condition indispensable paraît être un sol sec et exposé, la plus grande partie du jour, aux rayons du soleil. Ce sont donc les talus à pic des chemins, les flancs des ravins, creusés par les pluies dans les sables de la mollasse, que notre hyménoptère choisit pour établir son domicile.

« ..... Ce n'est pas assez pour lui du choix de cet emplacement vertical; d'autres précautions sont prises pour se garantir des pluies inévitables de la saison déjà avancée. Si quelque lame de grès dur fait saillie en forme de corniche, si quelque trou à y loger le poing est naturellement creusé dans le sol, c'est là, sous cet auvent, au fond de cette cavité, qu'il pratique sa galerie, ajoutant ainsi un vestibule naturel à son propre édifice. Bien qu'il n'y ait entre eux aucune espèce de communauté, ces insectes aiment cependant à se réunir en petit nombre ; et c'est toujours par groupe d'une dizaine environ, au moins, que j'ai observé leurs nids, dont les orifices, le plus souvent assez distants l'un de l'autre, se rapprochent quelquefois jusqu'à se toucher.

« ,.... En peu de jours, les galeries sont prêtes, d'autant plus que celles de l'année précédente sont employées de nouveau après quelques réparations..... Le diamètre des galeries est assez large pour qu'on puisse y plonger le pouce, et l'insecte peut s'y mouvoir aisément, même lorsqu'il est chargé de la proie que nous lui verrons saisir. Leur direction, qui d'abord est horizontale jusqu'à la profondeur de un à deux décimètres, fait subitement un coude et plonge plus ou moins obliquement tantôt dans un sens, tantôt dans l'autre. Sauf la partie horizontale et le coude du tube, le reste ne parait réglé que par les difficultés du terrain, comme le prouvent les sinuosités, les orientations variables qu'on observe dans la partie la plus reculée. La longueur totale de cette espèce de trou de sonde atteint jusqu'à un demi-mètre. A l'extrémité la plus reculée du tube se trouvent les cellules, en assez petit nombre, et approvisionnées chacune avec cinq ou six cadavres de Coléoptères. »

Tel est le nid. Il s'agit de l'emplir de provisions qui, dans le cas présent, où le plus grand de nos Cerceris est en cause, est aussi un de nos plus grands Charançons, le *Cleonus ophthalmicus*. Ecoutons encore notre observateur :

« Alors, dit-il, le drame commence pour s'achever avec une

inconcevable rapidité. L'Hyménoptère se met face à face avec sa victime, lui saisit la trompe entre ses puissantes mandibules, l'assujettit vigoureusement et, tandis que le Curculionite se cambre sur les jambes, l'autre, avec les pattes antérieures, le presse avec effort sur le dos, comme pour faire bâiller quelque articulation ventrale. On voit alors l'abdomen du meurtrier se glisser sous le ventre du Cléone, se recourber et darder vivement, à deux ou trois reprises, son stylet venimeux à la jointure du prothorax, entre la première et la seconde paire de pattes. En un clin d'œil, tout est fait. Sans le moindre mouvement convulsif, sans aucune de ces pandiculations des membres qui accompagnent l'agonie d'un animal, la victime, comme foudroyée, tombe pour toujours immobile. C'est terrible en même temps qu'admirable de rapidité. Puis le ravisseur retourne le cadavre sur le dos, se met ventre à ventre avec lui, jambes de ci, jambes de là, l'enlace et s'envole.

« ..... On voit le ravisseur arriver au nid pesamment chargé, portant sa victime entre les pattes, ventre à ventre, tête contre tête, et s'abattre lourdement à quelque distance du trou, pour achever le reste du trajet sans le secours des ailes. Alors l'Hyménoptère traine péniblement sa proie avec les mandibules sur un plan vertical ou au moins très incliné, cause de fréquentes culbutes qui font rouler pêle-mêle le ravisseur et sa victime jusqu'au bas du talus, mais incapables de décourager l'infatigable mère qui, souillée de poussière, plonge enfin dans le terrier avec le butin dont elle ne s'est point dessaisie un instant. Si la marche avec un tel fardeau n'est point aisée pour le Cerceris, surtout sur un pareil terrain, il n'en est pas de même du vol, dont la puissance est admirable, si l'on considère que la robuste bestiole emporte une proie presque aussi grosse et plus pesante qu'elle. J'ai eu la curiosité de peser comparativement le Cerceris et son gibier : j'ai trouvé pour le premier 150 milligrammes ; pour le second, en moyenne, 250 milligrammes, presque le double. »

Il faut noter encore que les *Cerceris* choisissent de préférence les Coléoptères nouvellement éclos, ne présentant encore que des téguments de dureté limitée, au moins en certaines de leurs parties.

L'étude des *Sphex* nous a montré des mœurs pour ainsi dire savantes, des coups d'aiguillon précis ; il n'y a point d'hésitation et rien n'est laissé au hasard ; ce sont des physiologistes expérimentés. M. Fabre nous décrit le Cerceris tuberculé, doué des mêmes facultés. Voici maintenant le Cerceris orné (*C. ornata*), dont M. Marchal a surpris les manœuvres guerrières, et qui, malgré des besoins identiques, bien qu'il ait à son service des appareils tout semblables, met certainement moins de science dans ses attaques et se laisse plutôt guider par la force des choses. L'admiration est moindre, mais le profit que nous pouvons en tirer pour notre instruction est tout aussi considérable. et il n'est pas mauvais de comparer l'un à l'autre deux chasseurs de même genre, mais ayant chacun son instinct spécial. Ecoutons donc M. Marchal (1) décrivant la lutte entre le *Cerceris ornata* et l'hyménoptère qui est sa victime habituelle, l'*Halictus albipes* ou quelque autre de ses congénères.

« Au moment où l'Halicte plane au-dessus de sa demeure, en décrivant quelques spirales irrégulières avant d'y pénétrer, le Cerceris épie sa victime dans ses mouvements, puis, se plaçant derrière, il fond tout-à-coup sur elle et l'abat à terre.

« Lorsque je les examine, vainqueur et vaincu, roulant sur le sable, je vois le Cerceris maintenant fortement sa victime par la nuque, tandis que son abdomen recourbé va darder, à deux ou trois reprises, l'aiguillon sous le thorax. En quelques secondes, l'Halicte est immobilisée ; le Cerceris la saisit alors par une antenne, à l'aide de ses mandibules, et, chevauchant sur elle, la maintenant sous son corps à l'aide de ses pattes, il l emporte à sa demeure, qui se trouve dans le voisinage ; arrivé à son terrier, le Cerceris y pénètre directement, sans hésitation et tête première, pour y déposer sa proie. »

C'est tout ce que peut voir l'observateur superficiel, et ces faits avaient été déjà signalés, avec détails, par Walkenaer (2), dès 1817, et en partie au moins par Goureau (3), en 1833 ; mais au-

(1) *Archives de Zoologie expér et générale* Tome V 1887.

(2) *Memoire pour servir à l'histoire naturelle des abeilles solitaires qui composent le genre Haliete* P 37 à 44 Paris, 1817

(3) *Histoire du Cerceris orné et du Tenthrede noir*. Mémoires de l Academie des Sciences de Besançon, 1833.

jourd'hui, avec les connaissances que nous possédons déjà, le vrai naturaliste veut en savoir davantage ; il a besoin de se rendre compte de ce qui se passe au fond du trou, et, en effet, le spectacle vaut bien quelques investigations. Mais le nid est profond, il est obscur, et l'expérimentateur doit user d'artifices pour arriver à ses fins. M. Marchal imagine d'enfermer avec une Halicte, sous un verre, une femelle de Cerceris *en acte de chasse*. Celle-ci, toute à son ardeur, ne s'inquiète pas de sa prison transparente, mais elle fond sur la malheureuse victime qui lui a été préparée. La scène de l'aiguillon se renouvelle : « Le Cerceris maintient sa victime par une antenne, et, le plus souvent, ne l'abandonne qu'au bout de quelques minutes, après s'être bien rendu compte de sa captivité ; il arpente alors sa prison en tous sens et ne tarde pas à se trouver face à face avec sa victime ; il la considère quelque temps, puis, tout-à-coup, la saisit brusquement entre ses mandibules, au niveau de la partie antérieure du corselet, immobilise le thorax avec ses pattes antérieures et intermédiaires, et, prenant un point d'appui à la fois sur ses pattes postérieures, sur la convexité de son abdomen et sur l'extrémité de ses ailes, il va darder son aiguillon sous le cou, au niveau de l'articulation de la tête et du thorax. Ce coup d'aiguillon est donné avec insistance de la part de l'insecte ; il semble lui apporter une importance capitale, laisse séjourner le dard et fouille à plusieurs reprises dans l'articulation. Un ou deux coups d'aiguillon assez rapides sont donnés sous le thorax, principalement à l'articulation du prothorax et du mésothorax ; puis le Cerceris met sa victime face à face avec lui, et, après l'avoir considérée pendant quelques secondes, il la retourne en sens inverse, de façon à mettre la nuque de l'Halicte en rapport avec ses mandibules. A ce moment, les pattes antérieures du vainqueur sont passées autour du cou de l'Halicte ; ses tarses, flexibles comme des mains, sont appliqués de chaque côté sous le menton et tiennent la tête immobile ; les pattes intermédiaires compriment les flancs, tandis que les pattes postérieures prennent un point d'appui à terre ou restent complètement libres. L'Halicte étant ainsi bien assujettie, le Cerceris va fouiller la nuque de ses mandibules ; celles-ci sont animées de mouvements saccadés et malaxent le cou pendant un temps assez long, durant en moyenne de deux à trois, ou même quatre minutes.

« Pendant que le Cerceris procède à cette malaxation de la nuque, qui forme la deuxième partie de son opération, il est en général campé sur le dos de sa victime, et tous deux se trouvent dans la position horizontale ; dans ce cas, les pattes postérieures du Cerceris sont libres et traduisent, par leur mouvement de balancier, les efforts auxquels il se livre. Mais quelquefois il arrive qu'après avoir redressé son abdomen à la suite du coup d'aiguillon, le Cerceris reste dans la station verticale, debout sur ses pattes postérieures ; rien n'est alors plus comique que de le voir porter et retourner l'Halicte entre ses pattes et procéder à la malaxation dans cette posture singulière ; l'opération terminée, le Cerceris dépose sa victime sur le sol et l'abandonne. »

Contrairement à ce que M. Fabre a vu pour le *Sphex occitanica*, qui mâchonne le cerveau de l'éphippigère, non pour la blesser, mais pour obtenir une léthargie et une torpeur passagère, et qui le fait avec assez d'art pour ne pas endommager l'organe et ne pas dépasser le résultat à atteindre, le Cerceris orné a « des allures qui sont loin d'être celles d'un chirurgien qui mesure la force de chaque coup qu'il donne ; il n'a point de ces délicatesses ; il agit, au contraire, avec la brutalité du bourreau et opère sa victime avec frénésie ; il se délecte dans son œuvre, il aime à palper sa victime, son instinct s'assouvit sur elle avec une satisfaction évidente. Mais regardons-le attentivement, à la loupe s'il le faut, pendant qu'il est en train de malaxer sa victime ; la langue est animée d'un rapide mouvement de va et vient, comme s'il léchait avec avidité une liqueur, et cette langue va fouiller sous la tête aussi loin que possible. Puis, de temps à autre, il reprend les mouvements saccadés de ses mandibules pour comprimer la nuque, et recommence à lécher le cou de sa victime J'examine maintenant l'Halicte, en tendant la nuque d'une façon convenable, et je vois immédiatement un trou béant sur la ligne médiane. Par ce trou perle un liquide qui forme le régal de notre Cerceris. Toutes les Halictes malaxées portent la trace des mandibules du ravisseur ; les unes ont un trou médian, d autres deux trous latéraux, d'autres ont toute la nuque meurtrie.

« Ce n'est donc plus comme un Flourens, qui irait comprimer le cerveau pour obtenir la léthargie, que le Cerceris procède. Du reste comment le ferait-il, puisque le cerveau se trouve enfermé dans une boîte chitineuse résistante, qui ne communique avec le zoonite suivant que par un petit orifice? Le Cerceris, proche parent du Sphex, que M. Fabre compare à l'un de nos plus illustres physiologistes, redescend donc au rang du vulgaire furet, qui prend son ennemi à la gorge pour se nourrir de ses liquides vitaux. Quels sont en effet les organes qui passent à la nuque ? C'est d'abord le grand vaisseau dorsal, ou cœur tout à fait superficiel, qui va se prolongeant jusque vers la tête, et dont, à l'œil nu, on perçoit parfaitement les battements en tendant doucement le cou d'une Halicte qui n'a reçu que le coup d'aiguillon. Et puis c'est le tube digestif qui, sans doute, verse aussi son miel par la plaie béante et, le mélangeant au sang qui sort du cœur, forme ce breuvage délicieux dont se délecte le Cerceris. Enfin ce sont les connectifs de la chaîne nerveuse, qui toutefois sont assez profondément situés pour pouvoir, dans certains cas, sinon toujours, échapper à la malaxation. »

Or, « sur les Halictes que je déterre dans les cellules où l'œuf est pondu ou la larve éclose, je rencontre plus de la moitié des victimes qui portent à la nuque la trace brutale de la malaxation du Cerceris. »

Cet acte de la malaxation se produit donc dans le terrier même, au moins très souvent, et l'auteur ne peut y voir qu'un intérêt personnel, fruit d'une véritable gourmandise, mais qui a cependant son effet utile, puisqu'il accentue et rend définitive la torpeur déjà causée par l'aiguillon. En effet, M. Marchal a fait de nombreux relevés, desquels il résulte que les Halictes, malaxées ou non, sont à peu près dans le même état d'engourdissement après l'opération. Seulement, celles qui n'ont pas été malaxées finissent par reprendre leurs sens et certains mouvements volontaires, sans pouvoir cependant se tenir sur leurs pattes. La malaxation abolit, en tout ou en partie, la volonté. Il a trouvé aussi que, parmi toutes les victimes observées par lui, il s'en est trouvé dont la mort véritable arrivait au bout de quelques heures, tandis que d'autres pouvaient se conserver fraîches environ dix jours. Il y a donc une réelle irrégularité dans la manière d'opérer du Cerceris orné. L'endroit où s'enfonce l'aiguillon n'est pas toujours identiquement le même :

« Il choisit, en effet, sur la poitrine, les points faibles où son aiguillon peut pénétrer : mais quoi de plus naturel ? Ce n'est pas une science mystérieuse qui le conduit à piquer tel point ou tel autre ; c'est la nature même de sa victime, dont il explore la poitrine avec l'extrémité de son abdomen, et, à chaque rainure marquant la limite de deux segments, il sent que son aiguillon s'arrête, et il l'enfonce. Cela est si vrai, que peu lui importe l'articulation où s'arrête l'aiguillon, pourvu que sentant celui-ci s'enfoncer dans le corps de sa victime, il jouisse du plaisir que procure l'assouvissement de l'instinct. Aussi, l'ordre dans lequel sont donnés les coups d'aiguillon est-il très variable. »

Et l'auteur le prouve en donnant le résultat d'une série d'observations où les piqûres au cou, à l'articulation du prothorax et du mésothorax et même vers la naissance de l'abdomen, se succèdent inégalement sans qu'on puisse trouver une loi qui guide l'exécuteur. Les articulations du prothorax et du mésothorax « sont de beaucoup les plus fréquemment atteintes par l'aiguillon du Cerceris. Pour les grosses victimes, l'hyménoptère semble s'adresser de préférence au cou : lorsque la victime est petite, il semble s'adresser de préférence au thorax ou indifféremment au thorax et au cou.

« En résumé, le Cerceris donne à son abdomen une certaine courbure et, tâtonnant avec son extrémité en forme de crochet, il la fait glisser lentement sous le thorax et va piquer les articulations qui se trouvent à sa portée. Il résulte de là que la précision avec laquelle opère le Cerceris est loin d'être merveilleuse. »

« .....Il convient du reste de rappeler comme on peut le constater facilement par la dissection, que les endroits piqués ne correspondent pas aux ganglions nerveux, mais précisément à la moitié de la distance qui les sépare ; cette distance est toutefois assez faible, je l'accorde, pour admettre que l'influence du venin se transmet aux ganglions d'une façon presque immédiate. »

Mais laissons ce sujet sur lequel je me suis arrêté si complaisamment dans un double but : j'ai voulu montrer par des faits au lecteur que, pour une même manœuvre, pour arriver à un but identique, des insectes presque semblables emploient des moyens, sans doute analogues dans leur ensemble, mais éminemment différents dans leurs détails. J'ai eu en outre le désir de lui faire voir que, si admirable qu'il soit dans ses diverses manifestations, l'instinct n'arrive souvent à cette diversité de détails, dans sa mise en action, que par la force même des choses, parceque la disposition des organes et la grandeur relative des objets en contact exigent qu'il en soit ainsi, ou encore que l'insecte trouve, à agir d'une certaine façon plutôt que de telle autre, soit une facilité plus grande d'exécution, soit la satisfaction d'une jouissance spéciale à laquelle il est loin d'être insensible. Et l'instinct lui-même pour chaque espèce, n'est sans doute que la résultante de ces jouissances et de ces facilités, joignant ainsi, pour se perpétuer, l'intérêt personnel et immédiat de l'individu à des habitudes et à des besoins bien des fois séculaires chez l'espèce.

Mais hâtons-nous de revenir au Cerceris orné de M. Marchal, pour nous occuper de son terrier et de ce qui va s'y passer.

« La profondeur du terrier, dit-il, prise suivant la verticale, est en moyenne de cinq à six centimètres ; dans certains cas, il peut arriver à 85 millimètres de profondeur. La largeur est, en moyenne, de six millimètres. Il est recourbé en arc : la première partie du parcours est presque perpendiculaire au sol, puis vient un coude arrondi et une partie presque horizontale un peu plus courte que la première. La longueur totale varie de sept à quinze centimètres.

« La partie horizontale se termine par une cellule de la forme d'une olive et dont les parois sont tassées avec quelque soin. C'est là que le Cerceris dépose ses victimes. Tout autour de l'extrémité aveugle du terrier, se trouvent d'autres cellules semblables. entièrement closes et d'autant plus nombreuses que le terrier est creusé depuis plus longtemps, mais dont le nombre ne m'a jamais paru dépasser six ou sept.

« Les cellules contiennent chacune un nombre de victimes variable ; les unes en présentent sept à huit, les autres quatre ou cinq seulement : il est probable que les cellules les moins bien approvisionnées sont destinées aux mâles, comme c'est la règle chez beaucoup d'Hyménoptères.

« Les espèces d'Halictes qui servent à l'approvisionnement des nids sont assez nombreuses, et le collectionneur qui voudrait en réunir un nombre considérable trouverait avantage à fouiller les terriers du Cerceris. Je citerai entre autres les suivantes :

« *Halictus interruptus* Panz.; *H. seladonius* Latr. ; *H. minutus*, Lep.; *H. albipes*, Lep. (variété à labre noir); *H. subhirtus*, Lep.; *H. sexcinctus*, Latr. (rare, mâle).

« Je ferai remarquer que, contrairement à ce qui a été observé jusqu'à ce jour chez les autres Hyménoptères fouiseurs, j'ai rencontré très fréquemment des mâles parmi les victimes. Certaines cellules étaient même exclusivement approvisionnées avec des mâles d'*Halictus albipes*. Ici encore, nous voyons donc que l'instinct du *Cerceris ornata* est moins spécialisé et moins parfait que celui du Sphex.

« Certains Cerceris affectionnent des espèces déterminées ; les uns prennent de préférence les petites Halictes; les autres font la chasse aux grosses ; mais il arrive assez souvent qu'on trouve dans la même cellule des petites Halictes a côté d'individus d'assez grosse taille ; on comprend que ces divergences dans l'approvisionnement des terriers doivent avoir une influence directe sur la progéniture, et c'est sans doute ce qui explique les différences de taille très considérables que l'on constate parmi les *Cerceris ornata*.

« Dans chaque terrier, on trouve généralement une cellule encore incomplètement approvisionnée, une autre avec un œuf, les autres avec des larves à différents degrés de développement. L'œuf est allongé ; sa longueur est de trois millimètres environ ; il est légèrement recourbé en arc et est placé sur l'une des Halictes qui servent à l'approvisionnement de la cellule ; il est situé diagonalement sur la partie ventrale du thorax et sa concavité regarde le corps. Son pôle antérieur, légèrement grisâtre, est fixé un peu en avant de l'articulation du prothorax et du mésothorax, entre les deux pattes antérieures de la victime; son pôle postérieur est suspendu en l'air ; les rapports de l'œuf et de la victime sont toujours les mêmes. Ainsi que je l'ai dit, l'éclosion a lieu au bout de trois ou quatre jours. La larve sort de l'œuf par son extrémité antérieure et laisse derrière elle une coque diaphane et ridée. La larve présente une forme assez singulière; elle est très amincie et comme effilée vers son extrémité antérieure, surtout pendant les premiers temps : cette disposition lui permet de s'insinuer facilement dans le corps de la victime et de fouiller ses viscères ; sa longueur moyenne, lorsqu'elle a atteint sa taille définitive est de 12mm. La tête est petite, ovalaire et cornée ; elle est armée de deux mandibules très aiguës vers leur extrémité libre, très larges au contraire vers leur base ; ces mandibules, recourbées en faucilles, portent, sur leur côté interne et vers leur pointe, une petite dent. Les mâchoires sont représentées par deux tubercules charnus portant un palpe assez saillant. La languette présente quatre petits appendices palpiformes rudimentaires, dont les deux latéraux sont les plus développés et représentent sans doute les palpes labiaux. Le bord libre du labre est légèrement sinué. Au dessus de l'insertion des mandibules, on voit des antennes rudimentaires, implantées sur un torulus relativement large et circulaire ; elles offrent une trace de segmentation. La plupart de ces détails ne sont d'ailleurs visibles qu'à la loupe ou au microscope. Lorsque la larve est renfermée dans sa coque d'hiver, la tête et la partie antérieure du corps sont recourbées et s'appliquent sur la face ventrale.

« Le corps se compose de treize segments, sans compter la tête ; il est cylindrique dans les premiers jours, mais devient ensuite tétraédrique ; cette particularité s'accentue pendant la période d'hibernation, et l'on distingue alors nettement quatre faces : deux latérales, une dorsale et une ventrale, délimitées par quatre crêtes latérales, dont deux supérieures et deux inférieures. Chacune de ces crêtes est formée d'une série de tubercules correspondant aux différents anneaux ; la coupe transversale du corps donnerait donc un trapèze dont la petite base correspondrait à la face dorsale, et les angles aux tubercules. Tous les segments du corps, à l'exception du segment métathoracique et des deux derniers anneaux, portent une paire de stigmates : ces stigmates sont difficilement visibles ; ils sont très petits, circulaires, et sont situés à la partie antérieure de chaque segment, au-dessus du tubercule inférieur correspondant. Le corps se termine en pointe à la partie postérieure ; le dernier segment est étroit et allongé ; il porte à son extrémité terminale une fente ventrale en forme de croissant à concavité supérieure, qui représente l'anus.

« Tant que la larve n'a pas consommé sa ration, on voit ses mandibules s'ouvrir et se fermer avec rapidité, pour happer la nourriture qui se trouve à leur portée. Si l'on enlève la larve et qu'on l'éloigne de ses victimes, sa tête s'agite en tous sens et le mouvement des mandibules continue avec la même régularité et la même vitesse.

« Lorsque la provision est épuisée, elle commence à tisser sa coque ; on lui voit alors agiter la tête et la partie supérieure du corps d'une façon continuelle, en lui imprimant un mouvement de rotation assez rapide. En même temps, un réseau de fils excessivement fins se constitue tout autour d'elle ; c'est l'échafaudage destiné à la construction de la coque proprement dite ; celle-ci a la forme d'une poire dont la grosse extrémité correspond à la tête de la larve ; la petite extrémité adhère aux débris d'Halictes qui ont servi à l'alimentation de la larve.

« Malgré la faible profondeur des terriers de Cerceris, cette coque est très mince ; elle est couleur feuille morte et de nature papyracée ; on trouve, à son intérieur, du côté de la petite extrémité, une masse noire adhérente à la coque, reconnue par M. Fabre chez le Sphex à ailes jaunes (*S. flavipennis*) pour être une mas e excrémentielle rejetée par la larve, une fois pour toutes, dans l'intérieur même de la coque. Une couche très légère de vernis la recouvre à l'intérieur et la rend imperméable, ainsi qu'on peut s'en assurer par la submersion.»

M. Marchal, ayant bien voulu me donner quelques explications inédites complémentaires sur la nymphe, je me fais un devoir de les analyser ici : Il a pu observer deux nymphes de *Cerceris ornata*, dont l'une était renfermée dans une coque plus petite que l'autre. Ces coques avaient été récoltées l'une le 18 août, l'autre le 4 septembre, et conservées pendant l'hiver. Le 18 juin suivant, elles furent ouvertes et montrèrent leurs nymphes de consistance molle et de couleur blanc jaunâtre.

Ces nymphes différaient de l'adulte par plusieurs caractères qu'il est bon de retenir ici : Sur le vertex, et tout près de la ligne médiane, se trouvent deux petits appendices ayant l'aspect d'antennules, et, en les observant au microscope ou avec l'aide d'une forte loupe, ils paraissent divisés en deux segments. Ils se dirigent en haut et en avant et se rapprochent l'un de l'autre pour diverger encore ensuite Ils sont coudés vers le milieu et se terminent en pointe. Tout à fait en arrière de la tête, et derrière les yeux, on trouve aussi deux petites cornes, plus exiguës que les précédentes, et se dirigeant aussi en avant. Sur le mésothorax existent deux autres appendices assez développés, se dirigeant en avant et divergeant. Les antennes et les pattes sont repliées sous le corps, comme chez toutes les nymphes; les quatre ailes sont réduites à de simples moignons atteignant à peine la naissance de l'abdomen, surtout chez les femelles. Les tibias sont dentelés d'une façon bien plus franche que chez l'adulte, et les dents sont aussi plus abondantes. Le deuxième segment abdominal porte, à son extrémité postérieure et dorsale, deux petites cornes obtuses. Les troisième, quatrième, cinquième et sixième segments chez le mâle, les troisième, quatrième et cinquième chez la femelle, portent sur les côtés des appendices en forme de dents de scie, qui constituent une sorte de frange assez élégante ; il y a donc quatre paires de dents chez le mâle, et trois seulement chez la femelle. En outre, les anneaux indiqués ci-dessus portent chacun, sur la partie dorsale, une paire de petits tubercules qui ressemblent à autant de perles réfringentes. Celles du dernier segment sont beaucoup plus grosses que celles des autres. Enfin un appendice assez allongé termine l'abdomen et rappelle exactement celui de la larve.

La nymphe du mâle diffère de celle de la femelle par la présence d'un segment de plus à l'abdomen. Les deux cornes du vertex présentent chez le mâle une petite dent qui manque chez la femelle; les appendices mésothoraciques ont aussi une forme différente dans les deux sexes. Enfin l'extrémité de l'abdomen, tout en étant construite sur le même plan et présentant à peu près les mêmes pièces, diffère chez les mâles et les femelles.

Nous pourrions supposer qu'après avoir étudié successivement un Cerceris ennemi des Coléoptères et un autre des Hyménoptères, c'est à dire un amateur de chacune des deux catégories connues de victimes, nous sommes au courant des mœurs de toute la tribu, mais ayons garde de rien affirmer à cet égard, car les surprises en ce genre de recherches sont fréquentes et on ne doit rien avancer sans preuves à l'appui. Le champ des investigations est loin d'être clos et ce qu'on sait ne peut que nous engager à savoir davantage et à chercher encore. J'ai fait ressortir plus haut l'importance de ces études, mais je me hâte d'ajouter que toute conclusion serait encore prématurée, et la fixité ou la perfectibilité de l'instinct ou de l'intelligence chez ces bestioles et par suite chez les animaux d'ordre plus élevé, ne pourra s'en déduire que lorsque de nombreux faits seront venus corroborer ceux déjà connus, lorsque de nouveaux observateurs auront apporté le contingent de leurs études patientes et de leurs veilles. Jusque là ce ne sera qu'hypothèse et chacun se fera une opinion basée sur la nature plus ou moins ardente ou progressive de son esprit, mais sans que cette opinion soit toujours irréfutable. Il y a encore beaucoup à travailler et beaucoup à trouver, et les discussions les plus savantes n'amèneront pas de solution tant qu'une masse suffisante de faits concluants ne viendra pas les appuyer. Aussi, c'est à la recherche de ces faits que notre génération doit s'adonner plutôt qu'à des controverses théoriques où l'imagination ne peut avoir qu'une part prépondérante et qui, par cela seul, resteraient nécessairement stériles.

Les Philantes, proches voisins des Cerceris, ont des mœurs très semblables ; ils capturent les abeilles, et bien que nous n'ayons pas les mêmes détails sur leur manière d'opérer que sur celle du *Cerceris ornata*, nous pouvons déjà dire qu'il y a une grande analogie entre les deux insectes. Je compléterai d'ailleurs ce que l'on sait sur le Philante apivore à l'occasion de la description de cet insecte.

Les Philantides sont répandus sur toute la surface de la terre habitée, sauf dans les régions polaires. On en connait environ 325 espèces dont 287 pour le genre *Cerceris* seul (plus de 100 pour la région palæarctique).

TABLEAU DES GENRES

1	Deuxième cellule cubitale pétiolée.	G. 23. **Cerceris**, LATREILLE.	
—	Deuxième cellule cubitale non pétiolée.		2

2 Cellule anale des ailes postérieures terminée après l'origine de la nervure cubitale. 3

— Cellule anale des ailes postérieures terminée à l'origine même de la nervure cubitale. G. 24. **Philanthus**, FABRICIUS.

3 Face tuberculée. Segments abdominaux non étranglés. G. 25. **Dolichurus**, LATREILLE.

— Face non tuberculée. Segments abdominaux un peu étranglés. G. 22. **Anthophilus**, DAHLBOM.

22e GENRE. — ANTHOPHILUS, DAHLBOM, 1845 (22)

Ἄνθος, fleur, φιλέω, j'aime

Ailes antérieures pourvues de 3 cellules cubitales fermées, dont la seconde et la troisième reçoivent chacune une nervure récurrente ; cellule radiale lancéolée. Ailes postérieures avec la cellule anale terminée après l'origine de la nervure cubitale. Segments abdominaux un peu étranglés; premier segment un peu nodiforme.

Ce genre qui, d'abord a été établi par Dahlbom pour trois espèces américaines, rentre dans la faune circa-européenne par suite de la découverte par Eversmann d'une espèce ouralienne. Depuis, et tout récemment, d'autres espèces sibériennes sont venues accroître son importance au point de vue de notre faune. Les Américains n'ont pas adopté ce genre et font rentrer les *Anthophilus* parmi les *Philanthus*. Nous pensons qu'il est, au contraire, avantageux de séparer nettement ce groupe. Nous y voyons en effet un intermédiaire entre les genres qui précèdent et les *Cerceris* chez lesquels l'étranglement des segments et la forme noduleuse du premier d'entre eux, se trouvent tout à fait accentués.

Nous ne connaissons absolument rien des mœurs des *Anthophilus* ni de leurs premiers états.

1 Épistome blanc d'ivoire, taché de noir. Tête noire, velue de poils blancs ; partie médiane de

l'épistome noire, le reste blanc d'ivoire; mandibules testacées avec l'extrémité noire ainsi que leur base. Antennes noires; les troisième et quatrième articles un peu plus longs que le scape et de moitié aussi longs que le second. Thorax noir avec des poils blancs, très finement ponctué sur le dos, plus grossièrement sur les côtés; métathorax lisse et très brillant; pronotum marqué latéralement de deux petites taches jaunes; écaillettes blanches. Pattes noires, avec les genoux, les tibias et les tarses blanc-jaunâtres; les tibias sont en outre rayés de noir en dessous; le dernier article des tarses est jaune-rougeâtre. Ailes hyalines avec les nervures et le stigma d'un jaune pâle. Abdomen assez brillant, noir avec le premier segment orné latéralement sur son bord postérieur de deux taches blanches. Les trois segments suivants portent aussi les mêmes taches et en outre, au bord marginal, deux lignes blanches; celles-ci, sur le troisième segment, se soudent entre elles et avec les taches latérales de façon à former une fine ligne blanche; le dernier segment est un peu échancré; le ventre est noir, légèrement velu et visiblement ponctué. ♂ Long. 8^{mm}. (Morawitz).

♀ inconnue. **14-Punctatus**, Morawitz.

Patrie. Territoire de Semipalatinsk (Russie d'Asie).

— Epistome jaune. 2

2 Mesonotum et metanotum noirs. Tête noire; épistome, base et dessous des antennes jaunes; troisième article plus long que le scape. Thorax noir avec une bande jaune interrompue au milieu du pronotum; écaillettes jaunes. Pattes fauves ou jaunes avec souvent la base noire. Ailes

hyalines, nervures et stigma fauves. Abdomen noir avec les segments orrés de bandes jaunes; celles-ci sont toutes interrompues, ou seulement quelques unes d'entre elles, particulièrement les deux premières; sixième segment noir; souvent le premier segment est rouge chez la femelle ou rouge avec deux taches jaunes. ♂♀ Long. 10 à 12mm. **Hellmanni**, EVERSMANN.

PATRIE : Plaines transouraliennes.

— Mesonotum et metanotum tachés de jaune. Tête noire, garnie d'une pubescence brillante, dorée, et de poils blancs; mandibules jaunes à la base, rouges en leur milieu et noires à l'extrémité; épistome brillant, ponctué, jaune; antennes brunes, plus claires en dessous; scape orangé. Thorax noir, velu de poils gris; une bande sur le pronotum, les calus huméraux et une ligne en arrière de ceux-ci, deux petites taches sur les écaillettes et une autre, arrondie, de chaque côté du bord postérieur du mesonotum, jaunes; le mesonotum porte encore sur son disque deux autres lignes jaunes naissant au bord antérieur et se dirigeant parallèlement jusqu'au bord postérieur; postscutellum jaune. Pattes rouges avec les hanches, les trochanters et la base des cuisses noirs; le dessous de celle-ci et le côte externe des tibias sont rayés de jaune. Ailes hyalines, nervures et stigma blanc-jaunâtre. Abdomen noir, très brillant, avec le premier segment rouge et les deux derniers jaunes : les quatre premiers segments portent en outre une très large bordure jaune marginale; ventre noir; deuxième segment avec le bord brun et deux taches jaunes latérales; le dernier est brun rouge et a son extrémité fortement échancree. ♀ Long 8mm. (Morawitz) **Elegans**, MORAWITZ.

PATRIE : Territoire de Semipalatinsk (Russie d'Asie).

23 GENRE. — CERCERIS, Latreille, 1 05 (106)

Cerceris, nom d'oiseau, d'après Varron

(Pl. XV)

Tête grosse relativement au corps, souvent plus large que le thorax, verticale, aplatie en devant. Yeux grands, non échancrés. Antennes à peu près de la longueur du thorax, filiformes, insérées très près l'une de l'autre, assez distantes de l'épistome Celui-ci est de forme et de dimensions variables; souvent il ne diffère pas de celui que l'on remarque chez la plupart des hyménoptères, c'est-à-dire qu'il couvre simplement la partie supérieure de la bouche; d'autres fois au contraire. son bord antérieur est plus ou moins relevé; sa base présente quelquefois, chez les femelles, un appendice lamelliforme, plat ou plus ou moins courbé du côté de la bouche, avançant librement en avant et paraissant devoir rendre à l'insecte les services d'une pelle ou d'une pioche dans ses travaux souterrains; quelquefois les bords de cette lame sont plus ou moins reliés par des parties courbes à la surface de l'épistome; enfin on voit parfois cette lame plate remplacée par une pointe conique saillante. D'autres espèces offrent vers le tiers apical de l'épistome une saillie qui, en dessus, semble en continuer simplement la surface, mais qui s'en sépare nettement du côté de son extrémité par une excavation hémisphérique plus ou moins profonde; cette disposition donne à l'épistome l'apparence d'un véritable nez; si le dessus de cet appendice est ordinairement de couleur claire, jaune ou blanche, le dessous offre le plus souvent dans sa cavité hémisphérique une coloration noire foncée L'épistome enfin peut être inerme à son extrémité ou denté; toutefois cette denture qui se présente dans les deux sexes, mais surtout chez les mâles, est presque toujours assez faible et demande un examen attentif à la loupe pour être bien distinguée. L'intervalle des antennes est occupé par une carène saillante. Le thorax ne présente pas de particularités spéciales; le pronotum est étroit, mais non tout à fait linéaire; le mesonotum est peu ou pas divisé; le scutellum est rectangulaire et le postscutellum presque linéaire. Le metanotum offre, en dessus et au milieu de sa base, une portion triangulaire ordinairement bien séparée par des sillons du reste de sa surface : cet espace triangulaire est sculpté de diverses manières et fournit un caractère commode, bien visible et sûr pour les déterminations. Ailes antérieures avec une cellule radiale et trois cellules cubitales fermées dont la première est aussi grande que les deux autres prises ensemble; la deuxième est très petite et fortement pétiolée; la troisième est quadrangulaire; la seconde et la troisième reçoivent chacune une nervure récurrente. Les ailes sont très généralement hyalines ou subhyalines avec l'extrémité un peu plus enfumée; très rarement elles sont enfumées ou violacées. L'abdomen présente un aspect spécial qui permet, de concert avec la cellule cubitale pétiolée, de reconnaître à première vue les insectes appartenant à ce genre; en effet, le premier segment arrondi et bien plus étroit que les suivants offre l'apparence d'un nœud. Les autres segments sont nettement séparés les uns des autres par des étranglements successifs et profonds, lisses, brillants et marqués par des sillons alternant avec des carènes transversales bien visibles. Le dernier segment aplati et diversement sculpté en dessus, offre deux fortes carènes longitudinales soit presque parallèles, soit plus ou moins inclinées l'une vers l'autre vers le haut ou vers le bas, rarement se joignant à leur extrémité; ces carènes sont ordinairement fortement ciliées. Le plus souvent les valvules anales inférieures sont pourvues de longs cils et de pinceaux latéraux de poils. Chez certains mâles, on remarque, à l'avant-dernier segment ventral, des appendices latéraux, un peu recourbés en forme de corne et assez saillants; d'autres fois ces appendices font place à de gros pinceaux divergents de poils raides; enfin des cils, souvent très épais, peuvent voiler la jonction de ce segment ventral avec le suivant.

La coloration des *Cerceris* est peu variable. Dans nos climats tempérés, la plupart des espèces sont noires, ornées de taches jaunes ou blanches sur la tête et le thorax, et de bandes plus ou moins nombreuses de même couleur sur le bord des segments abdominaux. Les contrées plus chaudes, Asie occidentale, Nord de l'Afrique, Egypte, Arabie, etc., nous offriront au contraire un certain nombre d'espèces à dessins rouges ou entièrement de couleur claire, jaune, testacée, rougeâtre ou ferrugineuse. Ces colorations et les dessins qui en résultent sont souvent un peu différents parmi tous les individus d'une même espèce, tout en conservant certains points à peu près constants.

Les *Cerceris* sont répandus avec abondance dans toute notre faune. Non seulement le nombre des espèces est considérable, mais celui des individus ne l'est pas moins et, pour peu qu'une région soit un peu sablonneuse et présente des espaces de terrain incultes favorables aux travaux de nos insectes, on y voit ceux-ci voltiger en nombre pendant la belle saison. Certaines espèces même se retrouvent aussi bien en Suède qu'en Algérie ; il est à remarquer cependant qu'il est peu d'espèces uniquement septentrionales; tandis qu'un bon nombre, au contraire, ne quittent pas les parties chaudes des rivages méditerranéens et du nord de l'Afrique.

Il n'y a rien à ajouter au sujet des mœurs des *Cerceris* ; tous les documents ont été épuisés à l'occasion de la tribu des Philantides. J'aurai seulement à indiquer, à chaque espèce pour laquelle cela sera possible, la nature de la proie qu'elle affectionne particulièrement.

1 Premier segment abdominal entièrement noir. 2

— Premier segment abdominal non entièrement noir. (Il n'y a pas lieu le plus souvent de tenir compte de la teinte un peu ferrugineuse de l'extrême bord, teinte qui provient du peu d'épaisseur de la couche chitineuse à cet endroit.) 67

2 Deuxième segment abdominal entièrement noir ou avec une fascie claire sur sa base, pouvant se combiner avec une bande marginale postérieure. 3

— Deuxième segment abdominal non entièrement noir, sans tache ou fascie claire à sa base, mais avec une bande marginale postérieure ou deux taches jaunes, ou même segment entièrement ferrugineux. **35**

3 Deuxième segment abdominal entièrement noir. **4**

— Deuxième segment abdominal taché de couleur claire à sa base. **14**

4 Espace triangulaire du metanotum entièrement lisse. **5**

— Espace triangulaire du metanotum ridé, strié ou ponctué, au moins en partie. **8**

5 Taille de 22 millimètres au moins. Tête noire, un peu ponctuée, avec une tache trirameuse blanche sur la face; épistome jaune; mandibules jaunes au milieu, testacées à la base et noires à l'extrémité; antennes testacées avec le scape noir en dessus, jaune en dessous, et le premier article du funicule entièrement noir; bord antérieur de l'épistome marron. Thorax noir, un peu ponctué, avec les écaillettes testacées: triangle supérieur du metanotum lisse et brillant. Pattes noires avec les genoux, les tibias et les tarses jaunes; les tibias à peine tachés de points sombres. Ailes hyalines, nervures testacées, sauf la nervure sous-costale qui est très noire en avant. Abdomen noir avec les angles inférieurs du troisième segment tachés de fauve pâle; quelquefois le deuxième segment est marqué de deux points jaunes. ♀ Long. 23 à 25^{mm}. (Destefani)

♂ inconnu. **Mœsta,** Destefani.

Patrie. Sicile.

— Taille de 12^{mm} au plus. 6

6 Antennes noires. Tête noire; épistome fortement convexe en son milieu; antennes noires. Thorax noir; écaillettes ordinairement blanches; espace triangulaire du metanotum lisse et brillant; mesonotum et scutellum peu densément ponctués. Pattes en partie blanches. Ailes supérieures à peine enfumées à leur extrémité. Abdomen noir avec les segments trois et cinq ornés d'une étroite fascie blanche, parfois interrompue. ♀.

♂. Le mâle a la face blanche, l'épistome non denté, l'abdomen noir avec les segments trois et six bordés de blanc; l'avant-dernier segment ventral porte deux appendices latéraux, dentiformes, saillants. Long. 7 à 8^{mm}. (Schletterer)

Odontophora, SCHLETTERER.

PATRIE : Corfou, Crète.

— Antennes testacées. 7

7 Abdomen entièrement noir. Tête noire, assez fortement ponctuée : épistome un peu tridenté, blanc, ainsi que la face; scape des antennes noir en dessus, rayé de jaune en dessous; funicule testacé; mandibules blanches avec l'extrémité noire. Thorax noir, rugueux; écaillettes testacées avec la base noire; triangle du metanotum lisse, luisant. Pattes noires. avec les genoux, les tibias et les tarses testacés. Ailes supérieures hyalines avec l'extrémité plus sombre. Abdomen noir en entier; deuxième segment ventral avec un espace lisse, élevé. ♀ Long. 10^{mm}. Env. 15^{mm}.

♂ inconnu. **Stefanii**, N. SP.

PATRIE : Sicile.

— Abdomen taché de couleur claire. Tête noire, ponctuée, face blanchâtre ; antennes brunes, plus sombres en dessus et à la pointe ; scape ordinairement taché de blanc ; mandibules jaunes avec l'extrémité sombre. Thorax noir, éparsement ponctué ; triangle du metanotum obliquement ridé avec le milieu presque lisse ; quelquefois le scutellum et le postscutellum sont rayés de jaune-blanchâtre et les côtés du pronotum sont tachés de même ; écaillettes tachées de blanc. Pattes jaunes avec le dessus des cuisses marqué de taches sombres et les tarses ordinairement ferrugineux. Ailes antérieures hyalines, un peu troublées à la pointe. Abdomen fortement et assez densément ponctué, noir avec les segment trois, quatre et cinq garnis de larges bandes jaune clair, profondément échancrées en avant ou plus ou moins interrompues, passant un peu du côté ventral ; le deuxième segment est tout noir ou avec seulement de petits points clairs, ou encore avec une bande basilaire plus ou moins large : deuxième segment ventral sans plaque lisse, élevée à sa base. ♀ ♂. Épistome non denté. Longueur 10 à 12mm. Env. 18mm. **Stratiotes.** Schletterer.

Patrie : Hongrie, Corfou, Grèce.

8 Abdomen entièrement noir. Tête ferrugineuse, à peine ponctuée ; épistome muni à sa base d'une grande lame carrée, saillante, un peu convexe, avec le bord apical échancré et les bords latéraux un peu courbes ; antennes ferrugineuses. Thorax ferrugineux ou seulement marqué de trois taches ferrugineuses, légèrement ponctué ; triangle du metanotum obliquement strié. Pattes noires avec les cuisses rouges. Ailes d'un noir violacé. Abdomen noir avec l'avant-der-

nier segment ventral impressionné à l'extrémité. ♀ Long. 21mm. ♂ inconnu.

Erythrocephala, Dahlbom.

Patrie Egypte.

— Abdomen plus ou moins taché ou rayé de couleur claire. 9

9 Ailes antérieures enfumées partout et plus encore à l'extrémité. 10

— Ailes antérieures à peu près hyalines avec seulement l'extrémité plus ou moins assombrie. 11

10 Quatrième segment abdominal noir. Tête noire, luisante, densément et finement ponctuée; épistome échancré en avant, souvent taché ou bordé de jaune à son extrémité; orbites internes des yeux jaunes; mandibules jaunes avec leur extrémité noire; antennes noirâtres en dessus avec le dessous du scape jaune et celui du funicule d'un roux pâle. Thorax noir, luisant, densément et fortement ponctué, le devant du mesonotum longitudinalement ridé; angles antérieurs du pronotum aigus; celui-ci souvent taché de jaune sur les épaules; écaillettes lisses, brillantes, jaunes; postscutellum lisse, jaune; triangle du metanotum transversalement ridé, surtout sur la moitié apicale. Pattes d'un jaune légèrement mêlé de ferrugineux; hanches, trochanters et base des cuisses noirs. Ailes un peu enfumées avec l'extrémité plus jaune; nervures noires. Abdomen assez fortement ponctué; quelquefois le deuxième segment porte deux petites taches jaunes sur sa base; d'autrefois il est tout noir comme le premier; une large bande jaune sur le troisième

segment avec une profonde échancrure en son milieu ; cinquième segment garni aussi d'une grosse bande jaune fortement échancrée : ventre noir ou brun ♀. Long. 7 à 9mm. Env. 14 à 16mm ♂ Inconnu. **Julii**, Fabre.

Patrie France méridionale (Avignon, Hyères).

Cette jolie petite espece approvisionne son nid avec des curculionites de taille exiguë *Bruchus granarius, Apion gravidum*.

— Quatrième segment abdominal taché latéralement de couleur claire. Tête noire, densément ponctuée ; épistome blanc ainsi qu'une grande partie de la face ; mandibules noires avec la base rouge ; antennes noires en dessus, testacées en dessous à la base du funicule ; scape et premier article du funicule entièrement noirs. Thorax noir, densément ponctué ; écaillettes testacées, tachées de jaune et de noir ; triangle du mesonotum irrégulièrement ridé. Pattes avec les hanches et la base des cuisses noires, le reste des cuisses ferrugineux, les tibias et les tarses jaunes, ces derniers rembrunis à leur extrémité. Ailes un peu salies, plus fortement à l'extrémité. Abdomen noir, luisant, densément ponctué, troisième segment abdominal avec une bordure claire, souvent interrompue ; quatrième segment taché latéralement de couleur claire ; cinquième segment offrant une bordure, souvent très réduite. Ventre noir. ♀.

♂. Chez le mâle, les parties claires passent au jaune. L'abdomen est souvent taché seulement sur les côtés. Long. 11 à 15mm. Env. 16 à 18mm. **Quadrimaculata**, Dufour.

Patrie France méridionale, Espagne, Algérie, Hongrie, Asie-Mineure, Syrie.

11 Avant-dernier segment abdominal ♀ avec

une large impression. Epistome ♂ tridenté. Tête noire, assez densément et grossièrement ponctuée, surtout sur le vertex. face blanche; antennes noires. Thorax noir, assez fortement ponctué; triangle du metanotum profondément et longitudinalement ridé; pronotum, écaillettes et postscutellum tachés de blanc. Pattes ferrugineuses avec le dessus des cuisses antérieures ordinairement taché de noir. Ailes antérieures hyalines avec l'extrémité à partir du stigma légèrement enfumée. Abdomen noir avec les troisième, quatrième et cinquième segments garnis de larges bandes blanches, souvent échancrées ou même interrompues; le premier segment est aussi quelquefois taché de blanc; avant-dernier segment ventral impressionné et anguleux sur les côtés; valvule anale inférieure avec de petits pinceaux de poils latéraux. ♀

♂ Le mâle a l'épistome tridenté et l'abdomen offre des bordures interrompues sur les troisième et sixième segments (Schletterer). Long. 10 à 12mm. **Leucozonica**, SCHLETTERER.

PATRIE : Hongrie, Bulgarie.

— Avant-dernier segment abdominal femelle sans impression. Epistome ♂ non denté. **12**

12 Quatrième segment abdominal bordé ou taché de jaune pâle. **13**

— Quatrième segment abdominal noir; sexe mâle. Tête luisante, finement et densément ponctuée, noire; épistome échancré en avant, noir, couvert de duvet argenté ainsi que la face au dessous de l'insertion des antennes; orbites internes des yeux jaunes; mandibules jaunes à la base; rouges, puis noires à l'extrémité; scape des antennes noir en dessus, jaune en dessous; funicule testacé avec le dessus noir, sauf à sa base. Thorax noir, luisant, peu densément ponctué, parfois deux petites taches latérales sur le bord postérieur du pronotum; écaillettes jaunes avec la moitié basilaire brune; espace triangulaire du metanotum grossièrement ponctué ou rugueux. Pattes jaunes avec les hanches, les trochanters et la base des cuisses noirs; tibias postérieurs légèrement assombris. Ailes presque hyalines avec l'extrémité plus enfumée. Abdomen noir, luisant, fortement ponctué, glabre; troisième segment avec deux grandes taches latérales jaune pâle; cinquième segment avec une large tache marginale fortement échancrée en devant. Ventre noir ♀.

♂ Tête finement et densément ponctuée, noire, luisante, avec une pubescence blanche; épistome, joues et orbites internes des yeux jaune pâle; mandibules jaunes avec l'extrémité rougeâtre. Antennes noires avec le dessous du funicule testacé. Thorax noir, luisant, finement ponctué, avec une pubescence blanche; pronotum offrant de chaque côté, au milieu de sa largeur, une carène élevée, transversale; scutellum et surtout postscutellum brillants, éparsement ponctués; espace triangulaire du metanotum obliquement strié; écaillettes lisses, brillantes, en partie jaunes. Pattes mêlées de jaune et de testacé avec les hanches, le dessous des trochanters, la base des cuisses et le dessus de l'extrémité des tarses postérieurs, noirs. Ailes presque hyalines avec l'extrémité un peu enfumée; nervures brunes; nervure costale et stigma testacés. Abdomen fortement et densément ponctué, velu de poils blancs, noir; permier segment presque lisse en dessous avec une petite carène longitudinale saillante vers la base de sa partie ventrale; deuxième segment noir avec une tache transversale jaune sur la base; troisième segment presque entièrement jaune avec seulement un triangle noir au milieu de sa base; quatrième segment noir; cinquième segment noir avec deux petites taches latérales jaunes; sixième segment coloré comme le troisième; septième segment noir en entier; ventre tout noir. Long. 8 à 10mm. Env. 15 à 17mm.

Variolosa, Costa.

Patrie : Italie, Russie méridionale.

13 Deuxième segment ventral sans plaque lisse élevée à sa base.

Stratiotes, Schletterer. (Voir n° 7).

— Deuxième segment ventral avec une plaque lisse, élevée, à sa base. Tête noire, finement ponctuée, avec la face blanche; mandibules blanches avec l'extrémité noire; antennes brun sombre en dessus avec le dessous du scape blanc, le dessous du funicule testacé clair et le premier anneau du funicule entièrement noir. Thorax noir, finement ponctué avec deux petites taches blanches, manquant souvent, sur le pronotum; la plus grande partie des écaillettes et le postscutellum sont de même couleur; triangle du metanotum lisse avec ses côtés obliquement striés. Pattes jaune clair avec les hanches et les trochanters noirs, les cuisses testacées et le dessus des tarses postérieurs noirâtre. Ailes antérieures un peu troublées à leur extrémité. Abdomen ponctué, noir, avec une bande blanchâtre, manquant rarement, sur la base du second segment; le troisième segment de même couleur sauf un triangle médian qui reste noir; quatrième et cinquième segments pourvus de bandes blanches, fortement échancrées; ces bandes disparaissent quelquefois; le deuxième segment ventral est pourvu à sa base d'une plaque lisse, élevée; le troisième segment ventral est taché latéralement de blanc jaunâtre; valvule anale inférieure avec des pinceaux de poils fins. Long. 6 à 10mm. Env. 12 à 16mm.

Albofasciata, Rossi.

PATRIE Allemagne, Hongrie, Italie, Russie méridionale (Sarepta), Turkestan.

14 Quatrième segment abdominal bordé ou taché de couleur claire. 23

— Quatrième segment abdominal noir en entier. 15

15 Scutellum noir. 16

— Scutellum de couleur claire en tout ou en partie. 21

16 Espace triangulaire du metanotum lisse ou en partie strié. 17

— Espace triangulaire du metanotum ponctué. Tete ponctuée, noire; épistome tronqué; face couverte de poils blancs argentés; épistome et joues tachés de blanc ou de jaune; mandibules noires avec la base jaune; antennes noires; scape jaune en dessous, base du funicule ferrugineuse en dessous. Thorax assez fortement ponctue, noir, avec quelquefois le pronotum taché de blanc. plus souvent le metanotum et les écaillettes tachés de même; il est ordinairement tout noir; espace triangulaire du metanotum plus ou moins ponctue. Pattes jaune clair ou ferrugineuses, avec les hanches, les trochanters et la base des cuisses noirs. Ailes hyalines avec l'extrémité enfumée, nervures brunes; côte et stigma ferrugineux. Abdomen noir avec la base du second segment et le bord des trois suivants colorés en jaune ou en blanc : ces bandes marginales sont plus ou moins larges ou interrompues ; le cinquième est quelquefois sans bande ; le sixième est parfois marqué de blanc ou de jaune ; souvent enfin le premier segment est rougeâtre. ♀.

♂. Le mâle a les dessins jaunes et l'épistome non denté.

Long. 7 à 9mm. **Rubida**, JURINE.

PATRIE Italie, Allemagne, Dalmatie, Albanie, Bulgarie, Hongrie, Corfou, Russie méridionale (Sarepta), Asie-Mineure, Turkestan.

17 Espace triangulaire du metanotum entièrement lisse. 18

— Espace triangulaire du metanotum non entièrement lisse. 19

18 Espace triangulaire du metanotum mat. Tête noire, luisante, ponctuée ; face jaune ; épistome impressionné dans le milieu, cette impression limitée latéralement par deux lignes qui semblent saillantes ; antennes noires en dessus : dessous du scape taché de jaune ; funicule testacé en dessous. Thorax noir, luisant, éparsement ponctué ; écaillettes brillantes, noires ou brunes, tachées de jaune ; postscutellum légèrement taché de jaune ; triangle du metanotum lisse, mat. Pattes noires avec la base des cuisses, le dessous des tibias et des tarses jaune. Ailes un peu enfumées partout, plus foncées au bord apical. Abdomen noir, luisant, fortement ponctué, avec le deuxième segment taché de jaune à la base ; le troisième avec une large bordure jaune, échancrée au milieu ; le cinquième avec une large bordure jaune ; ventre

lisse, brillant, avec de petites taches jaunes sur le troisième segment; le second segment ventral offre une petite plaque lisse à sa base; la valvule anale inférieure est munie de pinceaux de poils. Long. 8 à 13mm. Env. 13 à 18mm.

Hortivaga, KOHL.

PATRIE Tyrol, Hongrie, Asie-Mineure.

Approvisionne son nid avec des *Halictus*.

— Espace triangulaire du metanotum brillant. Tête noire, finement ponctuée; face jaune; derrière des ocelles parfois taché de jaune; mandibules jaunes avec l'extrémité noire; antennes d'un brun sombre en dessus, ferrugineuses en dessous; scape taché de jaune. Thorax noir, ponctué, avec le pronotum et les écaillettes tachés de jaune, ainsi que le postscutellum, très rarement aussi le scutellum; espace triangulaire du metanotum lisse, brillant; scutellum brillant, éparsement ponctué; metanotum rugueux. Pattes d'un jaune brillant, tachées parfois de ferrugineux, avec souvent les tarses postérieurs rembrunis. Ailes un peu enfumées à leur extrémité. Abdomen noir, avec le deuxième segment garni d'une bordure jaune plus ou moins étendue à son bord antérieur; le troisième et le cinquième segments offrent une large bordure jaune plus ou moins échancrée, passant du côté du ventre; quelquefois le cinquième est tout noir; une tache jaune indistincte peut aussi se montrer sur le quatrième segment. ♀.

♂. Le mâle a les angles latéraux du dernier segment ventral aigus.

Long. 7 à 9mm. Env. 14 à 16mm.

Subimpressa, SCHLETTERER.

PATRIE : Algérie (Sebdou), Egypte.

19 Deuxième segment ventral sans plaque lisse, élevée, à sa base. 20

— Deuxième segment ventral avec une plaque lisse, élevée, à sa base. Tête noire, densément ponctuée, plus fortement sur le vertex ; épistome plat, un peu impressionné en son milieu ; face jaune ainsi que le dessous du scape et la moitié basilaire des mandibules; antennes noires en dessus avec le dessous du funicule testacé, sauf souvent à son extrémité qui est noire comme en dessus. Thorax ponctué, noir, luisant ; pronotum noir ou marqué de deux taches jaunes latérales ; écaillettes jaunes sur la moitié apicale ; postscutellum soit noir, soit jaune ; espace triangulaire du métanotum presque lisse en son milieu, mais plus ou moins obliquement strié sur les bords. Pattes jaunes avec les hanches et la base des cuisses noires ; dernier article des tarses postérieurs noirâtre. Ailes un peu enfumées sur toute leur surface, plus fortement rembrunies sur le bord. Abdomen ponctué, luisant, noir avec une large bande jaune sur la base du deuxième segment ; troisième segment avec une très large bordure marginale jaune plus ou moins faiblement échancrée, couvrant parfois le segment tout entier ; quatrième segment soit entièrement noir, soit orné d une bordure jaune, plus ou moins échancrée ; cinquième segment avec une très large bordure jaune très peu échancrée ; sixième segment noir ; ventre presque lisse, brillant, avec le troisième segment taché latéralement de jaune ; deuxième segment ventral pourvu à sa base d'une plaque lisse élevée ; avant-dernier segment ventral fortement excavé ; valvule anale inférieure pourvue de pinceaux de poils. Long. 7 à 12^{mm}. Env. 13 à 18^{mm}. **Rybiensis**, Linné.

Patrie : Toute l'Europe, Algérie, Turkestan.

Approvisionne son nid avec des Hyménoptères des genres *Andrena* et *Halictus*. Schenck (181) cite comme les plus fréquents :

Halictus rubicundus.
— *fulvocinctus*.
— *leucozonicus*.

M. Marchal (S 265) signale en outre les suivants :

Halictus interruptus.
— *seladonius*.
— *minutus*.
— *albipes*.
— *subhirtus*.
— *succinctus*.

L'*H. albipes* serait le plus fréquent. Le lecteur trouvera d'ailleurs des détails complets sur la biologie de cette espèce aux pages 237 et suivantes de ce volume. Walkenær (S 266) avait étudié en détail ses mœurs dès l'année 1817, et M. Marchal a complété et rectifié ses observations dans son récent mémoire sur ce sujet.

20 Triangle du metanotum entièrement et profondément strié obliquement.

Variolosa, Costa (V. n° 12).

— Triangle du metanotum transversalement ridé au moins sur sa moitié apicale.

Julii, Fabre (V. n° 10).

21 Cinquième segment abdominal noir. Tête ponctuée, noire, avec l'épistome, les orbites internes, une ligne interantennaire, blancs; mandibules testacées avec l'extrémité noire ; antennes noires, testacées en dessous, avec le scape blanc. Thorax ponctué, noir, avec une tache blanche de chaque côté du pronotum et du scutellum, ce dernier quelquefois blanc en entier; écaillettes blanches. Pattes blanches avec les hanches, les cuisses, sauf les genoux, le dessus du milieu des tibias, noir brun. Ailes hyalines, noirâtres à leur extrémité; nervures et stigma bruns. Abdomen noir avec la base du

second segment, l'extrémité du troisième, le sixième en entier, rarement l'extrémité du cinquième, blancs. ♂ (Klug) Long 10mm. Env. 15mm.
♀ Inconnue. **Vidua**, Klug.

Patrie : Arabie déserte.

— Cinquième segment abdominal bordé ou taché de couleur claire. 22

22 Deuxième segment ventral avec un espace lisse, élevé, à sa base.
Subimpressa, Schletterer (V. n° 18).

— Deuxième segment ventral sans espace lisse, élevé, à sa base. Tête grossièrement et densément ponctuée sur le vertex, noire avec la face blanche; épistome légèrement impressionné au dessus de son milieu; mandibules blanches avec l'extrémité noire; occiput taché de blanc; antennes testacées, noirâtres en dessus, avec le scape jaunâtre. Thorax noir, fortement ponctué; scutellum avec seulement quelques points plus fins; espace triangulaire du metanotum lisse et brillant; pronotum blanc ou taché de blanc, scutellum et postscutellum blancs ainsi qu'une tache sur les mésopleures et une autre assez grande de chaque côté de l'extrémité du métathorax, écaillettes blanches. Pattes blanches avec les cuisses postérieures brunes en dessus. Ailes hyalines avec l'extrémité sombre; nervures et stigma bruns. Abdomen noir, grossièrement et densément ponctué, avec la base du deuxième segment blanche, le troisième et le cinquième segments blancs presque en entier, seulement un peu noirs à leur base. ♀.

♂ Le mâle a le sixième segment abdominal en grande partie blanc, sauf à sa base; le premier segment est souvent ferrugineux. Long. 6 à 9mm. Env. 12mm. **Albicincta**, Klug.

Patrie : Égypte, Éthiopie, Darfour.

23 Espace triangulaire du metanotum ponctué.
Rubida, JURINE (V. n° 16).

— Espace triangulaire du metanotum lisse ou strié au moins en partie. 24

24 Espace triangulaire du metanotum strié ou rugueux. 25

— Espace triangulaire du metanotum lisse. Tête noire ou rougeâtre, assez fortement ponctuée; épistome bidenté; face blanche passant parfois au rougeâtre; antennes ferrugineuses avec le scape plus clair. Thorax noir ou rougeâtre, ponctué; pronotum, écaillettes et postscutellum tachés de blanc; triangle du metanotum entièrement lisse et très brillant. Pattes blanchâtres avec une tendance des cuisses à se colorer en ferrugineux ou en brun. Ailes hyalines. Abdomen noir, très fortement ponctué; second segment avec une bande blanche à sa base; troisième, quatrième et cinquième segments ornés de bandes marginales blanches plus ou moins interrompues; ventre un peu taché de même; avant-dernier segment ventral échancré circulairement à son bord postérieur et se terminant latéralement par des angles visiblement aigus. ♀. ♂ inconnu. **Eugenia**, SCHLETTERER.

PATRIE : Russie méridionale, Caucase, Dalmatie, Égypte.

25 Deuxième segment ventral sans espace lisse, élevé, à sa base. 26

— Deuxième segment ventral avec un espace lisse, élevé, à sa base. 27

26 Avant-dernier segment ventral ♂ sans dents latérales. Avant-dernier segment ventral ♀ sans

bord retroussé. Espace triangulaire du metanotum obliquement rugueux.

Stratiotes, Schletterer (V. n° 7).

— Avant-dernier segment ventral ♂ avec des appendices latéraux, dentiformes. Avant-dernier segment ventral ♀ avec le bord postérieur élevé, tranchant. Espace triangulaire du metanotum strié et chagriné. Tête noire, luisante, finement et densément ponctuée, avec une pubescence blanche ; épistome jaune, ou noir, plus ou moins taché de jaune, joues et orbites des yeux jaunes ainsi que la base des mandibules ; antennes noires avec le dessous du scape jaune et celui du funicule testacé. Thorax noir, assez fortement et densément ponctué ; écaillettes jaunes, tachées de brun ; quelquefois le pronotum et le postscutellum portent chacun deux taches jaunes ; triangle du metanotum longitudinalement ou irrégulièrement ridé. Pattes jaunes avec les hanches, les trochanters et la base des cuisses noirs ; genoux postérieurs bruns ; dernier article des tarses postérieurs noirâtre. Ailes à peine teintées avec l'extrémité plus sombre : nervures d'un noir brun sauf la nervure costale qui est testacée. Abdomen noir, luisant, ponctué ; deuxième segment bordé de jaune à sa base ; troisième, quatrième et cinquième segments avec des bordures jaunes, plus ou moins larges, échancrées en leur milieu. Ventre noir ; avant-dernier segment ventral fortement impressionné et offrant une double dent au milieu de son bord postérieur. Long. 9 à 15^{mm}. Env. 14 à 25^{mm}. **Bupresticida**, Dufour.

Patrie France, Corse, Tyrol, Italie, Dalmatie, Espagne, Russie méridionale, Asie-Mineure.

Le *Cerceris bupresticida* approvisionne son nid avec des Coléoptères divers de la famille des Buprestes. Son genre de vie a été détaillé dans les généralités des Philanthides. Voici l'indication des espèces de Buprestes trouvées dans ses nids avec la quantité relative de chacune d'elles, d'après L. Dufour :

Ancylocheira 8-guttata.	proportion	70
— *flavomaculata.*	—	56
Agrilus pruni.	—	37
Eurythirea micans.	—	15
Phænops tarda.	—	12
Agrilus biguttatus.	—	7
— *bifasciatus.*	—	4
Chrysobothris chrysostigma.	—	1
Ptosima 9-maculata.	fragments.	

Il y a trouvé aussi des larves de *Sphenoptera geminata*. D'autres observateurs (Kohl, Gredler) y ont rencontré en outre les espèces suivantes :

Pœcilonota festiva.
Chrysobothris affinis.
Corœbus bifasciatus.
— *undulatus.*
— *rubi.*
Acmœodera tæniata.
— *sexpustulata.*
Anthaxia quadripunctata.
Ancylocheira punctata.

27 Espace triangulaire du metanotum entièrement lisse. **28**

— Espace triangulaire du metanotum en partie strié, au moins aux angles antérieurs. **32**

28 Scutellum jaune. Tête ponctuée, noire, avec la face blanche ou jaunâtre, un point jaune en arrière des yeux ; mandibules jaunes, avec l'extrémité noire ; antennes testacées, plus sombres au-dessus de l'extrémité ; scape blanc ou un peu jaune. Thorax noir, densément et fortement ponctué, un peu moins sur le scutellum ; espace triangulaire supérieur du metanotum lisse, avec quelques lignes chagrinées peu visibles à l'angle postérieur ; pronotum jaune, sauf parfois en son milieu ; une tache sous chacune des ailes, une autre, sur les côtés du métathorax et le scutellum, sont jaunes ; écaillettes jaunes. Pattes d'un jaune clair, avec des taches noirâtres sur le dessus des cuisses et des tibias postérieurs, leurs tarses bruns. Ailes hyalines, obscures à l'extrémité ; nervures brunes ; nervure costale et stigma testacés. Abdomen ponctué, noir, avec souvent le premier segment ferrugineux ; la base du deuxième et l'extrémité des suivants, sauf le dernier, jaunes. Long. 7 à 10mm. Env. 10 à 14mm. **Klugii**, SCHLETTERER.

PATRIE : Égypte.

— Scutellum noir. 29

29 Avant-dernier segment abdominal avec des protubérances aiguës sur les côtés, moins accusées chez le mâle ; dessins blancs ; cinquième segment seulement taché de blanc latéralement. Tête noire, luisante, fortement ponctuée ; épistome et face jaune pâle, ou tout à fait blancs ; antennes testacées, avec le dessous du scape et du funicule blancs. Thorax noir, luisant, fortement ponctué ; deux grosses taches sur le pronotum, écaillettes et postscutellum blancs ; espace triangulaire du metanotum lisse et brillant, partagé par un fort sillon enfoncé longitudinalement. Pattes jaunes ou blanches, mélangées de roux au côté interne des cuisses et à l'extrémité des tibias. Ailes hyalines, avec l'extrémité à peine enfumée ; nervure sous-costale noire ; les autres de couleur pâle. Abdomen noir, luisant, fortement ponctué, avec le bord extrême du premier segment roux sombre ; la base du deuxième segment est jaune clair ou blanche, ainsi que ses côtés ; la même couleur se trouve aussi sur les côtés du troisième seg-

ment et lui forme encore une bordure étroite ; le quatrième segment n'a qu'une bordure fortement interrompue; le cinquième, au contraire, est souvent presque entièrement de couleur claire ; en dessous, les deuxième et troisième segments sont tachés de blanc jaunâtre. Chez certains individus du Turkestan, la couleur claire devient d'un blanc d'ivoire (var. *pallidopicta*, Rad.). Avant-dernier segment ventral prolongé latéralement en angles saillants, aigus. ♀.

♂. Le mâle a la teinte claire d'un jaune plus riche, et les bordures abdominales sont moins interrompues.

Long. 8 à 11mm. Env. 13 à 16mm. **Funerea**, Costa.

Patrie : Sicile, Corfou, Hongrie, Turkestan.

— Avant-dernier segment abdominal impressionné, mais sans protubérances aiguës, latérales. 30

30 Cinquième segment entièrement de couleur claire. Tête noire, densément ponctuée, surtout sur le vertex; face jaune ou blanchâtre, ainsi que la base des mandibules et deux taches derrière les yeux; antennes testacées, avec le scape jaune. Thorax noir, fortement ponctué; triangle du métanotum lisse et brillant; pronotum avec deux taches jaunes ; écaillettes et postscutellum jaunes. Pattes jaunes, mêlées de fauve ; cuisses postérieures marquées de ferrugineux en dessous et aux genoux. Ailes hyalines, à peine enfumées à leur extrémité; nervures testacées. Abdomen noir, avec le second segment orné à sa base d'une tache jaune arquée et atteignant latéralement le bord postérieur du segment; troisième segment avec une large

bordure jaune, fortement échancrée en avant et enclosant, avec la précédente, un espace noir, comme un anneau; le quatrième segment offre une étroite bordure de même couleur, et le cinquième une autre qui l'occupe presque tout entier; du côté du ventre, les segments deux à quatre sont tachés latéralement de jaune; avant-dernier segment ventral profondément impressionné; base du deuxième segment ventral avec un disque lisse, élevé. ♂♀. Long. 9 à 12mm. Env. 15 à 17mm. **Lunata**, COSTA.

PATRIE : Calabre, Corfou.

— Cinquième segment avec une bordure claire, échancrée ou interrompue. **31**

31 Epistome convexe. Dessins jaunes. Tête noire, densément ponctuée; face jaune, ainsi que les mandibules, dont l'extrémité seule est noire. Antennes d'un brun foncé en dessus, avec le dessous du scape jaune et celui du funicule testacé clair; le premier anneau du funicule est entièrement noir. Thorax noir, finement ponctué, avec deux taches jaunes sur les côtés du pronotum; écaillettes et postscutellum jaunes: metanotum avec deux grosses taches latérales jaunes; triangle du metanotum lisse. Pattes jaunes, excepté les hanches et les trochanters, qui sont noirs. Ailes un peu enfumées sur le bord et à l'extrémité. Abdomen noir, luisant, finement ponctué; deuxième segment avec une large bande jaune à la base; troisième segment couvert d'une bande jaune à peine échancrée en devant ou même le couvrant en entier; quatrième et cinquième segments avec de larges bordures jaunes échancrées en avant; ventre presque lisse, avec les deuxième, troisième et quatrième segments bordés de jaune. Base du second segment ventral avec un disque élevé, lisse. ♂♀. Long. 7 à 10mm. Env. 14 à 17mm.

Emarginata, PANZER.

PATRIE : France, Angleterre, Allemagne, Autriche, Tyrol, Dalmatie, Bulgarie, Hongrie, Grèce, Italie, Sicile, Espagne, Portugal, Russie méridionale, Caucase, Asie mineure, Turkestan.

— Epistome presque plat. Dessins blancs. Tête noire, densément et finement ponctuée ; face blanche ; antennes brun-sombre en dessus, jaunâtres en dessous ; scape taché de blanc ; ordinairement on trouve une tache blanche derrière les yeux. Thorax noir, densément ponctué ; écaillettes tachées de blanc ; espace triangulaire du metanotum obliquement strié ou rarement lisse. Pattes jaunes ou ferrugineuses avec le dessus des cuisses ordinairement taché de jaune et les tarses postérieurs rembrunis. Ailes enfumées à leur extrémité. Abdomen noir, densément ponctué ; deuxième segment avec une bande blanche à sa base ; troisième, quatrième et cinquième segments ornés de bandes blanches largement échancrées, parfois interrompues ; deuxième segment ventral avec une plaque lisse, élevée à sa base. Valvule anale inférieure munie de forts pinceaux de poils. ♂♀. Long. 9 à 13mm. (Schletterer)

Dacica, SCHETTERER.

PATRIE : Hongrie.

32 Dessins blancs. **33**

— Dessins jaunes. **34**

33 Epistome fortement convexe ou sexe mâle.

Albofasciata, ROSSI. (V. n° 13)

— Epistome plat. **Dacica**, SCHLETTERER. (V. n° 31)

34 Avant-dernier segment abdominal excavé à son bord postérieur. Epistome impressionné jusqu'aux deux tiers de sa longueur à partir de l'extrémité. **Rybiensis** ♀, LINNÉ. (V. n° 19)

— Avant-dernier segment abdominal non excavé à son bord postérieur. Epistome non impressionné ou impressionné sur la moitié au plus de sa longueur à partir de l'extrémité.
Emarginata, PANZER ♂♀. (V. n° 31)

35 Funicule noir. 36

— Funicule au moins en partie de couleur claire ou brun plus ou moins sombre. 38

36 Thorax noir en entier. 37

— Thorax non entièrement noir.
Leucozonica, SCHLETTERER. (V. n° 11)

37 Deuxième et troisième segments abdominaux ferrugineux. Tête assez fortement ponctuée surtout sur le vertex, noire en entier; épistome avec sa partie médiane un peu relevée en avant; mandibules noires, teintées de ferrugineux à leur côté interne; antennes noires ou avec la partie inférieure des troisième, quatrième et cinquième articles ferrugineuse. Thorax noir, fortement ponctué; écaillettes noires, tachées de ferrugineux. Pattes ferrugineuses avec la base des hanches noire. Ailes roussâtres, enfumées à leur extrémité et le long de la côte; nervures et stigma ferrugineux. Abdomen ponctué, noir avec les deuxième et troisième segments ferrugineux; dernier segment échancré à son extré-

mité, les angles latéraux dentés; carènes du pygidium peu courbées en dehors, se rapprochant vers la base et davantage encore vers le bout. ♀. Long. 16mm. Env. 25mm.

♂ Tête noire; bord de l'épistome bi-échancré; épistome, joues, tempes, une ligne entre les antennes et un point derrière les yeux, d'un jaune ferrugineux; les antennes sont noires à l'exception des six premiers articles et du dernier qui sont ferrugineux. Thorax noir; pronotum marqué de chaque côté de jaune ferrugineux; le scutellum et le postscutellum sont d'un jaune ferrugineux avec la base du premier noire. Métathorax portant de chaque côté une tache qui, ainsi que les écaillettes, est de la même couleur jaune ferrugineuse. Pattes du même jaune avec les deux hanches postérieures et l'extrémité de leurs tibias tachés de noirâtre. Ailes roussâtres, enfumées à l'extrémité et le long de la côte; nervures et stigma ferrugineux. Abdomen avec le premier segment ferrugineux et marqué d'une tache dorsale noirâtre; les deuxième et troisième segments sont ferrugineux; le quatrième est noir avec une tache dorsale et de chaque côté un point d'un jaune ferrugineux; le dernier segment est noir bordé de jaune ferrugineux. Long. 16mm. Env. 25mm.

Laticincta, LEPELETIER.

PATRIE : Algérie (Oran).

—— Deuxième et troisième segments abdominaux noirs, bordés de jaune. Tête noire, ponctuée; face avec trois points jaunes chez la femelle, entièrement jaune chez le mâle; antennes noires avec le scape jaunâtre en dessous Thorax noir en entier, ponctué. Pattes rouges avec les cuisses noires. Ailes enfumées. Abdomen noir, ponctué, avec les segments deux, trois, quatre et cinq ornés postérieurement d'une fine bordure jaune. ♂♀. Long. 10mm. (Dufour)

Tenuivittata, DUFOUR.

PATRIE : Espagne.

38 Abdomen ferrugineux en tout ou en partie. 39

— Abdomen noir avec des fascies ou des taches jaunes ou blanches plus ou moins nombreuses. 40

39 Abdomen avec le cinquième segment ferrugineux. Tête noire avec un duvet court, argentin; mandibules et joues d'un blanc-jaunâtre ; antennes ferrugineuses avec le scape noir. Thorax noir; une tache de chaque côté sur les épaules, une autre sur chacun des côtés postérieurs du métathorax et postscutellum ferrugineux ; écaillettes ferrugineuses; espace triangulaire du metanotum lisse, très brillant. Pattes ferrugineuses. Ailes enfumées avec l'extrémité noirâtre. Abdomen entièrement ferrugineux sauf à la base et à l'extrémité. ♀.

♂. Le mâle a le thorax noir avec seulement le postscutellum jaune et les écaillettes ferrugineuses. Les pattes sont ferrugineuses avec les tibias noirs. A l'abdomen le premier et quelquefois le sixième segment, ainsi que les côtés du septième sont noirs. Long. 8 à 9mm. (Radoszkowskii)

Radoszkowskii, SCHLETTERER.

PATRIE : Espagne.

— Abdomen avec le cinquième segment noir. Tête noire avec quelques petits poils blanchâtres ; base des mandibules et une tache sur les joues ferrugineuses ; bord antérieur de l'épistome portant en son milieu deux petites dents courtes ; antennes ferrugineuses ; dessus du scape et du milieu du funicule noir. Thorax noir avec quelques poils blanchâtres; postscutellum portant une bande d'un blanc-jaunâtre, un peu interrompue; côtés du métathorax avec une ligne de même couleur; écaillettes ferrugineuses avec la base noire. Pattes ferrugineuses; dessus des cuisses intermédiaires et postérieures et de leurs tarses, noir. Ailes hyalines avec l'extrémité enfumée; nervures brunes, stigma ferrugineux. Abdomen noir avec une pubescence blanche; premier segment noir ou avec son extrême bord un peu ferrugineux; deuxième, troisième et quatrième segments ferrugineux avec une ligne étroite noire à leur base et à leur extrémité; cinquième segment noir avec le bord postérieur portant deux lignes très étroites, l'une intérieure blanchâtre, l'autre extérieure ferrugineuse; dessous de l'abdomen ferrugineux, sa base noire; dernier segment ferrugineux. ♀ (Lepeletier)

♂ inconnu.

Long. 9 à 11mm. Env. 15 à 16mm.

Vittata, Lepeletier.

Patrie : Algérie.

40 Ecaillettes noires. **41**

— Ecaillettes tachées ou colorées de couleur claire. **42**

41 Pronotum noir sans tache claire. Tête noire, finement et densément ponctuée; face jaune plus ou moins rayée de noir; mandibules jaunes avec l'extrémité noire; antennes noires avec le dessous du funicule testacé. Thorax entièrement noir, très finement et assez éparsement ponctué; quelquefois le pronotum est

taché de jaune, plus rarement encore les écaillettes et le postscutellum sont aussi marqués de jaune ; triangle du metanotum longitudinalement strié ou rugueux. Pattes noires avec les genoux, les tibias et les tarses jaunes mêlés de roux ; extrémité des tibias noire en dessus ; tarses postérieurs noirâtres. Ailes très légèrement enfumées avec la région radiale plus foncée. Abdomen brillant, finement et éparsement ponctué, premier segment noir avec une petite fossette au milieu de son bord postérieur ; deuxième, troisième, quatrième et cinquième segments avec une étroite bordure jaune, plus mince au milieu ; ventre noir ; avant dernier segment avec une impression à son bord postérieur. ♀.

♂. Le mâle a la face entièrement jaune ; le scape est ordinairement taché de jaune. Thorax noir, plus souvent marqué de jaune que la femelle aux endroits indiqués. Bord postérieur de l'avant-dernier segment ventral garni de cils épais. Trochanters et base des cuisses et des tibias postérieurs jaunes.

Long. 9 à 12ᵐᵐ. Env. 15 à 18ᵐᵐ.

Quadrifasciata, Panzer.

Patrie France, Belgique, Suisse, Italie, Tyrol, Autriche, Hongrie, Allemagne, Balkans, Suède, Finlande, Russie méridionale.

Ce *Cerceris* apporte dans son nid de petits hyménoptères fouisseurs, tels que l'*Alyson bimaculatum*.

— Pronotum taché de jaune.

Interrupta, Panzer, var. dufourii, Lepeletier. (V. nº 86)

42 Dernier segment abdominal jaune, au moins en partie. **43**

— Dernier segment abdominal noir. **45**

43 Epistome pourvu d'une lame saillante vers sa base. Sexe femelle. Tête noire, brillante, éparsement ponctuée ; face jaune ou ferrugineuse, ainsi que la base des mandibules, tout le derrière des yeux et leurs orbites internes jusqu'au dessus de leur sommet ; partie supérieure de l'epistome prolongée en avant en une lame saillante, libre, tronquée à son extrémité, pas plus large que longue ; antennes noires sur la moitié apicale du funicule, ferrugineuses sur le reste, avec le scape un peu plus clair, surtout en dessous. Thorax noir, éparsement ponctué, avec deux taches latérales sur le pronotum, les écaillettes, le scutellum et le postscutellum jaunes ou tachés de jaune ou de ferrugineux ; espace triangulaire du metanotum entièrement lisse et brillant ; souvent se voient deux taches jaunes latérales sur le metanotum. Pattes jaunes, mélangées de ferrugineux. Ailes légèrement teintées de brun ou de jaunâtre, avec l'extrémité enfumée. Abdomen noir, lisse, brillant, avec le premier segment taché latéralement de jaune, ou de jaune mêlé de ferrugineux, très rarement tout noir ; deuxième, troisième, quatrième et cinquième segments avec de larges bordures apicales jaunes ou plus ou moins blanchâtres, très fortement échancrées en leur milieu, même interrompues, surtout les premières. Quelquefois aussi le sixième segment est marqué latéralement de jaune ; la limite de la bordure du second segment offre quelquefois du ferrugineux ; le dessous de ce même segment, et souvent du premier, est, soit en entier, soit en partie, ferrugineux. Valvule anale inférieure avec de forts pinceaux de poils ferrugineux. Enfin la couleur foncière peut passer plus ou moins au ferrugineux. ♀.

♂. Le mâle n'a point de lame sur l'épistome, et ses dessins sont plus limités et moins souvent ferrugineux. Le derrière des yeux reste noir, ainsi que souvent le scutellum. Le triangle du metanotum est plus brillant. Le premier segment abdominal est plus souvent tout noir.

Long. 17 à 22mm. Env. 30 à 36mm.

Tuberculata, Villers.

Patrie : France méridionale, Espagne, Italie, Sicile, Grèce, Dalmatie, Hongrie, Croatie, Russie méridionale, Algérie, Asie-Mineure.

Cette espèce, comme je l'ai indiqué déjà d'apres M. Fabre (p. 234), approvisionne son nid avec des *Cleonus ophthalmicus* fraichement éclos. Le Cerceris en place cinq ou six dans chaque cellule et est à peu près exclusif sur la nature de la victime qu'il choisit. Ce n'est en effet que tres exceptionnellement qu'on peut trouver dans ses nids d'autres espèces de Charançons M. Fabre ne signale que deux exceptions constatées par lui dans ses longues recherches : il a rencontré une fois, dans les nombreux nids explorés, le *Cleonus alternans*, et, une autre fois, le *Bothynoderes albidus*. Il est possible que, dans d'autres régions, le *Cleonus ophthalmicus* soit remplacé par d'autres espèces, mais les observations manquent à ce sujet.

— Epistome sans lame saillante. Sexe mâle. 44

44 Antennes rouges. Pattes jaunes. Long. 13mm. Tête noire ; épistome avec une lame élevée, saillante, jaune avec son bord antérieur noir ; une ligne longitudinale interantennaire, l'orbite interne des yeux, une ligne transversale sur le vertex, deux taches derrière les yeux, jaunes ; antennes rouges avec le scape et la base du funicule jaunes. Thorax noir avec les épaules du pronotum, le scutellum, le postscutellum, deux taches latérales sur le métathorax, jaunes ; écaillettes jaunes. Pattes jaunes. Ailes hyalines, sombres à l'extrémité. Abdomen noir

avec les segments un à cinq bordés de jaune; ces bordures sont très larges et très fortement échancrées; dernier segment tout noir; ventre avec deux taches et trois bandes jaunes. ♀.

♂. Le mâle a les segments abdominaux deux à six bordés de jaune comme ceux de la femelle; le premier segment est tout noir; ventre et dernier segment jaunes.

Long. 13^{mm}. Env. 18^{mm}.

Sirdariensis, RADOSZKOWSKI.

PATRIE : Turkestan.

— Antennes noires en dessus, ferrugineuses en dessous. Pattes jaunes avec les cuisses tachées de noir. Long. 8^{mm}. Tête noire, fortement ponctuée, pubescente; mandibules jaunes avec l'extrémité noire; face jaune ainsi qu'un point derrière le sommet des yeux; antennes noires en dessus, ferrugineuses en dessous, ainsi que l'article terminal du funicule tout entier. Thorax noir, fortement ponctué, avec une tache jaune de chaque côté du pronotum et une ligne de même couleur des deux côtés du métathorax; écaillettes et postscutellum jaunes. Pattes jaunes avec les cuisses tachées de noir. Ailes antérieures hyalines avec l'extrémité enfumée; nervures et stigma ferrugineux. Abdomen noir; premier segment noir avec son bord extrême ferrugineux; les quatre suivants entièrement jaunes, sauf à leur extrême base; sixième segment avec une bande jaune sur son bord postérieur; ventre noir avec une bande jaune sur les deuxième, troisième, quatrième et cinquième segments. ♂ (Lepeletier)

♀ inconnue.

Long. 8^{mm}. **Foveata**, LEPELETIER.

PATRIE : Algérie.

45 Quatrième segment abdominal noir.
Moesta, DESTEFANI. (V. nº 5)

— Quatrième segment abdominal bordé ou taché de jaune ou de blanc. **46**

46 Tête d'un rouge testacé en devant. Tête finement ponctuée, pubescente, noire avec le devant d'un rouge testacé ; mandibules noires avec la base externe rouge, antennes noires avec le scape jaune, les articles deux à cinq en entier roux ainsi que le dessous des suivants et l'extrémité du dernier. Thorax très finement ponctué, pubescent, noir en entier ; écaillettes rousses. Pattes testacées, hanches et une tache sur la base des cuisses antérieures, noires. Ailes antérieures hyalines, largement assombries sur le bord ; nervures brunes, nervure costale et stigma testacés. Abdomen noir avec les segments deux, trois et quatre bordés de jaune ; la première bordure plus large que les autres ; toutes sont échancrées en leur milieu. Le ventre est plus ou moins coloré en jaune. ♀.

♂. Le mâle a aussi une bordure jaune échancrée au cinquième segment.

Long. 12ᵐᵐ. Env. 20ᵐᵐ. **Excellens**, KLUG.

PATRIE Egypte.

— Tête jaune ou blanche en devant. **47**

47 Espace triangulaire du metanotum lisse ou à peine strié à son angle postérieur. **48**

— Espace triangulaire du metanotum ridé, strié, rugueux ou ponctué. **51**

48 Espace du metanotum de forme nettement triangulaire. **49**

— Espace du metanotum de forme à peu près trapéziforme, tombant à pic en arrière. Tête noire, finement et densément ponctuée; épistome un peu denté en avant; face jaune; antennes noires avec le dessous du scape jaune et celui du funicule d'un jaune brun. Thorax non ponctué, avec le pronotum, les écaillettes et le postscutellum tachés de jaune. Pattes ferrugineuses avec le dessus des cuisses taché de noir et les tarses postérieurs bruns. Ailes antérieures un peu troublées à leur extrémité. Abdomen noir, densément ponctué, avec les deuxième, troisième, quatrième et cinquième segments pourvus de bandes jaunes étroites, un peu échancrées, non interrompues. ♂ (Schletterer) ♀ inconnue.

Long. 10mm. **Striolata**, SCHLETTERER.

PATRIE : Hongrie.

49 Ponctuation assez forte ou rugueuse. 50

— Ponctuation très fine. Tête noire; face noire avec une tache blanc-jaunâtre au bord interne des yeux; épistome prolongé en avant en forme de nez pointu et portant en son milieu une fine carène longitudinale; antennes plus ou moins ferrugineuses. Thorax finement ponctué, noir; pronotum avec deux taches d'un blanc-jaunâtre; écaillettes et postscutellum de même couleur; triangle du metanotum très finement et densément ponctué, ainsi que le métathorax. Pattes ferrugineuses, excepté les hanches, les trochanters et la plus grande partie des cuisses antérieures et intermédiaires qui sont noires. Ailes brunâtres. Abdomen très finement et densément ponctué avec un petit point blanc arrondi sur les côtés du bord apical du premier segment; segments deux, trois et quatre pourvus d'une étroite bande blanchâtre; ces dessins doivent d'ailleurs être très variables. Long. 10 à 12mm. **Euryanthe**, KOHL.

PATRIE : Caucase.

50 Métathorax et premier segment abdominal mâles mats, longuement velus, rugueux. Epistome femelle avec une lame saillante. Taille de 17mm au moins.

Tuberculata ♂♀, VILLERS. (V. n° 43).

— Métathorax et premier segment abdominal mâles brillants, presque glabres, nettement et fortement ponctués. Epistome femelle sans lame saillante. Taille de 11mm au plus. Tête noire, luisante, fortement ponctuée, surtout sur le vertex; épistome légèrement échancré en avant; orbites internes des yeux tachés de jaune blanchâtre; base des mandibules jaune clair, avec une teinte testacée contiguë à la partie noire; souvent deux petites taches jaune clair derrière le sommet des yeux. Thorax noir, luisant, fortement ponctué; pronotum taché latéralement de jaune clair; triangle du metanotum lisse; écaillettes jaunes ou en partie jaunes. Pattes entièrement testacées, avec le dessus des hanches noir. Ailes légèrement salies de brun; stigma et nervure costale testacés; les autres nervures brunes. Abdomen luisant, fortement ponctué; premier segment noir, avec deux très petites taches claires latérales sur le bord; deuxième, troisième, quatrième et cinquième segments bordés de blanc un peu jaunâtre; ventre noir; dernier segment abdominal avec deux points testacés; les bords latéraux de la valvule anale supérieure se rejoignent en avant sous un angle aigu. ♀.

♂. Epistome et face jaunes; postscutellum jaune; deuxième, troisième et quatrième segments abdominaux jaunes. Pattes jaunes, tachées de testacé. Epistome tridenté.

Long. 8 à 11mm. Env. 13 à 16mm. **Luctuosa**, COSTA.

PATRIE : France méridionale (Landes), Italie, Hongrie.

51 Espace triangulaire du metanotum ponctué. Sexe mâle. 52

— Espace triangulaire du metanotum ridé ou strié. 54

52 Espace triangulaire du metanotum mal et à peine délimité. Tête noire, velue, densément et finement ponctuée; épistome fortement denté en avant; face jaune; antennes presque entièrement d'un noir brun. Thorax noir, velu, finement ponctué; écaillettes finement ponctuées; triangle du metanotum densément et finement ponctué, mal limité. Pattes ferrugineuses, avec le dessus des cuisses taché de noirâtre. Ailes antérieures assez fortement enfumées à leur extrémité. Abdomen noir, très finement et densément ponctué; deuxième, tioisième, quatrième et cinquième segments avec des bandes marginales d'un jaune clair. ♂ (Schletterer)

♀ inconnue.

Long. 12mm. **Atlantica**, SCHLETTERER.

PATRIE : Algérie.

— Espace triangulaire du metanotum bien délimité. 53

53 Abdomen garni de points assez fins entre lesquels sont des points plus fins encore. Tête noire, velue, densément ponctuée; face blan-

che; antennes d'un brun noir avec le dessous du funicule jaune brun et celui du scape blanc. Thorax noir, velu, densément et fortement ponctué; écaillettes tachées de blanc; triangle du metanotum densément ponctué. Pattes jaune-rougeâtre avec les cuisses tachées de noir et les tarses intermédiaires et postérieurs rembrunis. Ailes antérieures légèrement grisâtres. Abdomen assez finement ponctué, noir avec le deuxième segment et tous les suivants ornés d'une étroite bande blanc-jaunâtre à leur bord postérieur. Le deuxième segment porte en arrière et en dessus une fossette visible qui se retrouve, mais moins accentuée, sur les segments suivants. ♂ (Schletterer)

♀ inconnue.

Long. 13 à 14mm. **Melanothorax**, SCHLETTERER.

PATRIE Hongrie, Espagne.

— Abdomen avec une seule espèce de points plus denses et assez gros. Tête finement et densément ponctuée, velue de poils blancs, noire avec la face plus ou moins tachée de blanc; ordinairement l'épistome ne porte qu'une tache arrondie en haut et l'on voit deux taches rectangulaires le long de l'orbite des yeux; d'autres taches se trouvent derrière le sommet des yeux et sur le vertex; épistome très légèrement relevé en avant; mandibules noires avec une petite tache à leur base; antennes noires avec seulement le scape taché de blanc en dessous; parfois le dessous du funicule est ferrugineux. Thorax noir, velu, finement et densément ponctué; pronotum noir ou taché de blanc; écaillettes en partie blanches; scutellum et postscutellum soit tout noir, soit tachés ou rayés de blanc; on voit aussi souvent deux taches de même couleur sur les côtés du métathorax ; enfin le dessus des mésopleures peut porter quelquefois une petite tache blanche sous l'insertion des ailes. Pattes testacées ou mélangées de fauve et de jaune avec les hanches et les trochanters noirs. Ailes hyalines avec l'extrémité enfumée, ou même un peu enfumées sur toute leur surface; nervures brunes. Abdomen brillant, finement et densément ponctué, avec le premier segment soit tout noir, soit marqué de deux taches blanches. Les deuxième, troisième, quatrième et cinquième segments portent chacun, à leur bord postérieur, une bande blanchâtre, étroite sur les trois premiers, plus large sur le dernier; ventre tout noir. ♀.

♂. Epistome tridenté.

Long. 13 à 16^{mm}. Env. 22 à 26^{mm}.

Capitata, SMITH.

PATRIE : France méridionale, Italie, Sicile, Albanie, Russie méridionale.

54 Avant-dernier segment abdominal avec des pinceaux saillants latéraux de poils raides. Sexe mâle. **55**

— Avant-dernier segment abdominal cilié, mais sans pinceaux latéraux de poils raides. **57**

55 Espace triangulaire du metanotum strié seulement aux angles antérieurs. Tête noire, finement et densément ponctuée, velue; mandibules noires, avec la base blanche; épistome portant en haut un appendice saillant, libre, trapézoïdal, blanc en dessus ; joues et orbites internes des yeux blancs, ainsi qu'un point derrière le sommet des yeux. Antennes noires, avec le dessous de la base du funicule testacé. Thorax noir, velu, finement ponctué ; pronotum avec deux taches blanches; moitié apicale des écaillettes blanche, ainsi que le postscutellum; espace triangulaire du metanotum obliquement strié partout. Pattes ferrugineuses, avec les hanches, les trochanters et la base des cuisses noirs; tarses postérieurs rembrunis en dessus à leur extrémité. Ailes hyalines, avec leur extrémité un peu enfumée. Abdomen très finement ponctué, brillant, avec deux taches blanches sur tous les segments, sauf le dernier; ventre tout noir; son avant-dernier segment impressionné. ♀.

♂. Epistome sans partie saillante, faiblement tridenté en avant; face entièrement blanche; dessous du scape blanc. Espace triangulaire du metanotum lisse au milieu, obliquement strié sur les bords. Premier et dernier segments abdominaux ordinairement entièrement noirs. Pattes blanches; cuisses postérieures marquées de noir avant les genoux, qui sont ferrugineux; avant-dernier segment ventral muni latéralement de deux appendices en forme de cornes.

Long. 8 à 12mm. Env. 14 à 18mm.

Bracteata, EVERSMANN.

PATRIE : Hongrie, Oural.

— Espace triangulaire du metanotum strié partout. **56**

56 Bord antérieur de l'épistome faiblement tridenté. Tête brillante, velue, finement ponctuée; mandibules noires, avec la moitié basilaire blanc-jaunâtre; épistome noir, avec, à sa partie supérieure, une lame saillante libre, carrée ou un peu rétrécie en arrière, courbée vers le bas, légèrement échancrée en avant, ponctuée, blanche, avec le bord noir; orbites des yeux blanc-jaunâtre, ainsi que de petits points derrière leur sommet ; antennes noires, avec le dessous du funicule blanchâtre. Thorax finement ponctué, brillant, velu ; pronotum marqué de deux taches jaunes ; moitié apicale des écaillettes et postscutellum jaunes ; triangle du metanotum obliquement strié. Pattes ferrugineuses, avec les hanches, les trochanters et la base des cuisses noirs, au moins aux paires antérieures. Ailes antérieures un peu enfumées vers l'extrémité. Abdomen brillant, très finement ponctué, avec tous les segments, sauf le dernier, marqués de deux taches allongées, latérales, jaunes, se rejoignant souvent sur les segments postérieurs pour former des bandes étroites ; ventre tout noir ; valvule anale inférieure avec des pinceaux de poils. ♀.

♂. Epistome sans lame saillante, légèrement denté en avant ; face entièrement jaune. Rarement premier segment abdominal entièrement noir. Avant-dernier segment ventral avec deux cornes latérales.

Long. 8 à 14mm. Env. 15 à 20mm.

Labiata, Fabricius.

Patrie : France, Belgique, Angleterre, Allemagne, Dalmatie, Italie, Tyrol, Hongrie, Suède, Finlande, Russie, Turkestan.

Cette espèce approvisionne son nid de petites espèces de Curculionides, *Apion*, etc.

— Bord antérieur de l'épistome non denté. Tête finement et densément ponctuée, légèrement pubescente ; mandibules noires avec la base jaune ; épistome noir avec son extrémité creusée d'une profonde fossette qui en fait saillir la partie supérieure ; celle-ci est jaune ; orbites internes des yeux jaunes ainsi qu'un point derrière leur sommet ; antennes noirâtres en dessus, testacées en dessous. Thorax noir, brillant, densément ponctué ; pronotum avec deux taches jaunes ; écaillettes et postscutellum jaunes ; triangle du metanotum obliquement strié. Pattes jaunes, mêlées de ferrugineux, avec les hanches, les trochanters et la base des cuisses tachés de jaune. Ailes antérieures enfumées à leur extrémité, nervures brunes. Abdomen noir, brillant, ponctué, avec le premier segment marqué de deux points jaunes ; les segments deux, trois, quatre et cinq avec une large bordure jaune, très fortement échancrée au milieu ; ventre tout noir. ♀.

♂. Epistome sans fossette ; face entièrement jaune. Souvent le premier segment abdominal tout noir. Avant-dernier segment ventral muni de deux cornes latérales.

Long. 8 à 1.mm. Env. 14 à 18mm.

Quinquefasciata, Rossi.

Patrie : France, Belgique, Angleterre, Allemagne, Autriche, Italie, Tyrol, Hongrie, Bulgarie, Espagne, Russie.

57 Epistome pourvu, vers son milieu ou sa base, d'une lamelle saillante libre, très distincte du bord même de l'épistome. 58

— Epistome sans lamelle semblable. 59

58 Lamelle de l'epistome saillante, carrée.

Labiata ♀, Fabricius (V. n° 56)

— Lamelle de l'épistome peu saillante, arrondie.

Quadrifasciata ♀, Panzer (V. n° 41)

59 Bord antérieur de l'épistome relevé en haut ou excavé pour former une profonde fossette en dessous. 60

— Bord antérieur de l'épistome ni relevé ni excavé. 62

60 Bord antérieur de l'épistome droit, simplement un peu relevé. Tête noire, finement et densément ponctuée, mandibules noires avec la base jaune ; épistome avec le bord apical courbé, un peu relevé, jaune avec le tiers apical noir; joues et orbites internes jaunes; une grosse tache jaune derrière le sommet des yeux ; antennes noires avec le dessous du scape jaune et la base du funicule testacée. Thorax finement et éparsement ponctué; pronotum marqué de deux taches jaunes ; écaillettes et postscutellum jaunes; métathorax taché latéralement de jaune; triangle du metanotum longitudinalement strié. Pattes jaunes avec les hanches, les genoux, l'extrémité des tibias postérieurs et le dessus de leurs tarses noirâtres. Ailes enfumées à leur extrémité. Abdomen luisant, ponctué ; premier segment bordé ou taché de jaune, rarement noir en entier ; deuxième segment avec une bordure jaune quelquefois très large, échancrée assez fortement en son milieu ; troisième et quatrième segments avec des bordures jaunes plus étroites, rétrécies en leur milieu ; cinquième segment avec une bordure semblable, souvent très large et plus ou moins échancrée en son milieu ; segments ventraux[1] diversement tachés de jaune sur les côtés ; valvule anale inférieure avec des pinceaux de poils. ♀.

♂. Le mâle a le bord antérieur de l'épistome non relevé, mais tridenté ; le premier segment abdominal est plus souvent noir ou très peu taché. Avant-dernier segment ventral fortement cilié.

Long. 7 à 18^{mm}. Env. 15 à 27^{mm}. **Arenaria**, Linné.

PATRIE : France, Belgique, Angleterre, Suisse, Allemagne, Suède, Autriche, Tyrol, Italie, Sicile, Dalmatie, Espagne, Portugal, Autriche, Hongrie, Malte, Corfou, Russie, Suède, Oural, Asie-Mineure, Turkestan.

Le *Cerceris arenaria* approvisionne son nid de diverses espèces de Curculionides, parmi lesquelles les suivantes ont été rencontrées et signalées par différents auteurs, au nombre de six à huit dans chaque cellule, selon la grosseur de l'insecte :

Lixus oscanii.
Sitones lineata.
— *tibialis.*
— *pilosella.*
Cneorhinus hispidus.
Otiorhynchus raucus.
— *maleficus.*
Phytonomus punctatus.
Strophosomus faber.
Geonemus flabellipes.
Brachyderes gracilis.

— Bord antérieur de l'épistome convexe, formant en dessous une fossette. 61

61 Première et dernière bandes jaunes de l'abdomen plus larges que les autres, non interrompues. Tête velue, noire, finement et densément ponctuée ; face jaune, avec le bord de l'épistome noir ; ce dernier un peu échancré et relevé en son milieu, de façon à laisser un vide ou une fossette au dessous de ce bord ; mandibules jaunes, avec la moitié apicale noire ; antennes noires, avec le dessous du scape jaune et le dessous du funicule testacé ; dernier article de celui-ci testacé aussi en dessus. Thorax noir, velu, finement et densément ponctué ; pronotum marqué de deux petites taches jaunes ; écaillettes et postscutellum jaunes ; quelquefois le métathorax est taché de jaune sur les côtés ; triangle du metanotum longitudinalement ridé. Pattes jaunes, avec une partie des

hanches, les genoux, l'extrémité des tibias et le dessus des tarses postérieurs noirs ou noirâtres. Ailes antérieures hyalines, avec le bord costal et l'extrémité un peu enfumés. Abdomen noir, assez finement ponctué ; deuxième segment avec une très large bande jaune un peu échancrée en devant ; troisième et quatrième segments avec une bande assez étroite, jaune ; cinquième segment avec une large bande jaune occupant quelquefois toute sa surface ; ces dessins jaunes se reproduisent en partie du côté ventral ; valvule anale inférieure avec de petits pinceaux de poils. ♀.

♂. Face plus complètement jaune ; épistome simple, un peu tridenté à son bord apical. Les bordures abdominales sont plus égales entre elles.

Long. 7 à 11mm. Env. 14 à 18mm.

Quadricincta, Panzer.

Patrie : France, Belgique, Angleterre, Italie, Corse, Allemagne, Tyrol, Autriche, Hongrie, Sardaigne, Sicile, Danemark, Russie, Oural, Caucase, Turkestan.

Chaque cellule, d'après M. Fabre, contient une trentaine de petits Curculionides, composés en majeure partie d'*Apion gravidum*. Plus rarement, on y trouve le *Phytonomus murinus* et le *Sitones lineata*.

— Première et dernière bandes jaunes de l'abdomen pas plus larges que les autres, souvent plus ou moins interrompues.

Quinquefasciata, Rossi. ♀. (V. n° 56).

62 Bord de l'avant-dernier segment ventral assez longuement cilié pour cacher la base du dernier segment. 63

— Bord de l'avant-dernier segment ventral assez peu cilié pour laisser visible la base du dernier segment (♂) ou non impressionné sur toute sa largeur (♀). 66

63 Deuxième article du funicule à peine deux fois aussi long que le premier. Premier segment abdominal avec une fossette visible à son bord postérieur. Triangle du metanotum rugueux. Tête finement ponctuée, noire, avec quelques poils blancs ; épistome et joues tachés de ferrugineux ; antennes noires ou brunes avec la base et l'extrémité ferrugineuses ; mandibules ferrugineuses avec l'extrémité noire. Thorax ponctué, noir, avec quelques poils blancs ; écaillettes ferrugineuses. Pattes ferrugineuses avec la base des hanches noire. Ailes hyalines avec l'extrémité enfumée ; nervures et stigma ferrugineux. Abdomen avec le premier segment ferrugineux sauf à sa base qui est noire ; le deuxième est jaune avec une ligne étroite noire à la base ; les troisième et quatrième sont noirs avec une large bande jaune au bord postérieur, échancrée au milieu ; le cinquième est noir avec une tache d'un jaune ferrugineux de chaque côté ; ventre noir avec une tache ferrugineuse de chaque côté des deuxième et troisième segments. ♀. (Lepeletier)

♂. Le mâle a la face jaune, les antennes plus sombres et le scape taché de jaune. L'abdomen a le premier segment noir, tous les autres noirs plus ou moins bordés de jaune ; le bord postérieur de l'avant-dernier segment est fortement cilié. (Schletterer)

Long. 11 à 15^{mm}. **Lindenii**, Lepeletier.

Patrie : Espagne, Algérie.

— Deuxième article du funicule deux fois ou

deux fois et demie aussi long que le premier. Premier segment abdominal sans fossette. Triangle du metanotum strié. **64**

64 Première bande jaune abdominale plus large que les suivantes ou non échancrée.
Quadricincta, Panzer. ♂. (V. n° 61).

— Première bande jaune abdominale pas plus large que les suivantes ou échancrée. **65**

65 Dernier article des antennes assez fortement courbé en forme de corne.
Arenaria, Linné. ♂. (V. n° 60).

— Dernier article des antennes non ou peu courbé en forme de corne.
Quadrifasciata, Panzer. ♂. (V. n° 41).

66 Avant-dernier segment abdominal impressionné. **Leucozonica**, Schletterer. (V. n° 11).

— Avant-dernier segment abdominal non impressionné. **Stratiotes**, Schletterer (V. n° 7).

67 Premier segment abdominal de couleur foncière noire, seulement taché de couleur claire. **68**

— Premier segment abdominal de couleur foncière autre que le noir. **103**

68 Espace triangulaire du metanotum entièrement lisse ou avec un seul sillon médian. **69**

— Espace triangulaire du metanotum ponctué ou strié au moins en partie. **74**

69 Segments abdominaux avec des bordures blanches ou à peine jaunâtres. **70**

— Segments abdominaux avec des bordures d'un jaune franc. **72**

70 Partie médiane du devant de l'épistome échancrée ou dentée. **Luctuosa**, COSTA. (V. n° 50).

— Partie médiane du devant de l'épistome non échancrée. **71**

71 Troisième segment ventral mâle avec une partie plate à sa base. Avant-dernier segment ventral ♀ prolongé latéralement en pointe aiguë. **Funerea**, COSTA. (V. n° 29).

— Troisième segment ventral ♂ sans partie plate à sa base. Avant-dernier segment ventral ♀ sans dents latérales. Tête finement et densément ponctuée; base des mandibules, orbites internes des yeux et une bande transversale sur l'épistome, jaune pâle; antennes noires, avec le dessous du funicule ferrugineux. Thorax noir; souvent on voit deux taches sur le bord postérieur du pronotum, et ordinairement les écaillettes et le postscutellum sont jaune pâle; triangle du metanotum lisse et très brillant, divisé par un sillon longitudinal. Pattes testacées, avec les hanches, les trochanters et une partie des cuisses noirs; tarses postérieurs noirâtres en dessus. Ailes un peu enfumées avec l'extrémité plus sombre, nervures brunes. Abdomen noir, avec les segments un à quatre marqués de taches latérales jaune pâle pouvant se réunir sur les derniers segments; avant-dernier segment ventral avec une profonde impression. ♀.

♂. Face entièrement blanche. Sixième segment abdominal avec une fascie blanche.

Long. 9 à 11mm. Env. 15 à 17mm.

Specularis, COSTA.

PATRIE : Italie, Sicile, Corfou, Crète, Grèce, Espagne.

72 Ventre entièrement jaune. Epistome ♀ sans

pointe ni lame saillante à sa base. Métathorax taché de jaune. Tête noire, densément et finement ponctuée; face jaune; deux taches derrière le sommet des yeux, et une partie du vertex, jaunes; antennes rousses, avec leur base jaune. Thorax noir, très brillant, peu ponctué; mésopleures munies à leur partie inférieure d'un tubercule saillant, dentiforme; pronotum, écaillettes, poitrine, scutellum. postscutellum et deux grandes taches sur le mesonotum, jaunes; scutellum, postscutellum, et triangle du metanotum, lisses et très brillants. Pattes jaunes. Ailes hyalines, avec l'extrémité enfumée. Abdomen ponctué, noir, avec deux taches jaunes sur le premier segment et de larges bandes marginales sur les quatre suivants; ventre jaune; deuxième segment ventral avec une petite plaque élevée, lisse. ♀. Long. 7 à 8mm.

♂ inconnu. **Spectabilis.** RADOSKOWSKI.

PATRIE : Asie (Astrabad).

— Ventre en partie noir. Epistome ♀ avec une pointe ou une lame saillante à sa base. Métathorax souvent entièrement noir. **73**

73 Epistome avec une lame plate à sa base.

Tuberculata, VILLERS. (V. n° 43).

— Epistome avec une pointe conique à sa base. Tête noire, ponctuée; face jaune; épistome pourvu à sa base d'une pointe conique, saillante en avant, en dessous de laquelle l'épistome est profondément et circulairement échancré; antennes testacées. Thorax noir, ponctué, taché de blanc sur le pronotum, les écaillettes et le postscutellum; triangle du metanotum lisse et brillant, non ponctué. Pattes testacées. Ailes un peu enfumées à l'extrémité. Abdomen noir, avec quatre bandes jaunes; celle du premier segment interrompue. ♀.

♂. Epistome sans pointe conique; son bord antérieur non denté.

Long. 15 à 18mm. **Rhinoceros**, KOHL.

PATRIE : Syrie.

74 Espace triangulaire du metanotum strié au moins en partie. **75**

— Espace triangulaire du metanotum ponctué au moins en partie. **97**

75 Avant-dernier segment ventral muni latéralement, de chaque côté, d'un pinceau saillant de poils roux, raides, ou de grands appendices laraux. **76**

— Avant-dernier segment ventral cilié ou non, mais sans pinceaux saillants latéraux de poils raides. **78**

76 Espace triangulaire du metanotum strié seulement aux angles antérieurs.

Bracteata, EVERSMANN. ♂. (V. n° 55).

— Espace triangulaire du metanotum strié partout. **77**

77 Bord antérieur de l'épistome faiblement tridenté. **Labiata**, FABRICIUS, ♂. (V. n° 56).

— Bord antérieur de l'épistome non denté.

Quinquefasciata, ROSSI. ♂. (V. n° 56).

78 Espace triangulaire du metanotum seulement strié finement en arrière.

Striolata, SCHLETTERER. (V. n° 48).

— Espace triangulaire du metanotum strié partout ou en avant, au moins latéralement. **79**

79 Deuxième segment abdominal noir ou bordé de jaune à sa base. **80**

— Deuxième segment abdominal bordé de jaune à son extrémité. **81**

80 Deuxième segment abdominal noir.

Leucozonica, SCHLETTERER. (V. n° 11).

— Deuxième segment abdominal bordé de jaune à sa base. Tête noire; face jaune, mandibules jaunes avec l'extrémité noire; épistome tridenté. Thorax noir, avec deux taches jaunes sur le pronotum; écaillettes jaunes, ainsi que le postscutellum et deux taches sur le métathorax; triangle du metanotum longitudinalement strié. Pattes jaunes avec les hanches, les trochanters et le dessous des cuisses postérieures noirs. Ailes hyalines, avec l'extrémité enfumée et les nervures testacées ou brunes. Abdomen noir avec le premier segment pourvu d'une bande marginale jaune; le deuxième segment porte une bande semblable à sa base; les troisième et quatrième offrent une large bordure marginale un peu échancrée; le cinquième segment en présente une qui l'occupe tout entier, et qui est à peine échancrée en avant; sur la face ventrale, le troisième segment a une bande jaune, et les quatrième et cinquième seulement deux taches latérales de même couleur. ♀. (Costa).

♂ inconnu.

Long. 11mm. Env. 18mm. **Brutia**, COSTA.

PATRIE : Calabre.

81 Epistome pourvu, vers son milieu ou sa base, d'une lamelle saillante, libre, très distincte. **82**

— Epistome sans lamelle saillante, libre. **88**

82 Lamelle saillante très fortement échancrée en avant. 83

— Lamelle saillante non ou à peine échancrée en avant. 84

83 Lamelle deux fois plus large que longue. Tête noire, densément ponctuée; épistome pourvu d'une lame saillante, libre, deux fois plus large que longue, largement échancrée par un triangle profond ; dessus de cette lamelle blanchâtre, ainsi que les orbites internes et le derrière des yeux ; antennes noires en dessus, jaunes en dessous. Thorax noir, un peu ponctué, avec deux taches en arrière du pronotum, les écaillettes, le postscutellum, une petite tache sur les mésopleures, et deux lignes parallèles sur le métathorax, de couleur blanche ; triangle du metanotum longitudinalement strié. Pattes fauves, avec les hanches noires et les tarses postérieurs bruns. Ailes hyalines, enfumées à leur extrémité; nervures brunes. Abdomen ponctué, noir, avec deux taches blanchâtres sur le premier segment et des bordures marginales semblables sur les segments deux à cinq. ♀.

♂ inconnu.

Long. 8 à 11mm. Env. 15 à 18mm.

Bucculenta, Costa.

Patrie : Italie méridionale, Sardaigne, Hongrie.

— Lamelle seulement un peu plus large que longue. Tête noire, finement et densément ponctuée, brillante, pubescente de poils roux; mandibules noires, avec la base jaune rougeâtre ; épistome noir, pourvu à sa partie supérieure d'une lame saillante plus étroite à sa base et très profondément échancrée en forme de triangle ; son bord et sa base sont noirs, le reste jaune ;

orbites internes des yeux jaunes; une tache orangée derrière le sommet des yeux ; antennes noires, avec le dessous du scape jaune, la base et le dessous du funicule testacés. Thorax noir, pubescent, finement et densément ponctué ; deux taches jaunes sur le pronotum ; écaillettes, postscutellum et souvent deux taches latérales sur le métathorax, jaunes ; triangle du metanotum longitudinalement strié sur toute sa surface. Pattes jaunes avec les hanches, les trochanters, la base des cuisses antérieures et les genoux postérieurs, noirs; dessus des tarses postérieurs noirâtre. Ailes légèrement enfumées avec l'extrémité plus sombre. Abdomen luisant, finement ponctué; premier segment avec deux grosses taches jaunes; deuxième, troisième, quatrième et cinquième segments avec des bordures jaunes échancrées en avant, plus larges sur le deuxième et le cinquième segments que sur les autres; deuxième, troisième et quatrième segments ventraux tachés latéralement de jaune; valvule anale inférieure avec de gros pinceaux de poils. ♀.

♂. Epistome sans lame saillante; face entièrement jaune ; sixième segment ayant aussi une bande jaune.

Long. 9 à 15mm. Env. 17 à 22mm.

Ferreri, VAN DER LINDEN.

PATRIE : France, Suisse, Italie, Sicile, Sardaigne, Tyrol, Dalmatie, Autriche, Hongrie, Albanie. Espagne, Portugal, Russie méridionale, Oural, Turkestan, Algérie.

Cette espèce garnit chaque cellule de son nid avec six ou huit Curculionides d'espèces variées. M. Fabre signale les suivants :

Phytonomus murinus.
— *punctatus.*
Sitones lineata.
Cneorhinus hispidus.
Rhynchites betuleti.

84 Lamelle rétrécie en avant ou carrée, légèrement excavée en avant. 85

— Lamelle rétrécie vers sa base, convexe en avant. Tête noire, finement ponctuée; épistome pourvu à sa partie supérieure d'une lame saillante, plus étroite vers sa base, non échancrée en avant; épistome noir, sauf une tache jaune située au dessus de la lame saillante; orbites internes des yeux jaunes, ainsi qu'un point derrière le sommet des yeux; mandibules jaunes avec l'extrémité noire; antennes noires avec le dessous du funicule testacé. Thorax noir, finement ponctué; pronotum marqué de deux taches jaunes; écaillettes et postscutellum jaunes; triangle du metanotum longitudinalement strié. Pattes jaune-rougeâtre avec les hanches, les trochanters et la base des cuisses noirs ou d'un brun sombre. Ailes hyalines avec l'extrémité enfumée; nervures et stigma testacés. Abdomen finement ponctué; premier segment marqué de deux taches jaunes, presque contiguës; deuxième segment avec deux taches à peine séparées; troisième, quatrième et cinquième segments ornés de bordures étroites jaunes; ventre noir. ♀.

♂ inconnu.

Long. 11mm. Env. 16mm. **Laminifera**, Costa.

Patrie. Italie, Piémont.

85 Ornements blancs ou à peine lavés de roux. 86

— Ornements jaune franc. 87

86 Lamelle de l'épistome avec ses angles antérieurs bien nets. **Bracteata**, Eversmann. ♀. (V. n° 55)

— Lamelle de l'épistome avec les angles antérieurs et les côtés arrondis. ♀. Tête brillante, finement ponctuée ; épistome avec sa partie antérieure relevée en lame libre, laissant en dessous une fossette profonde; dessous de cette partie saillante noire; dessus blanc ainsi que les orbites internes des yeux ; une tache blanche derrière le sommet des yeux ; mandibules ferrugineuses avec l'extrémité noire; antennes ferrugineuses avec l'extrémité du funicule noire. Thorax finement et éparsement ponctué; triangle du metanotum obliquement strié ; pronotum avec deux taches blanchâtres ; écaillettes un peu rougeâtres; postscutellum blanc. Pattes ferrugineuses. Ailes un peu enfumées avec l'extrémité plus sombre. Abdomen noir, finement ponctué; segments un à cinq avec chacun deux taches latérales d'un blanc-jaunâtre sur leur bord postérieur ; ventre noir. ♀.

♂. Face blanche; épistome sans lame saillante, tridenté en avant ; sixième segment bordé de blanc-jaunâtre.

Long. 7 à 10mm. Env. 13 à 16mm.

Interrupta, Panzer.

Patrie : France, Belgique, Angleterre, Allemagne, Autriche, Tyrol, Hongrie, Bulgarie, Italie, Suède, Russie méridionale, Oural.

On trouve, d'après Shuckhard, des *Strophosomus* (Coleoptères curculionides) dans le nid de cette espèce.

87 Lamelle de l'épistome carrée ou un peu rétrécie en arrière. **Labiata**, Fabricius. ♀, (V. n° 56).

— Lamelle de l'épistome rétrécie en avant. Tête noire, ponctuée ; épistome pourvu d'un appendice conique, élevé, libre, rétréci vers son extrémité ; face en partie jaune; épistome noir avec deux points jaunes; orbites internes des yeux blancs ; antennes brunes. Thorax noir, un peu ponctué ; pronotum, écaillettes et postscutellum jaunes ou tachés de jaune ; triangle du metanotum longitudinalement chagriné. Pattes ferrugineuses ou jaunes, avec les hanches noires. Ailes hyalines, avec le bord apical enfumé. Abdomen noir, finement ponctué ; segments un à cinq ornés de bordures jaunes, celle du premier segment interrompue. ♀.

♂ inconnu.

Long. 11 à 16mm. **Cornuta**, Eversmann.

Patrie : Russie, Oural, Balkans.

88 Dessins ferrugineux. Tête brillante, finement ponctuée, avec le vertex un peu plus lisse, ferrugineuse en entier ou noire avec des taches ferrugineuses sur la face, le vertex et derrière les yeux ; extrémité des mandibules noire; épistome renflé au milieu de son extrémité en forme de pointe obtuse; antennes ferrugineuses ou en partie noirâtres en dessus. Thorax luisant, éparsement ponctué, ferrugineux en entier ou noir avec des taches ferrugineuses sur le pronotum, les écaillettes et le postscutellum ; triangle du metanotum ridé obliquement avec les rides séparées par des points enfoncés ou passant sur ceux-ci; mésopleures renflées en dessous en forme de tubercule; écaillettes lisses, brillantes. Pattes ferrugineuses ou avec la base des hanches noire. Ailes hyalines, un peu jaunâtres dans la partie costale, avec l'extrémité enfumée; nervures jaunes dans la région costale, les autres brunes. Abdomen ferrugineux avec l'extrémité légèrement assombrie, ou avec le premier segment en partie noir, ponctué, luisant; les derniers segments pourvus d'une pubescence jaune, serrée. Avant-dernier segment ventral avec deux petits pinceaux de poils minces et allongés. ♀.

♂. Chez le mâle, la tête est noire, avec la face blanchâtre et le derrière des yeux ferrugineux ; pronotum avec deux taches jaunes. Abdomen entièrement ferrugineux.

Long. 12 à 18mm. Env. 20 à 31mm.

Capito, Lepeletier.

Patrie : Algérie, Russie méridionale.

Approvisionne son nid avec des Curculionides.

— Dessins jaunes ou blancs. 89

89 La bande colorée du troisième segment abdominal est plus large que les autres.

Dacica, Schletterer. (V. n° 31).

— La bande colorée du troisième segment abdominal n'est pas plus large que les autres. 90

90 Epistome très convexe, avec une très forte impression ou fossette demi-sphérique à son bord antérieur. 91

— Bord antérieur de l'épistome sans impression ou fossette semblable. 93

91 Ventre noir.

Quinquefasciata, Rossi. ♀. (V. n° 56).

— Ventre plus ou moins taché de jaune. 92

92 Bandes abdominales échancrées, mais entières. Tête noire ; épistome avec un appendice saillant très large, plus étroit à sa base, laissant en dessous de lui une profonde fossette, échancré circulairement en avant ; épistome jaune, bordé de noir en devant ; front marqué de jaune ; antennes rouges, rembrunies avant l'extrémité.

Thorax noir, marqué de jaune. Pattes fauves, avec les hanches noires. Ailes hyalines, un peu enfumées à l'extrémité. Abdomen noir, avec cinq bandes jaunes étroites, dont la deuxième est la plus large; les troisième, quatrième et cinquième bordures sont rétrécies en leur milieu. ♀. (Eversmann).

♂ inconnu.

Long. 14mm. **Fulvipes**, EVERSMANN.

PATRIE : Steppes des Kirghises.

— Bandes abdominales interrompues. Tête noire, ponctuée; face jaune clair; antennes ferrugineuses; derrière des yeux taché de jaune. Thorax noir, ponctué, avec le pronotum, le scutellum, le postscutellum jaunes; métathorax taché aussi de jaune; triangle du metanotum obliquement strié. Pattes jaunes; cuisses et tibias postérieurs tachés de noir en dessus. Ailes enfumées à l'extrémité. Abdomen fortement et densément ponctué, noir avec des bandes jaune clair, échancrées en avant et même interrompues. ♀. (Schletterer)

♂ inconnu.

Long. 10mm. **Kohlii**, SCHLETTERER.

PATRIE : Caucase.

93 Espace triangulaire du metanotum en partie lisse. Tête noire, finement et densément ponctuée, légèrement pubescente; face en partie jaune ou ferrugineuse; antennes ferrugineuses avec le scape taché de jaune ou même jaune en entier; une tache jaune derrière le sommet des yeux; mandibules jaunes avec l'extrémité noire. Thorax pubescent, noir, irrégulièrement chagriné, luisant; pronotum avec deux taches jaunes; écaillettes et postscutellum jaunes. Scutel-

lum marqué de taches jaunes; métathorax taché de jaune sur les côtés, ainsi que parfois aussi les mésopleures; triangle du metanotum lisse au milieu, ponctué sur les côtés, ces points pouvant devenir confluents. Mésopleures offrant en dessous un tubercule dentiforme saillant. Pattes jaunes mêlées de ferrugineux. Ailes hyalines avec les parties radiale et cubitale jusqu'à l'extrémité un peu enfumées. Abdomen ponctué; premier segment orné de deux taches jaunes; les segments deux à six avec de larges bordures jaunes, échancrées fortement en leur milieu, sauf la dernière qui se trouve à la base du segment; segments ventraux aussi bordés de jaune. ♀.

♂. Le mâle a la face entièrement jaune. Segments ventraux fortement ciliés, laineux.

Long. 14 à 16mm. Env. 23 à 24mm.

Prisca, SCHLETTERER.

PATRIE : Grèce, Crète, Asie mineure.

— Espace triangulaire du metanotum entièrement strié. **94**

94 Quatrième article du funicule et suivants deux fois aussi longs que larges à leur base. Sexe mâle. **95**

— Quatrième article du funicule et suivants une fois et demie seulement aussi longs que larges à leur base, ou sexe femelle. **96**

95 Dessins blancs ou à peine roussâtres.

Interrupta, PANZER. ♂. (V. n° 86)

— Dessins jaunes.

Ferreri, VAN DER LINDEN. ♂. (V. n° 83)

96 Une tache jaune sous l'insertion des ailes antérieures; scutellum jaune. Tête noire, assez fortement ponctuée, avec la face en partie jaune; mandibules noires avec la base jaune; épistome avec le bord apical un peu relevé et coupé en ligne droite; une grosse tache jaune derrière le sommet des yeux; antennes noires avec le dessous du scape jaune et la base du funicule testacée. Thorax assez fortement ponctué, noir; pronotum orné de deux taches jaunes; écaillettes, scutellum et postscutellum jaunes; une tache jaune sous l'insertion des ailes antérieures; triangle du metanotum longitudinalement strié. Pattes testacées avec des parties jaune clair. Ailes opalines, laiteuses, non enfumées à leur extrémité. Abdomen ponctué, noir, avec tous les segments bordés de jaune; ventre taché de jaune sur les côtés. ♀.

♂ inconnu.

Long. 11 à 12 1/2mm. **Opalipennis,** Kohl.

Patrie : Caucase.

— Pas de tache jaune sous l'insertion des ailes antérieures. Scutellum noir.

Arenaria, Linné. (V. n° 60)

97 Espace triangulaire du metanotum lisse en son milieu, ponctué seulement sur les côtés, parfois très finement. **98**

— Espace triangulaire du metanotum entièrement ou presque entièrement ponctué ou rugueux, sauf quelquefois à son centre. **99**

98 Epistome ♂ non denté. Mésopleures ♀ portant en dessous un tubercule dentiforme saillant. **Prisca**, Schletterer. (V. n° 93)

— Epistome ♂ fortement denté. Mésopleures ♀

sans tubercule dentiforme saillant en dessous. Tête noire, finement et densément ponctuée; face jaune clair; antennes ferrugineuses, rembrunies à l'extrémité; scape taché de jaune clair; vertex et occiput tachés de jaune; épistome échancré semi-circulairement en devant. Thorax très finement et densément ponctué; triangle du metanotum lisse au milieu, très finement et faiblement ponctué sur les bords; pronotum, écaillettes et postscutellum jaune clair; métathorax jaune sauf le triangle supérieur du metanotum. Pattes ferrugineuses, mêlées de jaune clair sur les cuisses et les tibias. Ailes antérieures fortement enfumées à l'extrémité; ailes inférieures faiblement enfumées. Abdomen finement et densément ponctué, sauf le premier segment qui l'est plus grossièrement; tous les segments sont ornés de larges bordures jaune clair, interrompues au milieu. ♀.

♂. Epistome denté; premier segment abdominal très allongé.

Long. 16 à 21mm. **Multipicta**, Smith.

Patrie : Nubie, Soudan.

99 Ponctuation de l'espace triangulaire du metanotum forte, quelquefois grossière. 100

— Ponctuation de l'espace triangulaire du metanotum excessivement fine. 102

100 Premier segment abdominal noir avec une mince bordure continue, ferrugineuse; segments deux à cinq presque entièrement jaunes. Face avec un duvet argenté.

Foveata, Lepeletier. ♂. (V. n° 44)

— Premier segment abdominal noir avec deux taches latérales jaunes; segments deux à cinq noirs avec une bordure jaune échancrée en son milieu ou interrompue; face sans duvet argenté. 101

101 Avant-dernier segment ventral ♂ pourvu latéralement de grands appendices. Mésopleures ♀ sans tubercule dentiforme saillant. Epistome ♂ fortement tridenté, ♀ avec un appendice pointu, conique, un peu avant sa base. Tête noire, finement et éparsement ponctuée; mandibules ferrugineuses avec l'extrémité noire; épistome noir portant au milieu de sa partie supérieure un appendice saillant, conique, jaune-blanchâtre en dessus; bord inférieur de l'épistome quadridenté; orbites internes des yeux blanc-jaunâtre; ordinairement une tache de même teinte existe derrière le sommet des yeux. Thorax noir, luisant, éparsement ponctué; pronotum avec deux taches blanchâtres; écaillettes et postscutellum colorés de même; triangle du metanotum ponctué avec le milieu lisse et brillant. Pattes testacées, plus ou moins variées de brun et de blanchâtre. Ailes un peu cendrées avec l'extrémité enfumée; nervures testacées sauf la sous-costale qui est noire. Abdomen brillant, éparsement ponctué, noir; premier segment marqué de deux taches jaunâtres arrondies; deuxième, troisième, quatrième et cinquième segments marqués latéralement de grandes taches triangulaires d'un blanc-jaunâtre; ventre noir ou brunâtre; valvule anale inférieure avec des pinceaux de poils; avant-dernier segment ventral impressionné à son bord postérieur. ♀.

♂. Le corps est couvert d'une pubescence laineuse; épistome tridenté; face entièrement jaune. Avant-dernier segment ventral avec deux appendices latéraux saillants.

Long. 14 à 18mm. Env. 20 à 24mm.

Conigera, Dahlbom.

Patrie : France méridionale, Italie, Sicile, Sardaigne, Dalmatie, Tyrol, Hongrie, Corfou, Albanie, Grèce, Russie méridionale, Oural, Turkestan.

— Avant-dernier segment ventral ♂ sans appendices latéraux, saillants. Mésopleures ♀ avec un tubercule dentiforme saillant en dessous. Epistome ♂ tridenté, ♀ sans élévation conique vers sa base. **Capitata**, Smith. (V. n° 53)

102 Bord antérieur de l'épistome prolongé en forme de nez. **Euryanthe**, Kohl. (V. n° 49)

— Bord antérieur de l'épistome non prolongé, denté. Tête noire, finement et densément ponctuée; épistome avec le bord antérieur obtusément denté; face jaune; antennes d'un brun noir, jaune clair en dessous; scape et premier article du funicule de couleur plus claire; quelquefois l'occiput est taché de jaune. Thorax noir, très finement et densément ponctué; triangle du metanotum couvert de points très fins qui se réunissent parfois sous forme de rides transversales; pronotum taché de jaune ainsi que les écaillettes et le postscutellum. Pattes jaunes avec le dessus des cuisses et les tibias tachés de noir. Ailes un peu enfumées à leur extrémité. Abdomen finement ponctué; premier segment noir, orné de deux points jaunes; tous les suivants noirs avec des bordures d'un jaune brillant, larges et plus ou moins échancrées. ♂. (Schletterer).

♀ inconnue.

Long. 13mm. **Eucharis**, Schletterer.

Patrie : Syrie.

103 Mesonotum entièrement noir. 104

— Mesonotum clair ou taché de couleur claire. **135**

104 Troisième segment abdominal unicolore. **105**

— Troisième segment abdominal de deux couleurs. **118**

105 Pronotum entièrement noir. **106**

— Pronotum jaune en entier ou seulement bordé ou taché de jaune, blanc ou rouge. **107**

106 Scutellum et postscutellum noirs. Tête noire; épistome, une tache à l'orbite interne des yeux, une autre en dessus de l'épistome, se prolongeant en pointe entre les antennes, jaunes: un point roussâtre derrière le sommet des yeux; mandibules ferrugineuses avec l'extrémité noire; antennes jaunes avec le tiers apical noir. Thorax noir; écaillettes et base des ailes jaune-roussâtre. Pattes jaune-roussâtre. Ailes légèrement obscures avec l'extrémité noirâtre. Abdomen jaune-roussâtre. ♀. Long. 12mm.

Flaviventris, Van der Linden.

Patrie: Espagne

— Scutellum et postscutellum rayés de jaune. Tête noire avec une tache jaune sur les joues; Mandibules jaunes; antennes jaunes. Thorax noir avec une ligne jaune sur le scutellum ou le postscutellum. Pattes ferrugineuses; dessus des cuisses et dessous des tibias postérieurs noirâtres. Ailes hyalines avec l'extrémité enfumée. Abdomen ferrugineux avec la séparation des segments marquée par une fine ligne noire. Long. 8mm. ♀. (Dufour).

Nigrocincta, Dufour.

Patrie : Algérie (Ponteba).

107 Pronotum jaune ou bordé de jaune. 108

— Pronotum seulement taché sur les épaules de jaune, blanc ou rouge. 112

108 Deuxième segment abdominal bordé de noir. Tête fortement ponctuée, pourvue d'une carène aiguë entre les antennes, noire avec l'épistome, les joues, les orbites internes et une ligne passant entre les antennes et montant sur le front, jaunes, ainsi qu'une ligne transversale derrière les ocelles, ligne qui manque quelquefois; mandibules jaunes avec l'extrémité noire; antennes testacées, plus sombres en dessus, avec le scape jaune. Thorax fortement ponctué, noir, avec le pronotum, la poitrine et les mésopleures, le scutellum, le postscutellum jaunes; métathorax jaunes, sauf l'espace triangulaire du metanotum qui est noir et marqué de deux taches jaunes, quelquefois noir en entier; écaillettes jaunes. Pattes jaunes avec les cuisses postérieures testacées. Ailes hyalines, assombries à leur extrémité; nervures et stigma bruns. Abdomen jaune; premier segment d'un rouge testacé, le bord postérieur du second et le quatrième en entier noirs. ♀.

♂. Le mâle a le quatrième segment abdominal jaune avec la base noire.

Long. 10mm. Env. 15mm. **Histrionica**, Klug.

Patrie : Egypte (Sacchara, Farès, Ambakohl).

— Deuxième segment abdominal jaune sans bordure noire. 109

109 Espace triangulaire du metanotum noir. 110

— Espace triangulaire du metanotum jaune. Tête jaune; epistome garni d'une lame libre, élevée, saillante, échancrée, très aiguë ; vertex noir ; antennes noires, jaunes en dessous. Thorax noir, avec le pronotum, le scutellum, le postscutellum et le métathorax jaunes ; écaillettes jaunes. Pattes jaunes, un peu rougeâtres à l'extrémité des cuisses et des tibias postérieurs. Ailes antérieures hyalines, un peu enfumées à l'extrémité. Abdomen jaune avec la separation des segments brun-rougeâtre. ♀ (Radoszkowski).

♂ inconnu.

Long. 11^{mm}. Env. 16^{mm}. **Acuta**, RADOSZKOWSKI.

PATRIE Turkestan (Mont Karak).

110 Espace triangulaire du metanotum lisse, luisant. Dessous des mésopleures avec un tubercule dentiforme. Tête finement et plus ou moins éparsement ponctuée, noire avec la face et une tache derrière les yeux jaune pâle ; antennes fauves ; scape jaune. Thorax finement et éparsement ponctué avec le scutellum presque lisse ; noir avec le pronotum, une tache allongée sous l'insertion des ailes, le scutellum, le postscutellum et une grande tache de chaque coté du métathorax, jaunes ; ecaillettes jaunes. Pattes jaunes avec les cuisses postérieures noires en dedans. Ailes antérieures hyalines : leur extrémité assombrie ; nervures brunes ; côtes et stigma testacés. Abdomen ponctué, jaune avec le premier segment un peu taché de noir à sa base et sur les côtés ; la base des segments 4 et 5 est rayée de noir. ♂♀. Long. 6 à 9^{mm}. Env. 10 à 15^{mm}. **Pulchella**, KLUG.

PATRIE Egypte.

— Espace triangulaire du metanotum ponctué ou chagriné au moins en partie. Dessous des mésopleures sans tubercule dentiforme. 111

111 Espace triangulaire du metanotum en partie ponctué. Tête densément ponctuée, noire avec l'épistome et les orbites internes des yeux, les joues et l'occiput jaunes ; vertex et région des ocelles noirs ; face garnie de poils argentés ; antennes jaunes à leur base, rousses en leur milieu, rembrunies à leur extrémité. Thorax jaune, densement et assez fortement ponctue ; espace triangulaire du metanotum noir, lisse, brillant, ponctué sur les côtés ; base du pronotum, mesonotum et sillon médian du métathorax noirs ; écaillettes jaunes. Pattes jaunes. Ailes antérieures hyalines, un peu enfumées à l'extrémité. Abdomen jaune en entier ; séparation des segments un peu fauve ♀.

♂. Le mâle a quelques parties noires derrière les yeux, sur les cuisses et les tibias postérieurs.

Long. 8 à 13mm. Env. 13 à 16mm.

Maracandica, Radoszkowski.

Patrie : Turkestan (Maracanda).

— Espace triangulaire du metanotum chagriné. Tête jaune, tachée de noir sur le vertex entre les yeux ; épistome profondément échancré en cercle à son bord antérieur ; antennes jaunes avec l'extrémité noire. Thorax noir ; pronotum largement bordé de jaune ; mesonotum rayé de jaune ; une tache sur les mésopleures, le scutellum et le postscutellum jaunes ainsi que les écaillettes ; metanotum avec deux grandes taches jaunes latérales ; espace triangulaire du metanotum lisse, un peu luisant, chagriné à sa base, avec un sillon médian. Pattes entièrement jaunes. Ailes hyalines avec le bord enfumé. Abdomen jaune avec les lignes séparatives placées entre les quatrième et cinquième, cinquième et sixième segments, noires ; le cinquième segment ventral et le sixième noirs. ♀.

♂. Le male a le sixième segment abdominal jaune et le septième noir.

Long. 10 à 15mm. **Elegans**, Eversmann.

Patrie : Russie (Orenburg).

112 Scutellum de couleur claire au moins en partie. 113

— Scutellum noir en entier. 114

113 Abdomen entièrement jaune ferrugineux. Tête noire ; face jaune jusque vers les ocelles ; une tache rouge derrière le sommet des yeux ; antennes jaunes. Thorax noir avec les côtés du pronotum, les callosités humérales, le scutellum, le postscutellum et le métathorax, sauf l'espace supérieur triangulaire, ferrugineux ainsi que quatre petites taches sur le mesonotum ; triangle du metanotum lisse ; écaillettes ferrugineuses. Pattes d'un jaune varié de ferrugineux. Ailes antérieures hyalines avec l'extrémité enfumée, nervures brunes, côte et stigma ferrugineux. Abdomen jaune ferrugineux en entier. ♂ (Radoszkowski).

♀ inconnue.

Long. 15mm. Env. 27mm.

Saussurei, Radoszkowski..

Patrie : Turkestan (Désert près du fleuve Jaxarte).

— Abdomen jaune taché de noir sur les premier, quatrième et septième segments.

Laticincta, ♂ Lepeletier (V. n° 37)

114 Espace triangulaire du metanotum lisse. 115

— Espace triangulaire du metanotum ponctué.

Tête noire avec l'épistome, la face et le front blanc-jaunâtre ; deux lignes semblables remontent jusqu'au niveau des ocelles postérieurs sans pénétrer dans l'intérieur du triangle ocellaire ; bord postérieur des yeux jaunes ; antennes jaunes avec le dessous des trois premiers articles un peu plus clair. Thorax noir avec deux taches sur le bord postérieur du pronotum, une tache sur les mésopleures, une petite bande transversale près du bord antérieur du mesosternum, une grosse tache oblongue de chaque côté, aux angles postérieurs du métathorax, jaunes ; triangle du metanotum ayant d'abord un sillon médian assez profond ; puis, à côté de lui, des points enfoncés, distincts, ceux-ci confluents à une certaine distance du milieu et formant enfin des rides transversales près des bords lateraux. Pattes jaunes avec une tache noire à la base des hanches et une autre à l'extrémité des tarses postérieurs. Ailes antérieures hyalines avec l'extrémité enfumée ; nervures jaunes à la base, brunes à l extrémité. Abdomen jaune ; bord postérieur des anneaux un peu plus chargé en couleur, roux ou orangé. ♂ (Spinola).

♀ inconnue.

Long. 12mm. **Spinolica**, Schletterer.

Patrie : Égypte.

Spinola a décrit cette espèce égyptienne sous le nom de *C. flaviventris*. Mais ce nom ayant déjà été employé antérieurement pour une autre espèce du meme genre par Van der Linden, M. Schletterer a changé, pour cette raison, le nom donné par Spinola en celui de *Spinolica*

115 Abdomen entièrement de couleur claire.

Radoszkowskyi; Schletterer. ♀ (V. n° 39).

— Abdomen en partie noir. 116

116 Cinquième segment abdominal noir. Tête noire ; épistome convexe, pâle avec le bord antérieur élevé, noir ; face pâle ainsi que les mandibules ; antennes noires avec le dessous rouge. Thorax noir avec deux taches sur le pronotum, les callosités humérales et le postscutellum pâles ; espace triangulaire du metanotum lisse. Pattes rouges avec les cuisses antérieures tachées de blanc. Ailes antérieures hyalines avec l'extrémité enfumée. Abdomen noir avec le premier segment et une tache de chaque côté du quatrième, de couleur pâle. ♀ (Radoszkowski). Long. 10mm.

Octonotata, RADOSZKOWSKI.

PATRIE Turkestan (Vallée de Sarafschan)

— Cinquième segment abdominal taché de jaune. 117

117 Espace triangulaire du metanotum divisé par un sillon longitudinal médian. Tête noire ; mandibules noires avec la base blanc-jaunâtre ; épistome, face, orbites internes des yeux blanc-jaunâtre ; antennes testacées avec le scape jaune. Thorax noir avec la poitrine et les mésopleures noires ; métathorax avec deux taches latérales ferrugineuses ; pronotum avec deux taches blanc-jaunâtre à son bord postérieur ; écaillettes et postscutellum blanc-jaunâtre ; triangle du metanotum lisse avec un sillon longitudinal médian, profond. Pattes blanc-jaunâtre avec les hanches, les trochanters et la base des cuisses ferrugineux ; les hanches de la première paire sont tronquées obliquement à leur jointure avec les trochanters ; leur face supérieure se prolonge au delà de l'articulation et forme à côté du trochanter une espèce de tubercule conique et pointu. Ailes hyalines, nervures rou-

geâtres. Abdomen noir avec le premier segment ferrugineux ; une bande près du bord antérieur du deuxième segment blanc-jaunâtre ; quatrième segment avec une bande jaune fortement échancrée, se prolongeant sous le ventre ; cinquième segment avec une bande blanc-jaunâtre ; ventre ferrugineux. ♀.

♂. Le mâle n'offre avec la couleur ferrugineuse que le dessus du scape, la base du funicule, le dessous de celui-ci, les hanches, les trochanters, la base des cuisses et le premier segment abdominal. Les quatrième, cinquième et sixième segments ont une bande jaune le long de leur bord postérieur, courte et étroite sur le quatrième, moyenne sur le cinquième, large et couvrant tout le dos sur le sixième. Le septième est entièrement jaune.

Long. 7 à 9mm. **Fischeri**, Spinola.

Patrie : Egypte.

— Espace triangulaire du metanotum sans sillon longitudinal médian. Tête noire ; mandibules noires avec la base blanc-jaunâtre ; épistome, face, orbites internes des yeux blanc-jaunâtre ; antennes rouges avec le scape blanc en dessous : derniers articles du funicule noirs en dessus. Thorax noir avec la poitrine, les mésopleures et le métathorax ferrugineux ; deux taches sur le bord postérieur du pronotum, les écaillettes, le postscutellum sont d'un blanc-jaunâtre ; triangle du metanotum lisse, luisant, sans strie ni sillon longitudinal. Pattes avec les hanches, les trochanters. la base des cuisses ferrugineux ; le reste blanc-jaunâtre. Ailes antérieures hyalines : nervures rougeâtres. Abdomen noir avec le premier segment ferrugineux ; une bande près du bord antérieur du deuxième segment et deux autres bandes plus larges sur les quatrième et cinquième segments sont blanc-jaunâtre; ventre ferrugineux ♀ (Spinola).

♂ inconnu.

Long. 9mm. **Tricolorata,** SPINOLA.

PATRIE : Egypte.

118 L'une des couleurs du troisième segment abdominal est noire. **119**

— Les deux couleurs du troisième segment abdominal sont autres que le noir. **128**

119 Deuxième segment abdominal avec une bande jaune ou deux taches blanches à la base. **120**

— Deuxième segment abdominal avec la base au moins étroitement noire ou ferrugineuse. **121**

120 Deuxième segment abdominal avec deux taches blanches latérales à sa base. Tête ponctuée, couverte d'une pubescence blanche, noire avec l'épistome, une grande tache dans les orbites internes et une ligne interantennaire jaunes; mandibules jaunes avec l'extrémité noire; antennes noires avec le dessous testacé. Thorax ponctué, pubescent de blanc; noir avec une tache transversale jaune sur les côtés du pronotum; postscutellum jaune; métathorax rouge avec l'espace triangulaire supérieur noir, lisse, pourvu d'une ligne élevée longitudinale à sa base, écaillettes jaunes. Pattes blanches avec les hanches, les cuisses, sauf les genoux, et une tache médiane interne noirâtres. Ailes antérieures hyalines avec l'extrémité enfumée, les nervures et le stigma bruns. Abdomen noir, ponctué, avec le premier segment rouge, deux taches sur la base du second, une large bordure à son extrémité, le cinquième en entier, jaunes; le dernier est tes-

tacé en dessous, noir en dessus ♀. ♂ inconnu.
Long. 14mm. Env. 23mm. **Insignis**, KLUG.
PATRIE : Arabie heureuse.

— Deuxième segment abdominal avec une bande basilaire jaune au moins au milieu.
Rubida, JURINE (V. n° 16).

121 Thorax noir. 122

— Thorax taché de jaune ou de blanc. 123

122 Quatrième segment abdominal entièrement noir. Tête ponctuée, noire ; épistome tronqué droit en avant, avec une tache jaune transversale en haut ; orbites internes des yeux jaunes ; scape des antennes noir de poix, funicule ferrugineux avec le dessous jaune et l'extrémité noirâtre ; mandibules ferrugineuses avec l'extrémité noire. Thorax noir, ponctué, triangle du metanotum lisse, canaliculé en son milieu, obliquement strié sur les côtés ; écaillettes brun-jaunâtre. Pattes jaunes ; hanches, trochanters et base des cuisses ferrugineux. Ailes antérieures hyalines ; nervures testacées ; abdomen ferrugineux avec une tache triangulaire noire au milieu du bord postérieur du deuxième segment ; une grande tache triangulaire noire au milieu de la base du troisième ; le quatrième est entierement noir ; le cinquième est noir avec deux taches latérales ferrugineuses, ou plus ou moins entièrement ferrugineux ; le dernier est noir ♀. ♂ Inconnu.
Long. 11 à 12mm. Env. 18mm. **Geneana**, COSTA.
PATRIE : Sardaigne.

— Quatrième segment abdominal noir et jaune.
Lindenii, LEPELETIER, ♀ (V. n° 63).

123 Antennes testacées en entier. 124

— Antennes rembrunies au milieu ou à l'extrémité. 126

124 Abdomen noir avec les segments fortement bordés de jaune.
Sirdariensis Radoszkowski, ♀ (V. n° 44).

— Abdomen jaune en entier ou avec seulement la séparation des segments brune. 125

125 Mesosternum épineux. Tête fortement ponctuée, avec le dessous des joues et les mâchoires noirs ; une tache noire sur le vertex arrivant à toucher l'orbite des yeux et donnant naissance à deux lignes noires qui vont rejoindre la base des antennes; deux taches obliques noires se trouvent en arrière des ocelles postérieurs ; mandibules jaunes avec l'extrémité noire; bord antérieur de l'épistome arrondi ; antennes jaunes. Thorax fortement ponctué, noir; le pronotum, les points calleux, deux taches sous l'insertion des ailes, le scutellum, le postscutellum et une grande tache ovale de chaque côté du métathorax, jaunes; écaillettes jaunes; mesosternum renflé et prolongé latéralement où il est armé d'une épine dans le milieu et d'une autre à son bord postéro-apical. Pattes jaune-rougeâtre. Ailes antérieures hyalines avec une tache brune qui occupe la cellule radiale et s'étend sur le bord apical; nervures d'un testacé pâle. Abdomen jaune; extrême base des segments noire en dessus (♀), ou rougeâtre (♂) (Smith).
Long. 12 à 16mm. **Spinipectus**, Smith.
Patrie : Trébizonde.

— Mesosternum non épineux. Tête noire ; base des mandibules, épistome, face, front, espace ocellaire et contour des yeux, jaunes ; antennes testacées avec le scape blanc-jaunâtre. Thorax jaune avec la partie antérieure du prothorax, le disque du metanotum et une bande longitudinale sur la face postérieure du métathorax, noirs; triangle du metanotum terne, pubescent, transversalement strié et ayant un sillon longitudinal qui se continue sur la face postérieure du métathorax jusqu'à son articulation avec l'abdomen. Pattes jaunes; cuisses près de leur extrémité et tibias postérieurs ferrugineux. Ailes antérieures hyalines, un peu enfumées, plus obscures à leur extrémité; nervures brunes; côte et stigma jaunes. Abdomen jaune en dessus, orangé en dessous; bord postérieur de tous les anneaux et une petite tache sur le premier segment brun très foncé. ♂ Long. 12mm. (Spinola). ♀ Inconnue. **Valtlii**, Spinola.

Patrie : Egypte.

126 Tibias postérieurs blanc-jaunâtre ou testacés. 127

— Tibias postérieurs brun-noir. Tête noire avec la face et deux points derrière les yeux, jaunes; antennes fauves avec le milieu noir; épistome mutique. Thorax noir, marqué de quatre taches jaunes. Pattes jaunes avec les tibias postérieurs brun-noir. Ailes antérieures hyalines, un peu jaunâtres, le disque et l'extrémité enfumés, violacés. Abdomen noir avec le premier segment rouge sauf à sa base qui est noire; extrémité des segments légèrement bordée de brun-fauve. ♂ Long? (Dahlbom).
♀ Inconnue. **Solitaria**, Dahlbom.

Patrie : Egypte.

127 Cuisses rayées de noir. Tête grossièrement ponctuée, noire, marquée de blanc-jaunâtre en avant; antennes rouges, rembrunies vers l'extrémité. Thorax noir avec les épaules et le bord postérieur du scutellum blanc-jaunâtre; écaillettes de même couleur. Pattes blanc-jaunâtre;

avec les cuisses rouges, rayées de noir; blanc-jaunâtre sur les genoux. Ailes cendrées, enfumées à l'extrémité; nervures noires. Abdomen noir, rayé de blanc avec le premier segment rouge. ♂♀ Long. 10mm. (Walker). **Contigua**, WALKER.

PATRIE : Egypte (Tajura-Bab-el-Mandeb).

— Cuisses non rayées de noir.
Tuberculata, VILLERS (V. n° 43).

128 Ailes antérieures entièrement hyalines. **129**

— Ailes antérieures plus ou moins enfumées à leur extrémité. **131**

129 Pattes entièrement ferrugineuses. **130**

— Pattes rouges tachées de jaune pâle; tibias marqués de noir en dessous.
Eugenia, SCHLETTERER (V. n° 24).

130 Les segments abdominaux quatre, cinq et six, sont noirs bordés de jaune. Tête un peu ponctuée, noire; face en dessous des antennes et épistome jaunes; le bord de ce dernier et une carène en dessus, noirs; mandibules jaunes avec l'extrémité rougeâtre; antennes ferrugineuses avec la moitié apicale du funicule brune en dessus. Thorax peu ponctué, plus fortement sur le métathorax; noir avec une ligne interrompue sur le pronotum, le scutellum, le postscutellum et les écaillettes jaunes. Pattes ferrugineuses. Ailes hyalines avec les nervures ferrugineuses. Abdomen avec le premier segment ponctué à la base; le dernier aussi un peu ponctué; les autres à peu près imponctués; les trois segments basilaires sont rouges, les trois apicaux noirs; le bord marginal des troisième, quatrième et cinquième segments porte une

étroite ligne jaune pâle et le second segment une tache semblable latérale sur le bord. ♀ Long. 11mm (Smith). **Semirufa**, SMITH.

PATRIE : Sibérie.

Cette espèce pourrait n'être qu'une variété de la *C. tuberculata*, mais l'insuffisance de la description ne permet pas, en l'absence du type, d'affirmer rien à cet égard.

— Les segments abdominaux quatre, cinq et six sont ferrugineux, bordés de blanc ou de jaune. Tête noire, ponctuée, avec la face blanc-jaunâtre; une bande transversale interrompue sur le vertex et deux grosses taches derrière les yeux, de même couleur; épistome ♀ non denté; ♂ tridenté en avant; antennes ferrugineuses avec le scape taché de jaune clair et l'extrémité quelquefois rembrunie. Thorax noir, ponctué sur le mesonotum et le scutellum; mésopleures avec deux taches jaunes superposées sous l'insertion des ailes; espace triangulaire du metanotum ♀ lisse ou avec de courts sillons obliques sur les bords, ♂ irrégulièrement chagriné; pronotum, scutellum, postscutellum et métathorax largement tachés de jaune; écaillettes marquées de blanc-jaunâtre. Pattes rousses. Ailes hyalines en entier; nervures testacées. Abdomen ponctué surtout en avant, ferrugineux avec tous les segments ornés de bordures blanches ♀, jaunes ou rougeâtres ♂, plus ou moins échancrées, souvent interrompues; quelquefois les segments quatre, cinq et six ont leur couleur foncière noire ou noirâtre; ventre ferrugineux, taché de jaune sur les segments deux à quatre. Long. 8 à 9mm. Env. 16 à 18mm. **Sareptana**, SCHLETTERER.

PATRIE : Russie méridionale (Sarepta).

131 Cinquième segment abdominal entièrement noir. 132

— Cinquième segment abdominal entièrement ferrugineux ou noir bordé de jaune. 133

132 Quatrième segment abdominal noir. Tête noire; épistome et joues jaunes; mandibules noires avec la base jaune; antennes ferrugineuses avec le scape jaune. Thorax noir; les épaules du pronotum jaunes; postscutellum avec une bande jaune; écaillettes jaunes. Pattes jaunes. Ailes hyalines avec l'extrémité enfumée et le stigma ferrugineux. Abdomen noir avec les trois premiers segments ferrugineux; le deuxième et le troisième bordés de jaune. ♀ Long. 9,5mm (Radoszkowski).

♂ Inconnu. **Pucilii**, Radoszkowski.

Patrie : Sibérie.

Il est très probable que cette espèce est identique à la *semirufa* de Smith et peut-être à la *tuberculata*. Mais les descriptions sont très incomplètes et je préfère les maintenir jusqu'à ce que la comparaison des types, assez difficile à réaliser, ait pu avoir lieu.

— Quatrième segment abdominal ferrugineux. Tête ponctuée, noire, avec des poils roux; épistome, joues et une tache faciale d'un blanc jaunâtre ou jaune; une tache ferrugineuse derrière le sommet des yeux; mandibules noires avec leur base jaunâtre; épistome arrondi en devant; antennes noires avec le scape, la base du funicule et l'extrémité du dernier article, ferrugineux. Thorax ponctué, noir avec des poils ferrugineux; pronotum taché de ferrugineux sur les côtés, ses angles antérieurs saillants, bien accusés ; points calleux d'un ferrugineux sombre; métathorax avec deux grandes taches latérales ferrugineuses; scutellum, postscutellum et écaillettes, ferrugineux. Pattes ferrugineuses avec l'extrémité des tibias et des tarses postérieurs noirâtre. Ailes un peu enfumées avec l'extrémité plus sombre, nervures brunes; côte et stigma ferrugineux. Abdomen fortement et régulièrement ponctué, velu de poils testacés; premier segment ferrugineux; les trois suivants d'un ferrugineux plus clair avec le bord inférieur noirâtre; les cinquième et sixième segments noirs, le dernier est noir, coupé droit à l'extrémité; carènes du pygidium droites sur presque toute leur longueur, se rapprochant seulement un peu vers le bout. ♂ Long. 17mm. Env. 27mm. (Lepeletier). **Fasciata**, Lepeletier.

Patrie : Algérie (Oran).

133 Cinquième segment abdominal entièrement ferrugineux. Tête noire; épistome, joues, orbites internes des yeux, une tache sous les antennes, deux taches derrière les yeux, jaunes; antennes rouges, scape jaune. Thorax noir avec le bord du pronotum, les callosités humérales, le scutellum et le postscutellum, blanc-jaunâtre; écaillettes jaunâtres; triangle du metanotum strié. Pattes jaunes. Ailes hyalines avec l'extrémité brune; nervures brunes. Abdomen ferrugineux avec les segments un à quatre bordés de jaune, ces bordures échancrées ♀. (Radoszkowski). Long. 11mm. Env. 17mm.

♂ Inconnu. **Freymuthi**, Radoszkowski.

Patrie : Turkestan (vallée de Sarafschan).

— Cinquième segment abdominal noir bordé de jaune. 134

134 Epistome ♀ avec une dent saillante près de la base; ♂ sans dent.

Tuberculata. Villers. (V. n° 43).

— Epistome ♀ sans dent saillante près de sa base.

Tête ponctuée sur le vertex, noire; face blanche; antennes ferrugineuses en dessous, brunes en dessus; scape taché de jaune. Thorax un peu ponctué, noir avec des taches blanches sur le metanotum; écaillettes marquées de blanc; espace triangulaire du metanotum lisse et brillant. Pattes ferrugineuses avec le dessus des cuisses et les tarses postérieurs tachés de noir. Ailes supérieures hyalines, légèrement enfumées à leur extrémité. Abdomen noir, souvent ferrugineux, avec le deuxième segment orné d une tache pâle au bord antérieur et d'une bordure marginale de même teinte; troisième, quatrième et cinquième segments avec des bordures pâles plus ou moins échancrées. ♀ Long. 10^{mm}.

♂ Inconnu **Haueri**, SCHLETTERER.

PATRIE : Dalmatie.

135 Ailes antérieures hyalines ou sombres seulement à leur extrémité. 136

— Ailes antérieures entièrement enfumées. 149

136 Espace triangulaire du metanotum entièrement lisse, plus ou moins brillant, ou seulement avec un sillon médian longitudinal. 137

— Espace triangulaire du metanotum ponctué, chagriné, strié ou sillonné autrement qu'avec un seul sillon médian longitudinal. 144

137 Ailes supérieures hyalines en entier. 138

— Ailes supérieures enfumées au moins à leur extrémité. 139

138 Extrémité de l'épistome non dentée. Tête noire avec une fine pubescence cendrée; face et scape des antennes jaune pâle, ce dernier

taché de noir en dessus vers sa base ; épistome convexe avec l'extrémité brune, inerme ; mandibules inermes, un peu dilatées, noires avec l'extrémité brune. Thorax noir, pubescent; pronotum avec deux taches blanches presque réunies ; postscutellum blanc ; mesonotum et scutellum brillants, ponctués ; espace triangulaire du metanotum lisse, canaliculé en son milieu ; métathorax rougeâtre ; écaillettes blanches. Pattes rouges avec les genoux, les tibias et les tarses jaune-pâle ; les tibias marqués de noir en leur milieu interne. Ailes hyalines ; nervures brunes ; côte pâle. Abdomen avec le premier segment rouge, les côtés du second, les côtés et le bord postérieur des troisième et quatrième et le cinquième presque entier, jaune-pâle. ♀ Long. 10mm. (Mocsary).

♂ Inconnu. **Mocsaryi**, Kohl.

Patrie : Russie Méridionale ou Caucase).

M. Mocsary (s. 243) a décrit cette espèce sous le nom d'*orientalis*, mais M. Kohl a dû le changer ensuite parce que Smith avait décrit une autre espèce sous ce même nom dès 1856.

— Extrémité de l'épistome bidentée.

Eugenia, Schletterer (V. n° 24).

139 Mesonotum entièrement noir avec seulement quatre très petites taches rouges.

Saussurei, Radoszkowski (V. n° 113).

— Mesonotum en plus grande partie de couleur claire. 140

140 Epistome avec une lame basilaire pas plus large que longue, ou sans lame. 141

— Epistome avec une lame basilaire deux fois aussi large que longue. Tête rousse, fortement ponctuée ; mandibules, épistome, orbites internes des yeux jaunes, ainsi que deux taches derrière les yeux ; épistome pourvu d'une lame élevée, libre, échancrée sur le bord, deux fois aussi large que longue ; antennes rousses avec la base jaune. Thorax roux, densément et fortement ponctué ; pronotum avec une impression en son milieu jaune ; écaillettes jaunes ; mésopleures, scutellum et postscutellum jaunes ; triangle du metanctum lisse avec seulement une ligne enfoncée longitudinale, médiane ; métathorax rugueux. Pattes rousses. Ailes hyalines avec le bord fortement enfumé. Abdomen fortement ponctué, roux avec de larges bandes jaunes, fortement échancrées en leur milieu sur tous les segments ; parfois ces bandes s'effacent plus ou moins ; ventre offrant aussi quelques bandes jaunes. ♀ Long. 20 à 22^{mm}. (Radoskowski).

♂ Inconnu. **Schlettereri**, Radoszkowski.

Patrie : Asie centrale (Tachkend).

141 Ocelles postérieurs distants entre eux de la longueur du deuxième article du funicule. 142

— Ocelles postérieurs plus distants entre eux que n'est long le deuxième article du funicule. Tête brillante, assez densément ponctuée, jaune-citron avec une tache noire dans la région des ocelles, se prolongeant jusqu'aux yeux et à l'insertion des antennes par quelques points de même couleur ; extrémité des mandibules noire ; funicule des antennes un peu ferrugineux avec le milieu de leur partie supérieure noirâtre. Thorax brillant, assez fortement ponctué, jaune-citron ; pronotum en forme de plan vertical renflé à ses deux angles supérieurs ; mesonotum orné de trois lignes longitudinales noires, celle du milieu plus large que les deux latérales; postscutellum et triangle du metanotum lisses et brillants; métathorax fortement ponctué; écaillettes lisses et brillantes avec une petite tache brune. Pattes jaune-citron. Ailes hyalines avec l'extrémité enfumée; nervures et stigma bruns. Abdomen finement ponctué, jaune-citron, quelquefois l'intervalle des anneaux ferrugineux ou noirs. ♂♀. Long. 10mm. Env. 14mm. **Chlorotica**, SPINOLA.

PATRIE : Egypte.

142 Scutellum éparsement et grossièrement ponctué. **Tuberculata**, VILLERS (V. n° 43).

— Scutellum très finement ponctué et très brillant. **143**

143 Mesonotum rayé de noir. Tête assez finement ponctuée, jaune avec le vertex noir. Thorax garni d'une ponctuation fine et éparse, jaune; mesonotum taché de noir; espace triangulaire du metanotum tout à fait lisse et très brillant, ainsi que le mesonotum; scutellum très finement ponctué; écaillettes jaunes. Pattes jaunes. Ailes antérieures hyalines avec l'extrémité enfumée. Abdomen jaune avec la partie inférieure des segments fortement impressionnée. ♂. Long. 11mm. (Schletterer).

♀ Inconnue. **Nilotica**, SCHLETTERER.

PATRIE : Egypte (Thèbes).

— Mesonotum taché de rouge. Tête faiblement ponctuée, jaune, velue de poils gris; épistome tronqué; face garnie de poils argentés jusque vers l'ocelle antérieur; les ocelles sont placés sur une tache rouge ou brune; mandibules jaunes avec l'extrémité noire; antennes jaunes avec leur base rouge. Thorax peu ponctué, jaune avec des poils gris; scutellum avec seulement quelques petits points épars; mésopleures bidenticulées; mesonotum orné de trois bandes rouges; espace triangulaire du metanotum lisse et brillant. Pattes jaunes avec les cuisses rouges. Ailes antérieures hyalines, plus foncées à l'extrémité; nervures jaunes. Abdomen brillant, fortement ponctué en dessus, jaune avec la séparation des segments rouge. ♀.

♂. Le mâle a le mesonotum rouge, vaguement taché de noirâtre; l'espace triangulaire du metanotum rouge, plus foncé dans le sillon longitudinal médian; les métapleures et l'extrémité des tibias postérieurs noirâtres. (Taschenberg).

Long. 12,5mm. Env. 14,5mm. **Lutea**, Taschenberg.

Patrie : Egypte (Karthoum).

144 Espace triangulaire du metanotum éparsement ponctué. Tête assez fortement ponctuée sur le vertex, jaune avec le vertex noir; antennes jaunes. Thorax jaune avec le mesonotum et le metanotum plus ou moins tachés de noir; mesonotum densément ponctué; scutellum moins ponctué; espace triangulaire du metanotum marqué de points épars. Pattes jaunes. Ailes antérieures hyalines, légèrement enfumees à leur extrémité. Abdomen jaune avec une faible impression au bord postérieur de son premier segment. ♂. Long 9 à 11mm. (Schletterer). **Chromatica**, Schletterer.

Patrie : Egypte.

— Espace triangulaire du metanotum plus ou moins chagriné on strié. 145

145 Joues munies d'une forte dent en dessous.

Tête large, jaune, garnie de poils argentés sur la face; les tempes de chaque côté de l'occiput ont une forte dent saillante; partie médiane de l'épistome pourvue de deux dents coniques en son milieu; mandibules jaunes avec l'extrémité noire; antennes jaunes avec la base noire. Thorax jaune; mésopleures dentées; espace triangulaire du metanotum finement et densément chagriné avec un faible sillon médian. Pattes jaunes. Ailes antérieures hyalines avec l'extrémité enfumée. Abdomen jaune. ♀. Long. 13^{mm}. (Radoszkowski). **Komarowii**, Radoszkowski.

Patrie : Askhabad.

— Joues sans dents en dessous. **146**

146 Mesonotum noir. Pas de tubercule saillant en dessous des mésopleures.

Elegans, Eversmann ♂ (V. n° 111).

— Mesonotum de couleur claire. **147**

147 Triangle du metanotum obliquement strié. Un tubercule saillant en dessous des mésopleures. **148**

— Triangle du metanotum transversalement strié. **Waltlii**, Spinola. (V. n° 125).

148 Pas de dessins jaunes.

Capito, Lepeletier (V. n° 88).

— Des dessins en partie jaunes. Tête jaune avec le vertex densément et finement ponctué; occiput ferrugineux; antennes ferrugineuses. Thorax jaune, marqué de points épars sur le mesonotum et le scutellum; triangle du metanotum obliquement rugueux; metanotum ferrugineux. Pattes jaunes marquées de taches ferrugineuses. Ailes hyalines. Abdomen jaune assez fortement ponctué. ♀. Long. 15mm. (Schletterer).

Leucochroa, SCHLETTERER.

PATRIE : Kordofan.

149 Abdomen avec les segments noirs sauf le premier. Tête ferrugineuse avec quelques poils roux et d'autres d'un blanc argentin ; épistome avec le bord soulevé, avancé, laissant en dessous une fossette ; antennes ferrugineuses de la base au milieu, noires du milieu à l'extrémité. Thorax noir, un peu velu de poils blancs ; pronotum ferrugineux ainsi que les callosités humérales, les écaillettes, le scutellum, le postscutellum et deux lignes latérales en arrière du métathorax. Pattes ferrugineuses ; hanches noires. Ailes antérieures brunes avec un reflet violet, plus foncées à l'extrémité ; nervures noires ; côte et stigma ferrugineux. Abdomen presque nu, noir ; premier segment ferrugineux, le cinquième et le sixième garnis de poils bruns ; carènes du pygidium un peu courbes en dehors ; leurs extrémités inférieures un peu plus rapprochées que les supérieures. ♀.

♂ Inconnu.

Long. 14mm. **Nasuta**, LEPELETIER.

PATRIE : Algérie (Oran).

— Abdomen entièrement ou presque entièrement de couleur claire ou brune. 150

150 Triangle du metanotum brillant, noir. Tête fortement ponctuée, noire avec la face et deux taches occipitales jaunes ; épistome ponctué, tronqué à son bord antérieur en devant duquel se trouve une profonde impression ; orbites externes des yeux souvent en partie rouges ; mandibules noires avec la base jaune ; antennes noires avec le scape, la base du funicule et l'ar-

ticle terminal jaune-rougeâtre. Thorax noir, velu, fortement ponctué ; deux taches sur le pronotum, le scutellum, le postscutellum et deux taches au mésothorax rouges ; triangle du metanotum noir, brillant ; écaillettes jaunes. Pattes jaunes avec les hanches, les cuisses et le bord des tibias postérieurs plus ou moins rougeâtres. Ailes enfumées, plus sombres sur le bord. Abdomen jaune-clair avec le premier segment rouge ; la séparation des segments est brune ; ventre brun-rouge à son extrémité. ♂ (Taschenberg). Long. 15 à 18mm.

Variegata, Taschenberg.

Patrie Egypte (Chartum).

— Triangle du metanotum lisse, mat. Tête ponctuée, rouge, éparsement velue de poils blancs ; mandibules rouges avec l'extrémité noire ; antennes rouges avec leur extrémité noire ; face garnie d'une lame saillante échancrée et arquée à son extrémité, de forme rectangulaire sur sa tranche. Thorax rouge, ponctué, avec des poils blancs épars ; mésopleures bidenticulées. Pattes rouges, avec le bord externe des tibias postérieurs un peu rembruni. Ailes fortement enfumées, surtout celles de la paire antérieure qui présentent, en les regardant obliquement, un reflet violet. Abdomen rouge avec le bord postérieur du deuxième segment orné d'une bande brune échancrée ; le dos des trois segments suivants est presque noir, brillant et faiblement ponctué ; le segment terminal est noir-brun, quelquefois rouge, fortement ponctué ; ventre rouge avec quelques taches noires indécises. ♀. Long. 18mm. (Taschenberg).

Rufa, Taschenberg.

Patrie : Egypte.

Ces deux dernières descriptions n'appartiendraient-elles pas à la même espèce?

ESPÈCES DE CERCERIS DOUTEUSES

OU INSUFFISAMMENT DÉCRITES

1. **Dorsalis**, Dufour. — Tête noire; face, antennes et un point derrière les yeux, jaunes; épistome non relevé. Thorax noir avec les épaules et les écaillettes des ailes jaunes. Pattes jaunes. Ailes enfumées à leur extrémité. Abdomen jaune avec les second et troisième segments noir-brun en avant et sur le dos. Long. 11mm.

Patrie. Espagne (Madrid).

2. **Elegans**, Dufour. — Tête noire avec l'épistome, la face, une ligne entre les antennes, jaunes; mandibules jaunes avec l'extrémité noire; antennes rougeâtres avec le scape jaune. Thorax noir avec le pronotum, deux taches sur les mésopleures, le scutellum, le postscutellum et le metanotum, sauf une ligne médiane, jaunes; écaillettes jaunes. Pattes jaunes. Ailes hyalines enfumées à l'extrémité. Abdomen noir avec de larges bandes jaunes; premier segment jaune largement rayé de noir; dernier segment noir. ♀.

♂. Une grande tache jaune derrière le sommet des yeux.

Long. 10mm.

Patrie : Algérie (Ponteba).

3. **Straminea**, Dufour. — Tête jaune clair avec la face couverte d'un duvet blanc soyeux et trois lignes rougeâtres se réunissant en arrière; antennes jaune-rougeâtre avec le scape jaune paille; mandibules jaunes avec l'extrémité noire. Thorax jaune paille en entier ainsi que les pattes. Ailes hyalines avec l'extrémité noirâtre ; nervure costale noire au côté interne seulement. Abdomen jaune paille. ♀. Long. 10mm.

Patrie Algérie (Orléansville).

4. **Dispar**, Dahlbom. — Abdomen noir avec les segments bordés de blanc; premier segment entièrement noir; bordures

des deuxième et troisième segments très larges, les suivantes étroites. Pattes jaunes ; genoux et extrémité des tibias postérieurs noirs. Ailes subhyalines. Epistome sans dent ni lamelle. ♀.

PATRIE : Egypte.

5. **Maculata**, RADOSZKOWSKI. — Tête noire, avec les joues, la bouche, une ligne entre les antennes, jaunes ; mandibules noires ; antennes rouges avec le scape jaune. Thorax noir ; deux taches sur les côtés du pronotum, les callosités sous-humérales, le scutellum et le postscutellum, jaunes ; écaillettes jaunes. Pattes blanchâtres avec les cuisses brunes. Ailes antérieures hyalines, légèrement enfumées à l'extrémité. Abdomen fortement ponctué avec le premier segment rouge ; deuxième segment jaune avec une échancrure brune à son bord postérieur ; troisième, quatrième et cinquième segments noirs avec de très larges bordures jaunes échancrées en leur milieu ; celle du quatrième segment est moins large que les autres et un peu interrompue en son milieu ; sixième et septième segments noirs. ♀. Long. 10^{mm}.

PATRIE Turkestan (désert Kizil-Kum).

6. **Mixta**, RADOSZKOWSKI. — Tête noire avec la face jaune ; antennes rougeâtres en dessous Thorax noir avec deux points sur le pronotum, les callosités humérales et le postscutellum jaunes. Pattes noires avec une partie des cuisses, les tibias et les tarses jaunes. Ailes subhyalines, enfumées à l'extrémité. Abdomen noir avec une bande basilaire jaune sur le deuxième segment ; une large bordure de même couleur sur les segments trois et six et ordinairement une tache latérale semblable de chaque côté des segments quatre et cinq. ♂ Long. 9 à 11^{mm}.

PATRIE . Turkestan (vallées Sarafschan, Djesack et Fergana).

7. **Nobilis**, RADOSZKOWSKI. — Tête noire ; face, une ligne entre les antennes, taches en arrière des yeux, jaunes. Thorax noir avec le pronotum, deux taches sous les ailes, les points calleux, le scutellum, le postscutellum et deux grandes taches sur le metanotum, jaunes. Abdomen noir avec la séparation des segments jaune. ♂ Long. 13^{mm}.

PATRIE : Turkestan (Samarcande).

8. **Quadripunctata**, Radoszkowski. — Tête noire avec la face rouge et garnie de duvet argenté; antennes noires avec le scape jaune. Thorax noir avec deux grandes taches sur le pronotum, deux taches sous l'insertion des ailes, le postscutellum, quatre taches sur le métathorax, rouges; callosités humérales jaunes; espace triangulaire du metanotum strié. Pattes jaunes avec les hanches, les trochanters et les cuisses tachés de noir; les genoux antérieurs et intermédiaires roux. Ailes subhyalines, enfumées à l'extrémité. Abdomen noir avec le premier segment orné d'une bande jaune échancrée de chaque côté; le second segment avec une bande jaune à sa base, le troisième et le quatrième avec des bordures jaunes échancrées; le cinquième avec une bande jaune non échancrée occupant presque tout le segment. ♀ Long 16mm. Env. 24mm.

Patrie : Turkestan (Ferganer).

9. **Vagans**, Radoszkowski. — Tête noire; face jaune; antennes noires avec le scape jaune. Thorax noir; pronotum avec deux taches jaunes; points calleux et postscutellum jaunes. Pattes jaunes. Ailes hyalines, enfumées à l extrémité. Abdomen noir avec une bande jaune sur la base du second segment et de larges bordures jaunes non échancrees à l'extrémité des segments trois, cinq et six. Long. 7mm.

Patrie : Turkestan (Maracanda, Kisil-Kum, bords du fleuve Jaxarte).

10. **Citrinella**, Smith. — Tête ponctuée, jaune pâle avec une ligne transversale noire entre les yeux, enfermant les ocelles; deux autres petites lignent en partent pour rejoindre l'insertion des antennes; mandibules jaunes avec l'extrémité brun-rouge. Thorax ponctué, jaune pâle; devant du pronotum noir; mesonotum avec trois lignes longitudidales noires aboutissant à une ligne basilaire noire, transversale; une tache noire en arrière des écaillettes. Pattes jaunes, un peu ferrugineuses à la paire postérieure. Ailes hyalines; nervures d'un ferrugineux pâle. Abdomen jaune avec un peu de ferrugineux à la base et à l'extrémité des segments; dernier segment ferrugineux en entier; en dessous le bord postérieur des segments seul est ferrugineux. ♀ Long. 10mm.

Patrie : Sibérie.

11. **Rutila,** Spinola. — Antennes testacées-ferrugineuses. Tête noire; base des mandibules, une tache sur le lobe médian de l'épistome, côté de la face compris entre les yeux et les antennes, rouge foncé; épistome plan; espace interantennaire caréné. Thorax noir; triangle du metanotum strié longitudinalement. Ailes obscures; nervures noires; côte un peu rougeâtre près de la base. Abdomen avec des bandes rouges qui offrent de fréquentes variétés; tantôt la première est réduite à une simple tache dorsale, tantôt la deuxième et la troisième se prolongent sous le ventre; le plus souvent les troisième et quatrième sont étroites et largement échancrées en avant. Long. 10mm. Le mâle est inconnu.

Patrie. Egypte.

12. **Alboatra,** Walker. — Tête noire, ponctuée; face ornée de trois grandes taches blanc-jaunâtre; la première et la seconde allongées longitudinalement avec une ligne blanc-jaunâtre entre elles; la troisième transversale, voisine de la bouche; antennes couleur de poix; premier et second articles noirs; le premier ou le scape blanc-jaunâtre en dessous. Thorax noir avec trois points blancs, dont deux de chaque côté du pronotum et le troisième, transversal, au bord postérieur du scutellum; écaillettes blanc-jaunâtre. Pattes blanc-jaunâtre; hanches et cuisses noires, ces dernières rayées de blanc-jaunâtre; tibias postérieurs avec un dessin noir au côté inférieur. Ailes cendrées avec leur extrémité noirâtre; nervures noires. Abdomen noir avec trois bordures blanc-jaunâtre; la première à l'extrémité du pétiole, la seconde au milieu de l'abdomen et la troisième vers son extrémité. Pétiole bien plus étroit que chez la *C. vidua*. Long. 8 à 10mm.

1re var. — Premier segment abdominal rouge.

2e var. — Comme la première et, en outre, cuisses rouge et celles de la paire postérieure rayées de noir.

Patrie : Arabie (Wady Ferran).

CATALOGUE MÉTHODIQUE ET SYNONYMIQUE

DES HYMÉNOPTÈRES D'EUROPE (1)

10. — Les Sphégiens

1re Tribu. — Ammophilidæ

G. I. — AMMOPHILA, Kirby. 1798 (83)

1. Sabulosa, Linné.

—Sphex sabulosa, *L.* 1746(121).
—Ichneumon noir a ventre fauve en devant et a long pédicule, *Geoffroy* 1762(57).
—Sphex sabulosa *Scop* 1763(188).
— — — *Schæffer* 1766 179).
— — — *L* 1768(120).
— — — *Schranck* 1781(185).
— — — *Retzius* 1783 16).
— — — *Fourcroy.* 1785(54).
— — — *Rossi* 1790(170).
— — — *Christ* 1791(12).
— — — *Panzer.* 1792(150).
— — — *Fabr* 1792(50).
—Ammophila vulgaris, *Kirby* 1798(83).
—Sphex sabulosa, *Latr* 1802(106).
— — — *Walk.* 1802(218).
— — — *Fabr* 1804(52).
— — — *Spin* 1806(202).
— — — *Jur*, 1807(81).
—Ammophila sabulosa, *Latr* 1808(107).
— — — *Latr* 1816(s239).
— — — *v d Lind* 1829 216).
— — — *Shuck* 1837(191).
—Sphex sabulosa, *Zett*, 1840(225).
—Ammophila sabulosa *Lep* 1845(111).
— — — *Dahlb* 1845(22).
— — — *Eversm* 1849(40).
— — — *Wesm* 1852(222).
— — — *Kirschb* 1853(87).
— — — *Smith.* 1856(198).
— — — *Kawall* 1856(s238).
— — — *Schenck* 1857(181).
— — — *Costa* 1858(14).
— — — *Costa* 1858(15).
— — — *Costa* 1863(s227).
— — — *Taschb* 1866(210).
— — — *Kirchn* 1867(86).
— — — *Costa* 1867(17).
— — — *Jaennicke* 1867(80).
— — — *Schenck.* 1867(s246).
— — — *Taschb.* 1869(211).
— — — *Ainsch.* 1870(3).
— — — *Dours.* 1874(26).
— — — *Thoms.* 1874 214).
— — — *Marq* 1875(133).
— — — *Mocs.* 1876(s241).
— — — *Mocs* 1876(s242).
— — — *Rad.* 1877(161).
— — — *DallaTorre* 1878(s230).
— — — *Saund* 1880(173).
— — — *Siebke.* 1880(194).
— — — *Costa* 1881(s238).
— — — *Magretti* 1881(131).

(1) Pour abreger, je remplace, dans ce catalogue, les citations d'ouvrages par un simple numero de concordance placé entre parentheses et renvoyant a la Bibliographie publiée dans le corps du volume — Les numeros précédés de S indiquent que les ouvrages se trouvent cités dans le Supplément a la Bibliographie

— — —*DallaTorre*1882(s231).
— — — *Friese*.1883(s232).
— — — *Costa*. 1883(19ii).
— — — *Kohl*. 1883(97).
— — — *Wutsnet*1886(s253).

2 Sareptana, Kohl.

—Ammophila sareptana,*Kohl*1883(98).

3 Melanopus, Lucas.

— Ammophila melanopus, *Lucas*. 1849(124).
— — — *Sm* 1856(198)

4 Hungarica, Mocsary.

— Ammophila hungarica, *Mocsary*. 1883(s243).

5 Fallax, Kohl.

—Ammophila fallax, *Kohl* 1883(98).

6 Hispanica, Mocsary.

— Ammophila hispanica, *Mocsary*. 1883(s243).

7 Campestris, Latreille.

—Ammophila campestris,*Lat.*1806(107).
—Miscus campestris, *Jur* 1807(81).
—Ammophila campestris, *Lep* et *Serv.* 1825(113).
—Miscus campestris,*v.d,Lind.*1829 216).
— — — *Schuck* 1837(191).
—Sphex campestris, *Zett.* 1840 225).
—Miscus campestris,*Lep.* 1845(111).
— — — *Dahlb.* 1845(22).
— — — *Eversm.* 1849(40).
— — — *Curtis.* 1850 s229).
— — — *Wesm.* 1852 222).
— — — *Kirschb.*1853(87).
— — — *Smith.* 1856(198).
— — — *Kawall* 1856(s238).
— — — *Schenck* 1857(181).
— — — *Costa.* 1858(14).
— — — *Costa* 1858(15).
— — — *Taschb* 1866 210).
— — — *Jœnnicke*1867(80).
— — — *Costa.* 1867(17).
— — — *Schenck*1867(s246).
— Ammophila campestris, *Kirschner*. 1867(86).
—Miscus campestris, *Ainsch.*1870(3).
— — — *Thoms* 1874(214).
— — — *Dours* 1874(26).
— — — *Radosk.* 1877(161).
— — — *Dalla Torre* 1878(s233).
— — — *Saund.* 1880(173).
— — — *Magretti*1881(131).
—Ammophila campestris, *Dalla Torre*. 1882(s231).
—Miscus campestris, *Kohl*. 1883(97).
—Ammophila campestris, *Wutsnei*. 1886(s253).

8 Turcica, Mocsary.

—Ammophila turcica. *Mocs*. 1883(s243).

9 Clypeata, Mocsary.

— Ammophila clypeata, *Mocsary* 1883(s243).

10 Touareg, n sp.

11 Modesta, Mocsary.

— Ammophila modesta. *Mocsary* 1883(s243).

12 Striata, Mocsary.

—Ammophila striata, *Mocs*. 1878(137).
— — — *Kohl* 1883(98).

13 Rhœtica, Kohl.

—Ammophila rhœtica, *Kohl* 1879(91).

14 Mocsaryi, Friwaldsky.

—Ammophila Mocsaryi,*Friw* 1876(55).
— — — *Marq.*1879(134).
— — — *Mocs* 1879(139).
— — Julii, *Fabre*. 1880(45).
— — Mocsaryi, *Kohl* 1883(97).

15 Longicollis, Kohl.

—Ammophila longicollis*Kohl*1883(98).

16 Iberica, n. sp.

17 Holosericea, Fabricius.

—Sphex holosericea, *Fabr.* 1792(50).
— — — *Coqueb* 1799(13).
— — — *Fabr.* 1804(52).
— — — *Illig* 1807(78).
— Ammophila holosericea, *v d Lind* 1829 216).
— — — *Dahlb* 1845(22).
— — — *Lep.* 1845(111).
— — — *Lucas* 1849(124).
— — — *Evers* 1849(40).
— — — *Smith* 1856(198).
— — — *Taschb* 1866(210).
— — — *Costa* 1867(17).
— — — *Kirsch*1867(86).
— — — *Taschb* 1869(211).
— — — *Ainsch.* 1870(3).
— — — *Dours* 1874(26).

— Ammophila holosericea, *Marq*. 1875(133).
— — — *Rad* 1876(160).
— — — *Rad* 1877(161).

18 Heydeni, Dahlbom.

— Psammophila Heydeni, *Dahlb*. 1845(22).
—Ammophila Heydeni,*Evers*.1849(40).
— — — *Smith* 1856(128).
— — — *Costa* 1853(14).
— — — *Giraud*.1863(63).
— — — *Costa*. 1863(s227).
— — — *Costa* 1867(67).
— — — *Kirsch*. 1867(86).
— — — *Kinsch*.1870(3).
— — — *Dours*. 1874(26).
— — — *Mocs*. 1876(s241).
— — — *Mocs*. 1876(s242).
— — — *Rad*. 1877(161).
— — — *Mocs*. 1879(139).
— — — *Magr* 1881(131).
— — — *Costa* 1881(s228).
— — — *Costa*. 1882(19).
— — — *Kohl* 1883(97).
— — — *Destef*.1886(s247).

19 Rubriventris, Costa.

— Ammophila rubriventris *Costa*. 1864(16).
— — —*Costa*.1867(17).
—Ammophila rubra, *Dours*. 1874(26).
— — — *Rad*. 1876(160).
— — — *Rad*. 1877(161).
— Ammophila rubriventris, *Costa*. 1883(19II).
— Ammophila rubriventris, *Costa*. 1884(19III).

20 Haimatosoma, Kohl.

— Ammophila haimatosoma, *Kohl*. 1883(98).

21 Gracillima, Taschenberg.

— Ammophila gracillima, *Taschbg*. 1869(211).

22 Propinqua, Taschenberg.

— Ammophila propinqua, *Taschbg*. 1869(211).

23 Egregia, Mocsary.

—Ammophila egregia, *Mocs*. 1881(141).

24 Syriaca, Mocsary.

—Ammophila syriaca, *Mocs* 1883(s243).

25 Rubripes, Spinola.

—Ammophila rubripes. *Spin*. 1838(203).
— — — *Smith*.1856(198).
— — — *Walk*.1871(219).
— — filata, *Walk*. 1871(219).

26 Lœvicollis, n. sp.

27 Nasuta, Lepeletier.

—Ammophila nasuta, *Lep* 1845(111).
— — — *Lucas*.1849(124).
— — — *Smith*.1856(198).
— — — *Walk*.1871(219).
— — — *Dours*.1874(26).

28 Morawitzi, André.

—Psammophila polita,*Mocs* 1883(s243).

29 Capucina, Costa.

— Psammophila capucina, *Costa*. 1851(14).
— — — *Costa*1867(17).
— — —*Mocs* 1876(s242).
—Ammophila capucina, *Mocs* 1879(139).

30 Lutaria, Fabricius.

—Sphex lutaria, *Fab*. 1787(49).
— — — *Villers*. 1789(217).
—Ammophila affinis,*Kirby*. 1798(83).
—Pepsis lutaria, *Fabr*. 1804(52).
—Sphex lutaria,*Jur*. 1807(81).
—Ammophila affinis,*v.d Lind*.1820(216).
— — — *Shuck*. 1837(191).
— — — *Lep*. 1845(111).
—Psammophila affinis.*Dahlb* 1845(22).
— — — *Evers* 1849(40).
—Ammophila affinis,*Lucas*. 1849(124).
—Psammophila affinis *Wesm* 1852(222).
— — — *Costa*.1852(14).
—Ammophila lutaria, *Smith*. 1856(198).
—Psammophila affinis,*Kaw*. 1856(s238).
— — — *Taschb*. 1866(210).
— — — *Costa*. 1867(17).
— — —*Jænnick* 1867(80).
— — — *Kirchn*.1867(86).
— — — *Taschb* 1869(211).
— — — *Kinsch* 1870(3).
—Ammophila lutaria, *Dours*. 1874(26).
—Psammophila affinis*Thoms* 1874(214).
— — — *Frio* 1876(55).
— — lutaria,*Mocs* 1876(s241).
— — affinis,*Rad* 1877(161).
— — — *D.Torre*.1878(s230).
— — — *Saund* 1880(173).
— — — *Siebke* 1880(194).
— — — *Magr*. 1881(131).
— — lutaria, *Dal.Torre*1882(s231).
— — affinis, *Friese*. 1883(s232).
— — — *Kohl*. 1883(97).
— — — *Wutsnef*. 1886(s253).

31 Dispar, TASCHENBERG.

— Psammophila dispar, *Taschbg* 1869(211).

32 Caucasica, MOCSARY.

— Psammophila Caucasica, *Mocsary*. 1883(s243).

33 Hirsuta, SCOPOLI.

— Guêpe Ichneumon des chemins, *de Geer*. 1752(s251).
—Sphex hirsuta. *Scop*. 1763(188).
— — — *Schranck* 1781(185).
— — viatica, *Retzius*. 1783(166).
— — arenaria, *Rossi* 1790(170).
— — — *Fab* 1793(50).
—Ammophila hirsuta, *Kirby* 1798(83).
— — argentea ♂, *Kirby*. 1798(83).
—Sphex arenaria, *Panz* 1799(150).
— — — *Walken* 1802(208).
—Pepsis arenaria, *Fabr* 1804(52).
—Sphex arenaria. *Panz* 1806(150).
—Ammophila arenaria, *Latr* 1806(107).
—Pepsis arenaria, *Spin*. 1806(202).
— — — *Illig* 1807(78).
—Sphex arenaria, *Jurine* 1807(81).
—Ammophila viatica, *Latr* 1816(s239).
— — hirsuta, *v d Lind*.1829(216).
—Sphex viatica, *Dahlb* 1831(s256).
—Ammophila hirsuta, *Brulle* 1832(6).
— — — *Shench* 1837(191).
—Sphex arenaria, *Zett* 1840(225).
— Ammophila arenaria, *Vallot* 1842(s248).
—Sphex viatica, *Ratz* 1844(164).
—Psammophila viatica, *Dahlb* 1845(22).
—Ammophila hirsuta, *Lep*. 1845(111).
— — — *Lucas*. 1849(129).
—Psammophila viatica, *Evers* 1849(41).
— — hirsuta, *Wesm* 1852(222).
— — viatica, Kirschn 1853(87).
— — — *Kawall*. 1856(s238).
—Ammophila viatica, *Smith* 1856(198).
— — — *Kirschb* 1856(85).
— Psammophila viatica. *Schenck* 1857(181).
— — — *Costa*. 1858(14).
— — — *Costa* 1863(s227).
— — hirsuta, *Taschbg* 1866(210).
— — viatica, *Kirchn* 1867(86).
— — — *Jennick* 1867(80).
— — — *Schenck* 1867(s246).
— — arenaria, *Lucas* 1867(s264).
— — hirsuta, *Costa*. 1867(17).
— — viatica, *Taschb* 1869(211).
— — — *Ainsch* 1870(3).
—Ammophila hirsuta, *Rad* 1873(159).
— Psammophila viatica, *Thoms* 1874(214).
— — — *Dours*. 1874(26).
—Ammophila viatica, *Marq* 1875(133).
— Psammophila viatica, *Brischke* 1876(s262).
— — — *Girard* 1876(s263).
—Ammophila viatica, *Mocs* 1876(s241).
— — — *Friw*. 1876(55).
—Psammophila viatica, *Rad*. 1877(161).
—Ammophila viatica, *Mocs* 1877(136).
—Psammophila viatica, *Dalla Torre*. 1878(s230).
—Ammophila hirsuta, *Saund* 1880(173).
—Psammophila viatica, *Siebke* 1880(194).
— — — *Gribodo* 1881(s233).
— — hirsuta, *Costa* 1881(s228).
— — — *Magr* 1882(131).
— — viatica, *Dalla Torre*. 1882(s241).
— — hirsuta, *Friese*. 1883(s232).
— — viatica, *Kohl* 1883(97).
— — — *Walsh*. 1886(s253).

34 Fera, LEPELETIER.

—Ammophila fera, *Lep* 1845(111).
— — — *Smith*. 1856(198).

35 Argentata, LEPELETIER.

— Ammophila argentea, *Brullé* ? 1832(6).
—Ammophila argentata, *Lep* 1845(111).
— — — *Lucas* 1849(124).
— — argentea, *Sm* 1856(198).
— — — *Walk*. 1871(219).
— — — *Dours* 1874(26).

36 Klugii, LEPELETIER.

—Ammophila Klugii, *Lep* 1845(111).
— Psammophila Maderæ, *Dahlb*. 1845(22).
— — senilis, *Dahlb*. 1845(22).
— — Klugii, *Sm* 1856(198).
— — Maderæ, *Sm* 1856(198).
— — senilis, *Sm* 1856(198).
— Psammophila Maderæ ? *Taschenb* 1869(211).

37 Ebenina, SPINOLA.

—Ammophila ebenina, *Spin* 1838(203).
— — — *Lep* 1845(111).
— — — *Sm* 1856(198).
— — — *Costa* 1867(17).
— — — *Walk* 1871(219).
— — — *Rad* 1871(158).
— — — *Magr* 1881(s240).
— — — *Costa* 1882(191).
— — — *Costa* 1883(19II).
— — — *Cost* 1884(19III).

38 Atrocyanea, EVERSMANN.

—Ammophila atrocyanea, *Ev* 1849(40).
— — — *Rad.* 1877(161).

G. 2. — PARAPSAMMOPHILA, TASCHENBERG. 1869(211).

1 Cyanipennis, LEPELETIER.

— Ammophila cyanipennis, *Lepeletier* 1845(111).
— — — *Sm* 1856(198).
— Parapsammophila miles, *Taschbg* 1869(211).

2 Dives, BRULLÉ.

—Ammophila dives, *Brulle.* 1832(6).
— — — *Sm.* 1856(198).
— — — *Kirschn* 1867(86).
— — limbata, *Kriech* 1869(102).
— — dives, *Grib.* 1880(s234).

3 Armata, ILLIGER.

—Sphex sabulosa, *Rossi* 1790(170).
— — armata, *Ill.* 1807(78).
—Ammophila armata, *Latr.* 1808(107).
— — — *v.d.Lind* 1829(216).
— — — *Guerin* 1829(s237).
— — — *Dufour* 1838(29).
— — — *Lep* 1845(111).
— — — *Sm* 1856(198).
— — — *Tasch.* 18 3(210).
— — — *Costa.* 1867(17).
— — — *Dours.* 1874(26).
— — — *Costa* 1881(s228).

4 Lateritia, TASCHENBERG.

— Parapsammophila lateritia, *Tasch.* 1869(211).

5 Lutea, TASCHENBERG.

— Parapsammophila lutea, *Tasch* 1869(211).

G. 3. — EREMOCHARES, GRIBODO. 1882(72).

1 Doriæ, GRIBODO.

—Eremochares Doriæ, *Grib* 1882(72).

G. 4. — COLOPTERA, LEPELETIER. 1845(111).

1 Barbara, LEPELETIER.

—Coloptera barbara. *Lep* 1845(111).
— — — *Luc.* 1849(124).
— — — *Sm* 1856(198).

2e Tribu. — Pelopœidæ

G. 5. — PELOPŒUS, LATREILLE. 1805(106).

1 Spirifex, LINNÉ.

—Sphex spirifex, *L.* 1758(120).
— — ægyptia, *L.* 1758(120).
— — spirifex, *Fabr,* 1793(50).
—Pelopœus spirifex, *Fabr.* 1801(52).
— — — *Latr* 1806(107).
— — — *v d.Lind* 1829(216).
— — — *Brulle.* 1832(6).
— — — *Vallot.* 1842(s248).
— — — *Dahlb* 1845(22).
— — — *Lep* 1845(111).
— — — *Eversm* 1849(40).
— — — *Lucas* 1849(124).
— — — *Sm* 1856(198).
— — — *Costa.* 1858(14).
— — — *Costa.* 1863 s227).
— — — *Costa* 1867(17).
— — — *Kirschn* 1867(86).
— — — *Lucas.* 1869(127).
— — — *Tasch* 1869 211).
— — — *Walk.* 1871(219).
— — — *Dours* 1874(26).
— — — *Marq* 1875(133).
— — — *Magr.* 1881(131).
— — — *Costa.* 1881(s228).
— — — *Magr,* 1881(131).
— — — *Costa,* 1882(191).
— — — *Costa* 1883(191).

2 Pensilis, ILLIGER.

—Sphex spirifex, *Schæff.* 1770(179).
— — — *Panz* 1792(150).
—Pepsis pensilis, *Ill* 1807(78).
— — destillatorius, *Latr* 1807(78).
—Pelopœus pensilis, *Latr* 1808(107).
— — destillatorius, *Lat* 1808(107).
— — pensilis, *v.d Lind* 1829(216).
— — destillatorius, *v d. Lind.* 1829 216).
— — pensilis, *Lep* 1845(111).
— — sardonius, *Lep* 1845(111).
— — destillatorius, *Dahlb* 1845(22).
— — pensilis, *Luc* 1849(124).
— — destillatorius, *Ev* 1849(40).
— — pensilis, *Sm.* 1856(198).
— — destillatorius, *Sm* 1856(198).
— — sardonius, *Sm.* 1856(198).

— Pelopœus destillatorius, *Costa* 1851(14).
— — pensilis, *Cost.*1851(14).
— — destillatorius, *Schenck* 1857(181).
— — pensilis, *Costa.*1863(s227).
— — destillatorius, *Taschbg* 1866(210).
— — — *Costa*1867(17).
— — pensilis, *Costa*1867(17).
— — — *Kirschn* 1867(86).
— — destillatorius, *Kirs* 1867(86).
— — — *Ansch.*1870(3).
— — — *Dours.*1874(26).
— — pensilis, *Dours* 1874 26).
— — — *Marq* 1875 133).
— — destillatorius, *Moc* 1876(s241).
— — pensilis, *Rad.* 1877(161).
— — destillatorius, *Magr* 1881(131).
— — — *Magr.*1881(131).
— — — *Cost.*1881(s228).
— — — *Kohl.* 1883(77).
— — — *Costa* 1883(19II).
— — — *Kohl* 1883(77).
— — — *Cost* 1884(19III).

3 Tubifex, LATREILLE.

—Sphex spirifex, *Rossi* 1790(170).
—Pelopœus tubifex, *Latr* 1806 107).
— — — *v d Lind* 1829 206).
— — — *Lep* 1845(111).
— — pectoralis, *Dahlb* 1845(22).
— — tubifex, *Sm* 1856(198).
— — — *Costa.* 1858(14).
— — — *Costa.* 1867(17).
— — — *Kirschn* 1867(86).
— — — *Taschb.* 1869(211).
— — — *Marq.* 1875(133).
— — — *Rad* 1877(161).
— — — *Costa* 1881(s228).
— — — *Costa* 1882(19).
— — — *Destef.* 1886(s247).

4 Arabs, LEPELETIER.

—Pelopœus arabs, *Lep* 1845(111).
— — — *Sm* 1856(198).

5 Transcaspicus, RADOSKOWSKI.

— Pelopœus transcaucasicus, *Radosk* 1886(s245).

6 Caucasicus, ANDRÉ.

7 Violaceus, FABRICIUS.

—Sphex violacea, *Fabr* 1793(50).
—Pepsis violacea, *Fabr* 1804(52).
—Chalybion violaceum *Dahlb* 1845(22).
— Pelopœus bengalensis, *Dahlb.* 1845(22).
— — flebilis, *Lep* 1845(111).
—Chalybion pruinosum *Dahlb.*1845(22).
—Pelopœus violaceus, *Lep* 1845(111).
— — bengalensis, *Sm.*1856(198).
— — fabricator, *Sm* 1856(198).
— — violaceus, *Costa.*1867(17).
— Chalybion pruinosum, *Kirschn* 1867(86).
— — violaceum, *Kirschn.*1867(85).
—Pelopœus violaceus *Taschb.*1869(211).
— — — *Walk.* 1871(219).
— — — *Dours.* 1874(26).
— — — *Rad.* 1877(161).
— — — *Magr* 1881(131).
— — — *Costa.*1884(19III).

8 Femoratus, FABRICIUS.

—Sphex femorata *Fabr.* 1793(50).
—Pepsis femorata, *Fabr* 1804(52).
— — — *Spin.* 1806(202).
—Pelopœus femoratus, *Latr* 1807(107).
— — — *v.d.Lind* 1829 216).
— — — *Lep.* 1845(111).
—Chalybion femoratum *Dahlb.*1845(22).
—Pelopœus femoratus, *Sm.* 1856(198).
— — — *Costa* 1858(14).
— — — *Costa*1863(s227).
— — — *Costa* 1867(17).
— Chalybion femoratum, *Kirschn.* 1867(86).
— — — *Ansch* 1870(3).
—Pelopœus femoratus, *Dours* 1874(26).
— — — *Friv* 1876(55).
—Chalybion femoratum *Marq* 1879(134).
—Pelopœus femoratus, *Magr* 1881(131).

3e Tribu. — Sphegidæ

G. 6. — SPHEX, LINNÉ. 1758(120).

1 Mandibularis, FABRICIUS.

—Chlorion mandibulare, *Fab* 1804(52).
—Pronœus mandibularis, *Fab.*
— — — *Latr.*1806(107).
— — — *Lep* 1845(111).
— — — *Sm* 1856(198).
— — instabilis, *Sm* 1856(198).
— — affinis, *Sm* 1856(198).
— — maxillaris, *Sm* 1856(198).
—Chlorion bicolor, *Walk.* 1871(129).
—Sphex mandibularis *Kohl* 1885(101).

2 Chrysis, CHRIST.

—Sphex cœrulea, *Christ.* 1791(12).
— — chrysis, *Christ.* 1791(12).

—Sphex lobata, *Fabr* 1793(50).
—Chlorion lobatum, *Fabr* 1793(50).
— — — *Fabr* 1804(52).
— — — *Latr* 1806(107).
— — azureum, *Lep. et Serv* 1825(113).
— — — *Blanch* 1849(s249).
— — lobatum, *Blanch.* 1840(s249).
— — — *Lep* 1845(111).
— — azureum, *Lep.* 1845(111).
— — lobatum, *Dahlb.* 1845(22).
— — — *Sm.* 1856(198).
— — — *Taschb* 1869(211).
—Sphex chrysis, *Kohl.* 1885(101).
—Chlorion lobatum, *Rad.* 1887(s245).

3 Kohli, André.

—Sphex eximius, *Kohl* 1885(101).

4 Melanosoma, Smith.

—Chlorion melanosoma, *Sm.* 1856(198).
— — — *Walk.* 1871(219).
—Sphex hirtus, *Kohl* 1885(101).

5 Sougaricus, Eversmann.

—Sphex sougarica, *Ev* 1849(40).

6 Gratiosus, Smith.

—Sphex gratiosa, *Sm* 1856(198).

7 Orientalis, Mocsary.

—Sphex orientalis. *Mocs* 1883(s243).
— — — *Kohl.* 1885(101).

8 Occitanicus, Lepeletier et Serville.

— Sphex occitanica, *Lep. et Serv.* 1825(113).
— — — *Spin.* 1838(203).
— — — ♂ *Lep* 1845(111).
— — proditor, ♀ *Lep* 1845(111).
— — fera, *Dahlbm* 1845(22).
— — — *Evers* 1849(40).
— — — *Costa.* 1851(14).
— — — *Sm.* 1856(198).
— — occitanica, *Sm.* 1856(198).
— — proditor, *Sm* 1856(198).
— — fera, *Costa* 1858(15).
— — — *Costa* 1867(17).
— — occitanica, *Kirschn.* 1867(86).
— — proditor, *Kirschn* 1867(86).
— — fera, *Kirschn* 1867(86).
— — — *Taschb.* 1869(211).
— — — *Rad* 1871(158).
— — occitanicus, *Dours.* 1874(26).
— — proditor, *Dours* 1874(26).
— — — *Marq.* 1875(133).
— — — *Marq* 1879(134).
— — fera, *Kohl.* 1881(93).
— — — *Costa* 1881(s228).
— — syriaca, *Mocs* 1881(141).
— — fera, *Costa* 1883(19II).
— — — *Costa* 1884(19III).
— — occitanicus, *Kohl.* 1885(101).

9 Argyrius, Brullé.

—Sphex argyria ♀, *Brullé.* 1832(6).
— — emarginata ♂, *Brullé* 1832(6).
— — confinis, *Dahlb* 1845(22).
— — fera, *Evers* 1849(40).
— — emarginata, *Sm.* 1856(198).
— — confinis, *Sm* 1856(198).
— — — *Kirschn* 1867(86).
— — emarginata, *Kirschn.* 1867(86).
— — fera, *Mocs.* 1879(139).
— — confinis, *Kohl* 1881(93).
— — argyrius, *Kohl* 1885(101).

10 Strigulosus, Costa.

—Sphex strigulosa, *Costa* 1851(14).
— — — *Costa.* 1858(15).
— — — *Costa* 1863(s227).
— — — *Costa* 1867(17).
— — — *Kirschn* 1867(86).
— — strigulosus, *Kohl.* 1885(101).

11 Afer, Lepeletier.

—Sphex afra, *Lep* 1845(111).
— — — (texte), *Lucas* 1849(124).
— — — *Sm.* 1856(198).

12 Flavipennis, Fabricius.

—Sphex flavipennis, *Fabr.* 1793(50).
—Pepsis — *Fabr* 1804(52).
—Sphex — *Latr* 1819( ).
— — — *v.d.Lind* 1829(216).
— — — *Spin.* 1838(203).
— — — *Lep* 1845(111).
— — bicolor, *Dahlb.* 1845(22).
— — afra (figure), *Lucas* 1849(124).
— — flavipennis, *Lucas* 1849(124).
— — — *Costa,* 1851(14).
— — bicolor, *Sm.* 1856(198).
— — flavipennis, *Costa.* 1858(15).
— — — *Cost.* 1863(s227).
— — — *Costa* 1867(17).
— — — *Schenck* 1867(181).
— — — *Kirschn* 1867(86).
— — — *Marq.* 1875(133).

— — — *Grib* 1880( ).
— — — *Costa* 1881(s228).
— — bicolor *Kohl* 1881(93).
— — flavipennis, *Costa* 1882(19i).
— — — *Costa* 1884(19ii).
— — — *Kohl.* 1885(101).

13 Affinis, LUCAS.

—Sphex affinis, *Lucas* 1849(124).
— — — *Sm.* 1856(198).

14 Melanocnemis, KOHL.

—Sphex melanocnemis, *Kohl* 1885(101).

15 Splendidulus, COSTA.

—Sphex splendidula, *Costa.* 1851(14).
— — — *Costa.* 1858(15).
— — — *Costa.* 1867(17).
— — — *Costa* 1881(s228).
— — splendidulus, *Kohl* 1885(101).

16 Maxillosus, FABRICIUS.

—Sphex maxillosa, *Fabr* 1793(50).
—Pepsis maxillosa, *Fabr* 1804(52).
—Sphex flavipennis, *Latr.* 1806(107).
— — — *Jur.* 1807(81).
— — — *Germ.* 1812(2).
— — leuconota, *Brullé.* 1832(6).
— — triangulum, *Brulle* 1832(6).
— — rufocincta, *Brullé.* 1832(6).
— — flavipennis. *Shuck* 1837(191).
— — — *Imhoff et Labram.* 1842(s258).
— — maxillosa, *Dahlb.* 1845(42).
— — cinereo-rufocincta, *Dahlb.* 1845(22).
— — maxillosa, *Ev.* 1849(40).
— — — *Lucas* 1849(124).
— — — *Costa.* 1851(14).
— — — *Kirschb.* 1853(87).
— — flavipennis, *Sm* 1856(198).
— — cinereo-rufocincta, *Smith.* 1856(198).
— — maxillosa, *Schenck* 1857(181).
— — cinereo-rufocincta, *Schenck.* 1857(181).
— — maxillosa, *Taschb* 1858(209).
— — — *Costa* 1858(15).
— — — *Schenck.* 1861(181).
— — — *Taschb.* 1866(210).
— — — *Costa* 1867(17).
— — — *Schenck* 1867(s246).
— — — *Kirschn.* 1867(86).
— — leuconota, *Kirschn* 1867(86).
— — maxillosa, *Taschb* 1869(211).
— — — *Ainsch* 1870(3).
— — cinereorufocincta, *Ainsch* 1870(3).
— — flavipennis, *Dours.* 1874(26).
— — maxillosa, *Friw* 1876(55).
— — — *Mocs* 1876(s241).
— — — *Rad* 1877(161).
— — —*Dalla Torre* 1878s(230).
— — — *Mocs* 1879(139).
— — — *Costa.* 1881(s228).
— — — *Costa.* 1882(19i).
— — — *Costa.* 1883(19ii).
— — — *Kohl.* 1883(97).
— — — *Magr* 1884(132).
— — maxillosus, *Kohl* 1885(101).
— — maxillosa *Destef* 1886(s247).

17 Pruinosus, GERMAR.

—Sphex pruinosa ♂. *Germar* 1817(2).
— — — *Germar* 1817(58).
— — — *v. d.Lind.* 1829(216).
— — — *Lep* 1845(111).
— — — *Sm* 1856(198).
— — — *Dours.* 1874(26).
— — pruinosus, *Kohl* 1885(101).

18 Conicus, RADOSKOWSKI.

—Sphex conica *Rad* 1877(161).

19 Argentatus, FABRICIUS.

—Sphex argentata, *Fabr* 1793(50).
— — albifrons, *Fabr* 1793(50).
— — unicolor, *Fabr.* 1793(50).
—Pepsis albifrons *Fabr* 1804(52).
— — argentata, *Fabr.* 1804(52).
—Sphex argentata, *Spin.* 1838(203).
— — — *Dahlb.* 1845(122).
— — albifrons, *Lep.* 1845(111).
— — argentifrons, *Lep* 1845(111).
— — argentata, *Tasch.* 1869(211).
— — — *Walk* 1871(219).
— — argentifrons, *Kohl* 1885(101).

20 Sirdariensis, RADOSKOWSKI.

—Sphex sirdariensis, *Rad.* 1877(161).
— — — *Rad* 1886(s245).

21 Persicus, MOCSARY.

—Sphex persicus, *Mocs* 1883(s243).
— — — *Kohl* 1885(101).

22 Stschurowskii, RADOSKOWSKI.

—Sphex Stschurowskii, *Rad* 1877(161).
— — — *Rad* 1886(s245).

23 Tristis, KOHL.

—Sphex sordida, *Dahlb*[*] 1845(22).

—Sphex sordida, *Sm.* ? 1856(198).
— — tristis, *Kohl* 1885(101).

24 Ægyptius, Lepeletier.

—Sphex pensylvanica, *Chr* ? 1791(12).
— — hirtipes, *Fabr* ? 1793(50).
—Pepsis hirtipes, *Fabr.*? 1804(52).
—Sphex ægyptia, *Lep* 1845(111).
— — soror, *Dahlb* 1845(22).
—Harpactopus crudelis, *Sm* 1856(198).
—Priononyx ægyptia, *Sm.* 1856(198).
—Sphex soror, *Sm.* 1856(198).
— — ægyptia, *Taschbg.* 1869(211).
— Harpactopus crudelis, *Walk.* 1871(219).
—Sphex grandis, *Rad.* 1876(160).
— — soror, *Mocs.* 1879(139).
— — ægyptius, *Kohl* 1885(101).

25 Subfuscatus, Dahlbom.

—Sphex subfuscata, *Dahlb.* 1845(22).
— — nigrita, *Lucas.* 1849(129).
— — desertorum, *Evers.* 1849(40).
— Gastrosphæria anthracina, *Costa.* 1851(14).
—Sphex subfuscata, *Sm.* 1856(198).
— — nigrita, *Sm.* 1856(198).
—Enodia chrysoptera, *Ruthe et Stein.* 1857(172).
— Gastrosphæria anthracina, *Costa* 1858(15).
—Sphex anthracina, *Costa.* 1867(17).
—Gastrosphæria anthracina, *Kirchn.* 1867(86).
— — — *Marq* 1875(133).
—Sphex desertorum, *Rad.* 1877(161).
—Gastrosphæria anthracina, *Marq.* 1879(134).
—Sphex subfuscata, *Kohl.* 1881(93).
— — anthracina, *Costa.* 1882(19 i).
— — subfuscatus, *Kohl* 1885(101).
— — desertorum, *Rad.* 1886(s215).

26 Plumipes, Radoskowski.

—Sphex plumipes, *Rad.* 1886(s245).

27 Rufipennis, Fabricius.

—Sphex rufipennis, *Fabr.* 1793(50).
—Pepsis rufipennis, *Fabr.* 1804(52).
—Sphex rufipennis, *Lep. et Serv.* 1825(113).
— — — *Lep* 1845(111).
— — — *Dahlb.* 1845(22).
— — — *Taschbg.* 1869(211).
— — — *Kohl* 1885(101).

28 Eversmanni, André.

—Sphex subfuscata, *Evers* 1849(40).
— — — *Rad.* 1877(151).

29 Paludosus, Rossi.

—Sphex paludosa, *Rossi.* 1790(170).
— — — *v. d. Lind.* 1829(216).
— — — *Lep* 1845(111).
— — fuscata, *Dahlb.* 1845(22).
— — parthenia, *Costa.* 1851(14).
— — fuscata, *Sm.* 1856(198).
— — parthenia, *Costa.* 1858(15).
— — — *Costa.* 1863(s227).
— — fuscata, *Giraud.* 1863(63).
— — paludosa, *Costa.* 1867(17).
— — parthenia, *Kirchn.* 1867(86).
— — paludosus, *Dours.* 1874(26).
— — fuscata, *Marq.* 1875(133).
— — — *Kohl.* 1881(93).
— — fuscatus, *Kohl.* 1885(101).
— — paludosa, *Costa.* 1886(19 vi).

30 Melanarius, Mocsary.

—Sphex melanarius. *Mocs.* 1883(s243).
— — — *Kohl.* 1885(101).

31 Vittatus, Kohl.

—Enodia vittata, *Kohl.* 1884(98).
—Sphex vittatus, *Kohl.* 1885(101).

32 Insignis, Kohl.

—Sphex insignis, *Kohl.* 1885(101).

33 Græcus, Mocsary.

—Enodia græca, *Mocs.* 1883(s243).
—Sphex græcus, *Kohl.* 1885(101).

34 Micans, Eversmann

—Sphex micans, *Ev.* 1849(40).
—Enodia lividocincta, *Costa* 1851(14).
— — — *Costa* 1863(s227).
— — — *Costa.* 1867(17).
— Parasphex lividocincta, *Kirchn.* 1867(86).
—Enodia micans, *Rad* 1877(61).
—Priononyx Isselii, *Grib.* 1880(s234).
—Enodia obliquestriata, *Mocsary.* 1883(s243).
—Sphex lividocinctus, *Kohl.* 1885(101).
—Enodia lividocincta, *Costa* 1886(19 iii).

35 Mocsaryi, Kohl.

—Enodia argentata, *Mocs.* 1883(s243).

—Sphex *Mocsaryi*, *Kohl*. 1885(101).

36 Pollens, Kohl.

—Sphex pollens, *Kohl*. 1885(101).

37 Pubescens, Fabricius.

—Sphex fervens, *Fabr ?* 1775(47).
— — — *Fabr ?* 1787(49).
— — viduata, *Christ. ?* 1791(12).
— — fervens, *Fabr. ?* 1793(50).
— — pubescens, *Fabr. ?* 1793(50).
—Pepsis fervens, *Fabr. ?* 1804(52).
— — pubescens, *Fabr.* 1804(52).
—Sphex pubescens, *Spin.* 1838(203).
—Enodia canescens, *Dahlb*, 1845(22).
— — fervens, *Dahlb.* 1845(22).
—Sphex pubescens, *Duf.* 1853(34).
— — — *Sm.* 1856(198).
—Parasphex fervens, *Sm.* 1856(198).
— — — *Walk* 1871(219).
—Sphex pubescens, *Kohl*. 1885(101).

38 Albisectus, Lepeletier et Serville.

— Sphex albisecta, *Lep. et Serv* 1825(113).
— Ammophila Kirbyi, *v d Lind.* 1829(216).
—Sphex trichargyra, *Spin.* 1838(203).
— — albisecta, *Lep* 1845(111).
—Enodia albisecta, *Dahlb.* 1845(22).
—Sphex albisecta, *Lucas.* 1849(124).
—Enodia albisecta, *Costa.* 1851(14).
—Parasphex albisecta, *Sm.* 1856(198).
—Sphex trichargyra, *Sm.* 1856(198).
—Enodia albisecta, *Costa.* 1867(17).
—Parasphex albisecta, *Kirschner*. 1867(86).
—Enodia albisecta, *Amsch.* 1870(3).
—Parasphex albisecta, *Dours* 1874(26).
— — — *Marq.* 1875(133).
—Enodia albisecta, *Mocs.* 1876(s241).
—Parasphex albisecta, *Friv* 1876(55).
—Enodia albisecta, *Rad.* 1877(161).
—Parasphex albisecta, *Marq* 1879(134).
— — — *Mocs.* 1879(129).
—Enodia albisecta, *Costa.* 1881(s228).
— — — *Costa.* 1882(19 I).
— — — *Costa.* 1883(19 II).
— — — *Mocs.* 1883(s244).
—Parasphex albisecta, *Kohl*. 1883(97).
—Enodia albisecta, *Costa.* 1884(19 III).
—Sphex albisectus, *Kohl*. 1885(101).

39 Niveatus, Dufour.

—Sphex niveata, *Duf* 1853(34).
— Enodia albopectinata, *Taschbg*. 1869(211).
— Sphex niveatus, *Kohl*. 1885(101).

40 Nigropectinatus, Taschenberg.

— Enodia nigropectinata, *Taschbg* 1869(211).
— Podium paracandicum, *Radosk* 1877(161).
— Sphex nigropectinatus, *Kohl* 1885(101).

4e Tribu. — Ampulicidæ

G. 7. — AMPULEX, Jurine. 1807(81).

1 Europæa, Giraud.

—Ampulex europæa ♀, *Gir.* 1858(62).
— — — ♂, *Gir.* 1863(65).
— — — *Kirschn.* 1867(86).
— — — *Grib.* 1873(71).
— — — *Dours.* 1874(26).

2 Fasciata, Jurine.

—Ampulex fasciata, *Jur.* 1807(81).
— — — *Chevr.* 1867(s226).
— — — *Kirschn* 1867(86).
— — — *Kohl.* 1883(97).

5e Tribu. — Mellinidæ

G. 8. — MELLINUS, Fabricius. 1793(50).

1 Arvensis, Linné.

—Guêpe ichneumon a filet bossu, *de Geer.* 1752(s251).
—Vespa arvensis, *Linné* 1761(122).
—Sphex vaga, *Scop* 1763(186).
—Vespa tricincta, *Schr.* 1781(185).
—Sphex clavata, *Retz.* 1783(166).
—Vespa petiolata, *Fourcr.* 1785(54).
— — campestris, *Fabr* 1787(49).
—Crabro bipunctatus, *Fabr* 1787(49).
—Vespa tricincta, *Villiers.* 1789(217).
—Sphex gibba, *Villiers.* 1789(217).
—Vespa arvensis, *Villiers.* 1789(217).
—Crabro bipunctatus, *Oliv.* 1789(147).
— Vespa melanosticta, *Gmelin*. 1790(s250).
— — tricincta, *Gmelin.* 1790(s250).
— — arvensis, *Christ.* 1791(12).

—Crabro U-flavum, *Panz.* 1792(150).
—Mellinus bipunctatus, *Fabr* 1793(50).
— — campestris, *Fabr.* 1793(50).
— — arvensis, *Fabr* 1793(50).
— — bipunctatus, *Walken* 1802(218).
— — campestris, *Walken* 1802(218).
— — arvensis, *Walken* 1802(218).
— — — *Fabr.* 1804(52).
—Crabro arvensis, *Spin* 1808(202).
—Mellinus pratensis, *Jur* 1807(81).
— — arvensis, *Jur* 1807(81).
— — bipunctatus, *Jur* 1807(81).
— — — *Latr* 1816(s239).
— — arvensis, *Latr* 1816(s239).
— — — *v d Lind.* 1829(216).
— — pratensis, *v.d.Lind* 1829(216).
— — arvensis, *Guérin.* 1829(s261).
— — — *Shuck* 1837(191).
— — — *Zett* 1840(225).
— — — *Lep.* 1845(111).
— — — *Dahlb.* 1845(22).
— — — *Ratzb* 1844(164).
— — — *Eversm* 1849(40).
— — — *Wesm* 1852(222).
— — — *Kirschb.* 1853(87).
— — — *Sm.* 1856(198).
— — — *Kawall* 1856(s238).
— — — *Schenck* 1857(181).
— — — *Taschbg.* 1866(210).
— — — *Jænnicke* 1867(80).
— — — *Kirschn* 1867(86).
— — — *Costa.* 1867(17).
— — — *Schenck* 1867 s246).
— — — *Ainsch* 1870(3).
— — — *Thoms* 1874(214).
— — — *Dours* 1874(26).
— — — *Marq* 1875(133).
— — — *Taschbg* 1875(213).
— — — *Friv.* 1876(55).
— — — *Mocs.* 1877(136).
— — —*Dal.Torre* 1878(s230).
— — — *Saunders* 1880(173).
— — — *Stebke.* 1880(194).
— — — *Costa.* 1881(s228).
— — —*Dal.Torre* 1882(s231).
— — — *Friese.* 1883(s232).
— — — *Kohl.* 1883(97).
— — — *Wutsnei* 1886(s253).

2 Sabulosus, Fabricius

—Crabro sabulosus, *Fabr.* 1787(49).
— — — *Oliv.* 1789(147).
—Vespa sabulosa, *Gmel.* 1790(250).
—Mellinus sabulosus, *Fabr* 1793(50).
— — ruficornis, *Fabr* 1793(50).
—Crabro frontalis, *Panz.* 1793(150).
— — petiolatus, *Panz.* 1793(150).
—Mellinus ruficornis, *Panz.* 1795(150).
— — fulvicornis, *Panz.* 1795(151).
— — sabulosus, *Walk.* 1802(218).
— — ruficornis, *Walk.* 1802(218).
— — — *Fabr.* 1804(52).
— — fulvicornis *Fabr* 1804(52).
— — petiolatus, *Jur.* 1807(81).
— — fulvicornis, *Jur.* 1807(81).
— — sabulosus, *Jur* 1807(81).
— — petiolatus, *Latr.* 1808(107).
— — ruficornis, *Latr.* 1808(107).
— — fulvicornis, *Latr* 1808(107).
— — sabulosus, *v.d.Lind.* 1829(216).
— — fulvicornis, *v d.Lind* 1829(216).
— — sabulosus, *Shuck.* 1837(191).
— — — *Dahlb.* 1845(22).
— — arvensis, var *Lep* 1845(111).
— — sabulosus, *Eversm* 1849(40).
— — — *Curtis* 1850(s229).
— — — *Wesm.* 1852(222).
— — — *Sm.* 1856(198).
— — — *Kawall* 1856(s238).
— — — *Schenck* 1857(181).
— — — *Taschbg.* 1866(210).
— — — *Lucas.* 1866(126).
— — — *Schenck* 1867(s246).
— — — *Kirschn* 1867(86).
— — — *Jænnicke* 1867(80).
— — — *Aisch.* 1870(3).
— — — *Thoms* 1874(214).
— — — *Dours* 1874(26).
— — — *Taschbg.* 1875(213).
— — — *Mocs* 1876(s241).
— — — *DallaTorre* 1878(s230).
— — — *Marq* 1879(134).
— — — *Saund* 1881(173).
— — — *Stebke* 1880(194).
— — — *Kohl.* 1883(97).
— — — *Friese.* 1883(s132).
— — — *Wutsnei* 1886(s253).

6ᵉ Tribu. — Psenidæ

G. 9. — MIMESA, Shuckard. 1731(191).

1 Ægyptiaca, Radoskowski.

—Mimesa ægyptiaca *Rad.* 1875(160).

2 Exarata, Eversmann.

—Mimesa exarata, *Ev.* 1849(40).

3 Nigrita, Eversmann.

—Mimesa nigrita, *Ev.* 1849(40).

4 Dahlbomi, WESMAEL.

—Mimesa unicolor, *Dahlb.* 1845(22).
—Psen unicolor, *Lep.* 1845(111).
—Mimesa Dahlbomi, *Wesm.* 1852(222).
— — — *Sm.* 1856(198).
— — — *Schenck* 1857(181).
— — — *Costa.* 1858(14).
— — — *Taschb* 1866(210).
— — — *Schenck* 1867(s246).
— — — *Costa* 1867(17).
— — — *Kirschn* 1867(86).
— — — *Ainsch.* 1870(3).
— — — *Dours.* 1874(26).
— — — *Thoms* 1874(214).
— — — *Taschbg.* 1875(213).
— — — *Siebke* 1880(194).
— — — *Saund* 1880(173).
— — — *Magr* 1881(131).
— — — *Kohl* 1883(97).
— — — *Friese* 1883(s232).
— — — *Costa.* 1883(190).
— — — *Wutsnel.* 1886(s253).

5 Unicolor, VAN DER LINDEN.

—Psen unicolor, *v. d Lind.* 1829(216).
—Mimesa unicolor, *Shuck.* 1837(191).
— — borealis, *Dahlb.* 1845(22).
— — unicolor, *Curtis* 1850(s229).
— — — *Wesm* 1852(222).
— — borealis, *Kriechb.* 1853(87).
— — unicolor, *Kawall.* 1856(s238).
— — — *Sm.* 1856(198).
— — — *Schenck.* 1857(181).
— — — *Taschbg* 1866(210).
— — — *Schenck* 1867(s246).
— — — *Kirschn* 1867(86).
— — — *Costa* 1867(17).
— — — *Ainsch.* 1870(3).
— — — *Thoms* 1874(214).
— — — *Dours.* 1874(26).
— — — *Taschbg* 1875(213).
— — — *Friw* 1876(55).
— — — *Rad.* 1877(161).
— — — *DallaTorre.* 1878(s230).
— — — *Marq.* 1879(134).
— — — *Saund.* 1880(173).
— — — *Magr.* 1881(131).
— — — *Costa.* 1882(19).
— — — *Kohl.* 1883(97).
— — — *Rad.* 1886(s245).

6 Costæ, ANDRÉ.

—Mimesa carbonaria, *Costa.* 1867(17).

7 Bicolor, JURINE.

—Psen bicolor, *Jur.* 1807(81).
—Mimesa bicolor, *Shuckard* 1837(191).
—Psen equestris, *Lep* 1845(111).
—Mimesa lutaria, *Dahlb.* 1845(22).
— — — *Eversm.* 1849(40).
— — bicolor, *Curtis* 1850(s229).
— — — *Wesm* 1852(222).
— — lutaria, *Kirsch* 1853(87).
— — bicolor, *Sm.* 1856(198).
— — lutaria, *Kaw* 1856(s238).
— — bicolor, *Schenck.* 1857(181).
— — lutaria, *Costa.* 1858(15).
— — — *Gir.* 1863(63).
— — — *Costa.* 1863(s227).
— — bicolor, *Taschbg* 1866(210).
— — — *Costa.* 1867(17).
— — — *Schenck* 1867(s246).
— — — *Kirschn.* 1867(86).
— — — *Aisch.* 1870(3).
— — — *Thoms.* 1874(214).
— — — *Dours.* 1874(26).
— — lutaria, *Rad.* 1877(161).
— — bicolor, *Dal Torre* 1878(s230).
— — — *Marq.* 1879(134).
— — — *Siebke* 1880(194).
— — — *Saund* 1880(173).
— — — *Kohl.* 1883(97).
— — — *Destef.* 1886(s247).
— — — *Wutsnel.* 1886(s253).

8 Crassipes, COSTA.

—Mimesa crassipes, *Costa.* 1867(17).

9 Shuckardi, WESMAEL.

—Mimesa equestris (part.) *Shuck.* 1837(191).
— — Shuckardi, *Wesm.* 1852(222).
— — equestris (part.) *Schenck* 1857(181).
— — Shuckardi, *Thoms.* 1874(214).
— — — *Siebke* 1880(194).
— — — *Saund.* 1880(173).
— — — *Kohl.* 1883(97).

10 Equestris, FABRICIUS.

— Trypoxylon equestre, *Fab* 1804(52).
—Psen equestre, *Jur.* 1807(81).
— — — *Latr.* 1805(s239).
— — equestris, *v. d. Lind.* 1829(216).
— Mimesa equestris (part.) *Dahlb.* 1845(22).
— — — *Eversm* 1849(40).
— — — *Curtis* 1850(s229).
— — — *Kirschb* 1853(87).
— — — *Kawall* 1856(s238).
— — — *Sm.* 1856(198).

—Mimesa equestris, *Schenck*. 1857(181).
— — — *Tasch.* 1866(210).
— — — *Schenck* 1867(s246).
— — — *Kirchn.* 1867(86).
— — — *Costa.* 1867(17).
— — — *Jænniche* 1867(80).
— — — *Aisch.* 1870(3).
— — — *Thoms* 1874(214).
— — — *Dours.* 1874(26).
— — — *Taschbg* 1875(213).
— — — *Mocs.* 1876(s241).
— — — *Marq.* 1879(134).
— — — *Siebke.* 1880(194).
— — — *Saund* 1880(173).
— — — *Kohl.* 1883(97).
— — — *Wutsnei* 1886(s253).

11 Procera, Costa.

—Psen procera, *Costa* 1867(17).

12 Ochroptera, Costa.

—Mimesa ochroptera, *Costa.* 1867(17).
— — — *Mocs.* 1879(139).

G. 10. — PSEN, Latreille. 1805(106).

1 Ater, Fabricius.

—Sphex atra, *Fabr.* 1775(45).
— — — *Panz.* 1793(150).
—Pelopœus unicolor, *Fabr.* 1804(52).
— — compressicornis, *Fabricius.* 1804(52).
—Trypoxylon atratum, *Fabr.* 1804(52).
—Psen ater, *Latr.* 1805(106).
— — — *Spin* 1806(202).
— — serraticornis, *Jur.* 1807(81).
— — ater, *v. d. Lind.* 1829(216).
— — — *Guér.* 1829(s237).
— — — *Shuck.* 1837(191).
— — — *Lep.* 1845(111).
—Mimesa atra, *Dahlb.* 1845(22).
— — — *Eversm.* 1849(40).
— Psen compressicornis, *Curtis.* 1850(s229).
—Mesopora atra, *Wesm.* 1852(222).
—Psen ater, *Sm.* 1856(198).
—Dahlbomia atra, *Schenck.* 1857(181).
—Mimesa atra, *Tasch.* 1866(210).
— — — *Schenck.* 1867(s246).
— — — *Costa* 1867(17).
—Dahlbomia atra, *Ainsch.* 1870(3).
—Mimesa atra, *Dours.* 1874(26).
— — — *Thoms.* 1874(214).
— — — *Tasch* 1875(213).
— — — *Mocs.* 1876(s241).
— — — *Rad.* 1877(101).
—Psen ater, *Saund.* 1880(173).
— — atratus, *Magr.* 1881(131).
—Dahlbomia atra, *Kohl.* 1883(97).
— — — *Friese.* 1883(s232).

2 Hæmorrhoïdalis, Costa.

— Psen hæmorrhoïdalis, *Costa.* 1867(17).

3 Fuscipennis, Dahlbom.

—Psen fuscipennis, *Dahlb.* 1845(22).
— — — *Kirsch.* 1853(87).
— — — *Sm.* 1856(198).
— — — *Schenck.* 1857(181).
— — — *Taschbg.* 1866(210).
— — — *Schenck* 1867(s246).
— — — *Thoms.* 1874(214).
— — — *Taschbg* 1875(213).
— — — *Siebke.* 1880(194).
— — — *Kohl.* 1883(97).
— — — *Wutsnei.* 1886(s253).

4 Concolor, Dahlbom.

—Psen concolor, *Dahlb.* 1845(22).
— — — *Eversm.* 1849(40).
— — — *Wesm.* 1852(222).
— — — *Sm.* 1856(198).
— — — *Schenck.* 1857(181).
— — ambiguus, *Schenck.* 1857(181).
— — lævigatus, *Schenck.* 1857(181).
— — intermedius, *Schenc.* 1857(181).
— — concolor, *Gir.* 1866(56).
— — — *Schenck* 1867(s246).
— — ambiguus, *Kirschn.* 1867(86).
— — intermedius, *Kirschn* 1867(86).
— — lævigatus, *Kirchn.* 1867(86).
— — concolor, *Puton.* 1871(156).
— — — *Ainsch.* 1870(3).
— — — *Thoms.* 1874(214).
— — — *Kohl.* 1883(97).

5 Pallipes, Panzer.

—Sphex pallipes, *Pz.* 1792(150).
—Trypoxylum atratum, *Pz.* 1792(150).
—Psen pallipes, *Spin.* 1806(202).
— — atratus, *v.d.Lind.* 1829(216).
— — — *Shuck.* 1837(191).
— — — *Dahlb.* 1845(22).
— — — *Lep.* 1845(111).
— — — *Evers.* 1849(40).
— — — *Curtis.* 1850(s229).
— — — *Wesm.* 1852(222).

—Psen pallipes, *Sm.* 1856(198).
— — atratus, Kawall. 1856(s228).
— — fulvicornis, *Schenck* 1857(181).
— — atratus, *Schenck* 1857(181).
— — — *Goureau.* 1858(s239).
— — — *Costa.* 1858(15).
— — montanus? *Costa.* 1858(15).
— — atratus, *Taschbg.* 1866(210).
— — — *Giraud.* 1866(66).
— — — *Schenck.* 1867(s246).
— — — *Costa.* 1867(17).
— — — *Kirschn.* 1867(86).
— — — *Jænnicke.* 1867(80).
— — fulvicornis, *Kirschn.* 1867(86).
— — montanus, *Kirschn.* 1867(86).
— — atratus, *Ainsch.* 1870(3).
— — fulvicornis, *Ainsch.* 1870(3).
— — atratus, *Puton* 1871(156).
— — — *Dours.* 1874(26).
— — — *Thoms.* 1874(214).
— — — *Taschbg.* 1875(213).
— — — *Marq.* 1875(133).
— — — *Mocs.* 1876(s241).
— — — *Friv.* 1876(55).
— — — *Marq* 1879(134).
— — — *Saund* 1880(173).
— — — *Siebke.* 1880(194).
— — — *Magr.* 1881(131).
— — — *Grib* 1881(s235).
— — — *Kohl.* 1883(97).
— — — *Wutsneï.* 1886(s253).

6 Distinctus, CHEVRIER.

—Psen distinctus, *Chev.* 1870(10).
— — — *Kohl.* 1883(97).

7e Tribu. — Pemphredonidæ

G. 11. — STIGMUS, JURINE. 1807(81).

1 Minutissimus, RADOSKOWSKI.

— Stigmus minutissimus, *Radosk* 1877(161).

2 Solskyi, MORAWITZ.

— Stigmus pendulus ♀, *Dahlb* 1845(22).
— — — *Evers.* 1849(40).
— — Solskyi, *Moraw.* 1864(141).
— — pendulus, *Costa* 1867(17).
— — Solskyi, *Kirschn* 1867(86).
— — — *Thoms.* 1874(214).
— — — *Wutsneï.* 1886(s253).

3 Pendulus, PANZER.

—Stigmus pendulus, *Pz* 1798(150).
— — ater, *Jur.* 1807(81).
— — — *Spin* 1807(202).
— — — *Latr* 1808(107).
— — pendulus, *v.d Lind* 1829(216).
— — — *Shuck.* 1837(191).
— — ater, *Duf et Perr.* 1840(38).
— — pendulus ♂, *Dahlb.* 1845(22).
— — — *Lep.* 1845(111).
— — — *Wesm* 1852(222).
— — — *Kirschb* 1853(87).
— — — *Sm* 1856(198).
— — — *Kawall* 1856(s238).
— — — *Schenck.* 1857(181).
— — — *Costa.* 1858(15).
— — — *Costa.* 1863(s227).
— — — *Giraud.* 1866(66).
— — — *Taschbg* 1866(210).
— — — *Kirschn* 1867(86).
— — — *Schenck* 1867(s246).
— — — *Thoms* 1874(214).
— — — *Dours.* 1874(26).
— — — *Friv.* 1876(55).
— — — *Mocs.* 1876(s241).
— — — *Taschbg* 1875(213).
— — — *Dalla Torre* 1878(s236).
— — — *Marq* 1879(134).
— — — *Saund.* 1880(173).
— — — *Grib* 1881(s234).
— — — *Kohl* 1883(97).
— — — *Costa* 1884(19III).
— — — *Wutsneï* 1886(s253).
— — — *Rudow.* 1888(s260).

G. 12. — CEMONUS, JURINE. 1807(81).

1 Dentatus, PUTON.

—Cemonus dentatus, *Put.* 1871(156).

2 Unicolor, FABRICIUS.

—Pelopœus unicolor, *Fabr.* 1804(52).
—Pemphredon unicolor, *Latr* 1807(107).
—Cemonus unicolor, *Jur.* 1807(81).
—Pemphredon unicolor, *Lep et Serv.* 1825(113).
— — — *v d Lind* 1829(216).
—Cemonus pilosus, *Gimm.* 1836(61).
— — unicolor, *Shuck* 1837(191).
— — lethifer, *Shuck.* 1837(191).
—Pemphredon unicolor, *Zett* 1840(225).
— — — *Duf et Perr.* 1840(38).
—Cemonus unicolor, *Dahlb.* 1845(22).
— — lethifer, *Dahlb.* 1845(22).

—Cemonus rugifer, *Dahlb.* 1845(22).
— — unicolor, *Lep.* 1845(111).
— — — *Eversm.* 1849(40).
— Pemphredon unicolor, *Curtis* 1850(s220).
—Cemonus unicolor, *Wesm.* 1852(222).
— — rugifer, *Wesm.* 1852(222).
— — lethifer, *Wesm.* 1852(222).
— — — *Kirschb* 1853(87).
— — unicolor, *Kirschb* 1853(87).
— — — *Kawall* 1856(s238)
— — — *Sm.* 1856(198).
— — rugifer, *Sm* 1856(198).
— — lethifer, *Sm* 1856(198).
— — unicolor, *Schenck* 1857(181).
— — rugifer, *Schenck* 1857(181).
— — lethifer, *Schuck.* 1857(181).
— — — *Costa.* 1858(15).
— — unicolor, *Gour.* 1858 s259).
— — — *Gir.* 1863(64).
— — — *Costa.* 1863(s227).
— — Wesmaeli, *Mor* 1864(144).
— — Shuckardi, *Mor* 1864(144).
— — unicolor, *Gir* 1866(66).
— — — *Taschb.* 1866(210).
— — — *Costa.* 1867(17).
— — lethifer, *Costa* 1867(17).
— — rugifer, *Costa* 1867(17).
— — unicolor *Kirschn.* 1867(86).
— — lethifer, *Kirchn.* 1867(86).
— — rugifer, *Kirchn.* 1867(86).
— — Shuckardi, *Kirchn* 1867(86).
— — Wesmaeli, *Kirchn.* 1867(86).
— — rugifer, *Jænnicke* 1867(80).
— — unicolor, *Schenck.* 1867(s246).
— — lethifer *Schenck* 1867(s246).
— — rugifer, *Schenck* 1867(s246).
— — lethifer, *Ainsch* 1870(3).
— — rugifer, *Ainsch.* 1870(3).
— — unicolor, *Ainsch.* 1870(3).
— — strigatus, *Chevr* 1870(10).
— — unicolor, *Dours.* 1874(26).
— — lethifer, *Dours.* 1874(26).
— — rugifer, *Dours* 1874(26).
— — unicolor, *Laboulb.* 1874(104).
— Pemphredon unicolor, *Thoms.* 1874(214).
— — lethifer, *Thoms.* 1874(214).
—Cemonus unicolor, *Marq.* 1875(133).
— — — *Mocs.* 1876(s241).
— — — *Friv.* 1876(55).
— — — *Rad.* 1877(161).
— — lethifer, *Rad.* 1877(161).
— — unicolor, *Marq.* 1879(134).
— Pemphredon unicolor, *Siebke.* 1880(194).
— — lethifer, *Siebke.* 1880(194).
— — unicolor, *Saund.* 1880(173).
— — lethifer, *Saund.* 1880(173).
—Cemonus unicolor, *Magr* 1881(131).
— — lethifer, *Magr* 1881(131).
— — — *Gribodo* 1881(s235).
— — unicolor, *Costa* 1882(19 i).
—Pemphredon unicolor, *Dalla Torre.* 1882(s231).
—Cemonus unicolor, *Friese.* 1883(s232).
— — — *Costa* 1883(19 ii).
— — lethifer, *Costa* 1883(19 ii).
—Chevrieria unicolor, *Kohl.* 1883(97).
— — Wesmaeli, *Kohl* 1883(97).
— — strigatus, *Kohl* 1883(97).
—Cemonus unicolor, *Magr.* 1884(132).
— — rugifer, *Costa* 1884(19 iii).
— Pemphredon unicolor, *Destef.* 1886(s247).
— Cemonus unicolor, *Wüstnei.* 1886(s253).
— — — *Rudow.* 1888(s260).

G. 13. — PEMPHREDON, Latr. 1802(106).

1 Flavistigma, Thomson.

— Pemphredon flavistigma, *Thomson.* 1874(214).

2 Montanus, Dahlbom.

— ? Pemphredon ocellaris, *Gimm.* 1836(61).
— — montanus, *Dahlb.* 1845(22).
— — — *Sm.* 1856(198).
— Cemonus montanus, *Mor.* 1864(144).
— Pemphredon montanus, *Costa.* 1867(17).
— — — *Thoms* 1874(214).
— — — *Siebke* 1880(194).

3 Lugens, Dahlbom.

— Pemphredon lugubris var *Spin.* 1806(202).
— — lugens, *Dahlb* 1842(21).
— — — *Dahlb.* 1845(22).
— — — *Sm* 1856(198).
—Cemonus lugens, *Mor.* 1864(144).
—Pemphredon lugens, *Thom.* 1874(214).
— — — *Siebke* 1880(194).
— — — *Kohl.* 1883(97).
— — — *Friese* 1883(s232).

4 Lugubris, Fabricius.

— ? Crabro ater, *Oliv.* 1789(147).

— ? Crabro megacephalus, *Rossi*. 1790(170).
— — lugubris, *Fabr*. 1798(51).
—Sphex unicolor, *Panz* 1798(150).
— Pemphredon lugubris, *Fabric* 1804(52).
— — — *Spin*. 1806(202).
— — — *Latr*. 1807(107).
—Cemonus lugubris, *Jur* 1807(81).
—Crabro megacephalus, *Ill*. 1807(78).
—Pemphredon lugubris, *Lep. et Serv* 1825(113).
— — — *v. d Lind*. 1829(216).
— — — *Shuck*. 1837(191).
— — luctuosus, *Shuck* 1837(191).
— — lugubris, *Zett*. 1840(225).
— — luctuosus, *Dahlb* 1845(22).
— — lugubris, *Dahlb* 1845(22).
—Cemonus lugubris, *Lep*. 1845(111).
— Pemphredon lugubris, *Eversm*. 1849(40).
— — — *Wesm* 1852(222).
— — — *Kirschb* 1853(87).
— — luctuosus, *Kirschb*. 1853(87).
— — — *Sm*. 1853(198).
— — lugubris, *Sm*. 1856(198).
— Pemphredon lugubris, *Kawall*. 1856(s238).
— — — *Schenck* 1857(181).
— — — *Giraud*. 1863(63).
—Cemonus lugubris, *Mor*. 1861(144).
— Pemphredon lugubris, *Taschbg*. 1866(210).
— — — *Kirschn* 1867(86).
— — — *Schenck* 1867(s246).
— — — *Costa*. 1867(17).
— — — *Jænnicke* 1867(80).
— — — *Ainsch* 1870(3).
— — podagricus, *Chevr*. 1870(10).
— — lugubris, *Thoms*. 1874(214).
— — — *Dours*. 1874(26).
— — — *Taschbg*. 1875(213).
— — — *Mocs*. 1876(s241).
— — — *Rad*. 1877(164).
— — — *Dalla Torre*. 1878(s230).
— — — *Marq*. 1879(134).
— — — *Saund*. 1880(173).
— — — *Siebke*. 1880(194).
— — — *Magr*. 1881(131).
— — podagricus, *Kohl* 1883(97).
— — lugubris, *Kohl*. 1883(97).
— — — *Friese* 1883(s232).
— — — *Wutsnei* 1886(s253).
— — — *Rud*. 1888(s260).

G. 14. — PASSALŒCUS, SHUCKARD. 1837(191).

1 Tenuis, MORAWITZ.

— *Passalœcus gracilis*, *Dahlbom*. 1845(22).
— — singularis, *Dahlbom* 1845(22).
— — gracilis, *Eversm*. 1849(40).
—Diodontus gracilis, *Curtis* 1850(s229).
— Passalœcus gracilis, *Kirschb*. 1853(87).
— — — *Sm* 1856(198).
— — singularis, *Sm* 1856(198).
— — tenuis, *Mor* 1861(144).
— — gracilis, *Tasch* 1866(210).
— — — *Schenk* 1867(s246).
— — — *Costa*. 1867(17).
— — — *Kirschn*. 1867(86).
— — singularis, *Kirchner*. 1867(86).
— — gracilis, *Ainsch* 1870(3).
— — gracellis, *Thoms* 1874(214).
— — gracilis, *Dours*. 1874(26).
— — — *Mocs*. 1876(s241).
— — — *Saund* 1880(173).
— — gracellis, *Siebke* 1880(194).
— — gracilis, *Kohl*. 1883(97).
— — — *Wutsnei*. 1886(s253).

2 Gracilis, SHUCKARD.

—Pemphredon insignis ♂, *v. d. Lind*. 1829(216).
— Passalœcus gracilis, *Shuckard*. 1837(191).
— — insignis ♂, *Dahlbom*. 1845(22).
—Pemphredon insigne. *Lep* 1845(111).
— Passalœcus insignis, *Wesmael* 1852(122).
— — gracilis, *Wesm*. 1852(122).
— — insignis, *Kirschb*. 1853(87).
— — — *Kaw*. 1856(s238).
— — gracilis, *Schenck* 1857(181).
— — insignis, *Schenck*. 1857(181).
— — gracilis, *Gour*. 1858(s259).
— — brevicornis, *Mor* 1864(144).
— — insignis, *Taschbg* 1866(210).
— — gracilis, *Giraud*. 1866(66).
— — insignis, *Schenck* 1867(s246).
— — — *Kirchn* 1867(86).
— — — *Jænnicke* 1867(80).
— — brevicornis, *Thomson*. 1874(214).
— — insignis, *Dours*. 1874(26).

— — — Marq 1875(133).
— — — Moes 1876(s241)
— — — Marq 1879 13).
— — brevicornis, Kohl 1883(97).
— — — Wutsnei 1888(s253)

3 Monilicornis, DAHLBOM.

—Pemphredon insignis ♀ v d *Lind* 1829(216).
—Passalœcus insignis ♀ *Shuck* 1837(191).
— — monilicornis, *Dahlb* 1845(22).
— — — *Eversm* 1849(40).
—Diodontus insignis ♀ *Curt* 1850(s229)
—Passalœcus monilicornis, *Wesm* 1852 222).
— — — *Kirschb* 1853(87).
— — — *Kawal* 1856(s238)
— — — *Sm* 1856(198).
— — insignis, *Sm.* 1856(198).
— — monilicornis, *Schenck* 1857(181).
— — insignis, *Mor.* 1864(144).
— — monilicornis, *Taschbg* 1866(210).
— — — *Schenck.* 1867(s246)
— — — *Kirchn* 1867(86).
— — — *Ainsch.* 1870(3).
— — — *Thoms.* 1874(214).
— — — *Dours.* 1874(26).
— — — *Marq* 1875(133).
— — parvulus, *Rad.* 1877(161).
— — monilicornis, *Dalla Torre.* 1878(s230).
— — — *Saund.* 1880(173).
— — — *Siebke.* 1880(194).
— — — *Kohl.* 1883(97).
— — — *Wutsnei.* 1886(s253)

4 Turionum, DAHLBOM.

—Passalœcus turionum, *Dahlb.* 1845(22).
— — borealis, *Dahlb* 1845(22).
— — turionum, *Wesm.* 1852(222).
— — — *Kirschb.* 1853(87).
— — — *Kawall.* 1856(s238).
— — — *Sm.* 1858(198).
— — borealis, *Sm.* 1856(198).
— — turionum, *Schenck* 1857(181).
— — borealis, *Giraud.* 1863(63).
— — turionum, *Mor.* 1864(144).
— — — *Taschb.* 1866(210).
— — — *Schenck* 1867(s246).
— — — *Costa.* 1867(17).
— — — *Kirchn* 1867(86).
— — borealis, *Kirchn.* 1867(86).
— — turionum, *Thoms* 1874 214).
— — borealis, *Taschb* 1875(213).
— — turionum, *Rad* 1877(161).
— — —*Dalla Torre* 1878(s230).
— — insignis, *Saund* 1880(173).
— — turionum, *Siebke.* 1880(194).
— — — *Grib* 1881(s235),
— — — *Kohl* 1883(97).
— — — *Costa* 1884(19III).
— — — *Wutsn* 1886(s253).

5 Corniger, SHUCKARD.

— Passalœcus corniger, ♀, *Shuck.* 1837(191).
— — insignis ♂, *Shuck* 1837(191).
— — corniger, *Dahlb* 1845(22).
— — — *Sm.* 1856(198).
— — — *Schenk* 1857(181).
— — — *Mor* 1864(144).
— — — *Tasch* 1866(210).
— — — *Schenck* 1867(s246).
— — — *Costa.* 1867(17).
— — — *Kirchn* 1867(86).
— — — *Ainsch* 1870(3).
— — — *Thoms* 1874(214).
— — — *Dours* 1874(26).
— — cornigera, *Saund* 1880(173).
— — corniger, *Siebke* 1880(194).
— — — *Kohl* 1883(97).
— — — *Wutsn* 1886(s253).

8e Tribu. — Trypoxylonidæ

G. 15.—TRYPOXYLON, LATREILLE 1807(107).

1. Ammophiloïdes, COSTA.

—Trypoxylon Ammophiloïdes, *Costa.* 1867(17).
— — — *Kohl.* 1884(100).

2. Albipes, SMITH.

—Trypoxylon albipes, *Sm.* 1856(198).
— — — *Kohl.* 1884(100).

3. Scutatum, CHEVRIER.

—Trypoxylon scutatum, *Chev* 1867(s226).
— — scutatus, *Kohl.* 1883(97).
— — Quartinæ, *Grib.* 1884(73).
— — scutatum, *Kohl.* 1884(100).

4. Clavicerum, LEPELETIER et SERVILLE.

—Trypoxylon clavicerum, *Lep. et Serv* 1825 113).
— — — *Shuck.* 1837(191).
— — tibiale, *Zett* 1840(225).
— — clavicerum, *Dahlb* 1845(22).
— — — *Lep.* 1845(111).
— — — *Wesm* 1852 222).
— — clavicorne, *Kirschb* 1853(87).
— — clavicerum, *Sm* 1856(198).
— — — *Kaw* 1856(s238).
— — — *Schenck* 1857(181).
— — — *Taschb.* 1858(209).
— — — *Costa.* 1858(15).
— — — *Taschbg.* 1866(210).
— — — *Schenck* 1867(s246).
— — — *Costa.* 1867(17).
— — — *Kirchn.* 1867(86).
— — — *Ainsch.* 1870(3).
— — — *Costa* 1871(18).
— — — *Thoms* 1874(214).
— — — *Dours* 1874(26).
— — — *Marq.* 1875 133).
— — — *Taschbg* 1875(213).
— — — *Mocs* 1876(s241).
— — — *Saund.* 1880(173).
— — — *Siebke* 1880(194).
— — — *Costa.* 1881(s228).
— — — *Kohl* 1883(97).
— — — *Costa* 1883(190).
— — — *Kohl.* 1884 100).
— — — *Destef.* 1886(s247).
— — — *Wutsn* 1886(s253).

5. **Attenuatum**, Smith.

—Trypoxylon attenuatum, *Sm* 1856(198).
— — — *Schenck* 1861(181).
— — — *Schenck* 1867(s246).
— — — *Thoms.* 1874 214).
— — — *Marq* 1879(134).
— — — *Saund.* 1880(173).
— — — *Kohl.* 1883(97).
— — — *Kohl* 1884(100).
— — — *Wutsn* 1886(s253).

6 **Figulus**, Linné.

—Sphex figulus, *L* 1758(120).
— — — *L* 1761(122).
— — — *Scop* 1763(188).
— — — *L.* 1766(120).
— — — *Fabr.* 1775(47).
— — — *Fabr* 1781(48).
— — leucostoma, *Schr.* 1781(185).
— — figulus, *Fabr.* 1787(49).
— — fuliginosa, *Rossi.* 1790(170).
— — figulus, *Christ* 1791(12).
— — — *Fabr* 1793(50).
— — — *Walken* 1802 218).
—Trypoxylon figulus, *Fabr.* 1804(52).
— — — *Latr.* 1806(107).
—Apius figulus, *Jur* 1807(81).
—Sphex leucostoma, *Ill.* 1807(78).
—Trypoxylon figulus, *V. d. Lind* 1829 216).
— — — *Westw* 1836 223).
— — — *Shuck* 1837(191).
— — — *Blanch* 1840(s249).
— — — *Zett.* 1840(225).
— — — *Dufour et Perr* 1840(38).
— — — *Labr et Insch* 1842(s238).
— — — *Dahlb.* 1845(22).
— — — *Lep* 1845(111).
— — — *Sm* 1848 197).
— — atratum, *Lucas* 1849(124).
— — figulus, *Eversm* 1849(10).
— — — *Wesm.* 1852(222).
— — — *Kirschb* 1853(87).
— — — *Sm* 1856(198).
— — — *Kaw* 1856(s238).
— — — *Schenck* 1857(181).
— — — *Taschbg* 1858(209).
— — — *Costa.* 1858(15).
— — — *Costa.* 1863(s227);
— — — *Giraud* 1863(60).
— — — *Taschbg* 1866(210).
— — — *Giraud* 1866(66).
— — — *Costa* 1867(17).
— — — *Schenck* 1867(s246).
— — — *Jœnnicke* 1867(80).
— — — *Ainsch.* 1870(3).
— — — *Costa.* 1871(18).
— — — *Thoms* 1874(214).
— — — *Dours.* 1874(26).
— — — *Marq.* 1875(133).
— — — *Taschbg.* 1875(213).
— — — *Mocs.* 1876(s241).
— — — *Mocs* 1877(136).
— — — *Rad.* 1877(161).
— — — *Dalla Torre.* 1878(s230).
— — — *Saund* 1880(173).
— — — *Siebke.* 1880(194).
— — — *Costa.* 1881(s228).
— — — *Magr.* 1881(131).
— — — *Kohl.* 1883(97).
— — — *Costa* 1883(190).
— — — *Destef.* 1886(s247).
— — — *Fabre* 1886(s257).
— — — *Wutsnei* 1886(s253).

9. Tribu. — Gastrosericidæ

G. 16. — MISCOPHUS, JURINE 1807(81).

1, Pretiosus, KOHL.

—Miscophus pretiosus, *Kohl.* 1883(98).
— — — *Kohl* 1884(100).

2. Maritimus, SMITH.

—Miscophus maritimus, *Sm* 1856(198).
— — — *Saund* 1880(173).
— — — *Kohl* 1884(100).

3 Concolor, DAHLBOM.

—Miscophus concolor, *Dahlb* 1845(22).
— — — *Wesm.* 1852 222).
— — — *Sm.* 1856(198).
— — — *Schenck* 1857(181).
— — — *Taschbg* 1858 209).
— — — *Taschbg* 1866(210).
— — — *Costa* 1867(17).
— — — *Schenck* 1867(s246).
— — — *Thoms* 1874(214).
— — — *Kohl.* 1883(97).
— — *Kohl* 1884(100).

4. Ater, LEPELETIER.

—Miscophus ater, *Lep* 1845(111).
— — helveticus,*Kohl* 1883(97).
— — gallicus, *Kohl* 1883(98).
— — — *Kohl.* 1884(100).

5. Bicolor, JURINE.

—Miscophus bicolor, *Jur* 1807(81).
—Larra dubia, *Panz* 1808(150).
—Miscophus bicolor, *Latr* 1808(107).
— — — *v d Lind* 1829(216).
— — — *Westw* 1836 223).
— — — *Shuck* 1837(191).
— — — *Blanch.* 1840(s249).
— — — *Dahlb* 1845(22).
— — — *Lep* 1845(111).
— — — *Steph.* 1846(s253).
— — — *Wesm* 1852(222).
— — — *Sm* 1856(198).
— — — *Kaw.* 1856(s233).
— — — *Schenck* 1857(181).
— — — *Taschbg* 1858(209).
— — — *Giraud* 1858(62).
— — — *Taschbg* 1866(210).
— — — *Jænnicke* 1867(80).
— — — *Costa.* 1867(17).
— — — *Schenck* 1867(s246).
— — — *Kirchn.* 1867(86).
— — — *Taschbg* 1876(213).
— — — *DallaTorre* 1878(s230).
— — — *Marq* 1879(134).
— — — *Saund.* 1880(173).
— — — *Kohl.* 1883(97).
— — — *Kohl.* 1884(100).
— — — *Costa.* 1884 191).

6 Sericeus, RADOSKOWSKI.

—Miscophus sericeus, *Rad* 1876(160).
— — — *Kohl.* 1884(100).

7. Italicus, COSTA.

—Miscophus italicus, *Costa*♀ 1867(17).
— ? — — *Kohl.* ♂ 1884(100).

8. Ctenopus, KOHL.

—Miscophus ctenopus, *Kohl.* 1883(98).
— — Manzonii, *Grib* 1884(s236).
— — ctenopus, *Kohl.* 1884 100).

9. Spurius, DAHLBOM.

—Larra spuria, *Dahlb* 1833(s256).
—Miscophus niger, *Dahlb* 1845(22).
— — spurius, *Dahlb* 1845(22).
— — — *Kirschb* 1853(87).
— — niger, *Kirschb.* 1853(87).
— — — *Sm* 1856 198).
— — spurius, *Sm* 1856(198).
— — — *Taschbg* 1858 209).
— — niger, *Taschbg.* 1858(209).
— — — *Schenck* 1857 181).
— — spurius,*Schenck* 1857(181).
— — — *Taschbg* 1866 210).
— — niger, *Taschbg* 1866(210).
— — — *Schenck* 1867(246).
— — spurius,*Schenck* 1867(s246).
— — — *Kirschn* 1867(86).
— — niger, *Kirchn.* 1867(86).
— — — *Taschbg* 1870(212).
— — — *Thoms* 1874(214).
— — — *Rad* 1877 161).
— — — *Friese.* 1883(s232).
— — — *Kohl* 1884(100).

G. 17. — DIODONTUS, CURTIS. 1830(s229).

1. Minutus, FABRICIUS.

—Crabro minutus, *Fabr.* 1793(59).
—Pemphredon minutus *Fabr* 1804(52).

—*Pemphredon minutus*, *Spin.* 1806(202).
—Cemonus minutus, *Jur.* 1807(81).
—Stigmus minutus, *Latr* 1808(107).
—Pemphredon minutus, *v. d. Lind* 1829(216).
—Diodontus minutus, *Shuck* 1837(191).
— — — *Dahlb* 1845(22).
—Pemphredon minutus, ♀, *Lep* 1845(111).
—Diodontus minutus, *Evers* 1849(40).
— — — *Curtis* 1850(s229).
— — — *Wesm* 1852(222).
— — — *Sm* 1856(198).
— — — *Schenck* 1857 181).
— — — *Costa* 1863(s227).
— — — *Giraud* 1863 61).
— — — *Moraw* 1864 144).
— — — *Taschbg* 1866(210).
— — — *Schenck* 1867(s246).
— — — *Costa* 1867(17).
— — — *Kirschn* 1867(86).
— — — *Amsch* 1870(3).
— — — *Thoms* 1874(214).
— — — *Dours* 1874(26).
— — — *Marq* 1875(131).
— — — *Taschbg* 1875(213).
— — — *Rad* 1877(161).
— — — *Marq* 1879 134).
— — — *Saund* 1880(173).
— — — *Costa* 1881(s228).
— — — *Kohl* 1883(97).
— — — *Costa* 1884(191).
— — — *Wutsnei* 1886(s253)

2. Luperus, Shuckhard.

—Diodontus luperus, *Shuck* 1837(191).
— — — *Dahlb* 1845(22).
— — — *Sm* 1856(198).
— — — *Taschbg* 1866(210).
— — — *Saund* 1880 173.
— — — *Grib* 1881(s235).

3. Tristis, Van der Linden.

—Pemphredon tristis, *v. d. L.* 1829(216).
—Diodontus tristis, *Shuck* 1837 191).
—Pemphredon minutus, ♂, *Lep* 1845(111).
— — pallipes, *Lep.* 1845(111).
—Diodontus pallipes, *Dahlb* 1845(22).
— — tristis, *Evers.* 1849(40).
— — pallipes, *Curtis* 1850 s229).
— — tristis, *Wesm* 1852(222).
— — pallipes, *Kirschb* 1853(87).
— — tristis, *Sm* 1856(198).
— — — *Schenck* 1857(181).
— — pallipes, *Costa.* 1858(15).
— — tristis, *Mor* 1864(144).
— — — *Taschbg* 1866 210).
— — pallipes, *Tasch* 1866(210).
— — tristis, *Costa* 1867(17).
— — pallipes, *Schenck* 1867(s246).
— — tristis, *Amsch* 1870(3).
— — — *Thoms* 1874(214).
— — — *Dours* 1874 26).
— — — *Saund* 1880 173).
— — — *Stebke* 1880(194).
— — — *Kohl.* 1883(97).
— — *Friese* 1883 s232)
— — — *Wutsnei* 1886(s253).

4 Punicus, Gribodo.

—Diodontus punicus, *Grib* in litt.)

5. Medius, Dahlbom.

—Diodontus tristis, *Dahlb* 1845(22).
— — medius, *Dahlb* 1845(22).
— — — *Kriechb* 1853(87).
— — — *Sm* 1856(198).
— — Dahlbomi, *Mor* 1864(144).
— — medius, *Taschb* 1866(210).
— — Dahlbomi, *Thoms* 1874(214).
— tristis, *Taschbg* 1875(213).
— — Dahlbomi, *Stebke* 1880 194).
— — — *Kohl* 1883(97).
— — medius, *Friese*, 1883 s232).
— — Dahlbomi, *Wutsnei* 1886(s253).

G. 18. — DINETUS, Jurine.
1807(81).

1 Pictus, Fabricius.

— Crabro pictus, ♂ *Fabr* 1793 50.
—Sphex guttata, ♀ *Fabr* 1793(50).
—Crabro ceramius, *Rossi.* 1794(170).
—Pompilus guttatus, *Fabr* 1798(51).
—Crabro pictus, *Panz* 1799(150).
—Pompilus guttatus, *Fabr* 1804(52).
— — pictus, *Fabr* 1804(52).
—Larra picta, *Latr* 1805 116.
— — — *Spin* 1806(202).
—Dinetus pictus, *Jur.* 1807(81).
— — — *Latr* 1808(107).
— — — *v. d. Lind* 1829 216).
— — — *Shuck* 1837(191).
— — — *Blanch* 1840(s249).
— — — *Guerin* 1843(s254).
— — — *Dalhb.* 1845(22).
— — — *Lep* 1845 111).

— — — *Steph* 1846(s255).
— — — *Wesm* 1852 222).
— — — *Kirschb* 1853(87).
— — — *Sm* 1855(198).
— — — *Kaw* 1856(s238).
— — — *Schenck* 1857 181).
— — — *Taschbg* 1858(20).
— — — *Taschbg* 1866(210).
— — — *Costa* 1867(17).
— — — *Schenck* 1867 s246).
— — — *Jænniche* 1867(8).
— — — *Kirschn* 1867(86).
— — — *Dours* 1874(26).
— — — *Taschbg* 1875 212).
— — — *Moes* 1876 s211).
— — — *Dal Torre* 1878 s230).
— — — *Marq* 1879 133).
— — — *Saund* 1880(173).
— — — *Kohl.* 1883(97).
— — — *Friese* 1883(s232).

G. 19 — CERATOPHORUS, Shuckard 1837(191).

1. Clypealis, Thomson.

— Pemphredon clypealis, *Thomson* 1874 214).

2. Morio, Van der Linden.

—Pemphredon morio, *van der Lind* 1829 216).
— — — *Shuck* 1837(191).
—Ceratophorus morio, *Shuck* 1837(191).
— — — *Dahlb* 1845(22).
— — — *Eversm* 1849(40).
— — — *Wesm* 1852 222).
— — — *Sm* 1856(198).
— — anthracinus, *Sm* 1855(198).
—Cemonus morio, *Mor* 1864(141).
—Ceratophorus morio, *Tasch* 1866 210).
— — — *Costa* 1867(17).
—Pemphredon carinatus, *Thomson* 1874 214).
—Ceratophorus morio, *Dours* 1874 26).
— — — *Saund* 1880 173).
— — carinatus, *Kohl* 1883(97.

G 20. — GASTROSERICUS, Spinola (1838 203).

1, Waltlii, Spinola.

— Gastrosericus Waltlii, ♂ *Spinola* 1838(203).
— — — ♂ *Dahlb* 1845(22).
— — Drewseni, ♀ *Dahlb* 1845(22).
—? Dinetus niger, *Duf* 1853(31).
—Gastrosericus Waltlii, *Sm* 1856(198).
— — Drewseni, *Sm* 1856(198).
—? Dinetus niger, *Dours* 1874(26).
—? Gastrosericus maracandicus, *Rad.* 1877(191).
— — Waltlii, *Kohl.* 1884 100).

G. 21 SPILOMENA, Shuckard. 1837(191).

1 Troglodytes, van der Linden.

—Stigmus troglodytes, *v. d. Linden* 1829 216.
—Celia troglodytes, *Shuck* 1837(191).
—Spilomena troglodytes, *Shuckard.* 1838(192).
—Celia troglodytes, *Dahlb* 1845(22).
— — curruca, *Dahlb.* 1845(22).
—Stigmus troglodytes, *Lep* 1845(111).
—Spilomena troglodytes, *Wesmael.* 1852(222).
—Celia troglodytes. *Kirschb* 1853(87).
— — — *Gour* 1855(s252).
—Spilomena troglodytes, *Sm* 1856(198).
—Celia troglodytes *Schenck* 1857(181).
— — — *Taschbg* 1866(210).
— — — *Schenck* 1867(s246).
—Spilomena troglodytes, *Cos* 1867(17).
—Celia curruca, *Kirschn* 1867(86).
— — troglodytes, *Kirschn* 1867(86).
—Spilomena troglodytes, *Thomson.* 1874(214).
—Celia troglodytes, *Dours* 1874(26).
— — — *Marq* 1879(133).
—Spilomena troglodytes, *Saunders* 1880(173).
— — — *Kohl* 1883(97).
— — — *Watsnel* 1886(s253).

10° Tribu. — Philantidæ

G. 22. — ANTOPHILUS, Dahlbom, 1845(22).

1. 14-punctatus, Morawitz.

— Anthophilus 14-punctatus, *Morawitz* 1888(231).

2. Hellmanni, Eversmann.

— Anthophilus Hellmanni, *Eversm.* 1849(40).

3. Elegans, Morawitz.

—Anthophilus elegans, *Mor* 1888 231).

G 23 **CERCERIS**, LATREILLE 1805(103).

1. Bracteata, EVERSMANN.

—Cerceris bracteata, *Ev* 1849(40).
—Cerceris penicillata, *Mocs* 1879(139).
— — — *Mocs* 1879(138).
— — bracteata, *Schl* 1887(s267).

2. Luctuosa, COSTA.

—Cerceris luctuosa, ♀ *Costa* 1867(17).
— — cribrata, *Mocs* 1879(138).
— — — *Mocs* 1879(139).
— — luctuosa *Schl* 1887(s267)

3 Spectabilis, RADOSZKOWSKI.

—Cerceris spectabilis, *Rad* 1886(s245).
— — — *Schl* 1887(s267).

4. Striolata, SCHLETTERER.

—Cerceris striolata, *Schl* 1887(s267).

5. Brutia, COSTA.

—Cerceris brutia, *Costa.* 1867(17).
— — — *Costa.* 1869(s268).
— — — *Destef* 1881(208).
— — — *Schl.* 1887 s267).

6. Leucozonica, SCHLETTERER.

—Cerceris leucozonica,*Schl* 1887(s267).

7. Bucculenta, COSTA.

—Cerceris bucculenta, *Costa* 1860(15).
— — — *Costa* 1867(17).
— — — *Kirchn*1867(81).
— — — *Costa* 1869 s268).
— — — *Costa* 1882(190).
— — — *Costa* 1883 190).
— — —*Schletterer*1887(s267).

8 Ferreri, VAN DER LINDEN.

—Cerceris Ferreri, *v d Lind* 1829(216).
— — — *Duf* 1839(27).
— — — *Dahlb* 1845(22).
— — — *Lep* 1845(111).
— — bidentata, *Lep* 1845 111).
— — laminata, *Eversm* 1849(40).
— — insularis, *Smith* 1856(198).
— — Ferreri, *Sm* 1856(198).
— — bidentata, *Sm* 1856(198).
— — propinqua, *Costa* 1860(15).
— — Ferreri, *Costa* 1867(17).
— — scutellaris, *Costa* 1867(17).
— — insularis, *Kirchn* 1867(81).
— — bidentata, *Kirchn* 1867(81).
— — propinqua, *Kirchn*.1867(81).
— — Ferreri. *Kirchn* 1867(81).
— — scutellaris *Costa* 1869(268).
— — Ferreri, *Costa* 1869(s268)
— — scutellaris, *Costa* 1871(18).
— — bidentata, *Dours* 1874(26).
— — Ferreri, *Dours.* 1874(26).
— — — *Marq* 1875(133).
— — — *Rad* 1877(161).
— — — *Mocs* 1879(140).
— — — *Kohl* 1883(97).
— — — *Costa* 1886(s279).
— — — *Schlett* 1887(s267).

9 Sirdariensis, RADOSZKOWSKI.

—Cerceris sirdariensis,*Rad* 1877 161).

10 Laminifera, COSTA.

—Cerceris laminifera, *Costa* 1867(17).
— — — *Costa* 1869(s268)

11 Scheletteri, RADOSZKOWSKI.

—Cerceris Sehletterer,*Rad* 1888 s280).

12. Interrupta, PANZER.

—?Philanthus ruficornis.*Fabr*1793(50).
— — interruptus,*Pz* 1799(150).
—? — ruficornis,*Fab* 1804(52).
—Cerceris interruptus, *Spin* 1807(202).
— — 5-fasciata, *v d Lind* 1829(216).
— — interrupta,*v d Lind* 1829(216).
— — — *Shuck* 1837(191).
— — — *Dahlb* 1845(22).
— — — *Lep* 1845 111).
— — brevirostris, *Lep.* 1845(111).
— — Dufourii, *Lep* 1845(111).
— — interrupta, *Evers* 1849(40).
— — — *Kirschb* 1853(87).
— — Fargei,*Sm* 1856(198).
— — interrupta, *Sm.* 1856 198).
— — brevirostris. *Sm.* 1856(198).
— — interrupta,*Schenck*1857(181).
— — — *Costa* 1860(15).
— — — *Costa.* 1863(s227).
— — — *Taschb* 1866(210).
— — — *Costa* 1867(17).
— — — *Schenck* 1867(s246).
— — — *Kirchn.* 1867(81).

— brevirostris, *Kirchn* 1867(84).
— — interrupta, *Jænnicke* 1867(80).
— — Fargei, *Kirchn.* 1867(84).
— — interrupta, *Costa*. 1869(s268).
— — — *Asch* 1870(3).
—? semilunata, *Rad* 1870(157).
— — interrupta, *Dours* 1874(26).
— — brevirostris, *Dours*. 1874(26).
— — Dufourii, *Dours*. 1874(26).
— — interrupta, *Marq* 1875(133).
— — — *Schmied* 1876(183).
— — — *Kohl* 1880(92).
—Cerceris interrupta, *Friese* 1883(s232).
— — — *Kohl* 1883(97).
— — — *Schlet* 1887(s267).

13 Erythrocephala, Dahlbom.

—Cerceris erythrocephala, *Dahlbom* 1845(22).
— — — *Sm.* 1856(198).
— — — *Schlett* 1887(s267).

14. Labiata, Fabricius.

—Crabro labiatus, *Fabr* 1793(50).
—Philanthus arenarius, *Pz* 1797(150).
— — labiatus, *Panz* 1799(150).
—Crabro cunicularis, *Schr* 1802(186).
— — bidens, *Schr.* 1802(186).
—Philanthus labiatus, *Fabr* 1804(52).
— — — *Pz* 1805(150).
—Cerceris labiatus, *Latr.* 1805(105).
—Philanthus arenarius, *Pz* 1806(150).
—Cerceris nasuta, *Latr* 1807(106).
—Philanthus labiatus, ♀ *Jur* 1807(81).
—Cerceris labiata, ♂ *Jur* 1807(81).
—Philanthus interruptus, *Spin* 1808(202).
—Cerceris labiata, *v. d. Lind* 1829(216).
— — — *Shuck* 1837(191).
— — — *Duf* 1839(27).
— — — *Blanch* 1849(s249).
— — — *Dahlb* 1845(22).
— — — *Lep* 1845(111).
— — — *Eversm* 1849(40).
— — — *Wesm* 1852(222).
— — — *Kirschb* 1853(87).
— — — *Sm* 1856(198).
— — — *Kawall.* 1856(s238).
— — — *Schenck.* 1857(181).
— — — *Thoms* 1866(s277).
— — — *Costa.* 1867(17).
— — — *Schenck* 1867(s246).
— — — *Kirchn* 1867(84).
— — — *Jænnicke* 1867(80).
— — — *Thoms.* 1869(s272).
— — — *Costa* 1869(s268).
— — — *Asch* 1870(3).
— — — *Thoms* 1874(214).
— — — *Dours.* 1874(26).
— — — *Marq* 1875(133).
— — — *Tashbg* 1875(213).
— — — *Marq.* 1876(134).
— — — *Friw* 1876(55).
— — — *Schmied* 1876(183).
— — — *Rad* 1877(161).
— — — *Mocs* 1878(138).
— — — *Dalla Torre* 1878(s230).
— — — *Kohl* 1880(92).
— — — *Saund* 1880(173).
— — — *Costa* 1881(s223).
— — — *Kohl* 1883(97).
— — — *Friese* 1883(s232).
— — — *Wutsner* 1886(s253).
— — — *Schlett.* 1887(s267).
— — — *Gasperini* 1887(s271).

15. Cornuta, Eversmann.

—Cerceris cornuta, *Evers* 1849(40).
— — — *Schlett* 1887(s267).

16. Tuberculata, Villers.

—?Crabro rufipes, *Fabr* 1787(49).
—Sphex tuberculata, *Villers* 1789(217).
—Vespa hispanica, *Gmelin* 1790(s250).
—Bembex vespoïdes, *Rossi.* 1790(170).
—Crabro rufipes, *Oliv* 1791(147).
— — vespoides, *Rossi* 1792(s274).
—Philanthus rufipes, *Fabr.* 1793(50).
— — — *Fabr* 1801(52).
—Cerceris vespoides, *Illig* 1807(78).
— — major, *Spin* 1808(202).
— — — *Germar* 1812(2).
— — tuberculata, *v. d. Lind.* 1829(216).
— — — *Dahlb.* 1845(22).
— — — *Lep.* 1845(111).
— — rufipes, *Evers.* 1849(40).
— — Dufouriana, *Fabr.* 1855(42).
— — tuberculata, *Sm.* 1856(198).
— — — *Costa*, 1860(14).
— — — *Costa* 1863(s227).
— — — *Costa.* 1867(17).
— — — *Kirchn.* 1867(84).
— — — *Costa.* 1869(s268).
— — — *Dours.* 1874(26).
— — — *Marq* 1875(133).
— — — *Marq* 1879(134).
— — — *Mocs* 1879(140).
— — — *Fabr* 1879(45).
— — Morawitzi, *Mocs* 1883(s243).
— — tuberculata, *Mocs* 1884(s244).
— — — *Schlett* 1887(s267).
— — — *Gasperini.* 1887(s271).

17. Acuta, Radoszkowski.

—Cerceris acuta, *Rad* 1877(161).

18. Fulvipes, Eversmann.

—Cerceris fulvipes, ♀ *Evers* 1849(40).

19 Nasuta, Lepeletier.

—Cerceris nasuta, *Lep* 1845(111).
—Cerceris nasuta, *Lucas.* 1849(124).
— — — *Sm.* 1856(198).

20 Foveata, Lepeletier.

—Cerceris foveata, *Lep.* 1845(111).
— — — *Luc.* 1849(124).
— — — *Sm.* 1856 198).

21. Quadricincta, Panzer.

—?Vespa annulata, *Rossi.* 1790(170).
—?Crabro annulatus, *Rossi.* 1794(170).
—Philanthus quadricinctus, *Panzer.* 1799 0).
—Cerceris quadricincta, *Lat.* 1805(106).
—Philanthus quadricinctus, *Jurine.* 1807(81).
—Cerceris fasciata, *Spin.* 1808(202).
— — quadricincta, *Latr* 1809 108).
— — — *v d. Lind.* 1829(216).
— — annulata, *v. d. Lind* 1829(216).
— — quadricincta, *Shuck* 1837(191).
— — — *Dahlb.* 1845(22).
— — cincta, *Dahlb.* 1845(22).
— — quadricincta, *Lep.* 1845(111).
— — — *Lucas* 1849(124).
— — — *Evers* 1849(40).
— — dorsalis, ♂ *Evers* 1849(40).
— — quadricincta, *Wesm* 1851 222).
— — annulata, *Smith* 1856(198).
— — nasuta, *Costa* 1860(14).
— — quadricincta, *Tashbg*, 1866(210).
— — — *Costa.* 1865(16).
— — — *Costa.* 1867(17).
— — annulata, *Kirchn.* 1867(84).
— — quadricincta, *Kirchn* 1867(84).
— — — *Dours* 1874(23).
— — — *Marq.* 1875(133).
— — euphorbiæ, *Marq* 1875(133).
— — quadricincta, *Rados.* 1877(161).
— — sabulosa, *Rad.* 1877(161).
— — dorsalis, *Rad.* 1877(161).
— — quadricincta, *Kohl* 1880(92).
— — sabulosa, *Saund.* 1880(173).
— — quadricincta, *Costa* 1882(228).
— — — *Costa.* 1883(191).
— — — *Kohl* 1883(97).
— — sabulosa, *Rad* 1886 s245).
— — quadricincta, *Schlett.* 1887(s267).

22. Quinquefasciata, Rossi.

—Philanthus quinquefasciatus, *Rossi* 1792(s274).
— — nasutus, *Rossi* 1792(274).
—Çerceris quinquefasciata, *v. d Lind* 1829(216).
— — nasuta, *Dahlb.* 1845(22).
— — subdepressa, *Lep* 1845 111).
— — quinquefasciata, *Wesm* 1851 222).
— — nasuta, *Kirschb* 18 3 87).
— — — *Kawall* 1856(s236).
— — — *Schenck* 1857(181).
— — quinquefasciata, *Cost* 1865(16).
— — — *Taschbg* 1866 210.
— — — *Thoms* 1866 s277).
— — — *Costa.* 1867(17).
— — nasuta, *Schenck* 1867(s246).
— — — *Kirchn* 1867(84).
— — — *Jænnicke.* 1867(80).
— — quinquefasciata, *Thomson* 18 9(s272).
— — nasuta, *Atsch.* 1870(3).
— — quinquefasciata, *Thom.* 1874 214).
— — — *Schmied.* 1876(183).
— — Antoniæ, *Fabre.* 1879(45).
— — quinquefasciata, *Kohl* 1880(92).
— — — *Saund* 1880(173).
— — — *Costa* 1881(s228).
— — — *Friese* 1883(s232).
— — — *Kohl.* 1883(97).
— — — *Wutsnet* 1886 s253).
— — — *Schlett* 1887(s267).

23. Quadrifasciata, Panzer.

—Philanthus quadrifasciatus, *Panzer.* 1799(150).
— — — *Fabr* 1801(52).
— — trifidus, *Fabr.* 1804(52).
— — quadrifasciata, *Latr.* 1807(106).
—Cerceris truncatula, *Dahlb* 1845(22).
— — quadrifasciata, *Dahlb.* 1845(22).
— — — *Evers.* 1849(40).
— — nitida, *Wesm.* 1851(222).
— — trifasciata, *Smit.* 1856(198).
— — quadrifasciata, *Kawall.* 1856(s238).
— — nitida, *Smith.* 1856(198).
— — truncatula, *Smit* 1856(198).
— — spreta, *Costa.* 1858(15).
—? — quadrifasciata, *Costa*, 1863(s227).
— — — *Costa* 1865(16).

— — — *Taschb.* 1866(210).
— — truncatula, *Tasch* 1866(210).
— — — *Thoms* 1866(s277).
— — quadrifasciata, *Costa* 1867(17).
— — nitida, *Kirchn.* 1867(84).
— — spreta, *Kirchn.* 1867(84).
— — truncatula, *Kirchn* 1867(84).
— — trifasciata *Kirchn* 1867(84).
— —quadrifasciata, *Kirchn* 1867(84).
— — truncatula, *Thom.* 1869(s272).
— — — *Thoms.* 1874(214).
— — nitida, *Dours.* 1874(26).
— —quadrifasciata, *Schm.* 1876(183).
— — — *Mocs.* 1878(138).
— — — *Kohl.* 1880(92).
— — — *Costa.* 1881(s228).
— — truncatula, *Friese.* 1883(s232).
— —quadrifasciata, *Friese.* 1883(s232).
— — — *Kohl* 1883(97).
— — — *Schlett* 1887(s267).

24. Conigera, DAHLBOM.

—?Cerceris flavicornis, *Brulle* 1832(6).
— — conigera, *Dahlb* 1845(22).
— — flavicornis, *Smith* 1856(198).
— — conigera, *Costa* 1860(14).
— — — *Costa* 1863(s227).
— — — *Costa.* 1867(17).
— — — *Kirchn* 1867(84).
— — flavicornis, *Kirchn* 1867(84).
— — conigera, *Costa.* 1869(s272).
— — rostrata, *Marq* 1875(133).
— — conigera, *Rad* 1877(161).
— — — *Marq.* 1879(134).
— — — *Schlett.* 1887(s267).
— — — *Gasperini.* 1887(s271).

25 Capito, LEPELETIER.

—Cerceris capito, *Lep* 1845(111).
— — rufiventris, *Lep.* 1845(111).
— — — *Lucas* 1849(124).
— — capito. *Lucas.* 1849(124).
— — — *Smith.* 1856(198).
— — abdominalis, *Smith* 1856(198).
— — capito, *Rad* 1877(161).
— — fulva, *Mocs.* 1883(s242).
— — capito, *Schlett* 1887(s267).

26. Euryanthe, KOHL.

—Cerceris euryanthe, *Kohl.* 1888(s270).

27. Rhinoceros, KOHL.

—Cerceris rhinoceros, *Kohl* 1888(s270).

28. Prisca, SCHLETTERER.

—Cerceris prisca, *Schlett* 1887(s267).

29. Multipicta, SMITH.

—Cerceris multipicta, *Smith* 1873(s278).
— — — *Schlett.* 1886(s267).

30. Kohlii, SCHLETTERER.

—Cerceris Kohlii, *Schlett* 1887(s267).

31. Opalipennis, KOHL.

—Cerceris opalipennis, *Kohl* 1888(s270).

32. Dacica, SCHLETTERER.

—Cerceris dacica, *Schlett* 1887(s267).

33. Capitata, SMITH.

—Cerceris capitata, *Smith* 1856(198).
— — rufipes, *Smith.* 1856(198).
— — capitata. *Costa* 1867(17).
— — — *Kirchn* 1867(84).
— — rufipes, *Kirchn* 1867(84).
— — fuscipennis, *Costa* 1867(17).
— — — *Costa* 1869(s268)
— — capitata, *Costa* 1869(s268).
— — — *Schlett* 1887(s267).

34. Arenaria, LINNÉ.

—Sphex arenaria, *Linne.* 1758(120).
— — — *Linné.* 1761(122).
— Philanthus quinquecinctus, *Schæff.* 1766(179).
—Vespa arenaria, *Fabr.* 1781(48).
—Crabro arenarius, *Fabr* 1787(49).
—Sphex arenaria, *Villers.* 1789(219).
— — — *Christ* 1791(12).
—Crabro arenarius, *Oliv.* 1791(147).
— — — *Petagna* 1792(153).
—Philanthus arenarius, *Fabr.* 1793(50).
— — auritus, *Fab.* 1793(51).
— — lætus, *Fab* 1798(51).
— — quinquecinctus, *Panz* 1799(150).
— Crabro quinquecinctus, *Schrk.* 1802(186).
—Sphex arenaria, *Schrk.* 1802(186).
— Philanthus arenarius, *Walken* 1802(218).

—Philanthus quinquecinctus, *Walken.* 1802(218).

—Philanthus arenarius, *Fabr* 1804(52).
— — auritus, *Fabr* 1804(52).
— —quinquecinctus, *Fab.* 1804(52).
—Cerceris aurita, *Latr.* 1804(106).
— — — *Spin.* 1808(202).
— — fasciata, *Spin* 1808(202).
— — aurita, *Lat* 1809(107).
— — — *Lat.* 1816(s239).
— — — *Germ* 1817(2).
— — — *Guérin* 1819(s237).
— — laeta, *Curtis.* 1829(s229).
— — arenaria v d *Lind* 1829(216).
— — aurita, v d. *Lind* 1829(216).
— — media, *Waltl.* 1835(220).
— — arenaria, *Shuck* 1837(191).
— — — *Duf.* 1839(27).
— — — *Blanch* 1840(s249).
— — — *Curtis.* 1840 (s276)
— — — *Dahlb* 1845(22).
— — — *Lep* 1845(111).
— — — *Evers.* 1849(40).
— — — *Wesm* 1852(222).
— — — *Kirschb* 1853(87).
— — — *Kawal* 1856(s238).
— — — *Smith* 1856(198).
— — — *Schenck.* 1857(181).
— — — *Curtis* 1860(s276).
— — — *Costa* 1863(227).
— — — *Costa* 1865(16).
— — — *Taschbg* 1866(210).
— — — *Thoms* 1863(s277).
— — — *Costa.* 1867(17).
— — — *Kirchn.* 1867(84).
— — media, *Kirchn.* 1867(84).
— — arenaria, *Jaennicke.* 1867(89).
— — — *Schenk.* 1867(s246).
— — — *Thoms.* 1869(s272).
— — — *Atsch* 1870(3).
— — — *Thoms* 1874(214).
— — — *Dours.* 1874(26).
— — — *Taschb* 1875(213).
— — — *Marq* 1875(133).
— — — *Mocs.* 1876(s241).
— — — *Frivald.* 1876(55).
— — — *Rad.* 1877(161).
— — — *Saund* 1880(173).
— — — *Siebke.* 1880(194).
— — — *Costa.* 1881(s228).
— — — *Friese.* 1883(s232).
— — — *Kohl* 1883(97).
— — — *Costa.* 1883(190).
— — — *Wutsner.* 1886(s253)
— — — *Schlett* 1887(s267)
— — — *Gasperini* 1887(s271).

35. Moesta, DESTEFANI.

— Cerceris moesta, *Dest.* 1884(207).

36 .Stefanii, N SP.

37. Odontophora, SCHLETTERER.

—Cerceris odontophora, *Schl* 1887(s267)

38 Stratiotes, SCHLETTERER.

—Cerceris stratiotes, *Schlett.* 1887(s267)

39. Albofasciata, ROSSI.

—Vespa albofasciata, *Rossi.* 1790(170).
—Crabro albofasciatus, *Rossi.* 1792(s274)
—Vespa albofasciata, *Ill.* 1807(78).
—Cerceris tricincta, *Spin* 1808(202).
— — — v. d *Lind.* 1829(216).
— —albofasciata, v d. *Lind* 1829(216).
— — — *Dahlb.* 1845(22).
— — — *Smith.* 1856(198).
— — — *Costa.* 1863(s227).
— — — *Taschbg* 1866(210).
— — — *Kirchn* 1867(84).
— — — *Costa* 1867(17).
— — — *Costa* 1869(s268).
— — — *Taschbg* 1875(213).
— — — *Schmied* 1876(183).
— — — *Rad.* 1877(161).
— — — *Mocs.* 1879(140).
— — — *Friese.* 1883(s232).
— — — *Schlett* 1887(s267).

40. Variolosa, COSTA.

—Cerceris variolosa, *Costa* 1867(17).
— — — *Costa* 1869(s258).

41 Quadrimaculata, DUFOUR.

—Cerceris quadrimaculata, *Duf.* 1849(33).
— — — *Kirchn.* 1867(84).
— — — *Marq* 1879(134).
— — — *Schlett.* 1887(s267).

42. Rubida, JURINE

—Cerceris rubida, *Jur.* 1807(81).
— — ornata, *Spin* 1808(202).

— — albonotata, v d *Lind.* 1829(216).
— — — *Dahlb* 1845(22).
— — histrio, *Dahlb* 1845(22).
— — argentifrons, *Lep.* 1845(111).
— — frontalis, *Lep.* 1845(111).
— — modesta, *Smith.* 1856(198).
— — albonotata, *Smith.* 1856(198).
— — frontalis, *Smith* 1856(198).
— — histrio, *Smith.* 1856(198).
— — albonotata, *Taschb.* 1866(210).
— — — *Costa* 1867(17).
— — — *Kirchn* 1867(84).
— — modesta, *Kirchn.* 1867(84).
— — rubida, *Costa* 1867(17).
— — albonotata, *Costa* 1869(s268).
— — variabilis, *Rad.* 1877(161).
— — rufonodis, *Rad* 1877(161).
— — rubida, *Schlett* 1887(s267).

43. Hortivaga, Kohl.

—Cerceris hortivaga, *Kohl* 1880(92).
— — — *Kohl.* 1883(97).
— — — *Schlett.* 1887(s267).

44 Subimpressa, Schletterer.

—Cerceris subimpressa, *Schlett.* 1887(s267).

45. Vittata, Lepeletier.

—Cerceris vittata, *Lep* 1845(111).
— — — *Lucas* 1849(124).
— — — *Smith* 1856(198).

46. Vidua, Klug.

—Cerceris vidua, *Klug,* 1845(88).
— — — *Smith* 1856(198).
— — — *Walker.* 1871(219).

47. Albicincta, Klug.

—Cerceris albicincta ♂ *Kl* 1845(88).
— — — *Smith* 1856(198).
— — — *Magretti* 1884(132).
— — — ♂♀, *Schlett* 1887(s267).

48. Klugii, Schletterer.

—Cerceris annulata, *Klug* 1845(88).
— — — *Smith.* 1856(198).
— — Klugii, ♂♀, *Schlett* 1887(s267).

49. Funerea, Costa.

—Cerceris funerea, ♂, *Costa.* 1867(17).
— — — *Costa* 1869(s268).
— — pallidopicta, *Rad.* 1877(161).

50. Lunata, Costa.

—Cerceris lunata, ♀, *Costa.* 1867(17).
— — — *Costa* 1869(s268)
— — — ♂♀, *Schlett* 1887(s267).

51. Elegans, Eversmann.

—Cerceris elegans, ♀, *Evers* 1849(40).
—? — fodiens, ♂♀, *Evers* 1849(40).
— — — *Rad* 1876(160).
— — — ♂♀, *Rad* 1877(161).
— — — *Schlett* 1887(s267)

52. Waltlii, Spinola

—Cerceris Waltlii, *Spin* 1838(203).

53. Leucochroa, Schletterer.

—Cerceris leucochroa, *Schletterer,* 1887(s267).

54. Julii, Fabre.

—Cerceris Julii, *Fabre,* 1879(45).

55. Rybiensis, Linné.

—Sphex rybiensis, *L.* 1749(s275).
—Philanthus ornatus, *Schæff* 1766(179).
—Sphex apifalco, *Christ* 1791(12).
—Philanthus ornatus, *Fabr.* 1793(50).
— — semicinctus, *Pz* 1799(150).
— — ornatus, *Pz* 1799(150).
— — hortorum, *Pz.* 1799(150).
— — ornatus, *Walk* 1802(218).
—Cabro variabilis, *Schrk;* 1802(186).
—Philantus ornatus, *Fabr* 1804(52).
—Cerceris ornata, *Latr* 1805(106).
— — — *Latr* 1807(107).
— — — *Spin* 1808 202).
—Philanthus rybiensis, *Thunbg,* 1815(215.
—Cerceris ornata, *Latr* 1816(s239).
— — — *Walken.* 1817(s266).
— — — *v. d Lind* 1829 216).
— — hortorum *v d. Lind* 1829 216).

— — bicincta. *Waltl.* 1835(220).
— — sesquicincta, *Waltl.* 1835(220).
— — interrupta. *Waltl.* 1835(220).
— — ornata, *Shuck.* 1837(191).
— — — *Duf.* 1839(27).
— — — *Blanch.* 1840(s249.)
— — variabilis, *Dahlb.* 1845(22).
— — ornata, *Lep* 1845(111).
— — variabilis, *Evers* 1849(40).
— — ornata, *Wesm.* 1852(222).
— — variabilis, *Kirschb.* 1853(87).
— — ornata, *Smith.* 1856(198).
— — hortorum, *Smith.* 1856(198).
— — variabilis, *Kawall.* 1856(s238).
— — — *Schenck,* 1857(181).
— — — *Costa,* 1863(s227).
— — ornata, *Costa,* 1865(16).
— — variabilis, *Taschbg* 1866(210).
— — ornata, *Costa,* 1867(17).
— — variabilis, *Schenck,* 1867(s246).
— — — *Kirchner,* 1867(84).
— — bicincta, *Kirchner,* 1867(84).
— — hortorum, *Kirchner,* 1867(84).
— — Klugii, *Kirchner,* 1867 (84).
— — sesquicincta.*Kirchner* 1867(84).
— — variabilis,*Jaennicke* 1867(80).
— — ornata, *Thoms* 1869(s272).
— — variabilis. *Aisch.* 1870(3).
— — ornata, *Thoms* 1874(214).
— — — *Dours* 1874(26).
— — — *Marq* 1875(133).
— — eryngii, *Marq* 1874(133).
— — ornata, *Taschbg* 1875(213).
— — — *Friwald* 1876(55).
— — — *Mocs.* 1876(s241).
— — variabilis, *Schmied.* 1876(183).
— — — *Rad.* 1877(161).
— — — *Dalla Torre* 1878 s230).
— — ornata, *Saund* 1880(173).
— — — *Siebke* 1880(194).
— — rybiensis, *Kohl.* 1880(92).
— — ornata, *Costa.* 1881(s228).
— — variabilis, *Friese* 1883(s232).
— — rybiensis, *Kohl.* 1883(97).
— — ornata, *Costa* 1883(19).
— — —var.sicana,*Destef* 1884(207).
— — — *Destef.* 1884(207).
— — — *Magretti* 1884(132).
— — rybiensis. *Wustnei.* 1886(s253).
— — ornata, *Marchal.* 1887(s265).
— — rybiensis, *Schlett,* 1887(s267).
— — — *Gasperini.* 1887(s271).
— — ornata, *Mazza.* 1888(s273).

56. Emarginata, Panzer.

—?Crabro fimbriatus,*Rossi* 1790(170).
—? — lunulatus, *Rossi.* 1792(s274).
—? — affinis, *Rossi.* 1797(s274).
—Philanthus emarginatus, ♀, *Panzer* 1799(150).
— — sabulosus, ♂, *Pz.* 1799(150).
—Cerceris emarginata *Spin.* 1808(202).
— — fimbriata, *v. d. Lind* 1829(216).
— — affinis, *v d Lind.* 1829(215).
— — signata, ♂, *Waltl* 1835(220).
— — sabulosa, *Shuck* 1837(191).
— — variabilis, *Dahlb* 1845(22).
— — hortorum, *Dahlb* 1845(22).
— — minuta, *Lep.* 1845(111).
— — clitellata, *Lep.* 1845(111).
— — — *Lucas* 1849(121).
— — emarginata, *Smith.* 1856(198).
— — sabulosa, *Smith.* 1856(198).
— — minuta, *Smith.* 1856(198).
— — clitellata, *Smith.* 1856(198).
— — sabulosa, *Costa.* 1863(s227).
— — fimbriata, *Costa* 1865(16).
— — emarginata, *Costa* 1865(16).
— — — *Kirchn.* 1867(84).
— — minuta, *Kirchn* 1867(84).
— — signata, *Kirchn.* 1867(84).
— — fimbriata, *Costa,* 1867(17).
— — emarginata, *Costa,* 1867(17).
— — minuta, *Dours.* 1874(26).
— — — *Marq,* 1875(133).
— — fimbriata, *Costa.* 1881(s228.
— — emarginata, *Costa,* 1882(19).
— — — *Kohl.* 1883(97).
— — minuta, *Magretti.* 1884(132).
— — emarginata, *Schlett.* 1887(s267).
— — — *Gasperini.* 1887(s271).

57. Buprestlcida, Dufour.

—?Cerceris cristata, *Duf.* 1835 (27).
— — buprestlcida, *Duf.* 1841(31).
— — — *Duf.* 1841(32).
— — — *Smith.* 1856(198(.
— — — *Costa.* 1863(s227).
— — — *Kirchn.* 1867(84).
— — — *Costa* 1867(17).
— — — *Costa.* 1869(s268).
— — — *Dours.* 1874(26).
— — — *Marq.* 1875(133).
— — — *Marq.** 1879(134).
— — — *Fabre.* 1879(45).
— — — *Kohl* 1880(92).
— — — *Costa* 1881(s228).
— — — *Schlett.* 1887(s267).

58. Laticincta, Lepeletier.

—Cerceris laticincta, *Lep* 1845(111).

— — — *Lucas* 1849(124).
— — — *Smith.* 1856(198).

59. **Tenuivittata**, DUFOUR.

—Cerceris tenuivittata, *Duf.* 1849(33).
— — — *Kirchn.* 1867(84).
— — — *Marq*-1875(133).
— — — *Marq*-1879(134(.

60. **Radoszkowskyi**, SCHLETTERER.

—Cerceris hispanica, *Rad.* 1869(157).
— —Radoszkowskyi, *Schlet* 1887(s267).

61. **Excellens**, KLUG.

—Cerceris excellens, *Klug* 1845(88).
— — — *Smith* 1856(198).
— — — *Walker* 1871(217).
— — — *Taschbg* 1875(213).

62. **Atlantica**, SCHLETTERER.

—Cerceris atlantica, *Schlett.* 1887(s267).

63. **Melanothorax**, SCHLETTERER,

— Cerceris melanothorax, *Schlett.* 1887(s267),

64. **Lindenii**, LEPELLTIER.

—Cerceris Lindenii, *Lep* 1845(114).
— — — *Lucas.* 1849(124).
— — — *Smith* 1856(198).
— — — *Schlett.* 1887(s277)

65. **Eucharis**, SCHLETTERER.

—Cerceris eucharis, *Schlett* 1887(s267).

66. **Specularis**, COSTA.

—Cerceris specularis, *Costa* 1867(17).
— — — *Costa.* 1869(s26S).
— — — *Costa* 1883(19n).
— — — *Schlett* 1887(s267).

67. **Mocsaryi**, KOHL.

—Cerceris orientalis, *Mocs*· 1883(s263).
— — Mocsaryi, *Kohl.* 1888(s270).

68. **Eugenia**, SCHLETTERER.

—Cerceris eugenia *Schlett.* 1887(s267).

69. **Saussurei**, RADOSZKOWSKI.

—Cerceris Saussurei ♂ *Rad.* 1877(161).

70. **Chlorotica**, SPINOLA,

—Cerceris chlorotica, *Spin.* 1838(203).

71. **Chromatica**, SCHLETTERER.

—Cerceris chromatica *Schl.* 1887(s267).

72. **Lutea**, TASCHENBERG.

—Cerceris lutea, *Taschbg.* 1875(213).
— — — *Schlett* 1887(s267).

73. **Komarowii**, RADOSZKOWSKI.

—Cerceris Komarowii, ♀ *Rad* 1886(s265).
— — — ♀ *Schlett* 1887s(267).

74. **Flaviventris**, VAN DER LINDEN.

—Cerceris flaviventris, *Van der Linden.* 1829(216).
— — — *Dahlb* 1845(22).
— — — *Smith.* 1856(198).
— — — *Kirchn.* 1867(84).

75. **Nigrocincta**, DUFOUR.

—Cerceris nigrocincta, *Duf.* 1853(34).

76. **Pulchella**, KLUG.

—Cerceris pulchella, ♂, *Kl.* 1845(88).
— — — *Smith.* 1856(198).
— — — *Walk.* 1871(219).
— — — *Rad.* 1876(160).
— — — ♂♀ *Schlett.* 1887(s267.)

77. **Maracandica**, RADOSZKOWSKI.

—Cerceris maracandica ♀ *Rad* 1877(161).
— — Solskyi, ♂♀ *Rad.* 1877(161).
— — maracandica. *Rad.* 1886(s245).

— — Solskyi, *Rad* 1886(245).
— — maracandica, *Schlett.* 1887(s267).

78. Histrionica, Klug.

—Cerceris histrionica, *Kl.* 1845(88).
— — — *Smith.* 1856(198).
— — — *Walk.* 1871(219).

79. Spinolica, Schletterer.

—Cerceris flaviventris, *Spin* 1838(203).
— — spinolica, *Schlett* 1887(s267)

80. Octonotata, Radoszkowski.

—Cerceris octonotata, *Rad* 1877(161).

81, Fischeri, Spinola.

—Cerceris Fischeri, *Spin* 1838(203).

82. Tricolorata, Spinola.

—Cerceris tricolorata, *Spin.* 1838(203).

83. Variegata, Taschenberg.

—Cerceris variegata ♂, *Tasch* 1875(213).

84. Spinipectus, Smith.

—Cerceris spinipectus, *Smith* 1856(198).

85 Nilotica, Schletterer.

—Cerceris nilotica, *Schlett* 1887(s267)

86. Semirufa, Smith.

—Cerceris semirufa, *Sm.* 1856(198).

87. Sareptana, Schletterer.

—Cerceris sareptana, *Schlet.* 1887(s267).

88, Pucilii, Radoszkowski.

—Cerceris Pucilii, *Rad* 1869(157).

89. Fasciata, Lepeletier.

—Cerceris fasciata ♂, *Lep* 1845(11).
— — — *Lucas.* 1849(124).
— — — *Smith.* 1856(198).
— — algirica ♂ *Schlett.* 1887(s267).

90, Freymuthi, Radoszkowski.

—Cerceris Freymuthi ♂ *Rad.* 1877(161).

91. Haueri, Schletterer.

—Cerceris Haueri, *Schlett.* 1887(s267)

92 Insignis, Klug

—Cerceris insignis, *Kl.* 1845(88).
— — — *Smith* 1856(198).

93. Geneana, Costa.

—Cerceris geneana, *Costa.* 1867(17).
— — — *Costa.* 1869(s268)
— — — *Costa.* 1872(s269).

94. Solitaria, Dahlbom.

—Cerceris solitaria, *Dahlb* 1845(22).
— — — *Smith.* 1856(198).

95. Contigua, Walker

—Cerceris contigua, *Walk* 1871(219).

96. Rufa, Taschenberg.

—Cerceris rufa, *Taschbg* 1875(213).

SPECIES DUBIÆ

Dorsalis, *Dufour*, 1489(33).
Pyrenaica, Schlett. 1887(s267).
Nobilis, *Radoszkowski.* 1877(161).
Elegans, *Dufour* 1853(34).
Straminea *Dufour* 1853(35).
Dispar, *Dahlbom* 1845(22).
Maculata, Rad. 1877(161).
Mixta *Rad.* 1877(161).
4-Punctata, *Rad* 1877(161).
Vagans, *Rad.* 1877(161).
Citrinella, *Sm.* 1856(198).
Rutila, *Spin.* 1838(203).
Alboatra, *Walk.* 1871(219).

NOTE DES ÉDITEURS

Nous donnons, dans les pages qui précèdent, la fin du catalogue synonymique du genre *Cerceris*, complétant toute la partie des Sphégiens que le regretté fondateur du *Species* a pu écrire.

La publication de cette famille, qui avait été momentanément interrompue, se trouve aujourd'hui suspendue par la mort de son auteur, et nous ferons tous nos efforts pour la faire reprendre par un collaborateur sérieux et éprouvé.

Nous savons aussi qu'il reste dû aux souscripteurs les planches 8, 11, 12, 13 et 15 se rattachant aux fascicules antérieurement distribués, et dont M. Edmond André nous a laissé les légendes, sans avoir eu le temps d'en dessiner les figures. Nous avons pris l'engagement de fournir gratuitement ces planches aux abonnés, et nous les ferons graver dès que nous aurons pu réunir les dessins nécessaires à leur exécution. Nous joignons dès maintenant à la présente livraison les légendes de ces planches, telles qu'elles ont été composées par M. André, et nous faisons appel à tous les amis du *Species* pour obtenir de leur complaisance de bons dessins des insectes ou détails à représenter. Ces dessins devront être adressés à M. Ernest André, 17, rue des Promenades, à Gray (Haute-Saône), qui veut bien se charger de toute la direction scientifique du *Species*.

Enfin, pour faciliter aux souscripteurs l'usage de la partie des Sphégiens déjà publiée et leur permettre de faire brocher provisoirement cette partie sans attendre l'achèvement du volume, qui pourra tarder plus ou moins selon les circonstances, nous donnons ci-après une table alphabétique des tribus et des genres, qui nous était réclamée par un certain nombre d'abonnés.

Lorsque le volume des Sphégiens sera complété, le présent feuillet et les suivants, devenus inutiles, devront être enlevés pour ne pas produire de discontinuité dans le catalogue synonymique dont la première partie précède.

BOUFFAUT FRÈRES.

TABLE ALPHABÉTIQUE PROVISOIRE

DES TRIBUS ET DES GENRES

PLANCHE XI

Pemphrédonides. — Trypoxylonides

1 *Passalæcus monilicornis*, Dahlb.
2. Tête de *Passalæcus corniger*, Skuck.
3. Mésopleures de *Passalæcus turionum*, Dahlb.
4. Mésopleures de *Passalæcus monilicornis*, Dahlb.
5. *Trypoxylon figulus*, L.
6. Aile antérieure de *Trypoxylon figulus*, L.
7. Antenne de *Trypoxylon clavicerum*, Lep.
8. Tige de ronce habitée par les *Trypoxylon*.
9. Cocon de *Trypoxylon*.

PLANCHE XII

Gastrosericides

1. Aile antérieure de *Spilomena*.
2. — de *Miscophus*.
3. — de *Diodontus*.
4. — de *Dinetus*.
5. — de *Gastrosericus*.
6. Tête de *Ceratophorus*.
7. *Miscophus bicolor*, Jur.
8. *Diodontus minutus*, Fab.
9. *Dinetus pictus*, Fab.
10. Antenne de *Dinetus* ♂.
11. Aile postérieure de *Dinetus*.

PLANCHE XIII

Gastroséricides

1. *Ceratophorus morio*, Van d. Lind
2. *Spilomena troglodytes*, Van d. Lind.
3. *Gastrosericus maracandicus* (d'après Radoszkowski).
4. Epistome de *Ceratophorus morio*, Van d. Lind.
5. Antenne de *Spilomena*.
6. Tibia postérieur de *Diodontus*.
7. Tarse antérieur de *Dinetus*.

PLANCHE XIV

Philantides

1. Larve de *Cerceris ornata* (d'après M. Marchal).
2. Coque de — —
3. Nymphe ♀ de — vue sur le dos, (d'après M. Marchal).
4. La même vue de côté (id.).
5. Appendice du vertex de la nymphe (id).
6. Appendice du mésothorax de la nymphe (id.).
7. Partie postérieure de l'abdomen de la nymphe vue de profil (id.).
8. Halicte portant sur le thorax un œuf de *Cerceris ornata* (id).
9. Nid de *Cerceris ornata*.
10. Cerceris ♀ piquant une Halicte pour la paralyser.
11. Cerceris malaxant la tête d'une Halicte.

PLANCHE XV

Philantides

1. *Cerceris rybiensis*, L.
2. Larve de *Cerceris bupresticida*, Duf. (d'après Léon Dufour).
3. Coque de la même, (id.)
4. Antenne de *Cerceris*.
5. Tête de *Cerceris nasuta*, Lep., vue de profil.
6. Epistome de *Cerceris quadricincta*, Panz.
7. — — *Ferreri*, Van d. Lind.
8. Aile antérieure de *Cerceris*.
9. Extrémité de l'abdomen de *Cerceris bracteata*, Evers., ♂.
10. *Philanthus triangulum* ♀.
11. Aile antérieure de *Philanthus*.
12. *Dolichurus corniculus*.

PLANCHE VI

Ammophilides

1. *Ammophila sabulosa.*
2. *Eremochares Doriæ.*
3. *Parapsammophila miles.*
4. Partie antérieure de la tête d'*Ammophila armata*, vue de profil.
5. Abdomen de *Psammophila.*
6. Aile de l'*Ammophila campestris.*
7. *Coloptera barbara.*
8. Aile de *Coloptera.*
9. Ongle d'*Ammophila.*
10. Ongle de *Parapsammophila.*
11. Aile d'*Eremochares.*

PLANCHE VII

Pelopœides

1. *Pelopœus spirifex.*
2. *Pelopœus femoratus.*
3. Epistome de *Pelopœus tubifex* ♂.
4. Scutellum de *Pelopœus caucasicus.*
5. *Pelopœus caucasicus.*
6. Appareil génital ♂ de *Pelopœus femoratus.*
7. Stries du thorax du *Pelopœus spirifex.*
8. Stries du thorax du *Pelopœus caucasicus.*
9. Abdomen du *Pelopœus violaceus.*

PLANCHE IX

Ampulicides, Mellinides, Psénides

1 Postscutellum de *Sphex subfuscatus*.

2 *Ampulex compressa* ♀.

3 Abdomen d'*Ampulex compressa* ♂.

4 *Mellinus sabulosus*.

5 Aile de *Mellinus sabulosus*.

6 *Mimesa bicolor*.

7 *Psen pallipes*.

8 Aile de *Mimesa*.

9 Aile de *Psen*.

10 Extrémité abdominale d'un *Psen* ♂.

11 Vue latérale du pétiole d'un *Psen*.

PLANCHE X

Pemphredonides

1 Aile de *Stigmus*.

2 Aile de *Cemonus*.

3 Aile de *Pemphredon*.

4 Tibia postérieur de *Pemphredon*.

5 Tibia postérieur de *Passalœcus*.

6 *Stigmus pendulus*.

7 *Cemonus unicolor*.

8 Epistome de *Cemonus unicolor*.

9 Epistome de *Cemonus dentatus*.

10 *Pemphredon lugubris*.

PLANCHE I

1 Mandibule de l'*Ammophila sabulosa*.

2 Labre de *Bembex*.

3 Palpes maxillaires d'*Ammophila hirsuta*.

4 Palpes labiaux — —

5 Ocelles de *Tachysphex*.

6 Antennes d'*Ammophile* ♂.

7 Base de l'antenne d'une *Ammophile* ♀.

8 Scutellum d'*Oxybelus*.

9 Patte postérieure de *Pelopœus*.

10 Patte antérieure d'*Ammophile*.

11 Patte intermédiaire d'*Ammophile*.

12 Vue très grossie d'un cil de la patte antérieure d'une *Ammophile*.

13 Tarse antérieur de *Thyrcopus*.

14 Portion très grossie de l'éperon de la patte intermédiaire d'une *Ammophile*.

15 Extrémité de l'éperon postérieur d'une *Ammophile*.

16 Tarse postérieur d'une *Ammophile*.

PLANCHE II

1 Aile antérieure de *Pelopœus*.

2 Aile postérieure —

3 Crochets des ailes postérieures de *Pelopœus*

3a Premiers crochets à angle arrondi. (Il y en a 5 ou 6).

3*b* Crochets intermédiaires à angle vif, à la suite des premiers. (Il y en a 7 ou 8).

3c Derniers crochets dont l'extrémité n'est pas relevée. (Il y en a 18 à 20).

4 Abdomen de *Pelopœus* ♀.

5 Abdomen d'*Ammophile*. ♀

6 Abdomen de *Bembex* ♀.

7 Appareil génital ♂ de *Crabro* (d'après L. Dufour).

8 Appareil génital ♂ de *Tachytes* —

PLANCHE III

1	Appareil digestif de *Philanthus*	(d'après L. Dufour).
2	— de *Tachytes Panzeri*	—
3	Portion de l'appareil digestif du *Larra anathema*	—
4	— d'un *Palarus*	—
5	— d'un *Crabro*	—
6	— d'un *Tripoxylon*	—
7	Appareil génital ♂ interne de *Tachytes*	—
8	— ♀ de *Larra anathema*	—
9	Glande vénénifique d'un *Crabro*	—
10	— d'un *Tripoxylon*.	—

PLANCHE IV

1 Œuf de *Sphégien*.

2 Larve de *Cerceris bupresticida* (d'après L. Dufour).

3 Larve de *Pelopœus spirifex* (d'après H. Lucas).

4 Larve de *Sphex flavipennis* (d'après Fabre).

5 Larve de *Tripoxylon figulus* (d'après L. Dufour et Perris).

6 Larve de *Solenius rubicola* —

7 Nymphe de *Tripoxylon*.

8 Coque de *Cerceris bupresticida*.

9 Coque de *Sphex flavipennis*.

10 Coque de *Philanthus triangulum*.

PLANCHE V

1 Nid d'une *Ammophila.*

2 *Ammophile* paralysant sa proie.

3 *Ammophile* emportant sa proie.

4 Nid du *Pelopœus spirifex.*

4a Cellule approvisionnée.

4b Cellule avec une larve adulte.

4c Ouverture de sortie de l'insecte parfait.

5 Nid de *Pelopœus violaceus.*

PLANCHE VI

Ammophilides

1 *Ammophila sabulosa.*

2 Tête d'*Ammophila armata*, vue de profil.

3 Abdomen de *Psammophila.*

4 Aile de l'*Ammophila campestris.*

5 *Parapsammophila miles.*

6 *Eremochares Doriæ.*

7 *Coloptera barbara.*

8 Aile de *Coloptera.*

9 Ongle d'*Ammophila.*

10 Ongle de *Parapsammophila.*

11 Aile d'*Eremochares.*

PLANCHE VII

Pelopœides

1 *Pelopœus spirifex.*

2 *Pelopœus femoratus.*

3 *Pelopœus caucasicus.*

4 Epistome de *Pelopœus tubifex* ♂.

5 Scutellum de *Pelopœus caucasicus.*

6 Appareil génital ♂ de *Pelopœus femoratus.*

7 Abdomen de *Pelopœus violaceus.*

8 Stries du thorax de *Pelopœus spirifex.*

9 Stries du thorax de *Pelopœus caucasicus.*

PLANCHE VIII

Sphécides

1 Tête de *Chlorion* (d'après Kohl).
2 *Enodia albisecta.*
3 *Sphex ægyptius.*
4 *Sphex maxillosus.*
5 Aile de *Sphex flavipennis.*
6 Aile de *Sphex occitanicus.*
7 Mandibule de *Sphex maxillosus.*
8 Tête de *Sphex occitanicus.*
9 Eperon de *Sphex subfuscatus.*
10 Ongle des tarses d'un *Sphex.*
11 Ongle des tarses d'un *Chlorion.*
12 Ongle des tarses d'une *Enodia.*
13 Eperon de *Sphex maxillosus.*

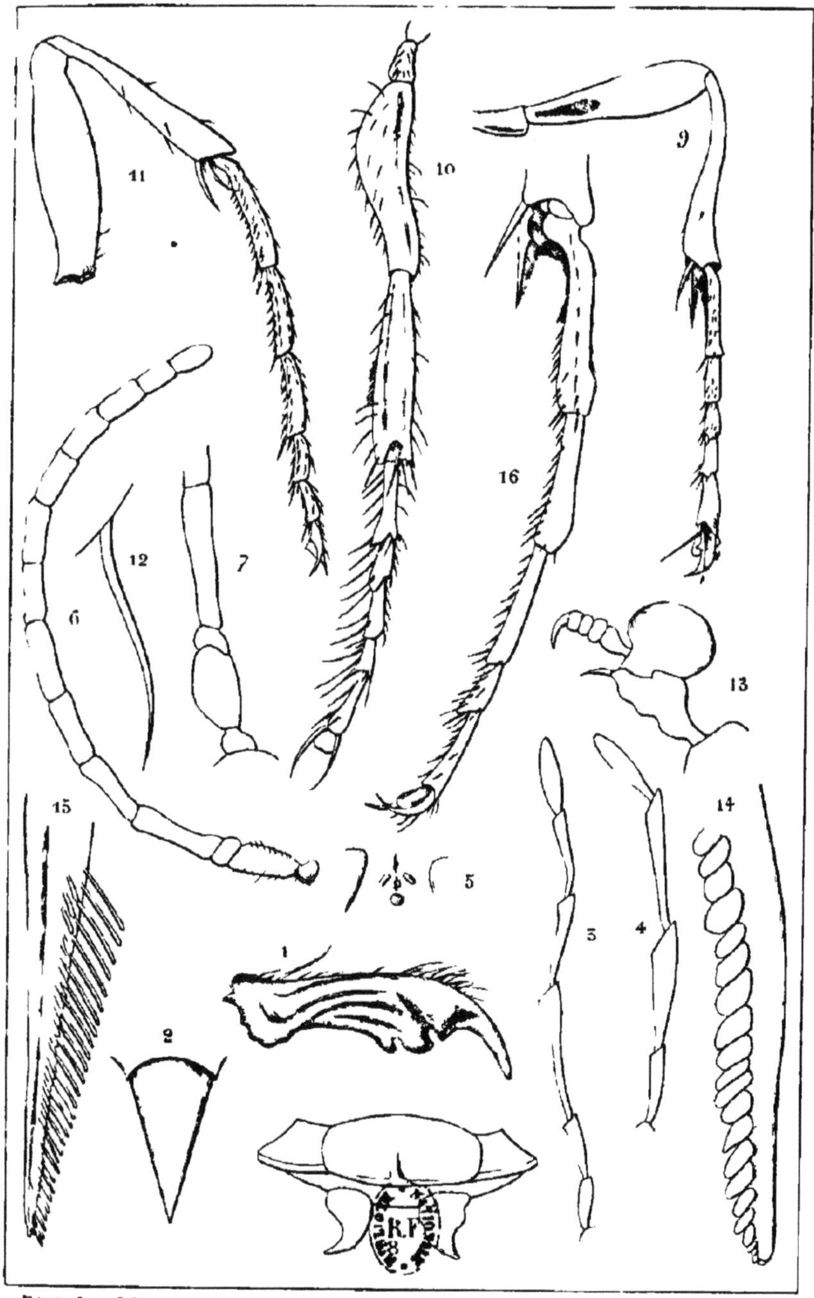

Ed André del. Lith Chaffotte, Beaune

SPHEGIDES

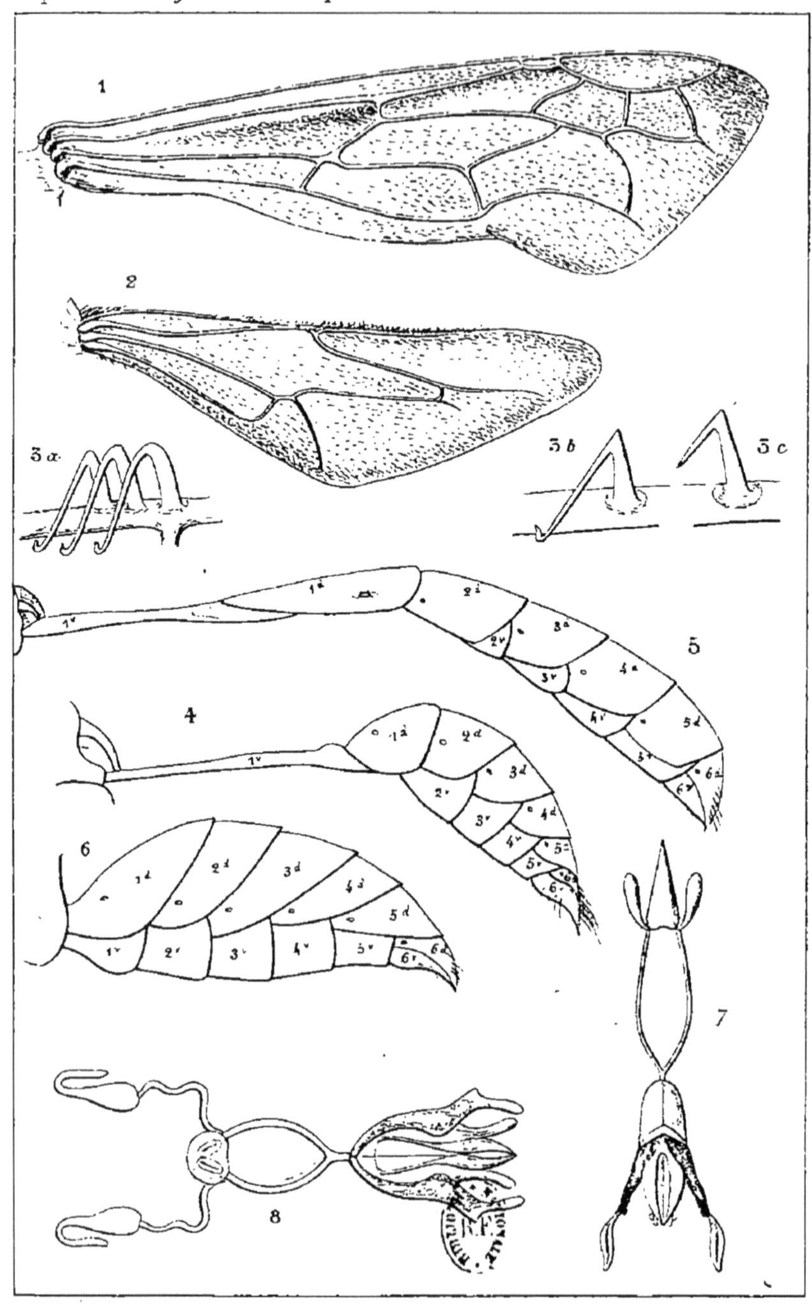

Ed. André, del. Lith. Chaffotte, Beaune.

SPHEGIDES

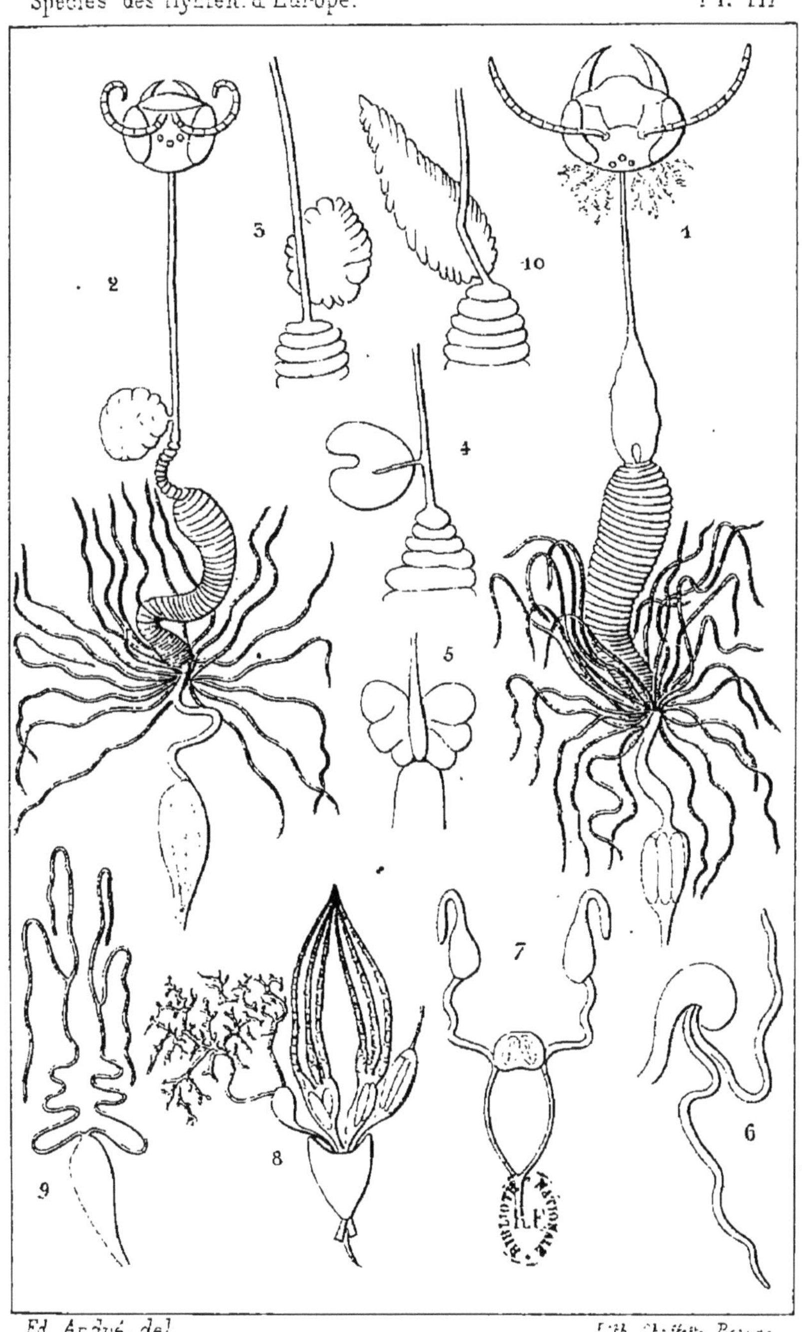

Ed. André, del. Lith. Chaillotte, Beaune.

SPHEGIDES

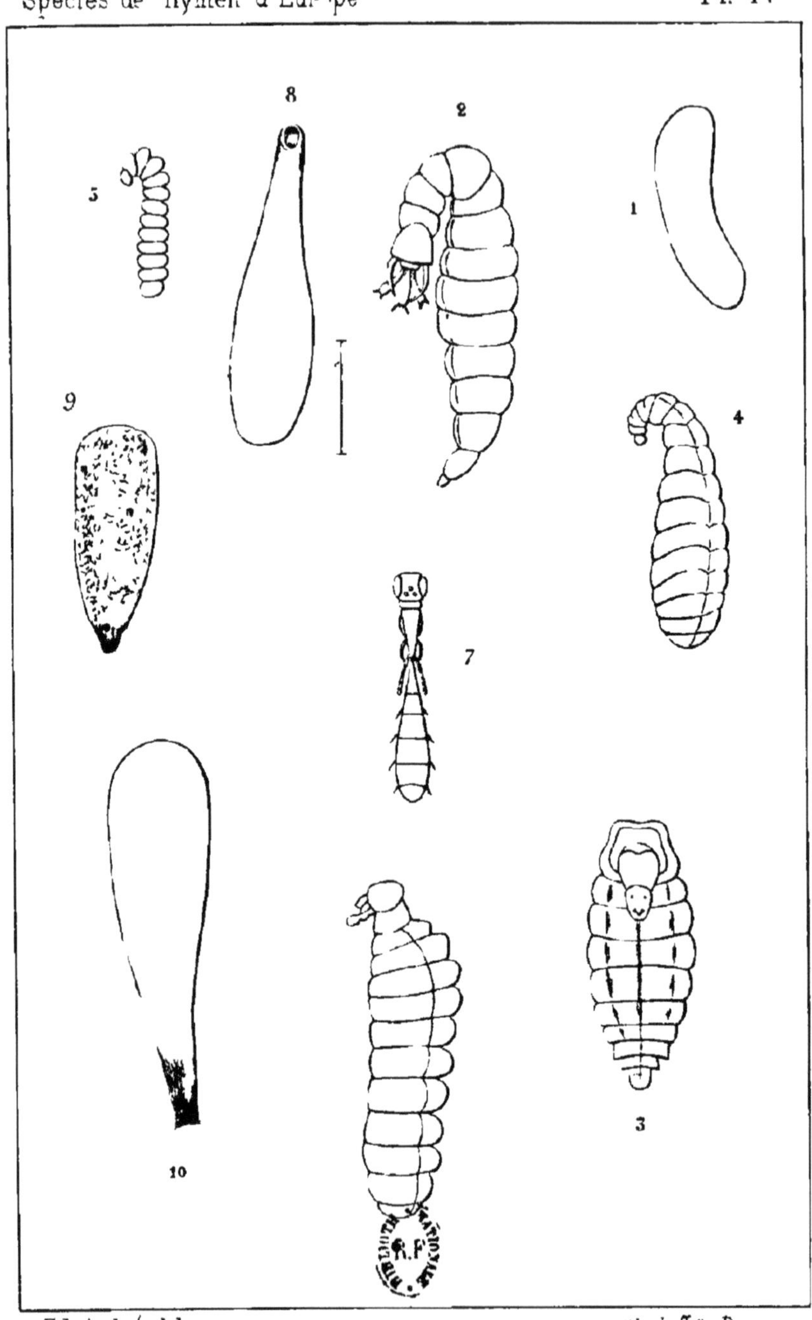

Ed André del. Lith. Chaffotte Beaune

SPHEGIDES

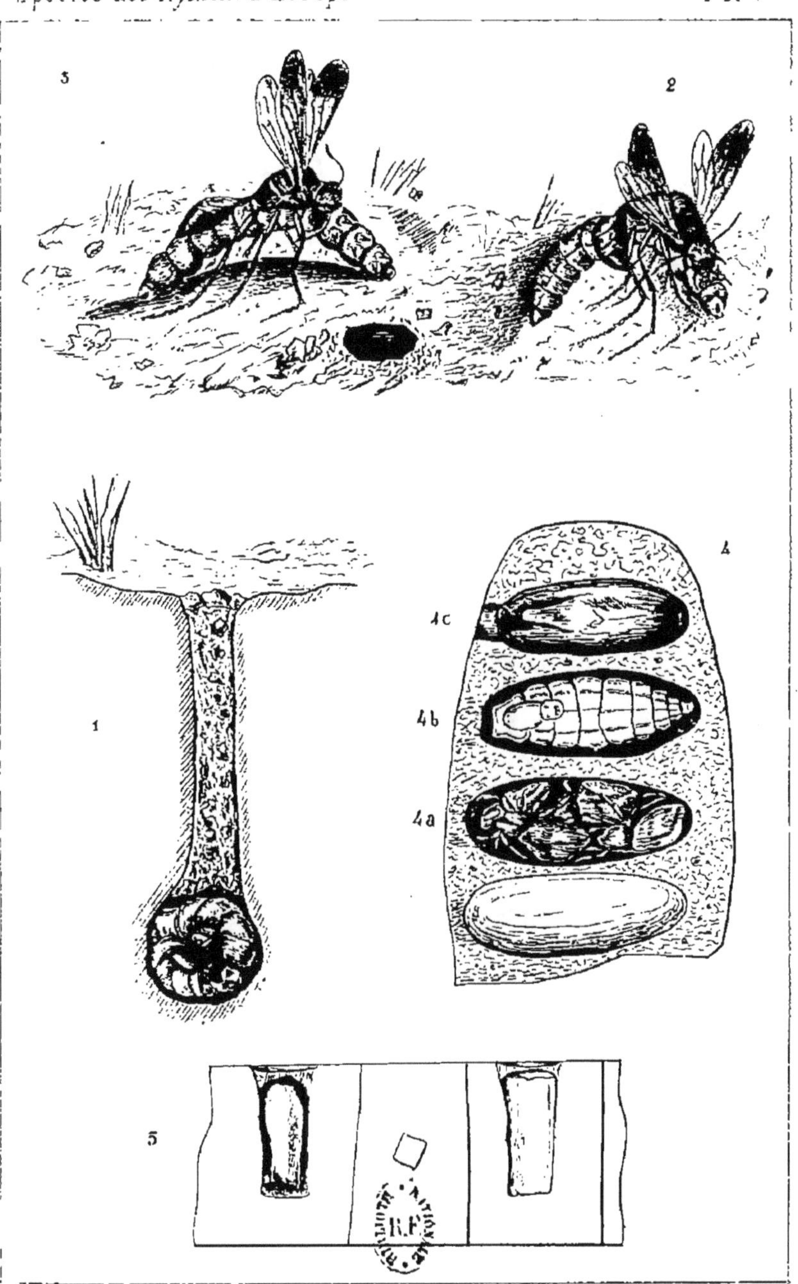

Ed. André del. Lith. Chaffotte Beaune

SPHEGIDES

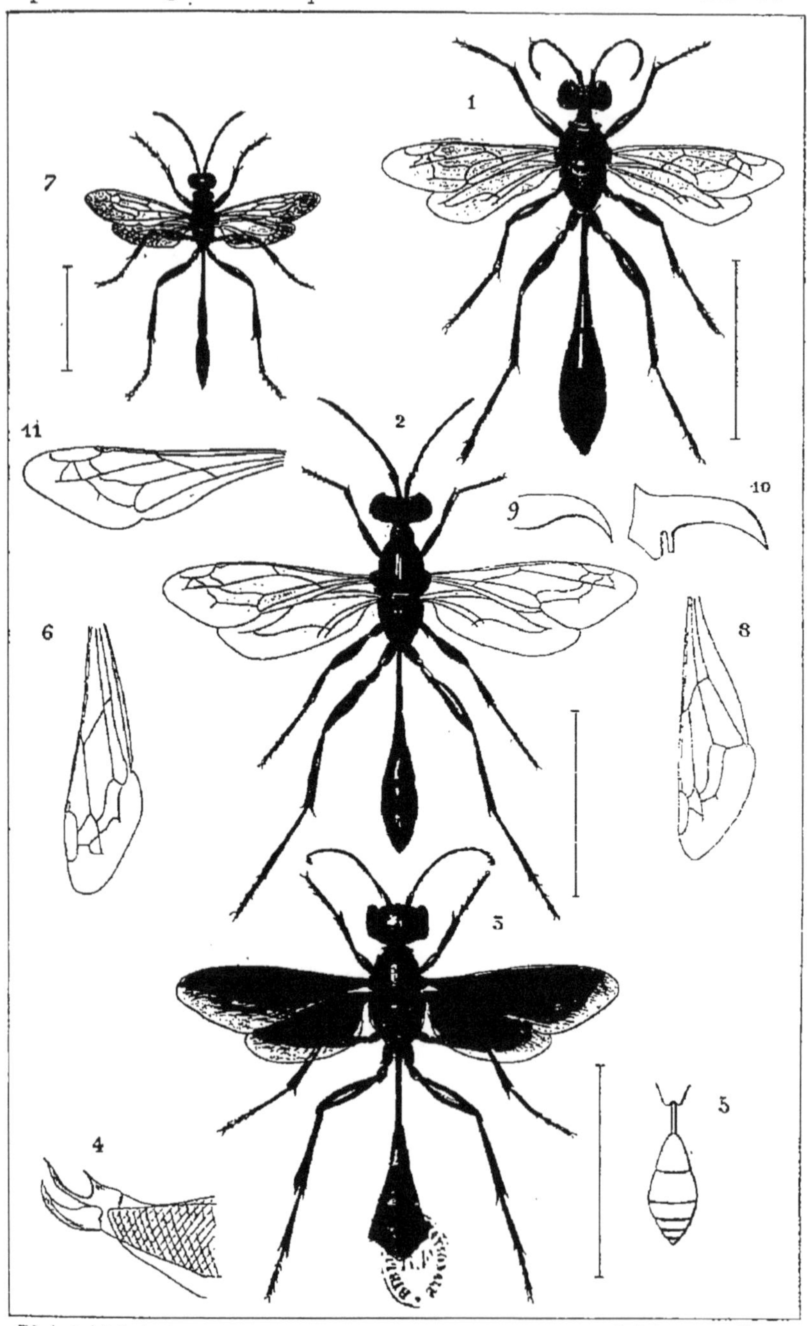

Ed. André del. et pinx. Lith. Chaffotte à Beaune.

AMMOPHILIDES

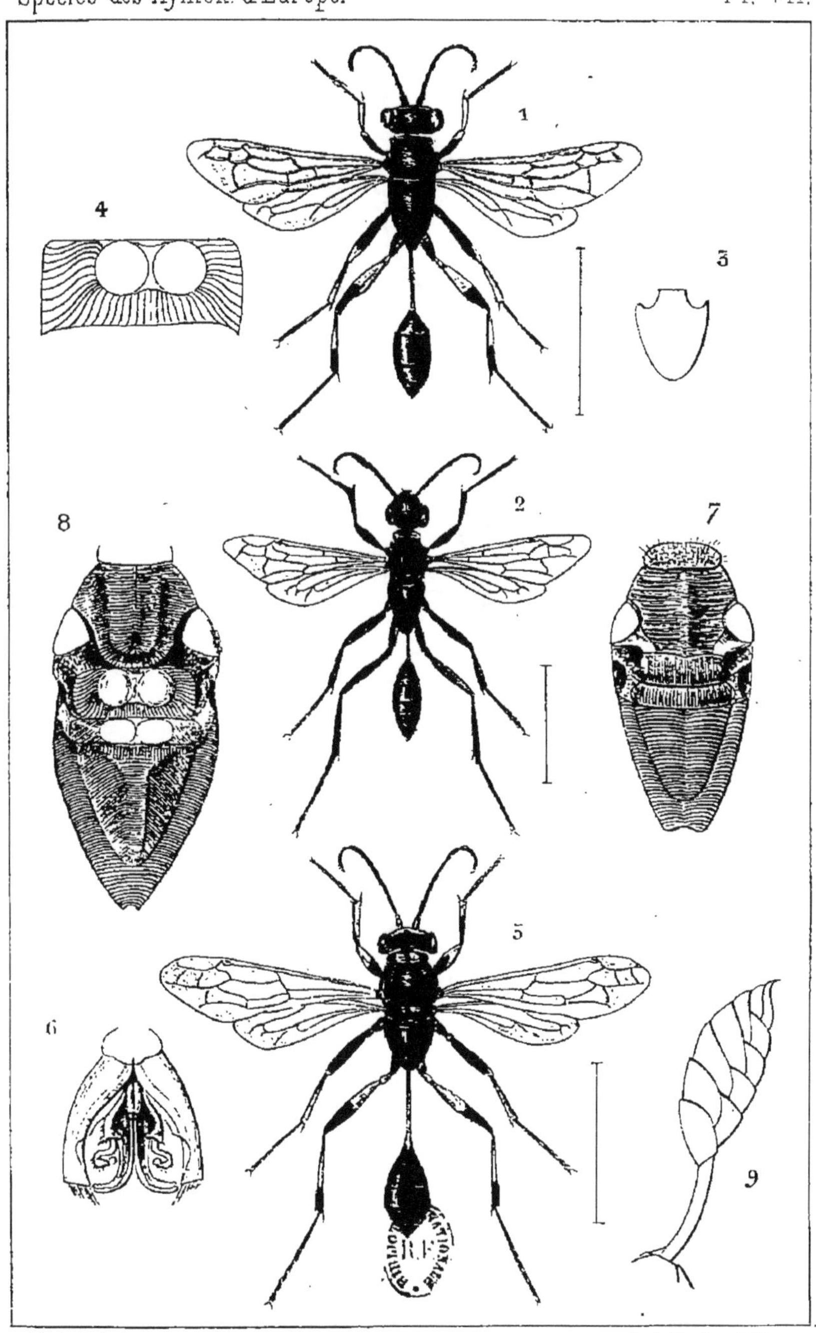

Ed. André. del. et pinx. Lith. Chaffotte à Beaune.

PELOPOEIDES

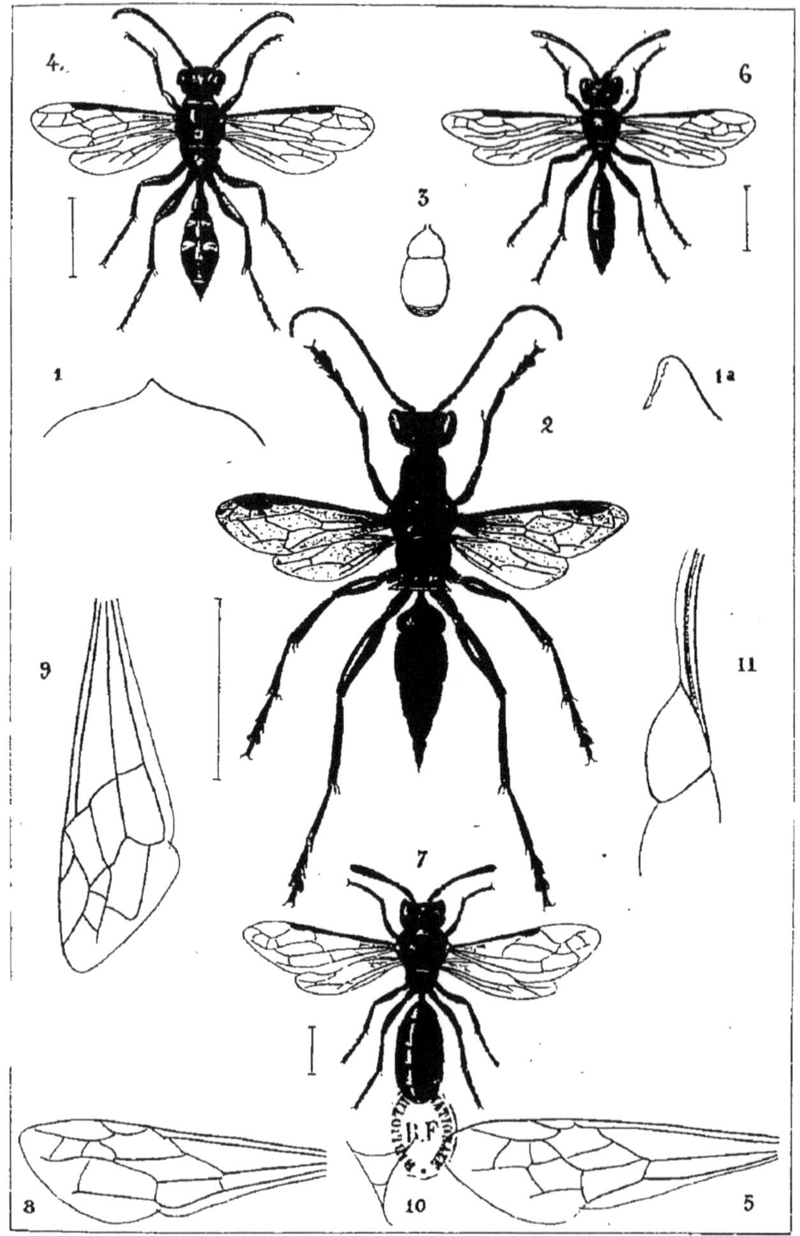

Ed. André. del LITH. CHAFFOTTE

AMPULICIDES, MELLINIDES, PSENIDES

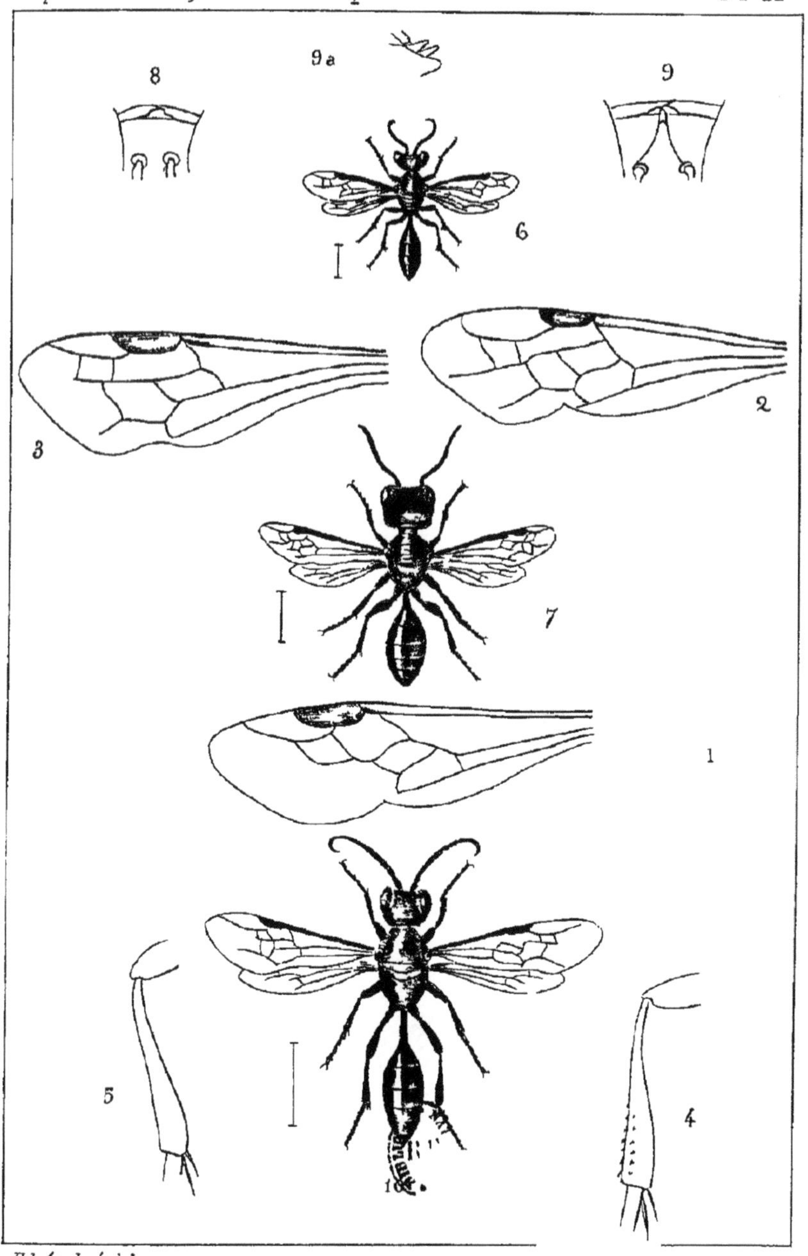

Ed André del

PEMPHREDONIDES

Lith Chaffotte Beaune

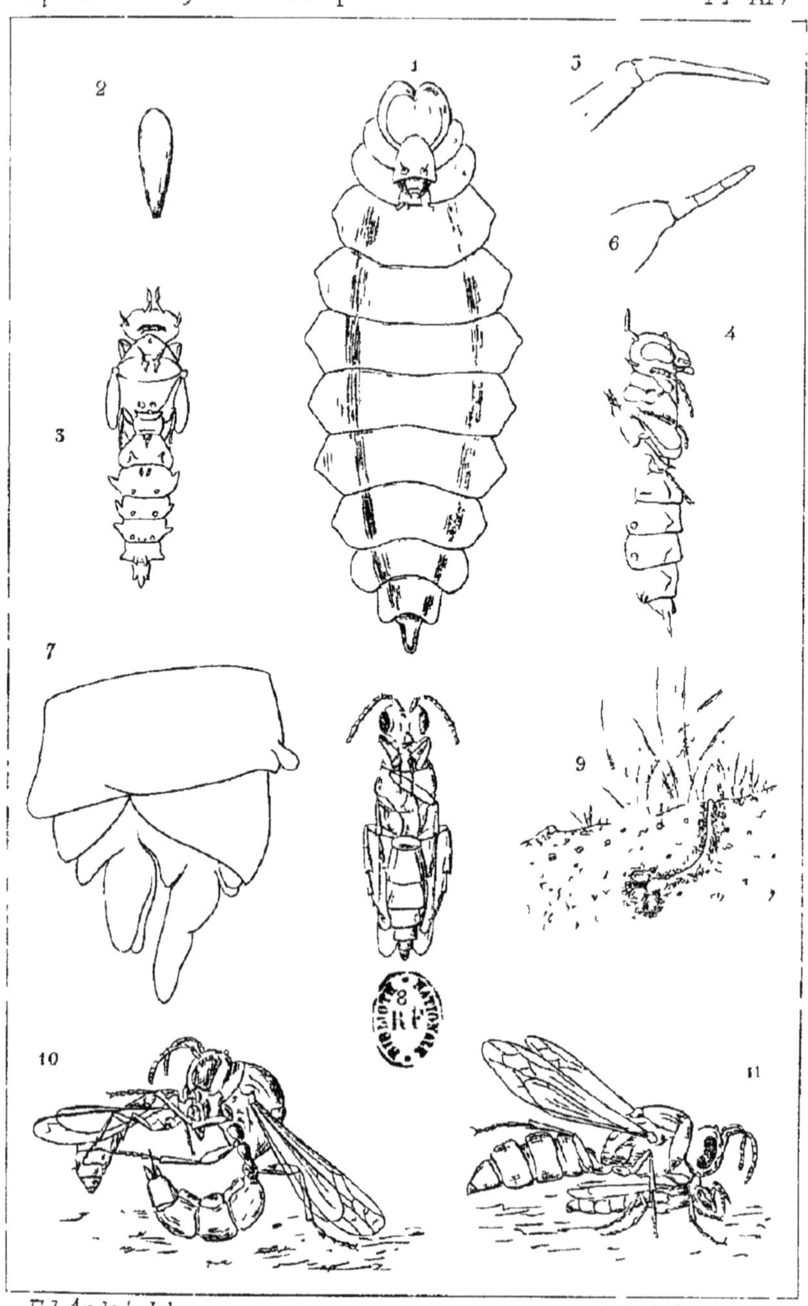

E.J André del Lith Chatrotte Beaune

PHILANTHIDES

www.ingramcontent.com/pod-product-compliance
Ingram Content Group UK Ltd.
Pitfield, Milton Keynes, MK11 3LW, UK
UKHW020154250726
13967UKWH00003B/1063